厚生労働省認定教材	
認定番号	第58846号
認定年月日	昭和60年11月6日
改定承認年月日	令和2年2月4日
訓練の種類	普通職業訓練
訓練課程名	普通課程

四訂

木工工作法

独立行政法人 高齢・障害・求職者雇用支援機構
職業能力開発総合大学校 基盤整備センター 編

は　し　が　き

本書は職業能力開発促進法に定める普通職業訓練に関する基準に準拠し，木材加工系における木材加工法の教科書として編集したものです。

作成にあたっては，内容の記述をできるだけ平易にし，専門知識を系統的に学習できるように構成してあります。

このため，本書は職業能力開発施設での教材としての活用や，さらに広く知識・技能の習得を志す人々にも活用いただければ幸いです。

なお，本書は次の方々のご協力により改定したもので，その労に対し深く謝意を表します。

〈監修委員〉　（五十音順）

定　成　政　憲　　職業能力開発総合大学校

和　田　浩　一　　職業能力開発総合大学校

〈執筆委員〉　（五十音順）

大　竹　文　夫　　東京都立城東職業能力開発センター

西　條　芳　光　　徳島県立中央テクノスクール

（委員の所属は執筆当時のものです）

令和２年３月

独立行政法人　高齢・障害・求職者雇用支援機構

職業能力開発総合大学校　基盤整備センター

目　　　次

第1章　木工具・工作設備

木工具の歴史は古く，古墳時代以前にさかのぼるといわれている。現在，私たちの身近にある工具は，中国大陸や朝鮮半島から渡ってきたものが改良され，現在に至っていると考えられる。工具は，使用目的に対し，正しく使われて，その役に立つものである。中国大陸や朝鮮半島から渡って来たものは，工具だけではなく，当時の高い技術やこれらを上手に使う人々も日本に渡って来たのであろう。もちろん，それらを学ぶために海を渡っていった日本人もいたはずである。

このようにして取り入れられた技術や工具は，次第に日本人のものとなり，日本独特の文化を作り出すようになったのである。

昔の人達は，ものを作り出す作業の中で，失敗したことや成功したことを，次の時代の人々に伝達してきたのである。受け継いだ人達はその経験のうえに新たな経験を付け加えて，再び次の時代の人々に伝え，時代から時代へと引き継がれて今日に至っているのである。私たちがこれから学ぼうとしていることの多くは，このように先人たちの努力と貴重な経験によるものである。これらのものの中には，現代の科学で解明されたものもあるが，まだ解明されていないものも多くある。理由は分からないが，「こうやればうまくいく」とか，「よくできる」とかいうものである。

現代に生きる私たちは，これらの貴重な事柄を苦労することなく学び取ることができる。しかし，これらを学び，そして経験し，さらに進んだものを後世に伝承していくもの，つまり技能を伝えていくことも，私たちの役目であることを忘れてはならない。

第1節　木工手工具

今日，私たちの周囲には数多くの木工具がある。

特に「**かんな**（鉋）」，「**のこ**（鋸）」，「**のみ**（鑿）」，「**げんのう**（玄能）」などについては，誰もが一度は見たことがあり，慣れ親しんできた道具である。

1.1　道具の変遷

私たちの使っている木工具，例えば「かんな」，「のこ」，「のみ」などは，日本古来のもので，日本人が考案したものと思っている人が多い。しかし，私たちがよく使っている「二

枚刃かんな」は，幕末から明治時代の初めにかけて使われ始めたものであり，**両歯のこ**は，明治時代に入ってからの出現である。

現在私たちが使っている図１－１の木工具の多くは，歴史の変遷とともに改良され，変化してきた。

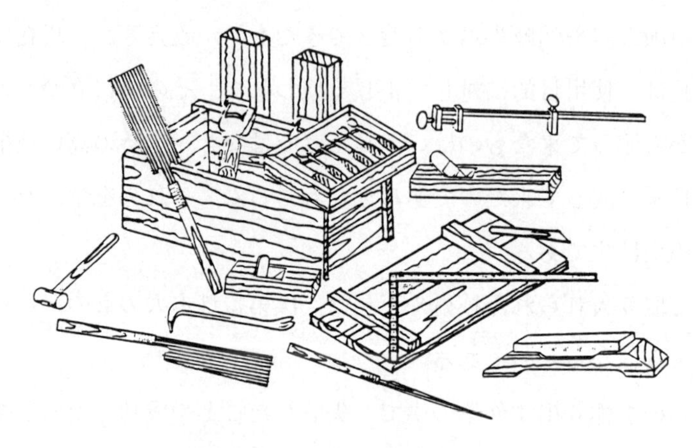

図1－1　木工具のいろいろ

(1) 削る道具

「かんな」といえば，木製のかんな台にかんな刃を差し込んだ「台かんな」を思いうかべるであろう。しかし，台かんなが日本の木工具史に現れたのは，中国大陸や朝鮮半島から握り手付きのかんな（**突きかんな**）が室町時代に伝えられたのが最初である。その後，日本人の発想で改良が加えられ，現在私たちが使っているような，手前に引くかんなになった。

それ以前の道具は，主に，なた（鉈），おの（斧），**ちょうな**（手斧），のみ（鑿），**やりかんな**（槍鉋）などが使われた。削る方法は，室町時代まで楔（くさび）等で割った「**打割り法**（うちわりほう）」によって得た板材や柱材の面をちょうなで横削りして，その後，やりかんなをかけて仕上げたものである。このやりかんなが，今日私たちが知っているような木製の台かんなに移行してきたものと考えられる。図１－２にちょうな及びやりかんなの外観を示す。

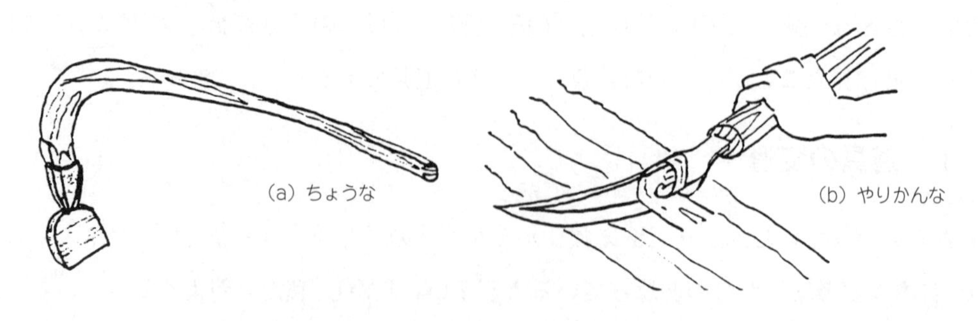

図1－2　ちょうなとやりかんな

江戸時代には，現在使われている平かんなをはじめとして，各種のかんなに分化し，幕末から明治時代の初期になって「二枚刃かんな」が出現した。日本の平かんなは引き削りであるが，西洋のかんなは突き削りである。図１－３に平かんなの例を示す。

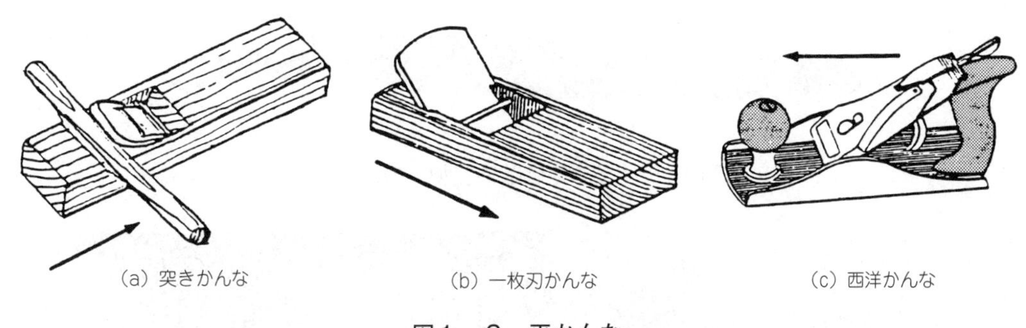

(a) 突きかんな　(b) 一枚刃かんな　(c) 西洋かんな

図1－3　平かんな

図1－4　作業風景（春日権現験紀絵より）

(2) 切る道具

木を切る道具といえば，誰でも「のこぎり」を想像するが，古い時代では，どんなもので木材を切っていたのだろうか。

中世の神社縁起絵巻などに描写されている作業現場を見ると，大きい材料から板材や角材を木取る場合には，のみやくさびを打ち込んで木理に沿って打ち割るという方法（打割り法）がもっぱら採用されていた。

もちろん，その時代にのこぎりがなかったわけではなく，縦方向に木取る場合は，前に述べた打割り法が主であったが，横方向に木取る場合は，「木の葉型のこ」や法隆寺に残っている「のこぎり（図１－５）」でひいたものと思われる。

その後，鎌倉，室町時代になって，中国大陸からおが（大鋸）が導入された（図１－６）。その背景には，もはや打割り法に適するような目の通った良質の材料が少なくなったこととケヤキのように堅く，目が通っていない材料を使うようになったことがあると思われる。

このおがによる手びきの板びき（製材）は，製材機械の帯のこや丸のこなどが導入される明治時代まで続いた。

図1－5　法隆寺献納宝物（ほうりゅうじけんのうほうもつ）　のこぎり

図1－6　三十二番職人歌合（さんじゅうにばんしょくにんうたあわせ）（左図）と富嶽三十六景（ふがくさんじゅうろっけい）（右図）による大鋸（おが）びき

（3）穴をあける道具

のみそのものは，古くから穴をあける道具として使われていた。考古学の分野では，弥生中期以降の全国各地の遺跡や古墳などから，明らかにのみを使用したと考えられる木製品の出土品が報告されている（図1－8参照）。その出現の時期は，我が国への鉄器の伝来と，ほぼ一致するものと思われる。

のみの形式を大きく分けると**諸刃**（もろは）のものと，**片刃**のものとがあり，片刃の中でも大小様々なものがあった。現在では，片刃のものがほとんどで，数多くの種類と形があるが，大きく分けると「たたきのみ」または「突きのみ」の形式になる。

図1－7　作業風景（真如堂縁起（しんにょどうえんぎ）より）

図1－8　登呂遺跡の出土品（腰かけ）

1.2 か ん な

(1) かんなの機能と構造

かんなは，かんな刃とかんな台から構成されており，木材を削ると同時に，表面を平らにし，滑らかに仕上げるための道具である。材料を平らに削るために，かんな台は平らになっており，切れ味をよくするために片刃の刃物が仕込んである。図1－9にかんなの各部名称を示す。

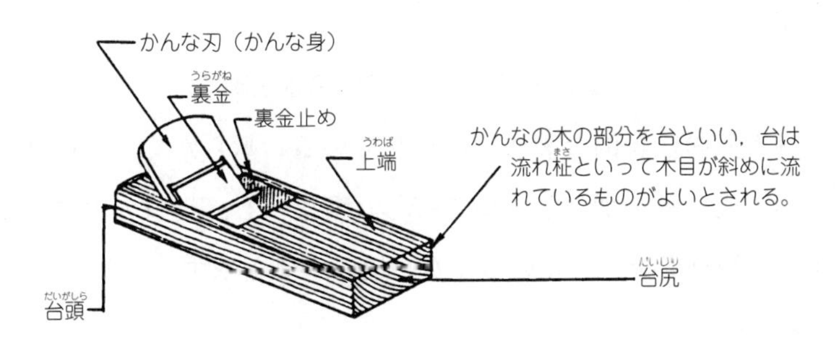

図1－9　かんなの名称

a. かんな刃の機能と形状

かんな刃は，軟鉄に硬鋼を付けたもので，その付け鋼した面を裏という。中央部のくぼみは，片刃に共通したもので**刃裏**を平らに研ぎやすくするために付けられている。

また，その反対の面を**刃表**といい，穂頭は軟鉄で肉が厚く円弧状で，刃幅は**刃先**よりも穂頭の方が広く，厚みも刃先に向かって薄いくさび形になっている。表の中央部もくぼんでいるが，これはかんな台の**表なじみ**とかんな刃を密着させ，削っているとき，刃が上下，左右に動くのを防ぐためのものである。

このようにかんな刃は，上下，左右の振動や切削中の下がりを防止する形状になっている。

かんな刃の材質は，地金の肉が厚く，軟質のものの方が研磨しやすい。鋼は，一般に炭素鋼や特殊鋼が用いられる。鋼は，平均した厚さに付けてあるものを選び，硬度が高いものほど密で光沢に富んでいる。

軟鉄は，反対に鈍い光沢のものである。図1－10にかんな刃の各部名称を示す。

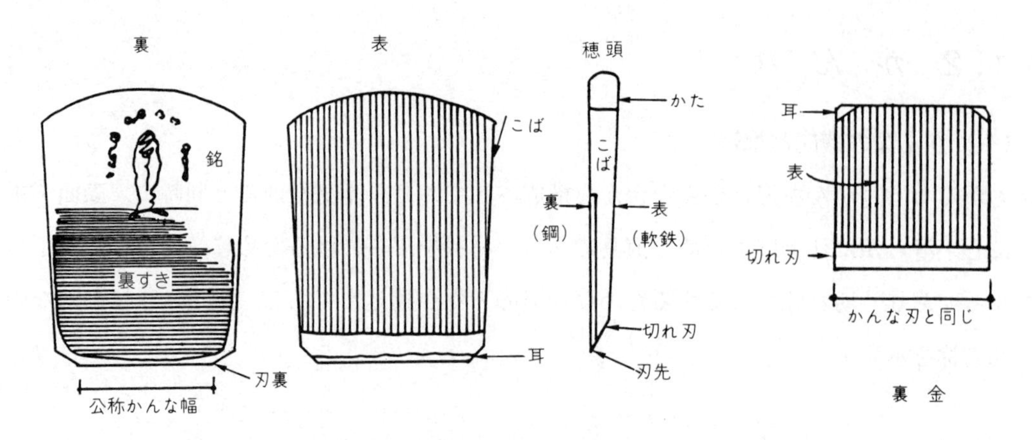

図1－10　かんな刃の各部名称

かんな刃は，日本刀の伝統的な製法で作られている。軟らかく，ねばりのある地金と，鍛えられた炭素鋼の硬い鋼を加熱してつち打ち（鍛接（たんせつ））し，1枚の刃にしたものである。2つの性質の異なる鋼を鍛接して互いの短所を補い，研ぎやすく，ねばりのある強い刃物にしたものである。

b.　かんな台の機能と材質

かんな台の機能は，板を平らに削るための定盤であり，「かんなは，台で切れる」といわれるぐらいに台の整備が重要である。その台の整備の仕方によっては，いくらかんな刃が切れても，かんなとしての機能が果たせなくなる。

このため，台は強靭（きょうじん）で堅く，狂いや摩耗の少ない樹種が適切で，普通はシラカシが用いられる。図1－11にかんな台の各部名称を示す。かんな台には木理が真っすぐ通っている乾燥材がよく，削ろうとする材料に接触する面が木表になるように木取り，樹心や辺材（へんざい）はさける（図1－12）。

かんな台の木取り方法には，「割り台」といって木目に沿っておので割る方法と，「挽（ひ）き台」といってのこびきしたものがある。一般に使われているかんな台は挽き台で，**小端（こば）面**

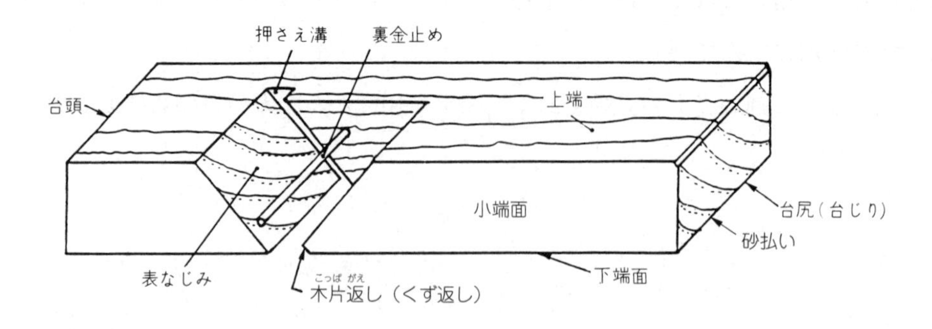

図1－11　かんな台の名称

の繊維が斜行するため，割り台に比べて反りや狂いが生じやすい。

日本のかんなは，木製であるため，台直しをしなければならない。西洋かんなのように，かんな台が金属製の方が一見合理的に思われる。しかし，日本においては，昔，道具は自分で作るという考え方や，持ち運びが楽で使うのに軽いことなどの理由から木製になったものと思われる。

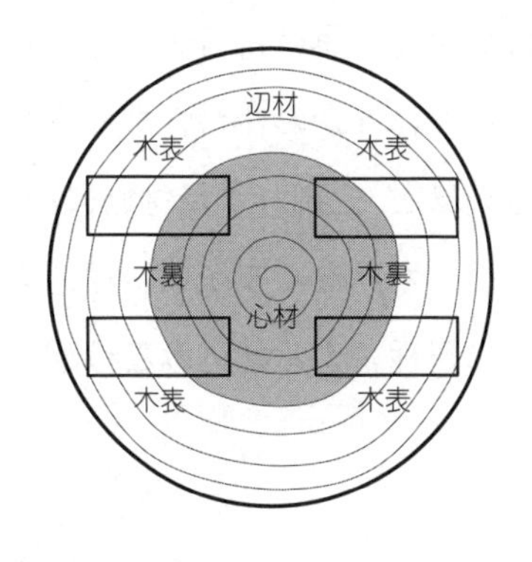

図１－12　かんな台の木取り

c. 一枚刃かんなと二枚刃かんな

かんなには，１枚の刃を仕込んだ「一枚刃かんな」と，これに裏金を仕込んだ「二枚刃かんな」がある（図１－13）。

一枚刃かんなは，切削抵抗が小さく，削り肌はきれいであるが，**逆目ぼれ**（さかめ）*が起きやすい。昔はかんなといえば，この一枚刃かんなであったが，現在では二枚刃かんなが多く用いられており，木口削りや横削りのときは，**裏金**が効かないように引っ込めて二枚刃かんなを一枚刃かんなに代用している。

二枚刃かんなは，裏金によって切削角を大きくして，逆目ぼれが防止できる機構にしてある（図１－14，図２－６参照）。つまり，片刃のかんな刃に裏金を密着させて諸刃のようにして，**先割れ**（さきわ）を防いで逆目ぼれを止める。このため，かんな刃の刃裏と裏金の刃裏は，すき間ができないように完全に密着させることが大切である。

二枚刃かんなの裏金は，かんな刃と同じような形をしているが，削りくず（屑）を刃先の近くで折り曲げて，逆目ぼれを防止するためのものである。このため，裏金の刃先は，

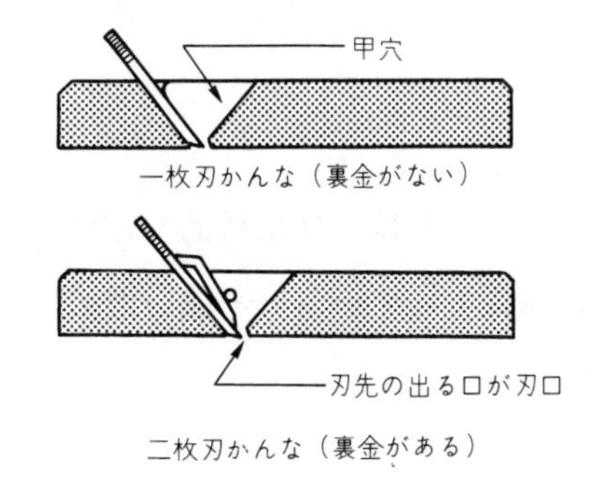

図１－13　一枚刃かんなと二枚刃かんな

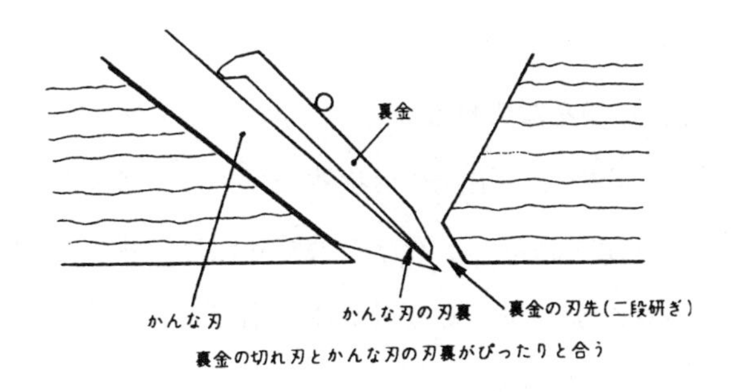

図１－14　二枚刃かんなの刃口の部分

＊　**逆目ぼれ**：木理に逆らい，無理な切削をしたために生じた表面の凹凸のこと。

二段研ぎ(にだんと)で，**耳**は密着をよくするために折り曲げられている。

刃口とは，かんな台の木片返しと刃先との間をいう。逆目切削では，刃口が大きければ大きいほど，先割れが母材側に深く侵入するため逆目ぼれが起きやすくなる。したがって，刃口は，**かんなくず**が楽に通過する広さがあればよい。図１－15にかんなの諸角度，表１－１に樹種による**仕込みこう配**，表１－２にかんなくずの厚さと刃口間隔について示す。

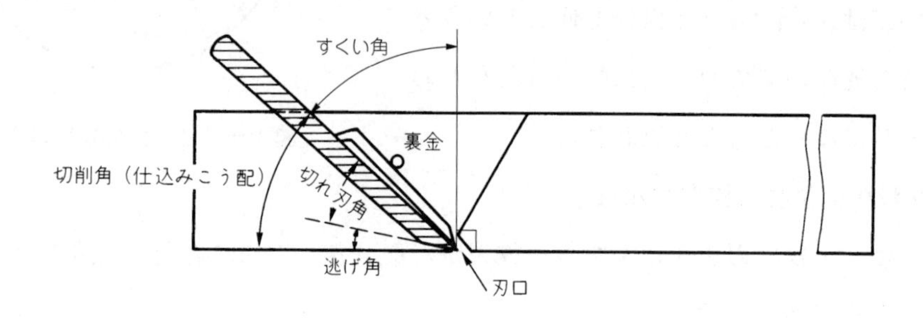

図１－15　かんなの諸角度

表１－１　樹種による仕込みこう配

分類		樹種	切削角	切れ刃角
硬さ	軟	キリ，スギ，ヒノキ	31 ～ 38°	約 20°
	中	セン，ナラ，ケヤキ	40 ～ 42°	約 25°
	硬	シタン，コクタン，カリン	45 ～ 90°	約 35°

表１－２　かんなくずの厚さと刃口

	荒かんな	中仕上げかんな	仕上げかんな
くずの厚さ	0.5 ～ 0.2mm	0.1 ～ 0.05mm	0.05 ～ 0.03mm
刃口間隔	2 ～ 1mm	1 ～ 0.5mm	0.5mm

（2）かんなの種類

かんなは，用途や形状寸法によって多くの種類がある。これらは，使用目的などによって分類される。かんなの公称寸法は，古くは刃の**押さえ溝**に入っている分を除いた幅で表されたが，現在では刃全体の幅で表されている。

a．平かんな

平削りや凸面削りなどに用いられ，構造上，一枚刃かんなと二枚刃かんながある。また，その使用目的により，荒仕上げ用，中仕上げ用，仕上げ（上仕上げ）用の別がある。

刃先線は，荒かんなでは，やや弧丸に近く，仕上げかんなはほとんど一直線である。台の下端は，それぞれの目的（荒，中，仕上げ削り）に合ったものに調整する。図１－16に各種かんなの公称寸法を，図１－17にかんな台の標準寸法と角度について示す。

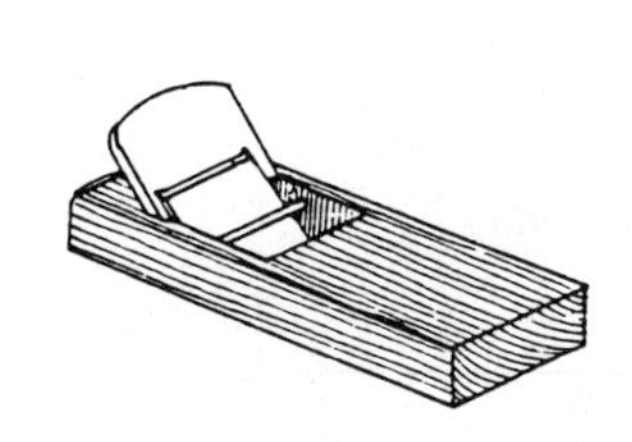

種　　類	寸　　法（mm）
平，長台かんな	30，36，42，48，54，65，70
台直しかんな	36，42
際かんな	24，30，36，42，48
溝かんな	3，4，5，5.5，6，7，8，9，12，15，18，21
わきかんな	12，15，18
丸かんな	9，12，15，18，21，24，30，36，42
そり台かんな	12，15，18，21，24，30，36，42
南京かんな	15，18，24，30，36

図１－16　平かんな，その他のかんなの公称寸法

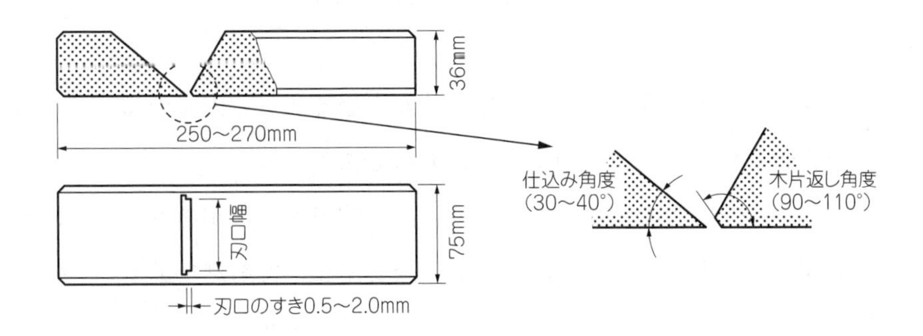

図１－17　かんな台の標準寸法と角度

b. 長台（ながだい）かんな

一枚刃又は二枚刃のかんなが用いられ，台の下端は中仕上げかんなの調整と同様である。平面削り，**はぎ口削り**，**下端定規**（したばじょうぎ）などの直線削りに用いられる。図１－18に長台かんなと**木端削り**の使用例を示す。

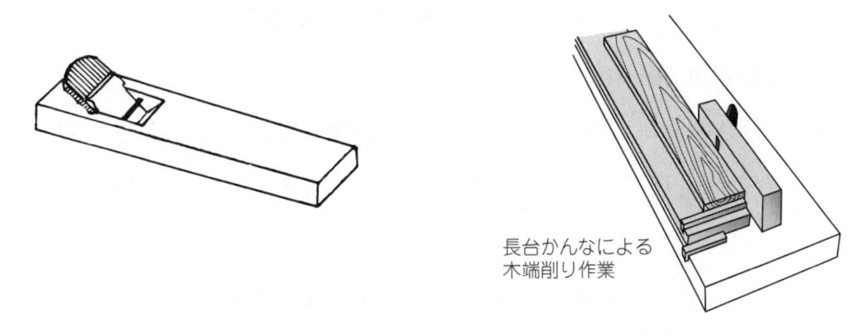

図１－18　長台かんなと木端削りの使用例

c. 台直しかんな

主としてかんな台の下端調整に用いるかんなで，かんな台を横削りする。一枚刃かんな

で，仕込みこう配は，90～92°ぐらいの立ち刃である。仕込みこう配が45°以上のかんなを立ち刃かんなと呼び，かんな台の調整のほか，シタン，コクタン，タガヤサンなどの堅木削りにも用いることがある。図1－19に台直しかんなと使用例を示す。

図1－19　台直しかんなと使用例

d. 際(きわ)かんな

工作物の**段欠き**や，角隅の際を削るのに用いるかんなである。刃先の傾斜した刃を斜めに仕込んで，刃先の一角を台の小端面に出したものである。

用途により右勝手，左勝手の別があり，一枚刃，二枚刃かんながある。そのほかに，け引き刃付きや定規付きのものもある。図1－20に際かんなと使用例を示す。

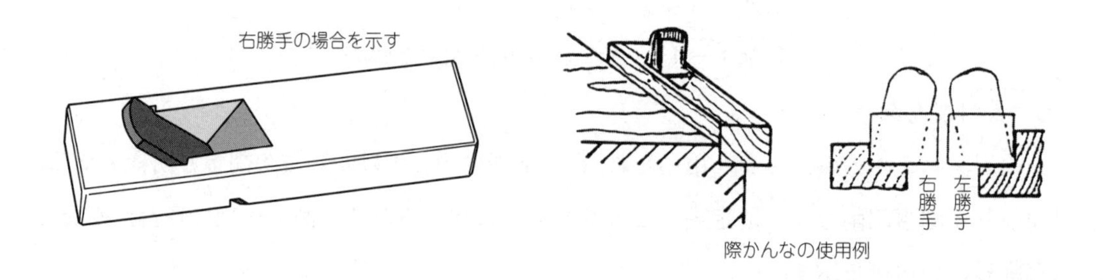

図1－20　際かんなと使用例

e. 面取りかんなと丸かんな

単に面かんなともいわれ，板組に製品の前面(まえづら)，**かまち組み**などの角を面取りするのに用いられる。刃と台の形も面形に合わせてあり，面取りできる面形の種類も多くある（図1－21）。

面取りかんなは，逆目ぼれを防ぐため，二枚刃かんなが多い。面取りかんなの1つである**切面かんな**は，部材の稜(りょう)に45°の面（角面）を削り出すもので，部材の端から端まで面が通る切面かんなと，稜の途中に角面を止める「止め切面」を削り出す**ぶっ切面かんな**がある。

丸かんなは，平かんなの下端と刃先を円弧状にしたもので，**外丸かんな**と**内丸かんな**がある。外丸かんなは内側曲面を削るもので，内丸かんなは外側曲面を削るものである。いずれも，二枚刃かんなである。図１－22に各種切面かんなと丸かんなを示す。

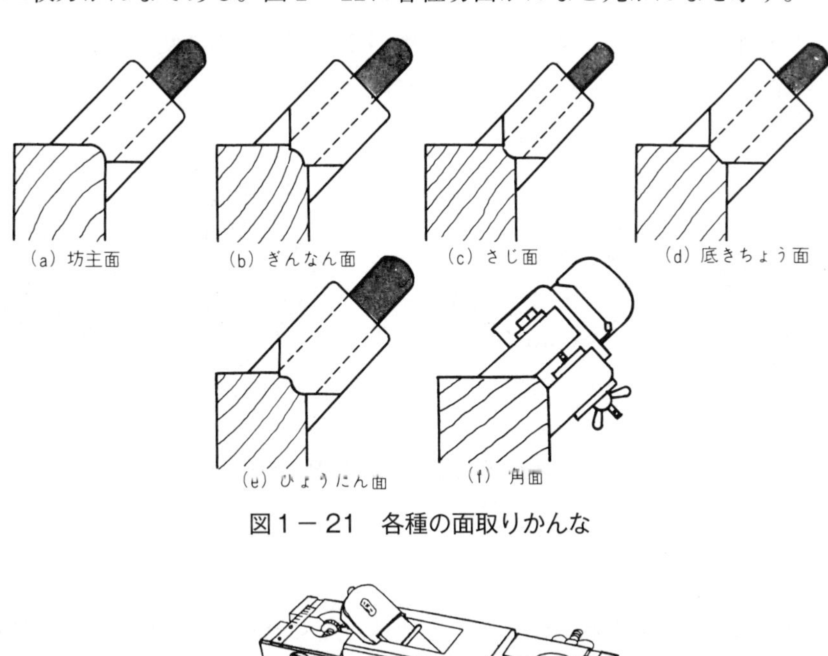

図１－21　各種の面取りかんな

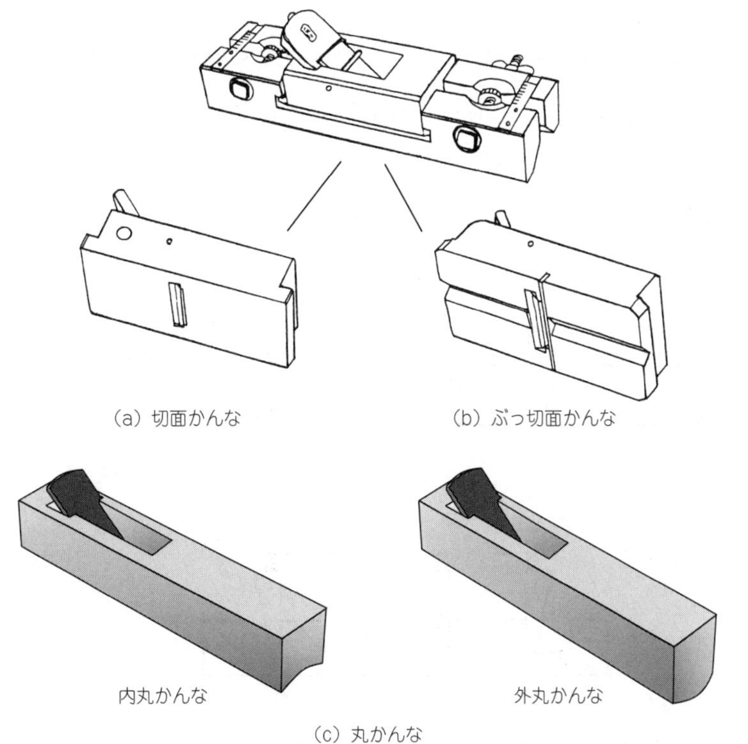

図１－22　切面（切面，ぶっ切面）かんなと丸かんな（内丸，外丸）

f. 反り台かんな

反り台かんなは，台の下端を円弧状にしたもので，材料の凹曲面を削るのに用いられる。

台の長さと広さには種々のものがあり，曲面に合わせて下端面を調整する。**四方反り台かんな**（羽虫かんな）は，下端の前後と左右の両方向を円弧状にして，いすの座板のように前後と左右の両方向を凹状に削るときに用いる。隅丸かんなは，雪見障子の額縁内角（隅）のような，凹曲面の稜を小さく丸めるときに用いる。図１－23に反り台かんなと隅丸かんなを示す。

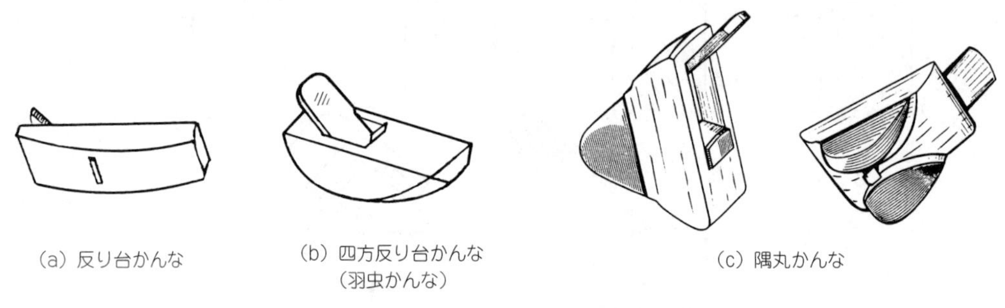

図１－23　反り台かんなと隅丸かんな

g. 脇（わき）かんなとひぶくらかんな

幅の狭い台の側面から小刀状のかんな刃を仕込んだもので，溝の脇を削るのに用いられる。台の下端をやや平らにして，削りの安定をよくした脇取り用のものと，あり溝やごく狭い溝の仕上げをやりやすいように，下端をとがらせた，ひぶくらかんながある。いずれも，右勝手と左勝手の別がある。図１－24に脇かんなとひぶくらかんなの外観及び使用例を示す。

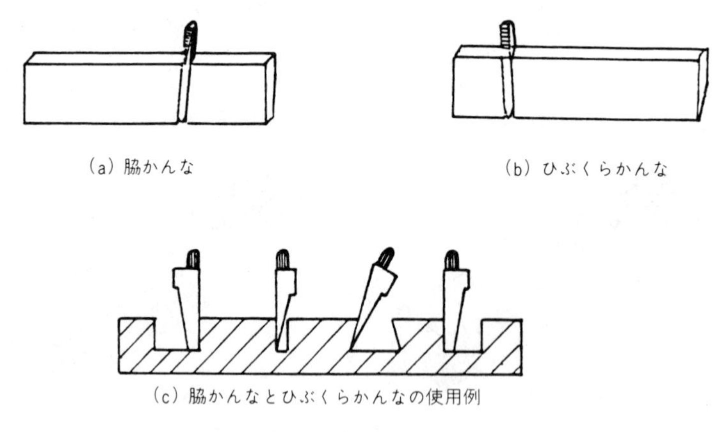

図１－24　脇かんなとひぶくらかんなの外観及び使用例

h. 溝かんな

しゃくりかんなともいわれ，主にガラス溝，合板用の溝などをしゃくるのに用いられる。繊維と直角に削るときに繊維を容易に切断するために，け引き刃を付けたもの，溝の間隔を調整する定規を付けた（**機械じゃくり**）もの，それにあり形の溝やほぞを削るあり溝かんななどがある。図１－25に各種溝かんなと使用例を示す。

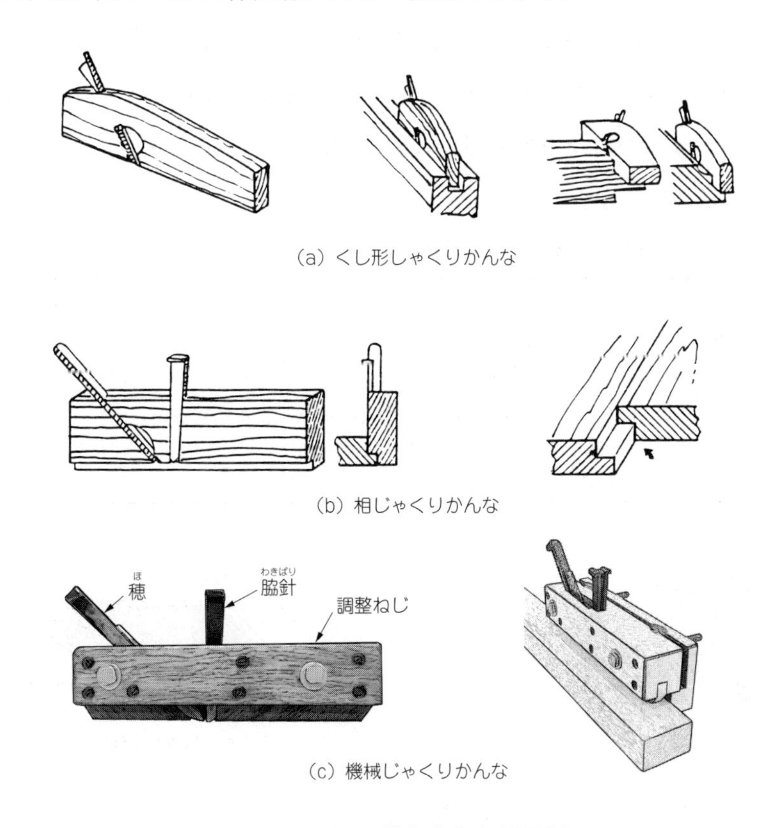

（a）くし形しゃくりかんな

（b）相じゃくりかんな

（c）機械じゃくりかんな

図１－25　溝かんなと使用例

i. 南京かんな

細長い棒状の中央部に刃を繊維方向と平行に仕込み，細く削った台の両端を両手でつかみ，いすの**ねこ脚**のような急な曲面を削るかんなである。南京かんな刃の仕込みこう配は約45°である。図１－26に南京かんなと使用例を示す。

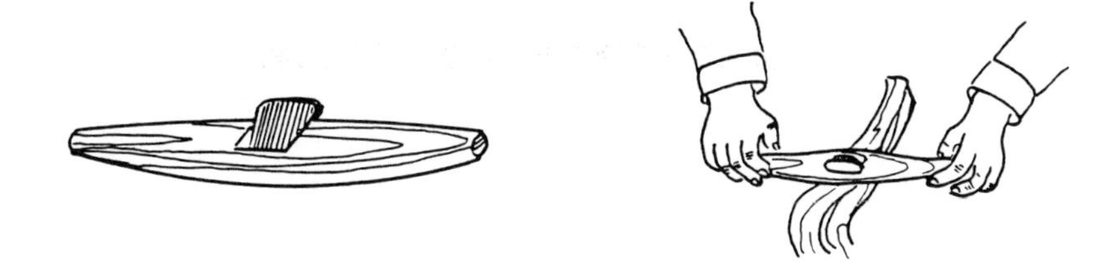

図１－26　南京かんなと使用例

（3）かんなの取扱いと安全

かんなの刃先は，木工用の工具類の中で最も鋭利さが求められ，木工工作の命ともいえる。せっかく研ぎあがったかんな刃を傷めると，かんなの用をなさなくなるので取扱いには特に慎重を要す。

a. 刃　物

かんなは，かんな台の中にかんな刃が入っているので，かんなによるけがは少ない。かんなによるけがの多くは，かんな刃を研いでいるときやかんな刃を取り外しているときなどに起こる。表１－３にかんな刃の取扱いについて，図１－27にかんな刃の持ち方，置き方，刃先の調べ方について示す。

表１－３　かんな刃の取扱い

行　動	要　点	理　由	図　解
①　刃の持ち方，置き方	持つときは，手のひらで大きくしっかり握り，置くときは，刃裏を上にして置く。	指先で持つと滑る。 刃先を欠かないため。	(a)，(b)
②　刃先の調べ方	刃物は引くとよく切れるので，切れ味を見るには，刃先に軽く当てた指を刃と直角方向にずらして見分ける。	指を切らないため。	(c)

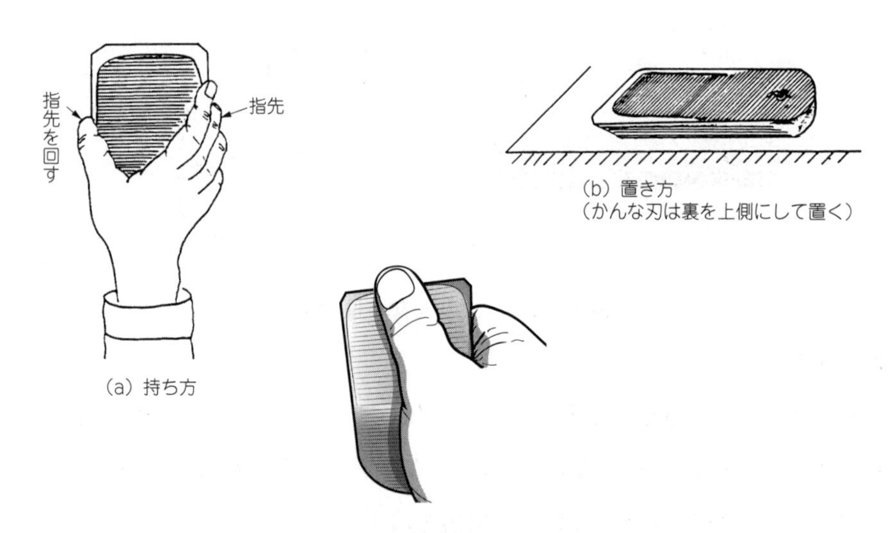

(a) 持ち方

(b) 置き方
(かんな刃は裏を上側にして置く)

(c) 刃先の調べ方
(指の腹で軽く触れて確認する)

図１－27　かんな刃の持ち方，置き方，刃先の調べ方

b. かんな台

かんなは，かんな刃とかんな台からできている。

かんな台は，木でできているので，木の宿命としての収縮や膨潤があり，それに加えて，台そのものがすり減ったり，割れたりする。

そのために，かんな台の狂いを取り除いて，その用途に合わせて下端面を調整しておかなければならない。表１－４及び図１－28にかんな台の取扱いについて示す。

表１－４　かんな台の取扱い

行　動	要　点	理　由	図　解
①　下端面の点検	下端面は，常に正確に修正し，油でふいておく。	すぐ使えるようにするためと，台に水分を入れないようにするため。	(a)
②　台の保護	水でぬらしたり，直射日光に当てたりしない。	台の狂いや台割れの原因になる。	(b)
③　台の保存	使用後の収納は，刃先を引っ込め，小端面を下にして，刃先に他の工具が当たらないように保管する。	刃先損傷防止と，台割れ防止のため。	(c)，(d)

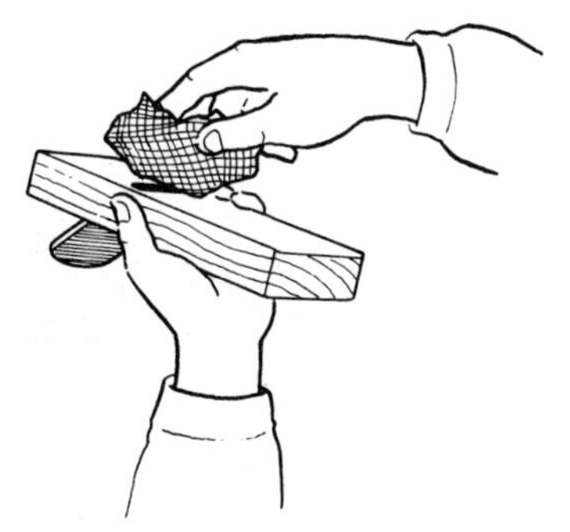

(a) 使い終わったら，軽く油でふく。
（水分は木にとって最大の狂いの原因となる。）

(b) 直射日光に当てない。
（直射日光に当たると台割れが生じる。）

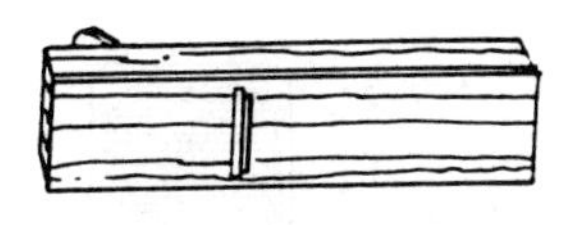

(c) 小端面を下にして置く。
小端面を下にすることにより，かんな台の下端面を傷めない。床などからの湿気を下端面に吸収させず，刃先も傷めないで済む。

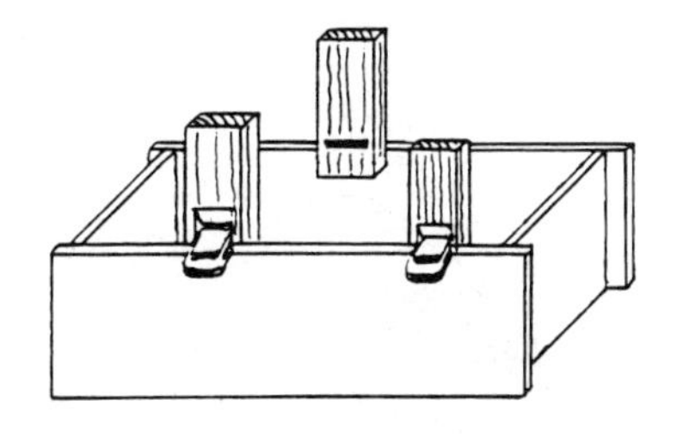

(d) 道具箱に立てておく。
作業途中のかんなは，道具箱に整理整とんして立てておく。

図１－28　かんな台の取扱い

c. かんな刃の抜き方

かんなを使うときは，かんな刃の出し入れから始まる。

ごく自然な姿勢で，左手にかんな，右手に**木づち**又は玄能を持ち，体の正面で刃の出し入れをする。表1－5及び図1－29にかんな刃の抜き方について示す。

表1－5　かんな刃の抜き方

行　動	要　点	理　由	図　解
①　持ち方	台の上端を左手でしっかりつかみ，人指し指を伸ばして裏金に軽く押し付ける。	裏金が抜け落ちないようにする。	(a)
②　たたき方	つちで台頭の両端を刃の仕込みと平行に，軽く交互に音が変わるまでたたく。	少ない力で刃が出るので台割れがない。	(b)
③　刃の抜き方	刃が緩んだら，右手で裏金を取り，裏を上にして置く。次に，刃も抜き取り，裏を上にして置く。	刃こぼれを防ぐため。	(c)
④　裏金の刃と台の置き方	台は小端面を下にして，刃と裏金を一緒に並べて置く。	下端面に砂や傷を付けないためと整理整とんのためである。	(d)

注）かんな刃の抜き差し作業時玄能を使用すると，かんな身の穂頭及び台をつぶしてしまう可能性があるので強くたたきすぎない。

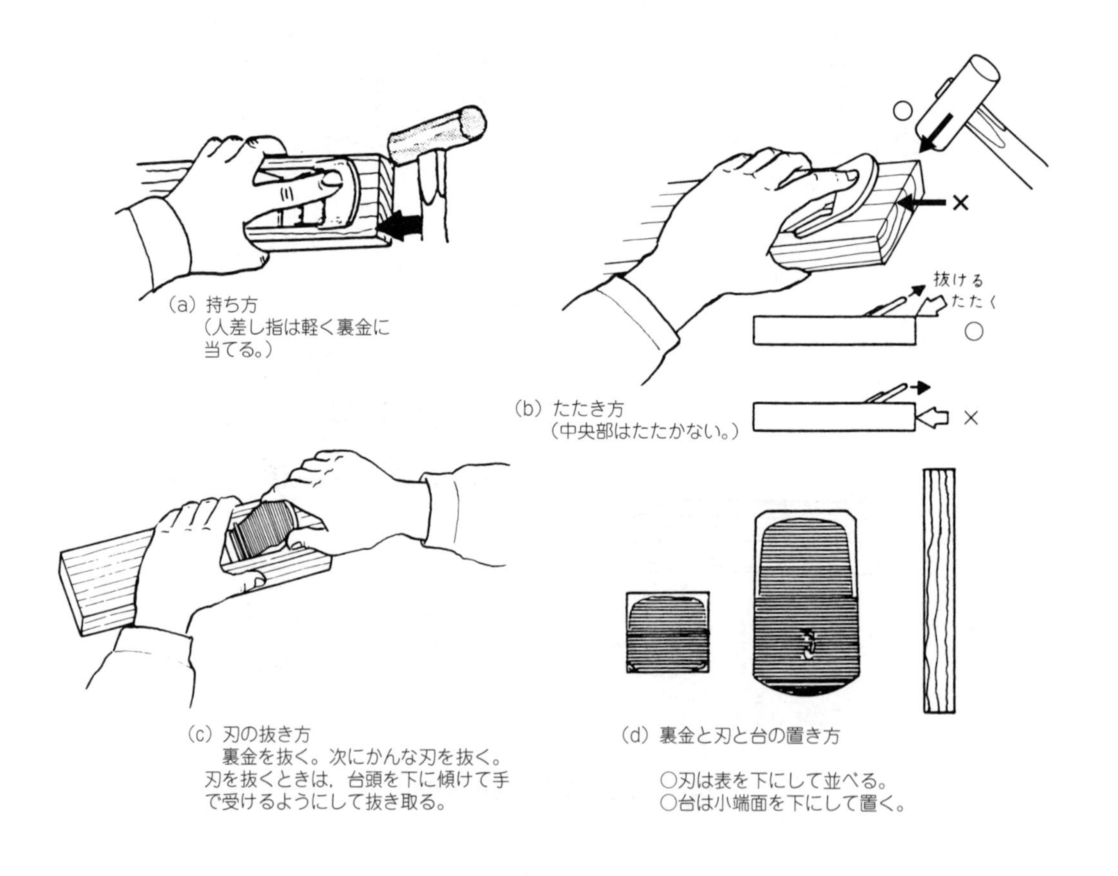

図1－29　かんな刃の抜き方

d. かんな刃の出具合調整

表１－６及び図１－30にかんな刃の出し方について示す。

表１－６　かんな刃の出し方

行　　動	要　　点	理　　由	図　解
①　刃の仕込み方	かんな台を左手でしっかり持ち，表なじみと刃表を合せて刃を押し込む。	刃の表裏を逆に入れると，台割れの原因となる。	(a)
②　たたき方	穂頭の中心を玄能で軽くたたいて，下端面と刃先を平らにする。	刃先を出しすぎると，台割れの原因となる。	(b)
③　裏金の仕込み方	裏金を手で押し込み，玄能で軽くたたいて刃先との間隔を平行につめる。	刃先よりも裏金を出すと，刃こぼれの原因となる。	(c)
④　裏金の合わせ方	裏金を軽くたたいて，かんな刃の刃先近くまで裏金の刃先をよせていく。	少しずつ裏金をたたいては確認，たたいては確認することで削る用意ができる。	(d)，(e)

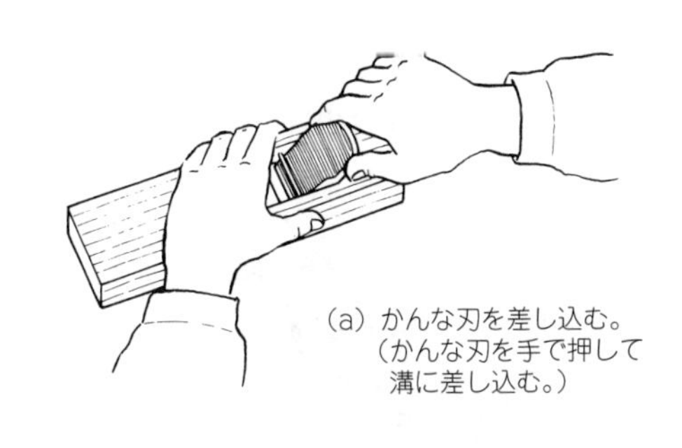

(a) かんな刃を差し込む。
(かんな刃を手で押して溝に差し込む。)

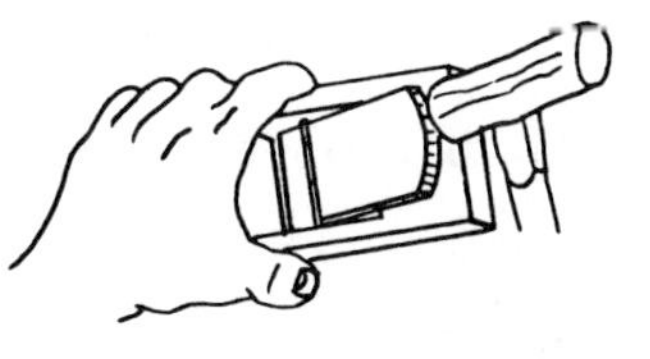

(b) かんな刃をたたいて仕込む。
(玄能で軽くかんな刃の穂頭をたたいて仕込む。)

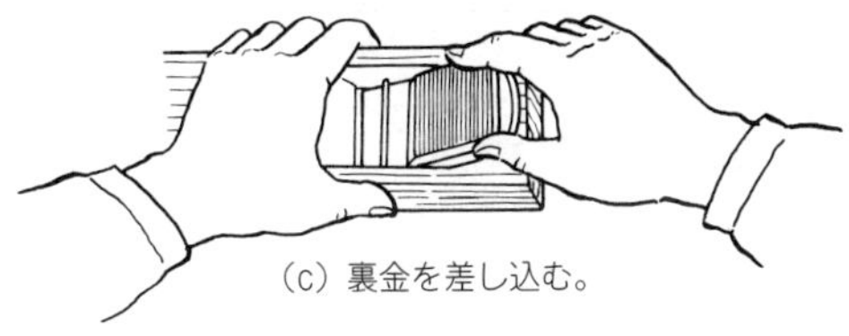

(c) 裏金を差し込む。

(d) かんな刃と裏金をたたいて下端面に近づける。
(裏金をかんな刃の刃先の手前までたたいて入れ，次にかんな刃の刃先が下端面の手前にくるまでかんな刃をたたく。)

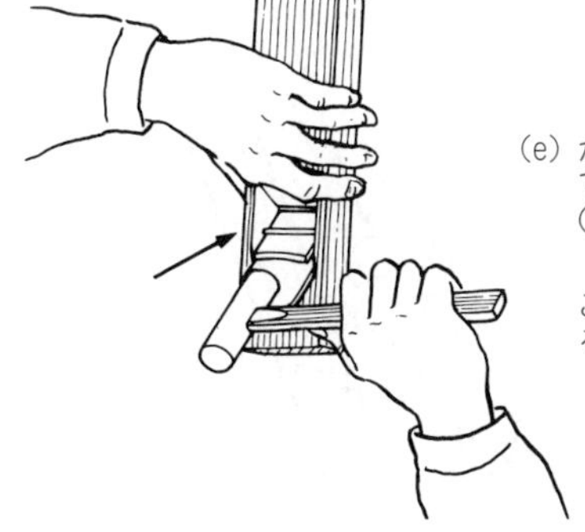

(e) かんな身が台から抜けないことを確認してから台頭を下に向け裏金を合わせる。
(裏金をたたいてかんな刃の刃先近くまで，裏金の刃先を合わせていく。)
この作業を繰り返し行い，削る準備をする。

図１－30　かんな刃の出し方

かんな刃の調整は，次の手順による。

① 刃先が下端面と平行に出るように調整する（図１－31）。特にかんなは，他の木工具に比べて，刃の出具合（下端面に対する刃先の突出量や傾き）が切削面の良否に直結するので，上手に調整できるように練習しなければならない。

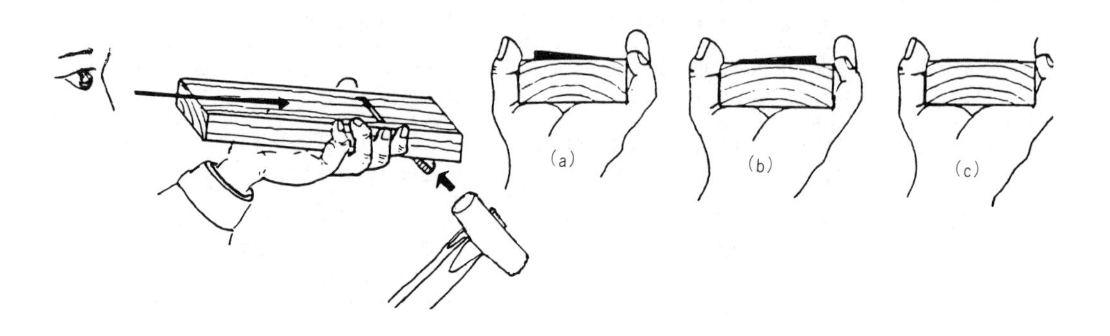

図１－31 かんな刃の出の状態（(c) がよい）

② 刃先が平行に出ない場合は，図１－32のように，かんな刃の小端をたたいて調整する。

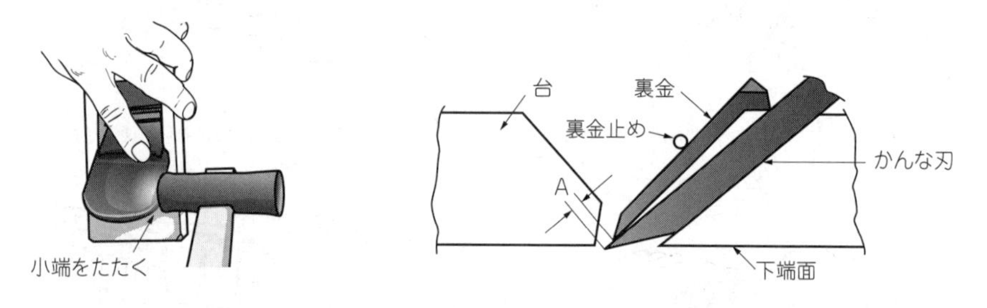

図１－32 かんな刃の小端をたたいての調整

③ 裏金は，逆目ぼれを止めるためのものであるから，ていねいに合わせる（図１－33）。

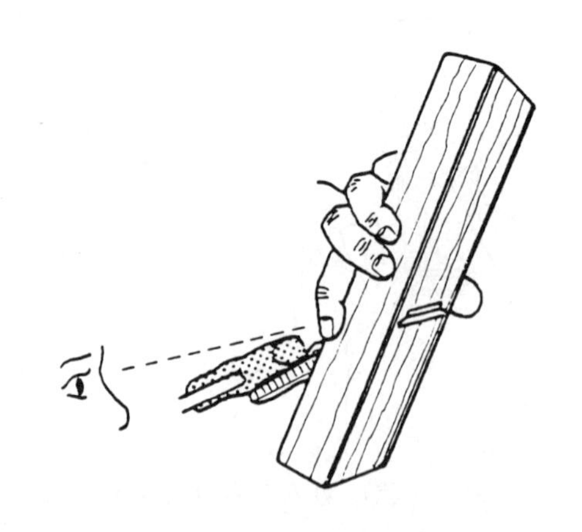

図１－33 裏金の調整

かんな刃から裏刃の引っ込み（図１－32の長さA）は，荒かんなで１～0.5mm ぐらい，

中仕上げかんなで0.5～0.3mm，**仕上げかんな**で0.3mm以下が標準である。裏刃の合わせ具合は見えにくいので注意して合わせる。

e. かんなの持ち方

板などの平面削りは，両手使いで削る。両手使いの場合，図1－34（a）のように左手は台頭とかんな刃に，右手のひらは台上端の中ほどに密着させ，人差し指は小端面にかける。

① 削り作業中，かんなを握った指先は，とげが刺さるなどのけがをするおそれがあるため台下端から絶対に出さない（図1－34（b））。

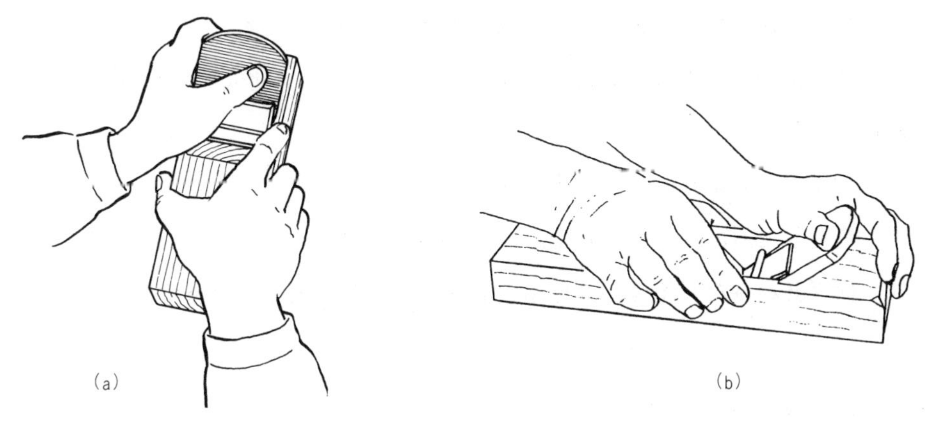

図1－34　かんなの持ち方

② 右手と左手でかんなを正しく持ち，かんな台を下に押し付ける力と手前に引く力を同時にかける。腕の力だけでなく，体重を利用して，体全体を動かして削る。図1－35に立ち姿勢と座り姿勢について示す。

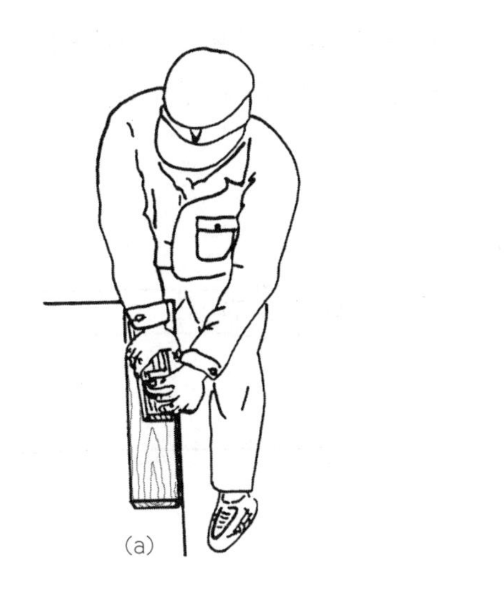

図1－35　立ち姿勢と座り姿勢

かんな刃の取扱いにおける安全作業

□にチェックを入れながら作業を進めましょう。

(1) かんな刃の抜き差し作業時のかんなの持ち方

① かんな刃の抜き差しは，かんな台の台頭を仕込む勾配に対して平行にたたく。(作用・反作用の原理で刃が抜けることを理解する。) □

② 急に刃が飛び出さないよう人差し指で軽く押さえながらたたく。 □

(2) 抜いた刃の管理

① 裏金から抜き，次に穂の順で抜く。 □

② 抜いたかんな刃（穂・裏金）は，刃裏を上向きに置く。 □

③ 抜いたかんな刃は作業台などから外に出さない。(他人への配慮) □

(3) 刃先の研磨

① 切創しないよう刃先には十分注意する。 □

② 磨耗した刃は，作業の効率，安全面から研ぐ。 □

③ 研ぎ終わった刃物は水分をふき取り，油などで表面を保護する。 □

1.3 のこぎり

（1）のこぎりの機能と構造

のこぎりは，手びきのこの総称であり，回しびきのこを除いてほとんどののこぎりが，木を直線に切るための道具である。

のこぎりの中で最も一般的なのこぎりは，木の繊維に沿って切る「**縦びき歯**」と繊維を横に切断する「**横びき歯**」とが一組になった両歯のこである。図１－36にのこぎりの各部の名称について示す。

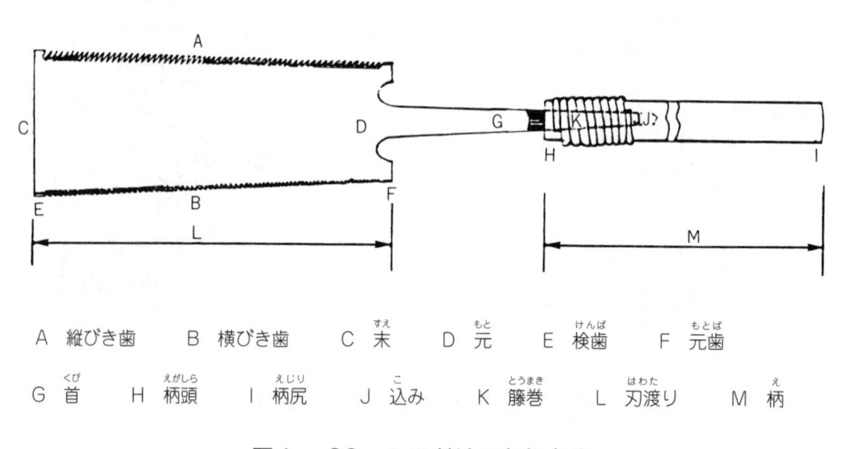

図１－36 のこぎりの各部名称

a. のこ身の機能と形状

のこ身の条件としては，弾力があり，まっすぐで，ひずみがなく，平らなことである。しかも，のこ身と柄は，常に直線状態になることが大切である。そのためのこ身は，鋼板で作られており，薄く，ある程度の硬度と弾性のあるものが用いられる。

図1－37のように，のこ身の各部分の厚さは，首に近い元身は厚くて幅が狭く，末身の方は，薄くて幅が広くなっている。このように各部分の厚さは，のこびきをするとき摩擦を少なくし，のこ身を安定させるために一定ではない。

のこの大きさは，昔は末から首の中間までの長さで呼ばれていたが，今日では**刃渡り**の長さで呼ばれている。表1－7及び表1－8にのこぎりの寸法を示す。

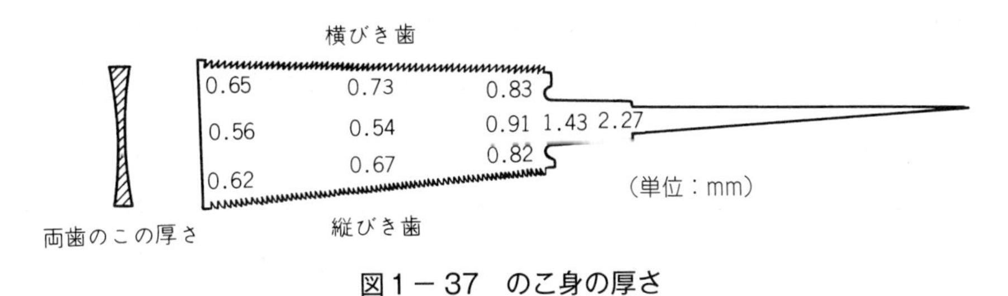

図1－37　のこ身の厚さ

表1－7　のこぎりの寸法

（単位：cm）

種　類	寸法（刃渡り）	種　類	寸法（刃渡り）
（縦びきのこ）		（両歯のこ）	
小細工用	16～25	小細工用	16～25
木取り，小割用	26～30	木取り用	26～30
木取り，大割用	33～40	胴付きのこ	18～25
（横びきのこ）		ほぞびきのこ	18～25
小細工用	16～25	あぜびきのこ	4.5～15
木取り用	26～30	回しびきのこ	9～30

表1－8　よく利用されるのこぎりの寸法　（単位：cm）

種　類	寸　法（刃渡り）
縦びき（横びき）のこ	18，21，**24**，**27**，**30**，33，36
両歯のこ	18，21，**24**，**27**，**30**，33
胴付きのこ	21，**24**，**27**
ほぞびきのこ	21，**24**，**27**
あぜびきのこ	**4.5**，6，**7.5**，**9**，15
回しびきのこ	9，12，**15**，**18**，**21**，**24**，27，**30**

（太字は特によく使用されているもの）

薄い鋼板のふちに，歯（目）と呼ばれる山形をした多くの刻みが付けられている。歯の形には，使用目的によって，江戸目（横びき用），ばら目（斜めびき用，回しびき用），つりがね目（釣鐘目：キリ材用）・箱屋目（薄板用），縦目（縦びき用）などの種類がある。のこ歯は，のこ身の厚さよりもひき道を広くして，のこくずの詰まりや切断面の締まりなどを防ぐために，刃先を１枚ごとに左右交互に振り分けている。これを「**あさり**」又は「**歯振り**」という。のこぎりのあさり幅は，のこ身厚の1.5～1.8倍程度である。また，のこ歯は，薄く鋭利に，やすりで研いで刃を付けてある。このように，のこ歯を研磨調整することを「**目立て**」という。図１－38に各種歯形の外観を示す。

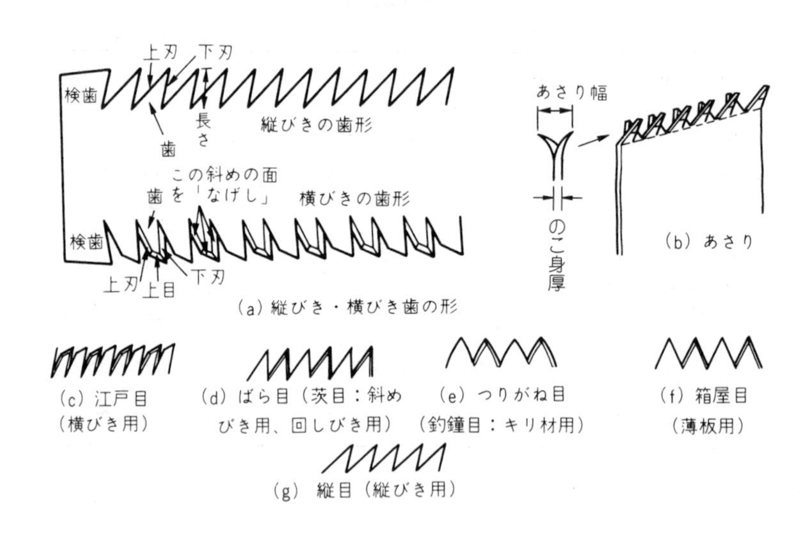

図１－38　各種の歯形

b. 柄の構造

柄は，ヒノキ，キリ，ヒメコマツなどの軟材で，粘りの強い材料で作られている。形は，握りやすく，正しくのこ身の方向が定めやすいように，だ円形のものが多い。

２枚の板を接着剤で付けて作る割り柄が一般的である。また，板のはがれや，のこぎりをひくときの滑り止めを目的として，柄頭（えがしら）を籐（とう）などで巻いて補強してある。図1－39に柄の名称を示す。

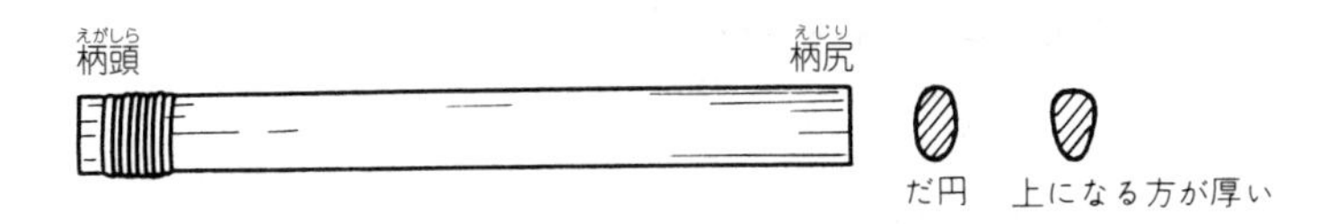

図1－39　柄の名称

(2) のこぎりの種類

のこぎりは，墨線に従って木材を切断するが，いろいろな用途ののこびきをするために，形状，構造，大きさが異なる。その中で，私たちが主として使うのこぎりは，縦びきと横びきの両方の歯を持った両歯のこ，精密な横びきをする胴付きのこ，溝をひき込むあぜびきのこ，曲線をひく回しびきのこなどである。

a. 両歯のこ

のこ身の両辺に縦びき歯と横びき歯を刻み，縦びきと横びきが兼用できる大変便利なのこぎりである（図1－40）。一般に，最もよく使用されているもので刃渡りが短いほど歯が細かく，細工用としては，240mmぐらい，荒工作用としては280mm前後のものが用いられる。

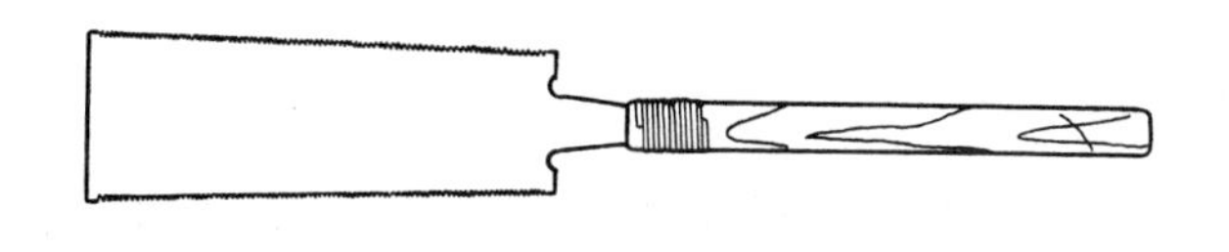

図1－40　両歯のこ

b. 胴付きのこ

胴付きのこは，**ほぞ**や組み手の**胴付き**部分を切るので，その名がある（図1－41）。

精密な横びき工作に用いられるので，のこ身は極めて薄くなっており，腰が弱く，曲がりやすい。このため，背金（せがね）（峰金（みねがね））を添えて補強してある。歯は精密で，あさりが小さいので，ひき目は極めて細かく，ひき肌が鋭利な刃物で削ったように平滑である。刃渡りは210～240mmぐらいで，歯数は10mmにつき8～12枚が普通である。

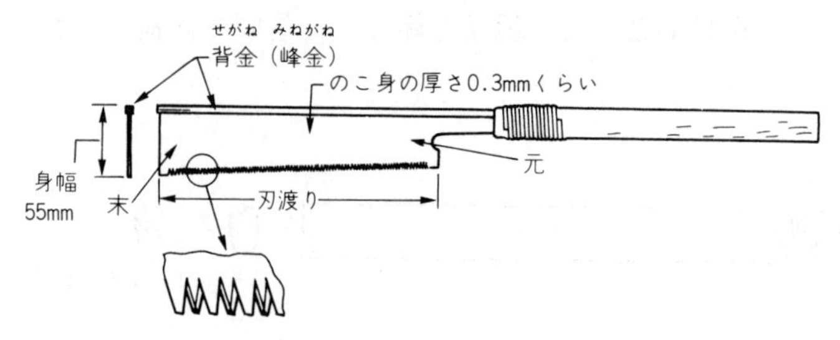

図1－41　胴付きのこ

c. あぜびきのこ

あぜびきのこは，あぜ又は縁取りなど，主として突き止まりの溝をひき込むのに用いられる。図1－42のように，刃先が円弧状で，刃渡りが短く，首が長い。普通ののこぎりは，たいてい材料の一端からひき込むが，こののこぎりは，材料の平面から簡単にひき込むことができる。

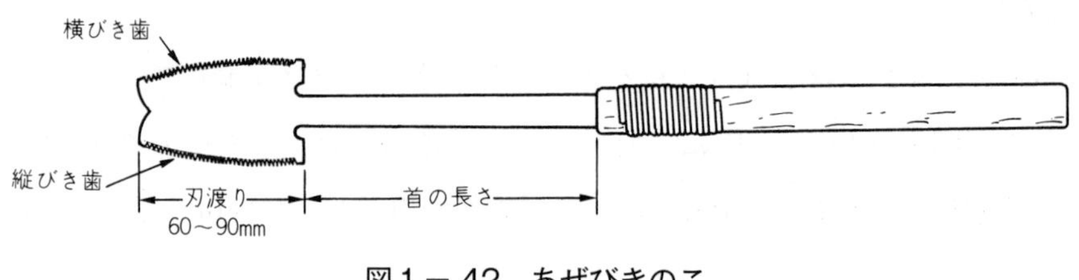

図1－42　あぜびきのこ

d. 回しびきのこ

回しびきのこは，主として曲線をひき回すのに用いられる（図1－43)。のこ身は厚く，幅は狭く，末身にいくに従って細く，薄くなっている。曲線びきに便利なように，背は角が丸めてある。あさりがなく，ばら目が付けられている。

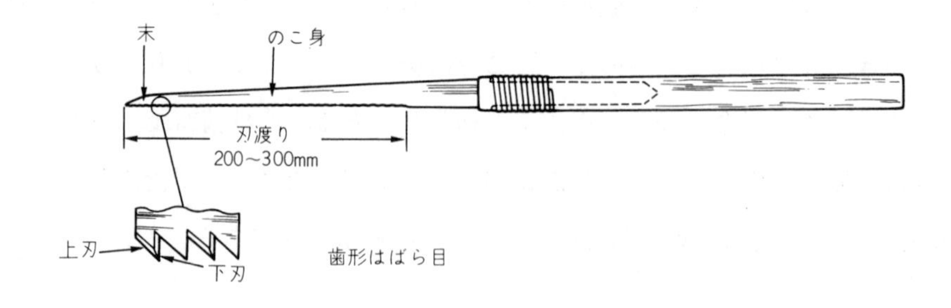

図1－43　回しびきのこ

e. その他ののこぎり

① 糸のこ

糸のこは，回しびきのこと同じように曲線をひくのこぎりで，小細工用に用いられる。また，のこびきをする材料によって刃を簡単に交換できる（図1－44）。

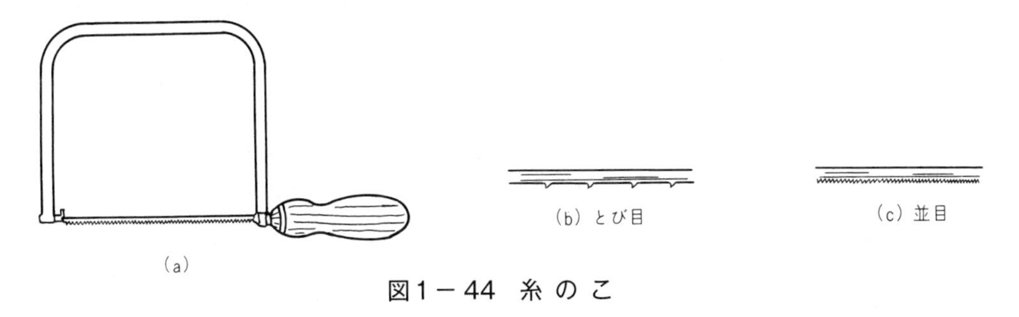

図1－44 糸のこ

② つるかけのこ（弓のこ）

つるかけのこには，竹びきのこや金切りのこなどがある。こののこぎりも，刃を簡単に交換することができる（図1－45）。

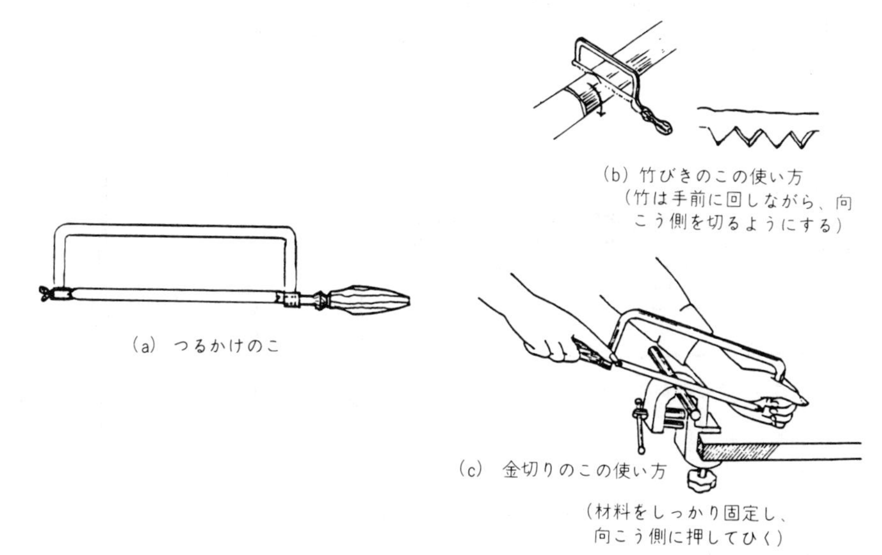

図1－45 つるかけのこ

(3) のこぎりの取扱いと安全

のこぎりの寿命は歯先にあるので，つるして保管するのが最もよいが，工具箱に納める場合は，ケースを作り，他の工具類と一緒にして歯を傷めないように保管しなければならない。のこぎりを寝かせて上に他の工具をおくと，のこぎりが曲がる原因になる。

また，歯先の保護のほかに大切なことは，のこ身をさびさせないことである。のこ身がさびるとスムーズに滑らなくなるので，使い終わったら必ず油でふいておくという習慣をつける。

a. のこぎりの保全

のこぎりを正常な状態で保持するには，表1－9及び図1－46に示した事項を守る。

表1－9　のこぎりの保守

行　動	要　点	理　由	図　解
①　のこぎりの防せい	さびを防ぐため油でふいておく。	さびのため，のこぎりの歯が折れる。	(b)
②　のこぎりの保護	他の工具の重みをかけない。 木製さや，又は厚布を巻く。	のこ身を曲げたり歯を傷めないようにするため。	(a)，(c)
③　目立て	切れなくなったら，正確な工作をするためと，保護の目的で目立てをする。	無理な使い方をして，のこ身を傷めたり，滑ってけがをしないようにするため。	

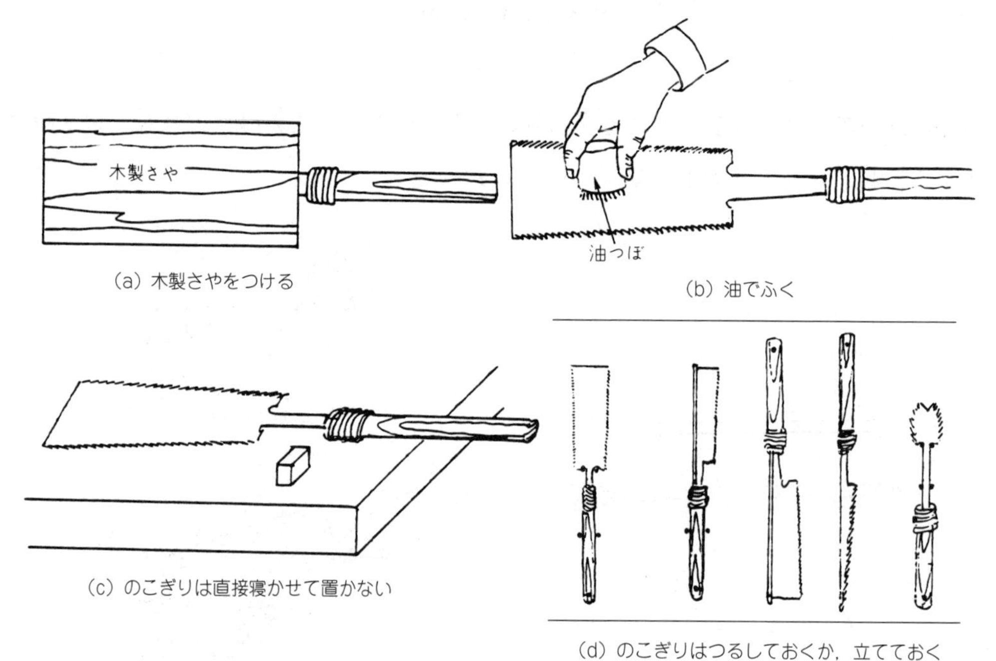

(a) 木製さやをつける

(b) 油でふく

(c) のこぎりは直接寝かせて置かない

(d) のこぎりはつるしておくか，立てておく

図1－46　のこぎりの保守

b. のこぎりの持ち方

のこぎりを顔の中心に構えて，鼻すじとのこぎりの刃が同一線上になるよう上から見ながら，加工材に対してのこぎりが垂直になるようにする。

① 両手びきの場合は，肩や手先の力を抜いて呼吸を整え，軽くのこぎりを持つ(図1－47)。

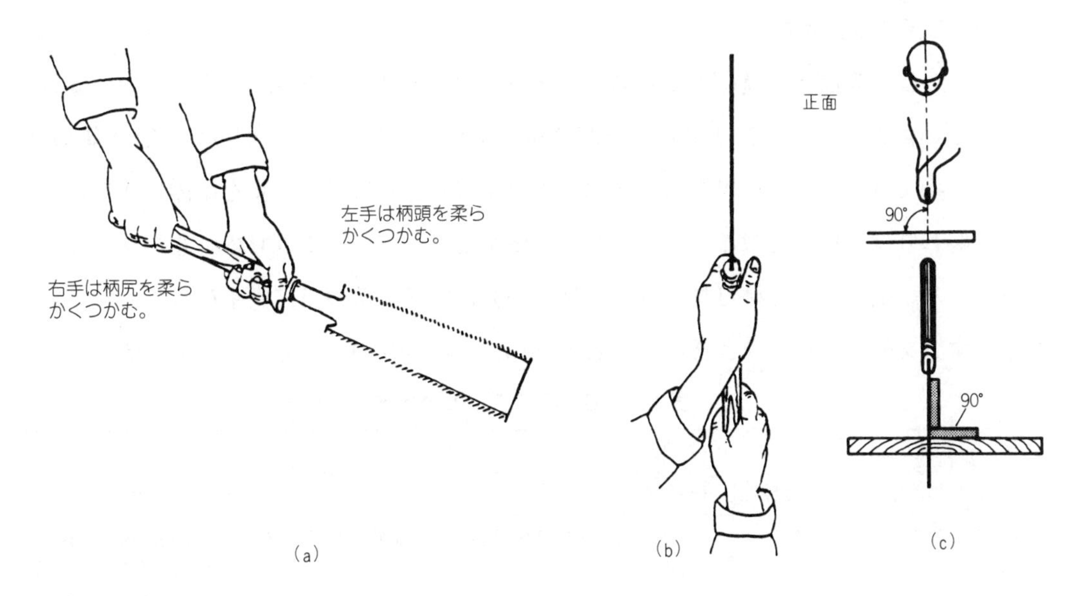

図1－47　両手びきの持ち方

② 足は右足を後ろに引き，半歩広げて構える（図1－48）。

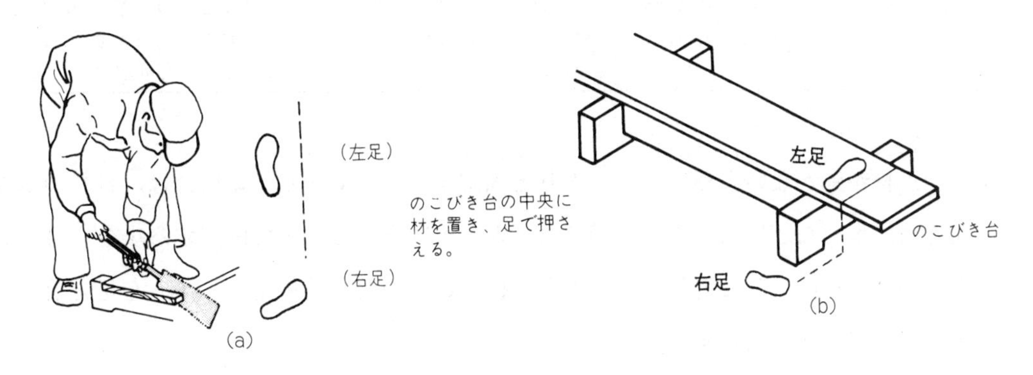

図1－48　姿　　勢

③ 片手びきの場合は，加工材を当て止めにぴったりつけて，柄尻を握る（図1－49）。

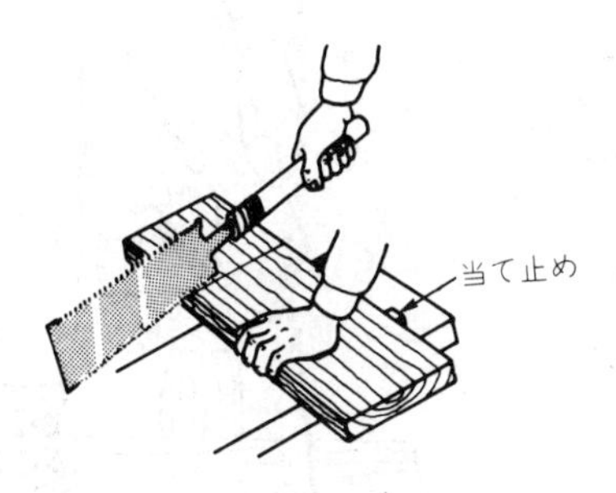

図1－49　片手びきの持ち方

c. のこぎりのひき方

ひき始めは，縦びき，横びきとも同じである。のこぎりにはあさりがあるので，墨線の真上をひいたのでは，あさり幅の半分だけ寸法が小さくなる。したがって，ひき始めは，左手の親指又は人差し指を墨線（内寸法）の反対ぎりぎりに立て，指を案内にする。

ひき終わりは，片手でのこぎりを持ち，速度を落として，のこぎりの動きをゆっくりと小さくする。最後は加工材自身の重みで材料が裂けて落ちるので，両手びきでは左手でひき落とす方を軽く持ってひき終わる。表1－10にのこぎりのひき方について示す。

表1－10　のこぎりのひき方

行　動	要　点	理　由
①　材料の固定	材料をしっかり固定する。	のこぎりの破損防止。
②　のこ歯の選定	横びきをするときは，横びき歯であることを確認してから，ひき始める。	横びきのとき，縦びき歯でひくと繊維の切断抵抗が過大なため，のこぎりが跳ね上がり，手にけがをすることがあり危険である。
③　のこびき	ひき始めは元歯で，ていねいにひき口を付ける。次に，のこ身いっぱいに，軽くゆっくり動かす。	急ぐと，のこぎりがぶれて折れたり，ひき始めで指にけがをしたりする。

①　加工材が動かないように，しっかりと固定する〔手で固定する場合は，材料の木端面を当て止めなどに当てて，左手でしっかりと固定する。足で固定する場合（材料が大きいとき）は，楽な姿勢でひけるように手ごろな台や馬を用意して，左足を前に右足を引いて材料を固定する。〕。

図1－50に材料の固定の仕方を示す。

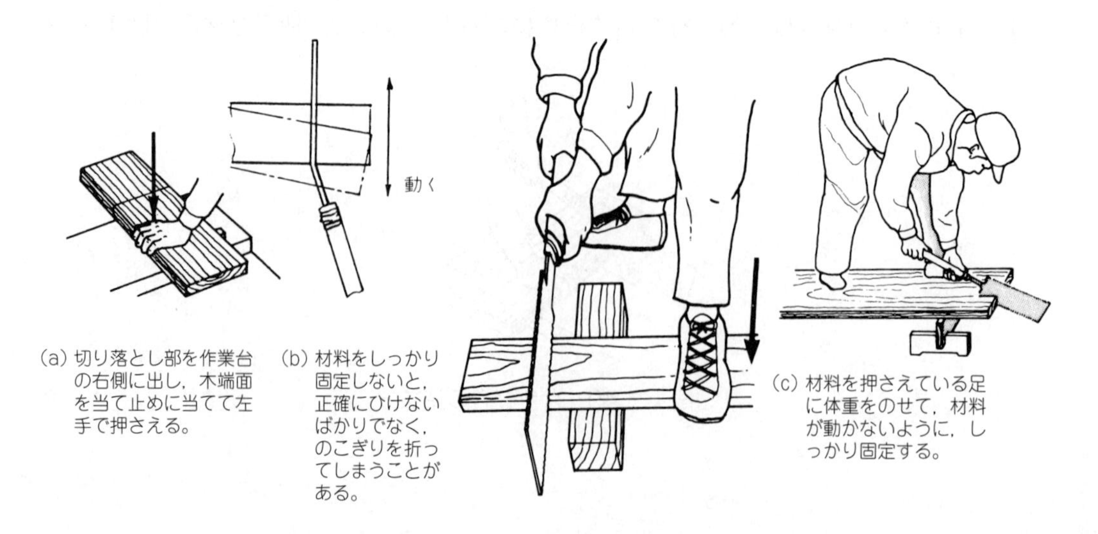

図1－50　材料の固定の仕方

② ひき始めは，左手の親指又は人差し指を加工材の墨線際に立てて，案内にする。このとき，左手親指又は人差し指の指先にのこ身を沿わせる（図1－51（a））。

③ 横びきの**元歯**で軽く，小さくひき込む。正しい位置に**ひき口**ができたら，左手の親指又は人差し指を離す（縦びき，横びきとも，ひき始めは横びきの元歯でひき口を付けることもある。）。

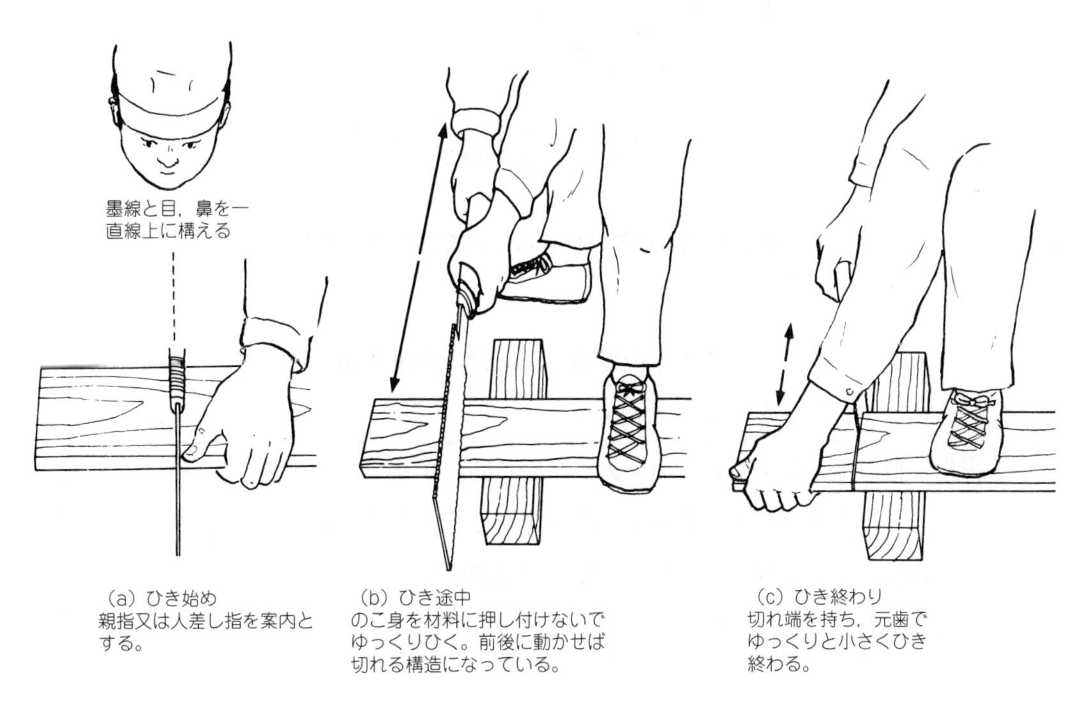

図1－51　ひき始め，ひき途中，ひき終わり

④ 右手だけでひく気持ちで，のこ身いっぱいに大きくひく。返しは，力を抜いて軽く戻す。のこぎりが左右にぶれないようにする（図1－51（b））。

⑤ ひき終わりは，元歯でゆっくりと小さくひき，左手で切れ端を軽く支える（図1－51（c））。

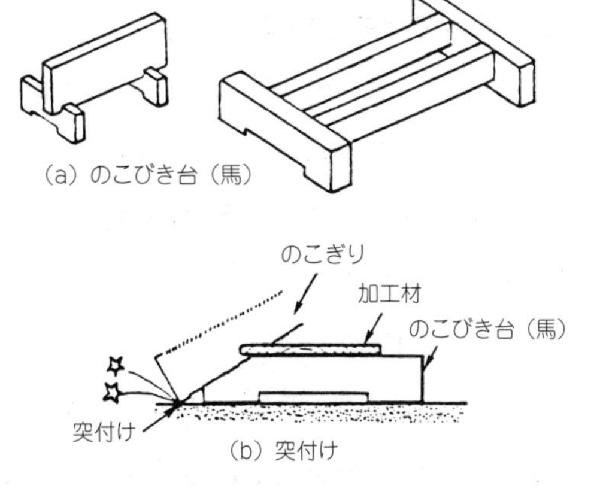

図1－52　馬と突付け

のこびき台（馬）は，材料を安定させるためと，高さを出すために用いる。突付けは，のこぎりを折る原因になるので注意する（図1－52）。また，図1－53に繊維方向によるのこ歯の使い分けについて図解する。

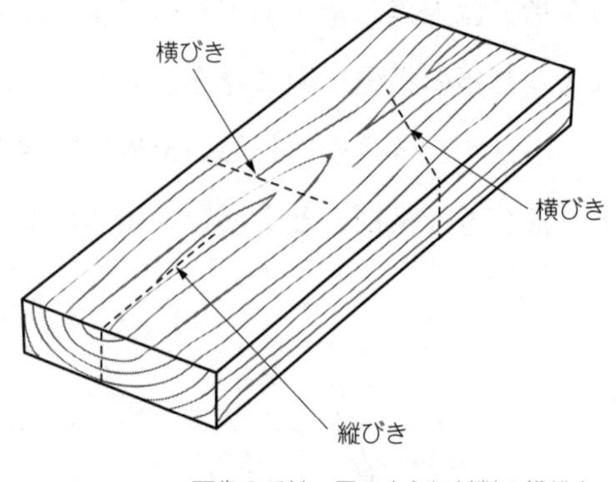

両歯のこは、図のように材料の繊維方向を見て、横びきは横びき歯で、縦びきは縦びき歯でひく。

図1－53 繊維方向によるのこ歯の使い分け

のこぎりの取扱いにおける安全作業

□にチェックを入れながら進めましょう。

(1) 歯先が他の工具と接触し，歯が欠けない状態にする。	□
(2) のこぎりに応力がかからないよう吊るすなどして保管する。	□
(3) 使い終わったのこぎりに油などをひいて保護する。	□
(4) のこぎりを直射日光や風雨にさらさない。	□

1.4 の　み

(1) のみの機能と構造

かんなの刃形は刃先にいくに従って幅が狭くなっているのに対し，のみの刃形は反対に刃先の方がいくぶん広くなっている。この違いは，かんな刃は押さえ溝との加圧収縮を考えたものであり，のみは木材の中に打ち込まれたときに，幅方向の摩擦抵抗を受けないようにしたものである。

a. のみの構造

のみは用途面から分類すると，玄能でたたいて穴や欠取り部の荒取りをする種類と，手で押し削って墨際を仕上げる種類に大別できる。

のみは図1－54のように，**穂**（ほ）と呼ばれる鋼製の部分と柄からできている。穂と柄の接合部には口金が付いており，**込み**（こみ）が柄にはめ込んである。そして，玄能でたたくのみは柄の頭部に**冠**（かつら）と呼ばれる環が取り付けられているが，手で押し削るのみには冠が付いていない。

b. のみの機能

のみの刃は，かんなの刃と異なり，刃裏の鋼が，小端までまわっている。これは，ほぞ穴掘りなどのような作業ができるよう，刃そのものを丈夫にするためと，のみの小端を切れ刃とするためである。

のみの切れ刃の角度は，一般には20～35°であるが，材料の堅さや用途などによって異なる。

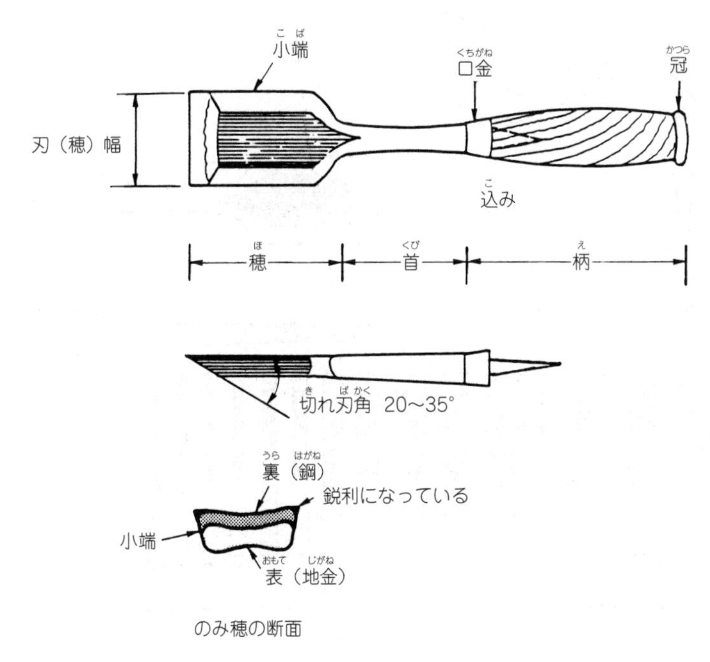

図1－54　のみの構造と名称

（2）のみの種類

BC4C～3C弥生時代に大陸から鉄器が伝わったとされ，次の時代3C～7C古墳時代にのみが現れ使われていた。のみの種類は，驚くほどたくさんある。のみの種類は，扱う材料の材種（硬軟）や加工する穴の形態（形状･大きさ･深さ）など，のみを使う目的によってそれぞれ分けて作られており，その使い方も異なっている。

これらののみは，使い方により2つの形式に分けることができる。その1つは，玄能でたたいて使うのみで，総称して**たたきのみ**という。たたきのみには，追入のみ，向こうまちのみ，丸のみなどがある。

これに対して，柄を手で握ったまま直接押して使うのみを総称して，**突きのみ**という。突きのみには，薄のみ，しのぎのみ，こてのみなどがある。

a. 追（大）入れのみ

のみの中で一番よく使われるのが，この追入れのみで，大入れのみと記すこともある。

たたきのみの代表格で，比較的浅い穴，段欠き，組み手の欠き取りなどに主として用いられる。厚さは薄く，幅は厚さに比べて広くできている。また，刃表の小端の角（かど）を斜めに落としたもの（面付き）と，角を持つもの（面なし）がある（図１－55）。

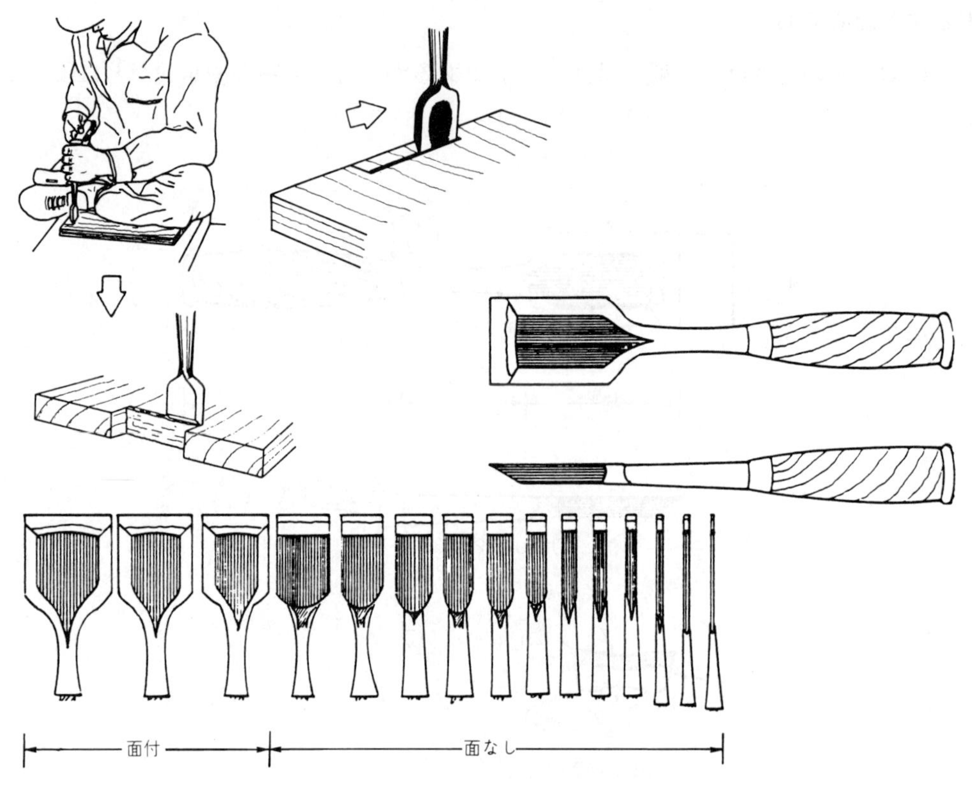

図１－55　追入れのみ

b. 向こうまちのみ

向こうまちのみは，深く狭い穴掘り，堅い木の穴掘り作業に適している。のみの形は穂が長くて幅が狭く，厚さが幅よりも大きいのが特徴である（図１－56）。

切れ刃角は，追入れのみに比べて大きい。硬材用のものは，刃先の強度を保持するために，二段刃研ぎをして用いることもある。

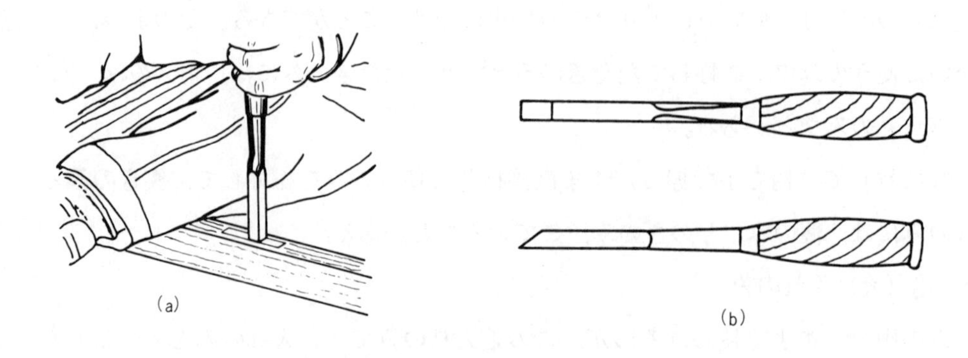

図１－56　向こうまちのみ

c. 薄のみ

薄のみは，突きのみの一種で，穂は極めて薄く，柄は長くて冠がない。厚さは2.5 ～ 4.5mmぐらいで，一般にほぞ穴の側面や墨際の突き削りに用いられる。

このつみは，主に腕力だけで使用するので，柄は少し長く作られており，柄尻が丸くなっている（図１－57）。

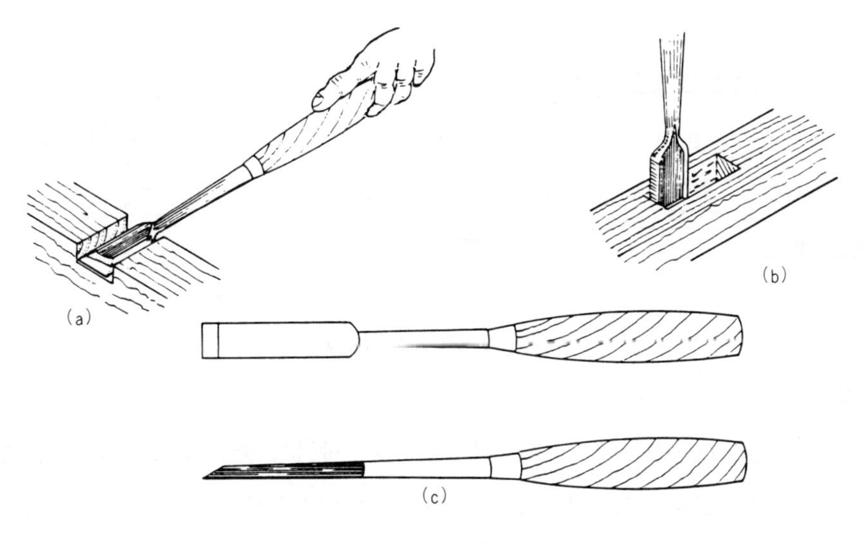

図１－57　薄のみ

d. しのぎのみ

しのぎのみは，薄のみに似ているが，刃（甲）表がしのぎ形（断面が三角形）をしている（図１－58）。穂の両側が薄く鋭角になっているので，普通の薄のみでは難しいありほぞの地すきや，入隅の削り仕上げに便利である。

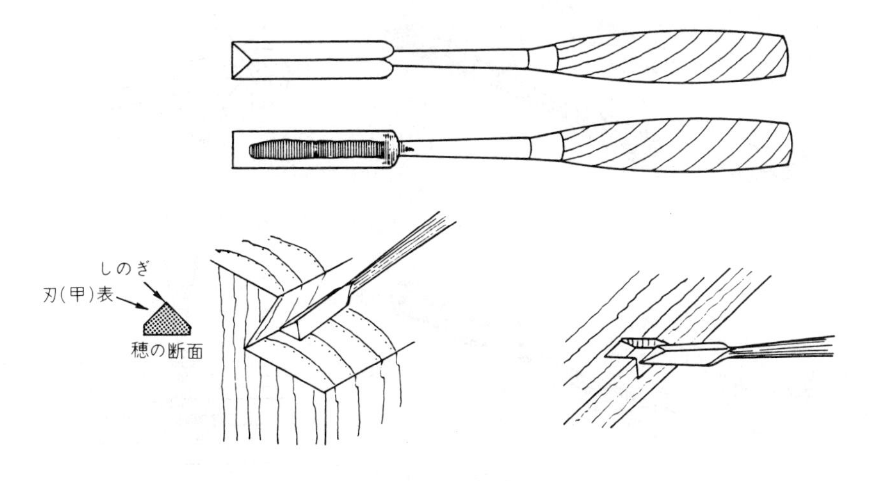

図１－58　しのぎのみ

e. こてのみ

こてのみは，突きのみの一種で，首を長くして折り曲げ，こてのような形をしている（図1－59）。

刃裏を溝底に密着させて，こてのように使用する。用途は，突き止まり溝，長い溝底の削り仕上げに用いる。

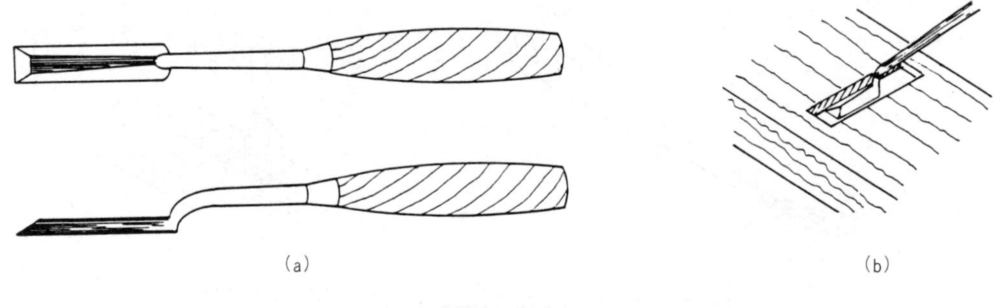

図1－59　こてのみ

f. 丸のみ

丸のみは，たたきのみの一種で，冠があり，穂が円弧状の断面を持つのみである。丸のみには，外側に付鋼がある**外丸のみ**と，内側に付鋼がある**内丸のみ**がある（図1－60）。また外丸のみには，刃表がしのぎ形になった厚いものと，刃表にくぼみがある薄いものがある。内丸のみは，内側の凹曲面に切れ刃を付けたもので，刃先線が刃裏の凹曲面に沿った円弧状である。ここで，外側が付鋼の外丸のみは内側を研磨し，内側が付鋼の内丸のみ

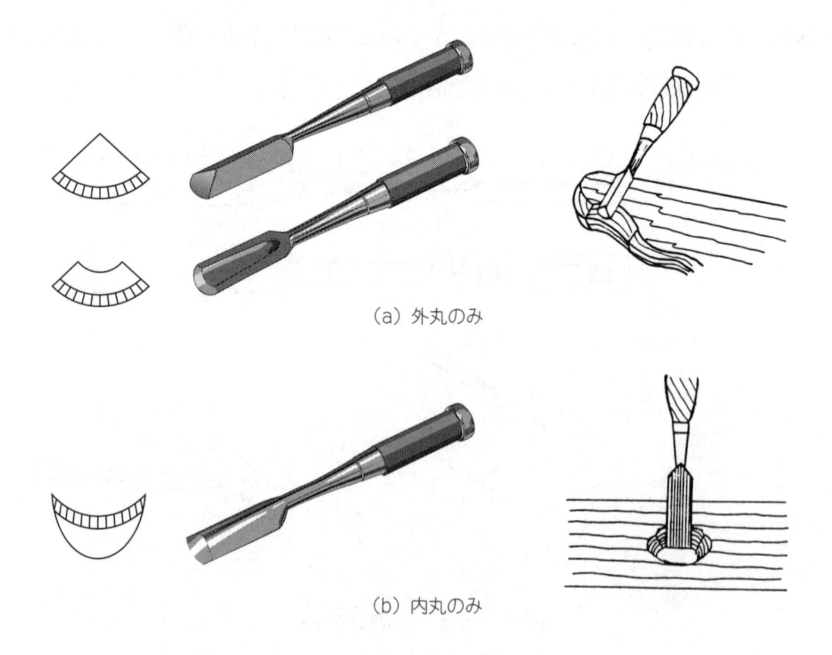

図1－60　丸のみ

は外側を研磨する。

用途としては，数寄屋建築などのような丸太材料の曲面の加工，彫刻などの荒削りや丸太掘りなどの荒削り（外丸のみ），仕上げ削り（内丸のみ）である。

g. かき出しのみ

細長い穂の先端をもり形にしたもので，包み穴などののみくずをかき出す専用のものである。かき出しのみには，穴底にたまったのみくずを小さく刻んでかき出す**もりのみ**と，穴底をきれいにさらいながらかき出す**底さらいのみ**の２種類がある（図１－61）。

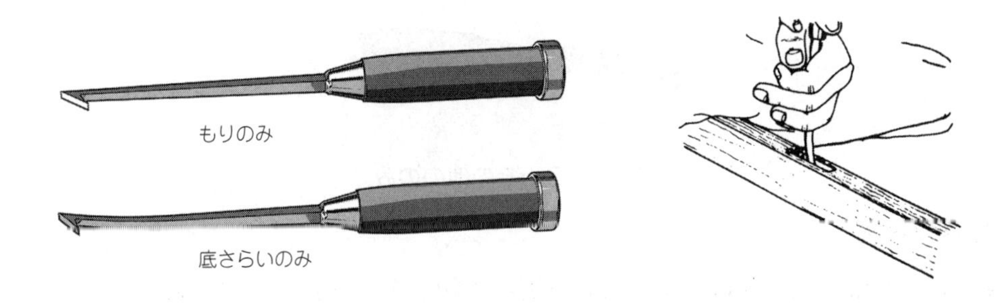

図１－61　かき出しのみ

h. 打抜きのみ

打抜きのみは，穂が四角で刃はなく，先端が平らになっていて，滑りを止める格子状の浅い溝が付けてある。柄がたたきのみのようになっており，通し穴のくずを打ち抜くのに用いられる（図１－62）。

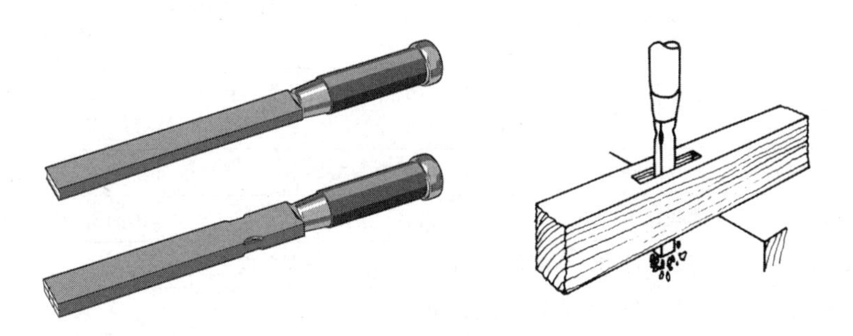

図１－62　打抜きのみ

i. その他ののみ

つばのみは，首のところにつばがあり，穂は四角で細長く，先端が諸刃形となっている（図１－63）。たたきのみの一種で，合釘，船釘など釘の予備穴をあけるのに用いられる。打ち込んでから，つばの下方をたたき，抜き取るもので，一般に軟材に用いられる。

鎌のみは，小刀の先端を諸刃としたもので，入隅をさらうときや，通し穴の穴壁をさらうときに用いる。

二又（ふたまた）向こうまちのみは，２枚ほぞのほぞ穴を一度に掘るときに用いる。これら３種類ののみは，特定作業専用のもので，最近はほとんど用いられていない。

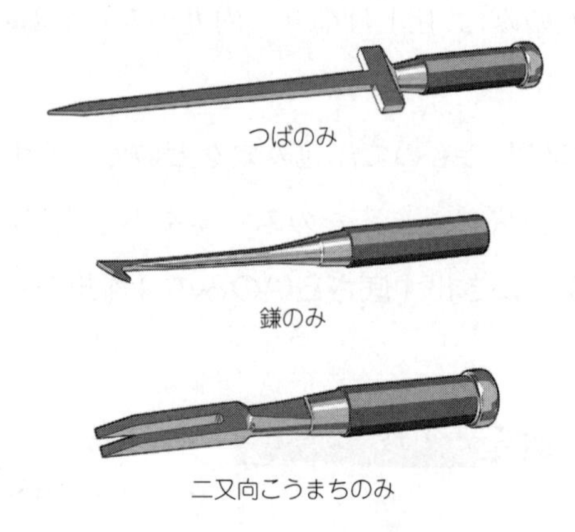

図１－63　その他ののみ

（3）のみの寸法

のみの大きさは，表１－11のように刃（穂）の幅を公称寸法としている。

表１－11　のみの寸法

分類	名　称	用　途	特　徴	刃　幅（mm）
たたきのみ（やっこのみ）	追入れのみ（大入れのみ）	浅い穴あけ用 一般工作用	薄身，偏平	3，6，9，12，15，18，21，24，30，36，42
	向こうまちのみ	深い穴あけ用 狭い溝掘り用	穂は長く，幅の狭いわりに厚い。	3，6，9，12，24，30
	厚のみ	ほぞ穴あけ用	追入れのみと向こうまちのみとの合成形	12，15，18，24
突きのみ	薄のみ	削り仕上げ用	押しのみ，突きのみ，仕上げのみともいう。	9，12，15，18，21，24，30，36
	しのぎのみ	あり溝隅削り	断面が三角形をしている。	9，12，15，18，24，30
	こてのみ	溝底仕上げ用	左官ごて状	9，12，18，24
特殊のみ	つばのみ	釘道あけ用（つばを逆にし，たたいてのみを抜く。）		
	打抜きのみ	通し（ほぞ）穴の貫通加工用		
	かき出しのみ	もりのみ，底さらいのみ，くず出しのみがある。		

注）やっこのみ：たたきのみの総称

（4）のみの取扱いと安全

のみはたくさんの種類がある。その１つひとつが工作する材料の大きさや材種，ほぞや穴の形など，用途や目的にかなうように作られており，使い方もおのずと異なっている。

のみは，かんなやのこぎりと違い，刃が直接むきだしになっており，木工具の中では最も危険であるので，慎重に取り扱う必要がある。

のみの収納に当たっては，図1－64に示すようにのみ箱やのみ袋を使用するとよい。ただし，一般に，のみ袋は布･革製のものが多く，それらは湿気を招きさびにつながるため，長期間保管する際にはのみ箱を使用する。

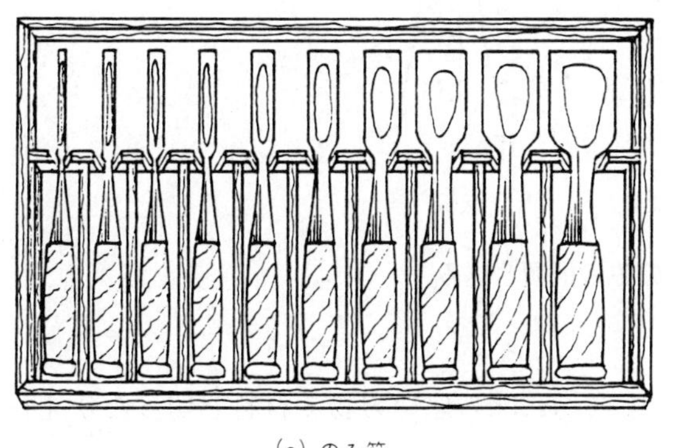

(a) のみ箱

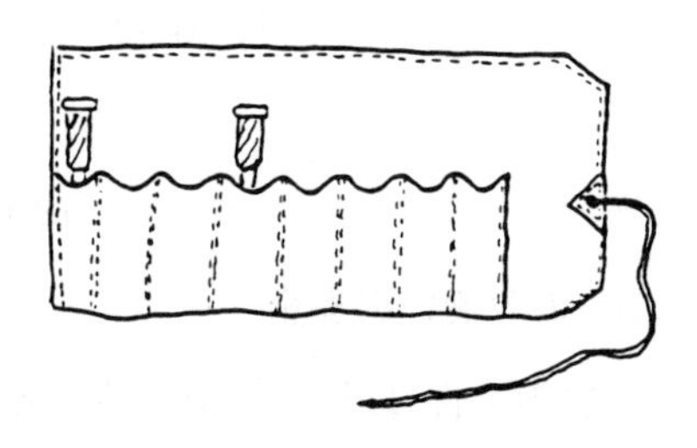

(b) のみ袋

図1－64　のみの収納

a. のみの保全

のみは，表1－12に示した事項を日常的に点検し，すぐに使えるように整備しておく。

表1－12　のみの保守

行　　動	要　　点	理　　由
①　のみの保護	のみざや，のみ箱，布巻きなどで保管する。刃がさびないように油でふく。	刃物を傷めないようにするため。けがの防止のため。
②　のみの研磨	刃先の磨耗，欠損は正確な工作ができない。	切れない刃物はけがの原因になる。
③　柄の補正	冠，込み，その他の状態を調べておく。	柄が割れたり，飛んだりして危険である。
④　のみの使用	くさびやてこなどの代わりにしない。	割れたり，曲がったりする。

図1－65にのみ箱とのみのさやを，図1－66にのみの柄頭と込みについて示す。

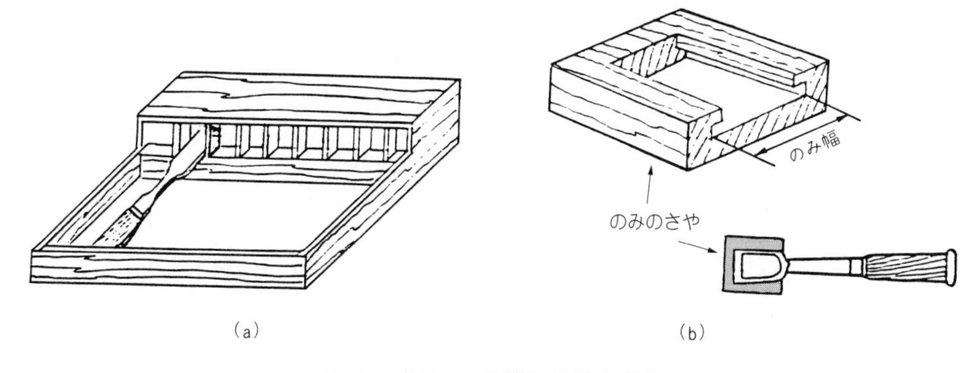

(a)　(b)

図1－65　のみ箱とのみのさや

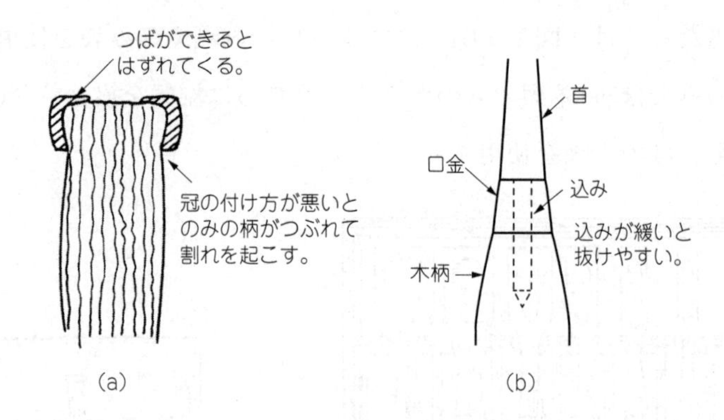

図1－66　のみの柄頭と込み

b. のみ使いの安全

刃物の条件は，第一に切れることである。もし切れ味の悪い刃物で材料を切ったり，削ったりすると，無理な力が加わり，スムーズに切れない。特にのみの場合，切れ味のよいものを使うことが，安全作業上何よりも大切である。また，加工材が不安定な状態で穴掘りや欠き取りはしない，突き削りではのみが進む方向を押さえないなど，のみ使いに際しては細心の注意を払う（表1－13及び図1－67参照）。

表1－13　のみ使いの安全

行　　動	要　　　点	理　　由
①　のみの使い方 (a)(b)	のみ先には指，体などを出さない。	危険である。
②　突き削り (c)	上から突き削るときは左手をそえ，横から突き削るときは必ず当て止めを使う。	滑ると危険である。
③　のみの保管 (d)	のみがかんなくずなどの中にまぎれ込まないようにする。	危険である。

(a) 刃先の進む方向に手や指があると危険なので、刃先の前には絶対に手を置かない。また、材料が固定されず不安定なことも危険である。

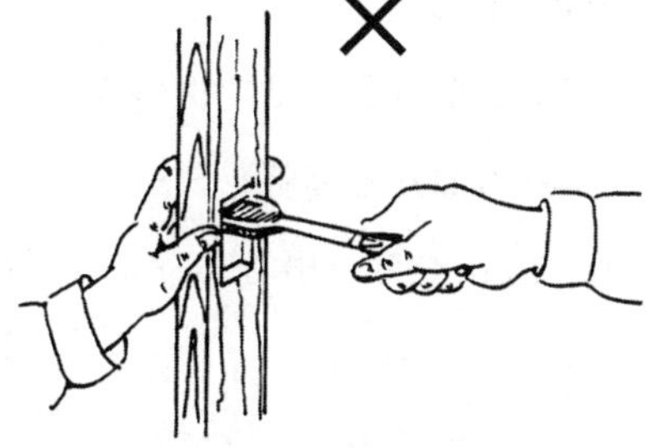

(b) 刃先の方向に指があるので危険、力があまって材料を突き抜け、指にけがをすることがある。

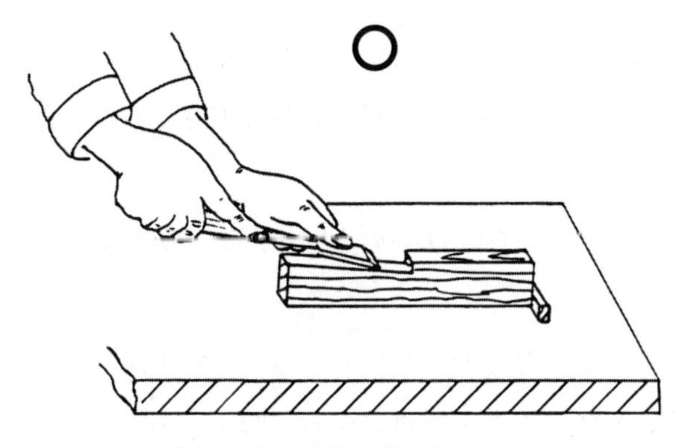

(c)当て止めで材料が滑らず安定する。

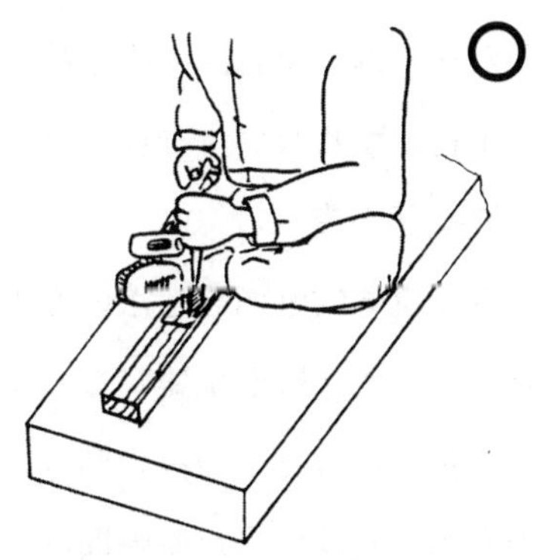

(d)材料を足で固定して、のみの刃先を下向きにして作業する。

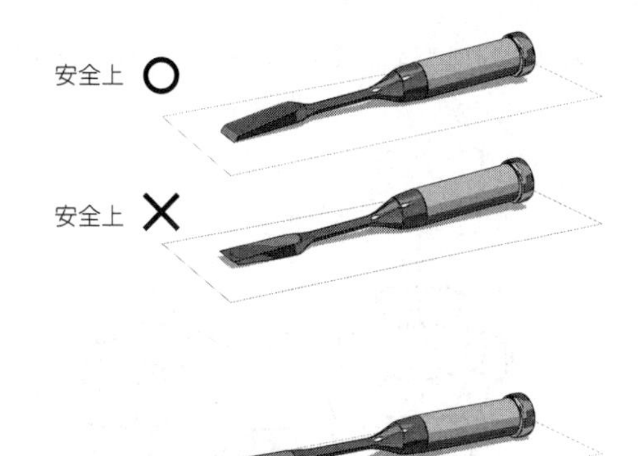

(e) のみは、刃表を上にして置く。刃裏が上に向くとけがの原因になる。刃先を傷めないよう、刃裏を上にして置く場合は、転がらないように、木片を下に置く等工夫をする。

(f)ころがって、かんなくずなどの中に隠れ込むと危険

図１－67　のみ使いと整理整とん

c. 穴の掘り方

のみで穴を掘るときは，次のことに注意する。

①　のみの握りと姿勢

柄頭が1cmぐらい出るように，手のひらでしっかり握り，材面に対して垂直になるようにする（図1－68）。

・のみは穴墨の中心に立てる。

・体の中心をのみの中心に合わせる。

・背筋を伸ばした姿勢で構える（図1－69）。

・たたきのみの場合，のみを持つ腕は，左足の上に乗せ，安定させる。

・加工材がずれないように，足でしっかりと固定する（足の太股で押さえるとよい）。

②　穴掘り作業

・のみは**ほぞ穴**と同じ寸法のものを使用する（幅が狭いのみでは，加工能率が悪く，のみが傾いて穴壁が乱雑になりやすい。）。

・打ち込むときは，のみの傾きに注意する（傾いたまま打ち込むと，穴が傾く）。

・のみ頭に玄能が当たる瞬間は，常に柄頭に対して垂直にする（図1－70）。

・刃裏を手前に向けて握り，垂直に打ち込む。

・のみは，左右に振らずに真上に抜く。ほぞ穴の掘り口は，まわりを傷めないようにする。

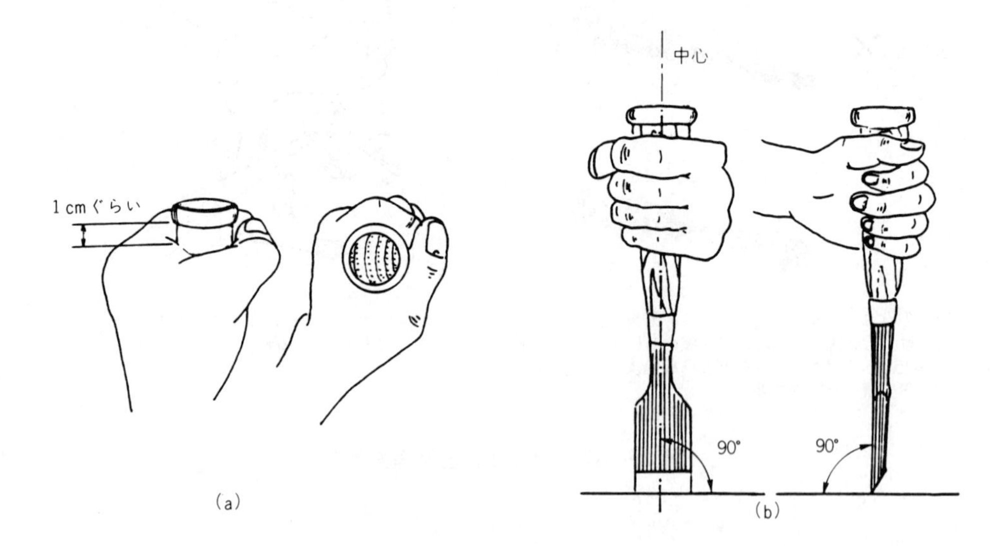

図1－68　のみの握り方

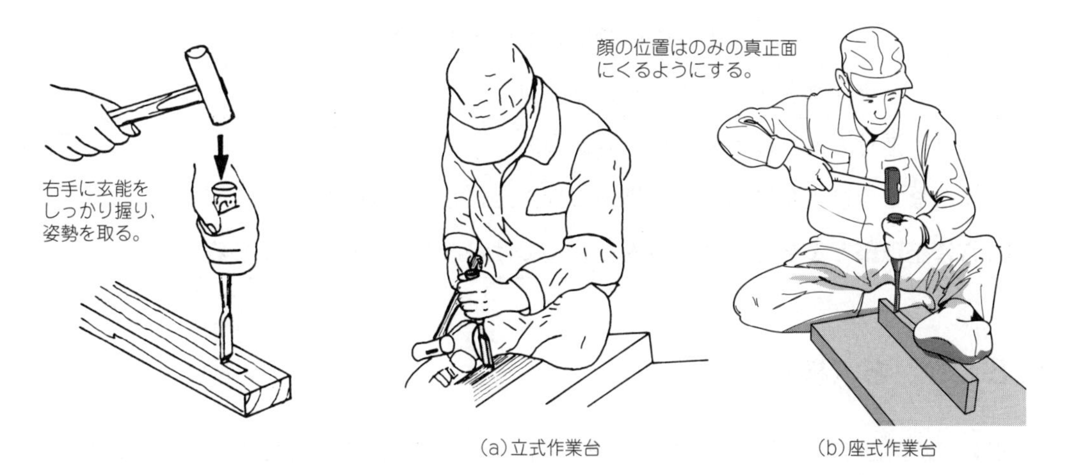

図１－69　穴掘りの姿勢

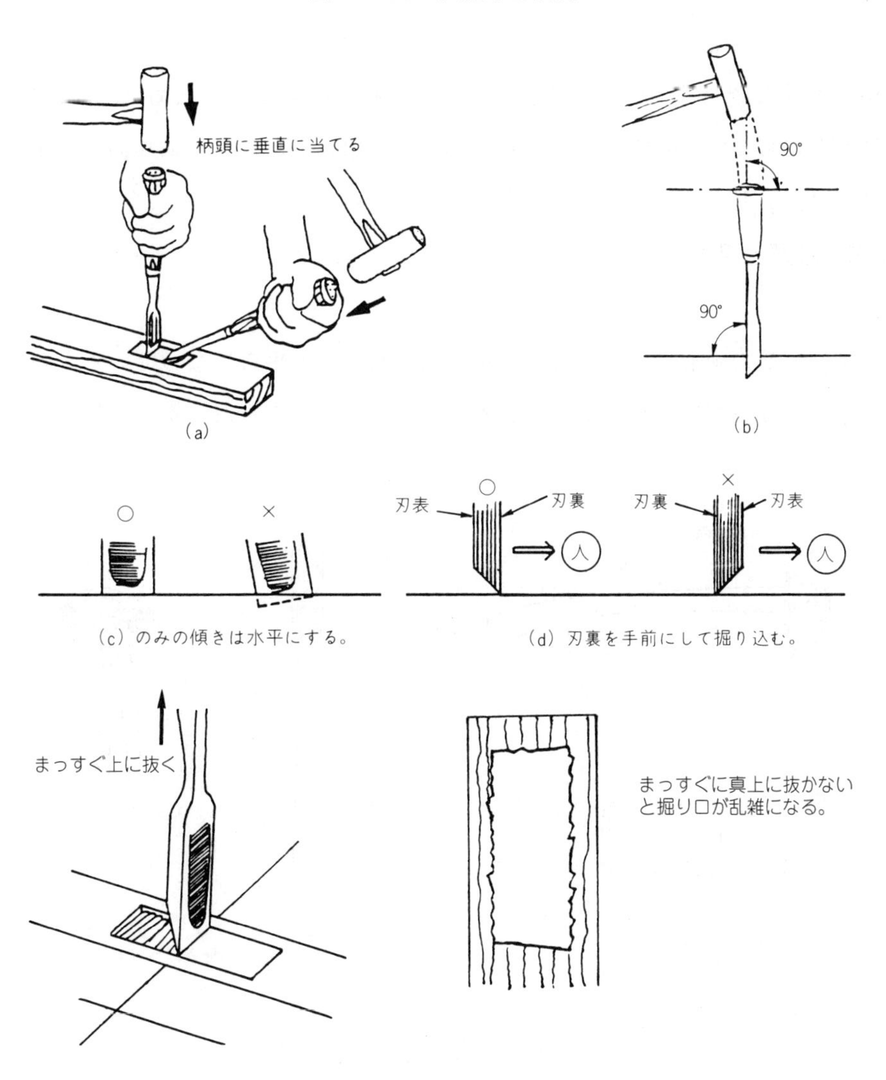

図１－70　穴掘り作業

のみの取扱いにおける安全作業

□にチェックを入れながら進めましょう。

(1) のみの進行方向には手や身体を置かない。	□
(2) ほぞなどの修正時には人指し指を刃押さえにして作業を行う。	□
(3) 常に整理整とんを心掛け，のみを踏んでけがなどしないようにする。	□

1.5　つ　ち（槌）

一般に,物をたたく道具のことを「**つち**（槌）」という。頭が木でできているものを「木づち」，鉄でできているものを「**金づち**」と呼び，金づちは職種や用途により数多くの種類がある。

その中でも「玄能」は金づちの代表格である。辞書によると「玄翁（げんのう）は，鉄槌で大きく，頭の両端がとがらないもので，多くの石を割るのに用いられる。玄翁和尚が殺生石を砕いたので名付けた」とある。

（1）つちの種類と用途

a. 玄　能

頭は軟鋼性でその両端に硬鋼を付け，小口面は両端とも平らになっているものと，一端を球面とし，もう一端は平らになっているものがある。図1－71に玄能の形態と名称を示す。

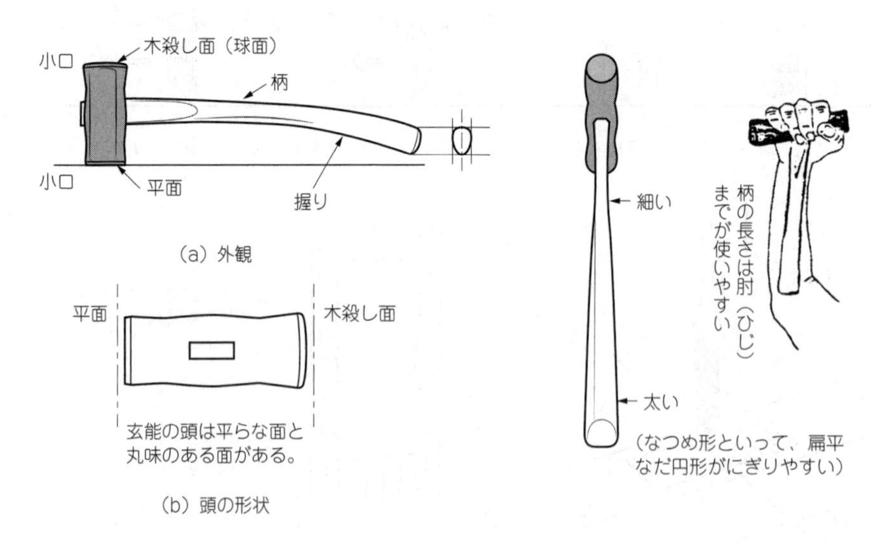

図1－71　玄　　能

球面は**木殺（きごろ）し面**ともいわれ，木材の表面を**木殺し**するときや釘打ちの最後の一撃をするときなどに用いられる。平面はのみの柄頭や釘の頭をたたく作業などに用いられる。柄はカシ材が用いられ，形は使う人の手に合わせて作業の正確さと運動量の調節を取るようにする。表1－14に玄能の種類と重量について示す。

表1－14　玄能の種類と重量

大玄能	180～200匁（もんめ）	675～750g
中玄能	100匁，130匁，150匁	375g，487g，562g
小玄能	50匁，60匁，80匁	187g，225g，300g
豆玄能	25匁，30匁	93g，112g

（1匁＝3.75g）

b.　木づち

頭，柄ともにカシ，ケヤキなど，堅く強靭な材質のもので作られており，断面は丸形が多く用いられている。

打ち傷を付けないので，かんな刃の出し入れや組立て工作に用いられる。**木づち**の大型のものは，**掛矢（かけや）**と呼ばれ，杭打ちや建築物の柱の組立てに用いられる。図1－72に木づちの外観を示す。

（a）木づち

（b）掛矢

図1－72　木　づ　ち

c.　金づち

頭の一方を平面にして硬鋼を付け，もう一方を円すい形にとがらせたもの，またざきにして釘抜きにした（箱屋金づち）もの，四角形，六角形のものなどがある。さらに，円すい形を平たく刃形状にした唐紙金づち，角型で12mm角の平面と，もう一方を3mm厚程度の刃形にした四分一金づち，のこぎりのあさりや腰入れなどに用いられる刃づちなどがある。いす張りに用いるものでは，頭を丸形に長くし，全体を馬てい形の磁石にして，平びょうを吸着できるようにした**いす屋金づち**がある。

図1－73に金づちの外観を示す。

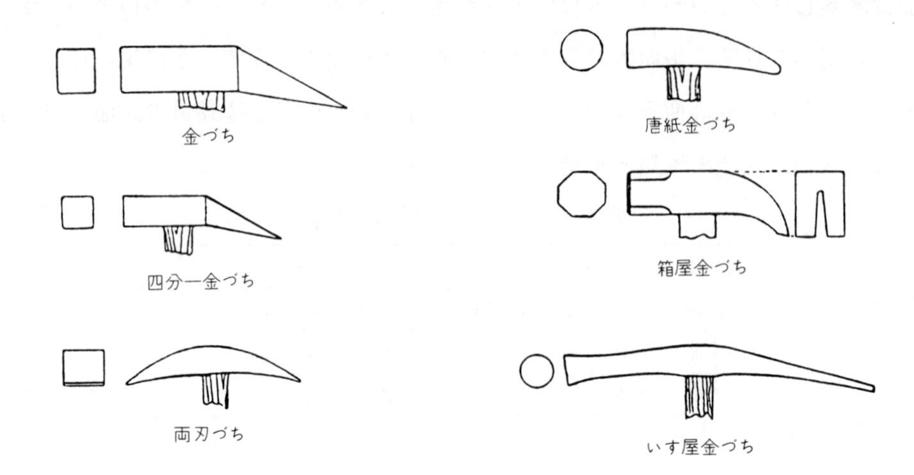

図1－73　金づち

d. その他のつち

木材加工分野では，頭が硬質ゴム・プラスチック・銅のつちも用いられる。硬質ゴムやプラスチックのつち（ハンマ）は木工品の組立て，プラスチックや銅は木工機械の分解や組立てに多用する。いずれのつち打ち作業も，相手方を傷付けず目的の打撃が得られるつち（ハンマ）の使用が望まれる。

（2）つちの取扱いと安全

a. 持ち方

大半のつち類は，重さを利用して打つのがよい。したがって，頭の重さと柄のバランスが大切である。つちの重さを生かして打つということは，軽く握って振り上げ，打ちおろした瞬間に強く握るという方法である。

原則としてつち類は，柄尻を持って使う（図1－74)。

図1－74　つち類の握り方

b. つち打ち作業と安全

一般的に，重い玄能やハンマは腕全体を使って大きく振り上げる（振り下ろす）が，小形の金づちは手首を軸に小さく動かす。

① 釘打ち

長い釘の打ち付けは，玄能や金づちの柄尻を手の平で包み込むように持ち，肘を軸として上下に大きく動かす。一方，短い釘の打ち付けは，柄を少し短く，人差し指を伸ばして持ち，手首を軸に軽く打ち下ろす。玄能による釘打ちでは，左手の指で打ち込み方向に釘を傾けて保持し，最初は平面，最後は球面で打つ（図1－75）。

ここで，つちの小口が打ち付け時に釘頭と傾斜した場合，釘の予備穴が過小又は浅い場合，堅い材料や釘先が節に当たる場合などでは，打ち込み中に釘が曲がることがある。このような場合は，釘の曲がりを打ち込み方向に直し，曲がりと逆方向に起こすようにして打ち込む。

釘打ち作業で最初から強く打つと，つちの小口が釘頭から外れる，又は釘が倒れて，左手をたたくことがあるので，特に打ち込み時は注意を要する。したがって，釘を保持しているときは軽く打ち，釘から手を離した後に強く打つように心掛ける。

② 穴掘り

たたきのみによる穴掘りや欠取り作業では，左手でのみの柄頭近くを握る。つち打ちは，右手で玄能の柄尻を持ち，小口の平面でのみの柄頭を打つ。この場合，加工材が不安定な状態で打つと，のみを保持している手をたたくことがある。穴掘り作業では，加工材下面の切りくずを除去し，必ず当て止めを使う。

③ 組立て

部品又は製品の形態にもよるが，通常組立てには頭が重いつちを用いる。玄能や金づちによる組立てでは，部材に傷を付けないよう当て木（打ち当て）を用い，当て木と組立部を一緒に保持する。この場合当て木が小さいと，保持する指をたたくことがある。当て木は，厚さが20mm以上の堅い材料で，保持する手と十分に離れた位置をつち打ちできる長さが望ましい。

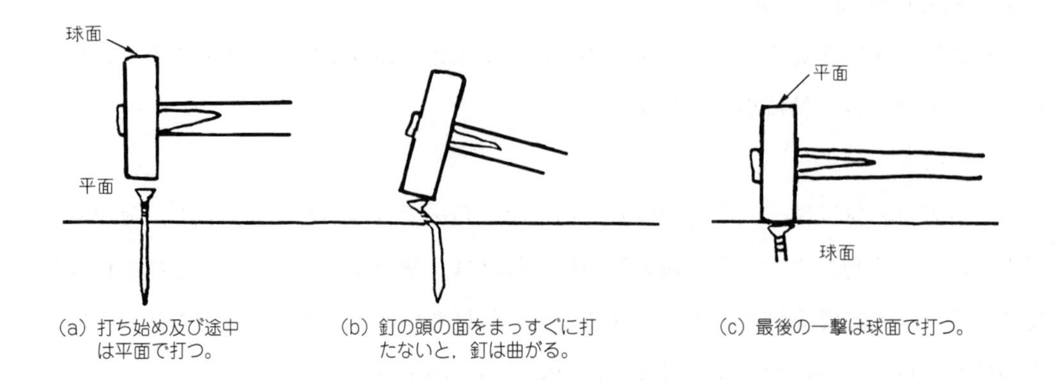

図１－75　釘の打ち付け

つちの取扱いにおける安全作業

□にチェックを入れながら進めましょう。

(1) 玄能頭と木柄のすげ方が緩く抜けないかどうか確認してから使用する。	□
(2) 玄能にひびが入ったり割れたりする可能性があるので，玄能同士（鋼同士）をたたいてはいけない。	□
(3) 釘又はのみの冠に玄能を当てるときは垂直に当てる（図1－70，図1－75）。	□

1.6　き　　り

きりは，丸い穴をあけるのに用いられる工具で，釘打ちの予備穴，だぼ穴，ボルト穴など，利用範囲も広く，その種類も多い。

（1）きりの機能と構造

きりは，きり身（穂）と柄からなっている。きり身は，軸と刃先の２つの部分からなっており，きり身の回転運動により，先端の切れ刃が材料の繊維に切り込んで，穴をあけるものである。これには，直接手のひらで回転させるもみぎりと，いろいろな回転形式と構造を持つ器械ぎり，電気ドリル，ボール盤がある。

きりの切削作用としては，次の４種類に大別して考えられる。

①　三つ目ぎり，四つ目ぎり（図１－76）

きり身の断面を三角形又は四角形として，先をとがらせ，その細長い稜角が側刃となって内壁（穴あけする内側の壁面）を削り，穴あけをする。**三つ目ぎり**は，釘，木ねじの予備穴をあけるのに適している。また，**四つ目ぎり**は，小穴をあけるのに適している。

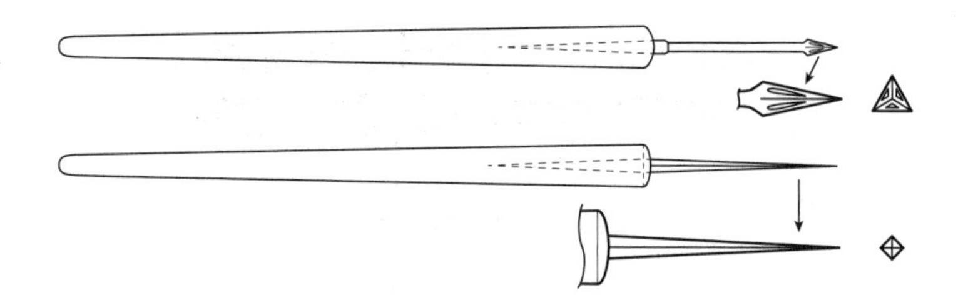

図1－76　三つ目ぎり（上）と四つ目ぎり（下）

②　つぼぎり，ねずみ歯ぎり，自在ぎり

刃先の中心がとがっていて，その円周上の2箇所にけづめ（け引き刃）のあるものと，刃先が円筒形の半分（半円）で，その内側に切れ刃を付けたものがある。これらのきりは，円筒の先端やけづめ（け引き刃）によって円形の切り込みを付け，繊維をけづめ又は円筒の刃先で切断しながら穴あけをする。穴の内壁は美しく，浅い比較的小径の穴あけに用いられる。図1－77につぼぎり，図1－78にねずみ歯ぎり，図1－79に自在ぎりを示す。

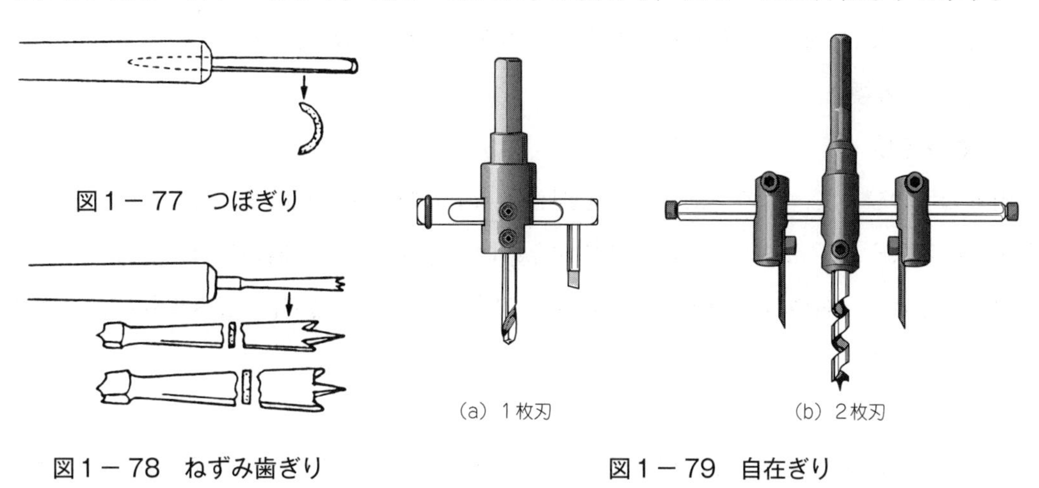

図1－77　つぼぎり

図1－78　ねずみ歯ぎり

図1－79　自在ぎり

③　中心ぎり，ねじぎり

きり身の先をとがらせるか，又は木ねじ状とした中心があり，その円周上にけ引き刃と，この中間の部分に平らな切れ刃（底刃）がある。け引き刃によって円形の切り込みを付け，中間部の切れ刃によって底をさらい，穴をあける。内壁の仕上がりが美しく，切削能率もよく，中径，大径，深い穴あけにも適している。図1－80に中心ぎり，図1－81にねじぎりを示す。

図1－80　中心ぎり

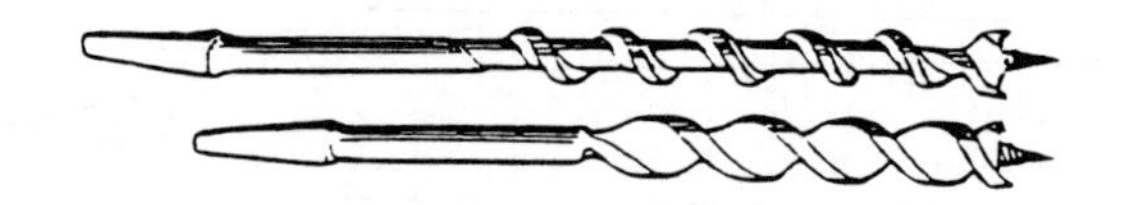

図1－81　ねじぎり

④　ドリル

きり身が丸軸で，軸方向にらせん状や直線の溝を付け，側刃を付けたものである。先端を浅い円すい形にして，先端角を付けて切れ刃としたものである。切れ刃により底を削り，側刃によって内壁を仕上げ，穴あけをする（図1－82）。

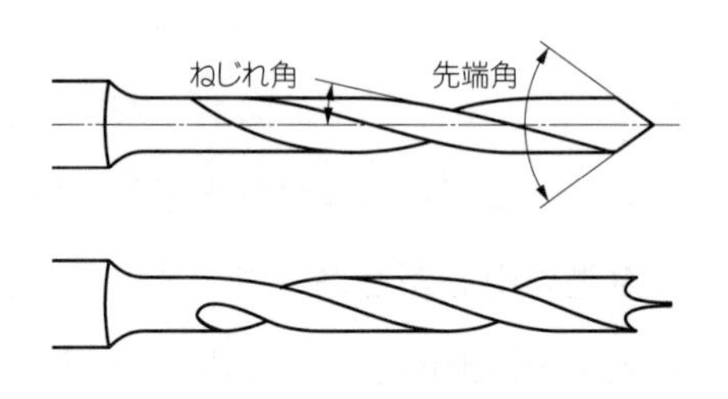

図1－82　木工用ドリル

だぼ用の穴あけには，繊維の切断が容易なけづめ付きの木工用ドリルを用いる。木ねじや金具の下穴には，ねじれ角が小さい金工用のドリルも使われている。

（2）きりの種類

a. もみぎり

両方の手のひらで，柄の上部（末）を押さえ，手のひらを交互にすり合わせ，下方に押さえつけるように，元の方へもみ下げて穴をあけるきりである。柄の材料は，ヒノキ，ヒメコマツなどで，長さは，24～36cmぐらいの円すい形をしている。もみぎりには，次のようなものがある。

①　三つ目ぎり

三角すい状の先端（穂）で，輪郭は丸く細くなっている。主として，深い小穴をあけるのに用いられる。大きさにより，小通し，中通し，大通しなどがある。

②　四つ目ぎり

穂の断面が四角形で，きり身全体が細い四角すいの形をしており，小さい先細の穴をあけるのに用いられる。穴の直径と深さにより，毛四方，小四方，中四方，大四方などがある。

③　つぼぎり

穂は円弧状で内側に切れ刃を付け，円の外周を決めて，繊維を切断して円筒状の美しい丸穴をあける。直径により，4.5，6，7.5，9，10.5，12mmなどがある。

④　ねずみ歯ぎり

主として，硬材や竹の穴あけに用いられる。穂は平たく，刃先は3つに分かれ，その中の中心部が長く，両側はねずみ歯状で，け引き刃となっている。直径により，3，4.5，6，9，12mmなどがある。

b. 器械ぎり

もみぎりは，きりの回転を手のひらで行うものであるが，器械ぎりは，きりの回転運動を行う機構を柄の部分に持たせたものである。実際の穴あけでは，器械ぎりに，きり身(穂)を取り付けて使う。

①　クリックボール（くりこぎり）

クリックボールは，くりこ（繰子）によって回転を与え，能率的に穴あけをすることができる（図1－83)。曲がり柄ぎりともいい，U字形に曲がった鋼の丸棒の一端に，まんじゅう形の木製の握り手を付け，もう一方の端にチャックが付けてある。そして，各種のきり身を必要に応じてチャックに取り付け，右又は左に回転するようにしたものである。

②　ハンドドリル（手回しぎり）

ハンドドリルは，回転運動をかさ歯車によって速めたもので，クリックボールと同様に鋼製の丸棒の一端に握り手を付け，もう一方の端にチャックが付けてある（図1－84)。かさ歯車の回転ハンドルを回すことにより，チャックが回転して，取り付けられたきり身によって穴をあける。主に金工用であるが，木工にもクリックボールと同様に用いられる。

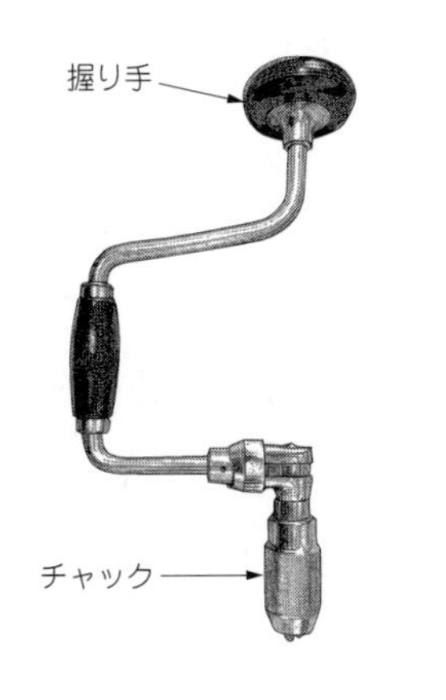

図1－83　クリックボール（くりこぎり）

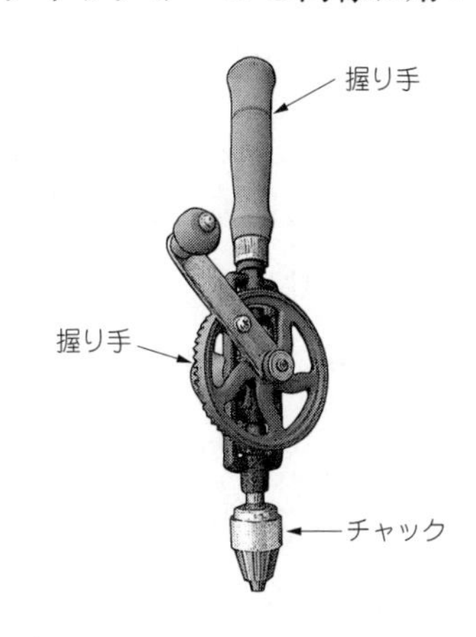

図1－84　ハンドドリル（手回しぎり）

③　自動ぎり

自動ぎりは，円筒の内部に装置されたらせん溝とばねによって，握り手を押せば，チャックときり身が自動的に7～8回転するようになっている（図1－85)。力を緩めれば，ばねの力で，元の位置に戻る。この作用を連続して，握り手を押したり緩めたりすることによって，きり身を右又は左に急速に回転させて穴をあける。木工では，主に丁番などの金具の取付けに用いられる。

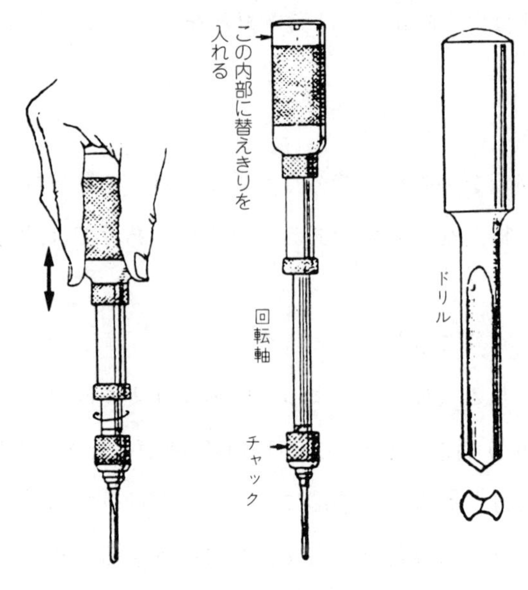

図1－85 自動ぎり

c. きり身の種類（取付け用きり）

クリックボール，ハンドドリル，自動ぎり，携帯用電気ドリルなどに取り付け，工作に応じてそれぞれが使い分けられるきりである。チャックに締め付けられる部分は，四角すい，六角形又は丸形をしていて，滑らないようにしたものが多く，次のような種類がある。

① 中心ぎり

中心ぎり（前述の図1－80）は，板ぎり，羽根ぎり，かきだし（掻き出し）ぎり，底ざらいぎりなどとも呼ばれ，比較的大きな浅い穴を正確にあけるのに用いられる。穂先は3つの部分からなり，その中央部はやや長くとがっていて木ねじ状で，他の一部はけ引き刃状で穴の外周部を仕上げ，残りの一部は直角に切れ刃を付けて底を削るようになっている。切れ刃の角度は20°～30°ぐらいが適当とされている。きりの径は，6～45mmぐらいのものがある。

② ねじぎり

ねじぎり（図1－81）は，きり身がらせん状になっていて，中心ぎりと同様に，中央部はやや長くとがっていて木ねじ状で，両側にはけ引き刃と切れ刃を持ち，軸は丸い。木くずは，このらせんによって，自然に上部に排出されるので，深い穴をあけるのに用いられる。きりの径は，6～30mmぐらいのものがある。

③ ドリル

丸軸の先端の円すい面（穂）に2つの切れ刃があり，軸の周囲にはらせん溝と側刃がある。きり先（穂先）の切れ刃で底を削り，側刃で内壁を仕上げ，らせん溝を通して木くずを排出する。硬材や木口の穴あけに用いられるが，中心を出しにくい欠点がある。一般に，金属用ドリルの先端角は120～125°ぐらいであるが，木工用は90°ぐらいで，ねじれ角の小さいものが多く用られる。

④　電気ドリル

電動モーターを回転動力とし，穴あけ作業を主とする工具が電気ドリルである。

回転軸の先（ドリルチャック）に各種ドリルを取り付け，被穿孔材により回転数を変えて穴あけ作業をする。機能的には「ボール盤」を想像すればよい。

発明当初は正回転での穴あけ専用機であったが，近年様々な機能が本体に追加された。先端に取り付ける工具も豊富になり作業範囲が広がり，穴あけ以外にも締め付け，緩め，研磨，研削などの作業が可能となった。

JIS C 9605では「携帯電気ドリル」と表記され，電動工具の中では比較的普及している。電気ドリルで木材を加工するのに，概ね500rpmが一般的である。

⑤　菊ぎり

菊ぎりは，**皿ぎり**，うめぎりなどとも呼ばれ，きり先（穂先）がかさ形の円すい面をしている。このきりは，木ねじの皿頭を埋め込むための皿穴をあけるのに用いられる。きりの大きさは，直径10～15mmぐらいである（図1－86，図1－87）。

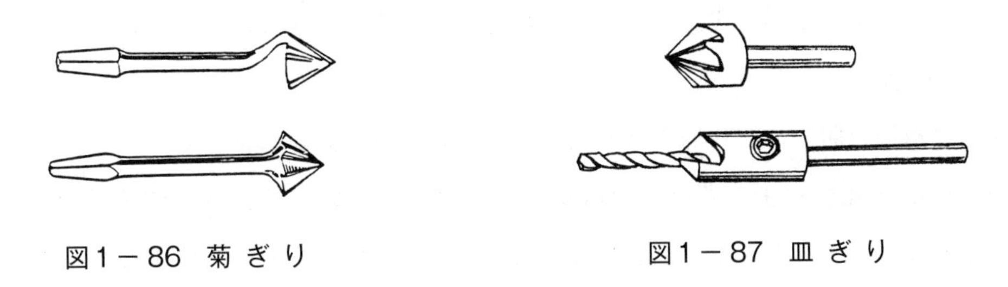

図1－86　菊ぎり　　図1－87　皿ぎり

きりの取扱いと安全作業

□にチェックを入れながら進めましょう。

(1) きりを使用しての作業では，手袋着用は厳禁である。□

特に動力を要しての作業は，手袋がきり（刃物）に巻き込まれる危険性があり，大きなけがにつながる。

(2) 中心ぎりの付いたきりをボール盤では使用してはならない。□

材料がきりの先端に触れた瞬間に引き上げられ，材料が回転し飛ばされるからである。

(3) きりは，細長く先端が尖っているものが多く転がりやすいので，保管に注意が必要である。 □

(4) 曲がったものや折れたものを引き続き使用することは，安全性と精度の面からひかえなければならない。 □

1.7 その他の工具

前述のほか，木材加工に必要な主な工具には，次のようなものがある。

(1) 小　　刀

a. 切り出し小刀

切り出し小刀は，埋め木，木釘，竹釘などの小物削りや小細工，単板の裁断や切り落としなどに用いられる（図1－88）。刀身を斜めに切って，切れ刃を付けたもので，刃先角は30～35°ぐらいである。柄には，とも（共）柄のものと木の柄を付けたものとがある。

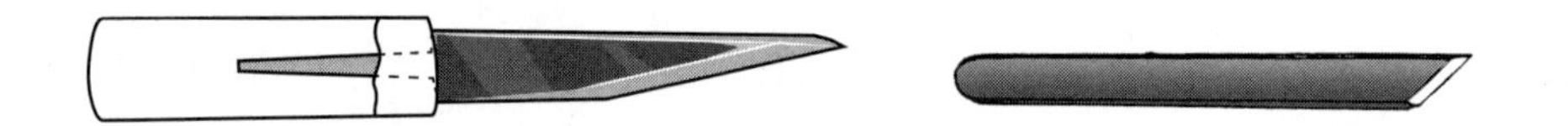

図1－88　切り出し小刀

最近は，切り出し小刀の代用として，大型のカッタも用いられる。

b. くり小刀

板材の木端の曲線，くり形などの削りに用いられる。刃身は細長く，一般に三角形状で片刃である（図1－89）。背と刃の角度は，8～20°ぐらいで，とがった先端が生命であり，込みを柄に入れ，身はさや入れとしてある。刃身と柄の中心線が一致するように仕込んであり，籐巻きのものがよい。

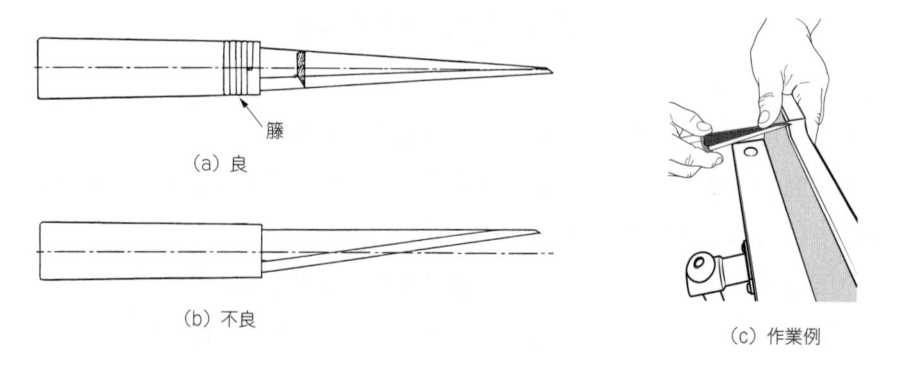

図1－89　くり小刀

小刀の取扱いと安全作業

□にチェックを入れながら進めましょう。

(1) 小刀は，鋭利な刃物で，目的以外の用途で使用すると刃が折れることがある。	□
(2) 切れない状態で使うと，余分な力が入り思わぬ怪我につながるので，常に切れる状態に研いでおく必要がある。	□
(3) 他人への受け渡しには細心の注意を払い，特に刃先を直接相手に向けないこと。	□
(4) 作業終了後は必ず鞘（さや）に入れて保管しておく。	□

（2）ドライバ

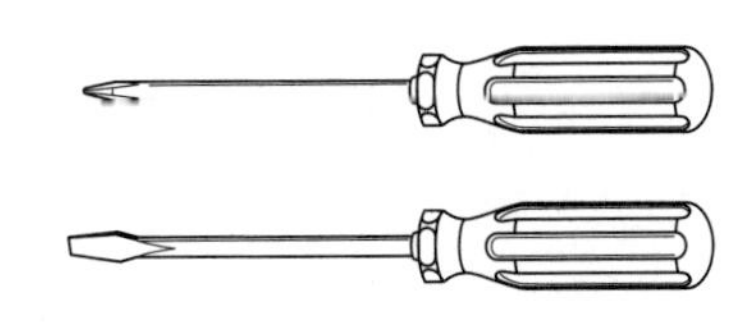

図１－90　ドライバ

ドライバは，ねじ回しとも呼ばれ，木ねじの締め込み，抜き出しに用いられる（図１－90）。硬鉄棒の先端を平たくしたすりわり付き木ねじ（－）用ねじ回しと，棒の先端を十字形にした十字穴付き木ねじ（＋）用ねじ回しがある。柄は，木製のほか，プラスチックなどの電気絶縁体製の握り柄を付けたものがある。また，柄の中に入っている込みは，柄の途中までのものと，たたいて使用できるように柄を貫通したもの（貫通ドライバ）がある。このほかのねじ回しとしては，自動ぎりと同様の形式であるラチェット形式を取り入れた自動ドライバ（オートマチック又はスクリュドライバともいう）や，電気的動力を利用した電動ドライバなどがある。

ドライバの取扱いと安全作業

□にチェックを入れながら進めましょう。

(1) ドライバを使用する際，がたのないサイズの合った大きさのドライバを選択すること。	□
(2) ドライバが外れて製品や身体を傷つけないよう，ねじ頭にドライバの先端を指であてがい作業をする。	□
(3) ドライバの持ち方は手のひらの真ん中にドライバの柄の頭を当て，ドライバの先端に力が伝わるよう押して回す。	□
(4) 使用目的に合った使い方をすること。決してのみのような使い方はしない。	□
(5) 先端が摩耗，欠損，ひびの入っているものは使用しないこと。	□

(3) 釘 抜 き

釘抜きは，釘の抜き出しに使用するもので，てこの原理を応用している。種類としては，釘の頭を挟み，引き抜き出すもの（別名**えんま**）や，L字形の金棒の一端を平たくし，この部分に釘の頭を食い入れる切り込みを付け，もう一方の先端を平たくし，切り込みの先を薄くとがらせて，さらに内側を薄くして，釘の頭に食い込みやすく，しかも材料に打ち込めるようにしたもの（**かじや**又は**やっとこ**）などがある（図1－91）。いずれの釘抜きも，刃口や先端は，鋼で焼入れがしてある。

図1－91 釘 抜 き

釘抜きの取扱いと安全作業

□にチェックを入れながら進めましょう。

(1) 持ち方は，端を手のひらで隠すようにして覆う（下図）。 □

(2) 一度に力を込めて抜こうとせず，徐々に力を入れて数回で釘を抜くようにする。 □

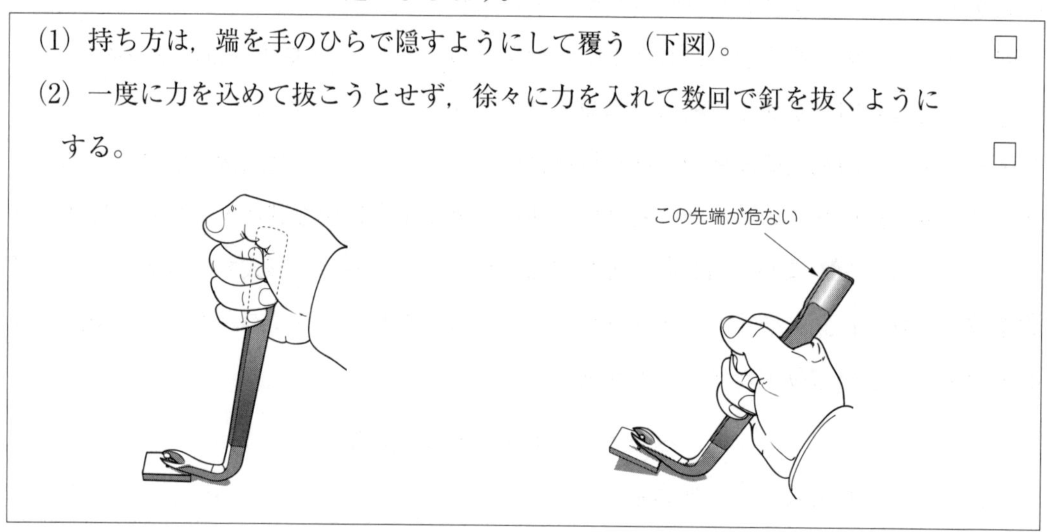

(4) 釘切りとペンチ

釘切りは，**食い切り**とも呼ばれ，釘や針金などを挟み切るのに用いられる。普通の釘抜きの刃口に，切れ刃を付けたものである。

ペンチは，良質の鋼で作られ，刃口の先の平らな部分で，針金や釘をくわえて折り曲げるのに用いられる。また，刃口の奥の部分に切れ刃を付け，針金や釘を切断するのに用いられる。図1－92に釘切り，ペンチの外観を示す。

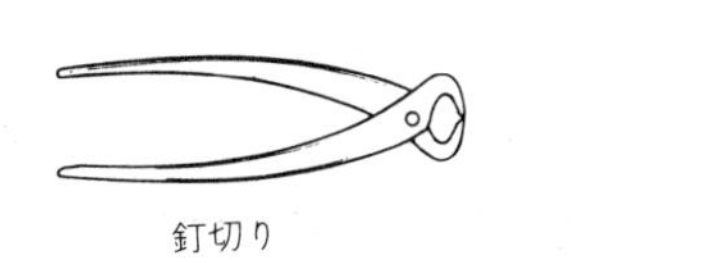

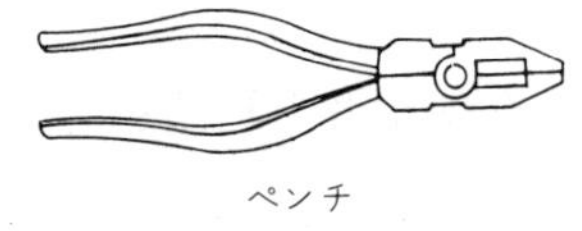

図1－92　釘切り，ペンチ

釘切りとペンチの取扱いと安全作業

□にチェックを入れながら進めましょう。

(1) 釘切りやペンチで自身の指などを挟まないよう注意し作業をする。	□
(2) 釘又は針金等を切断した際，切りくずが飛び出し，目などに入らないようにする。	□
(3) 硬くて切れないものは無理して切らず，ボルトクリッパーなど他の工具で対処する。	□

(5) や　す　り

やすりは，やすりがけをする材料によって使い分けるため，金属用やすり，木工用やすりなどの区別がある。平かんなやのこぎりは引く際に力を入れて使用するが，やすりは押す際に力を入れて使用する。やすりの材料は，炭素工具鋼鋼材（SK材）や合金工具鋼鋼材（SKS材）が用いられる。

a. 金工用やすり

金工用やすりには，鉄工やすり，組やすり，刃やすり，製材のこやすりなどがある。

① 鉄工やすり

主として金属を手作業で仕上げるときに使用するもので，形状によって，平形，半丸形，丸形，角形及び三角形の５種類がある。鉄工やすりの目は，原則として複目で，各形状とも，荒目，中目，細目及び油目の４種類である。

② 組やすり

主として機器の小さい部分を手作業で仕上げるときに使用するもので，種類は通常，形状の異なったやすりを組み合わせて一組としている。その組み合わせは，５本組，８本組，10本組及び12本組である。５本組の形状は，平形，半丸形，丸形，角形及び三角形の５種類がある。８本組の形状は，５本組の形状に，先細形，しのぎ形及びだ円形を加えた８種類である。10本組の形状は，８本組の形状に，腹丸形及び刀刃形を加えた10種類である。12本組の形状は，10本組の形状に，両半丸形及びはまぐり形を加えた12種類である。組やすりの目は，各形状とも，中目，細目及び油目の３種類である。

③ 刃やすり

主として手のこの目立てなどに用いられるもので，刃やすり，仕上げ刃やすり及び諸刃やすりの３種類がある。目の種類は，刃やすり及び仕上げ刃やすりは３度切り目（図１－93）で，諸刃やすりは単目である。

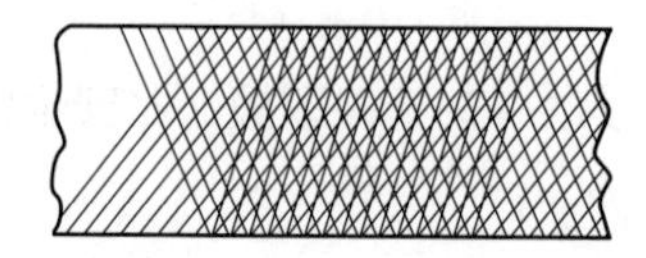

図１－93　３度切り目

④ 製材のこやすり

製材用のこの目立てなどに用いられるもので，種類は形状によって，平形及び三角形の２種類である。目の種類は単目であるが，平形は中目及び細目である。図１－94にやすり目の種類を，図１－95にやすりの断面形状を示す。

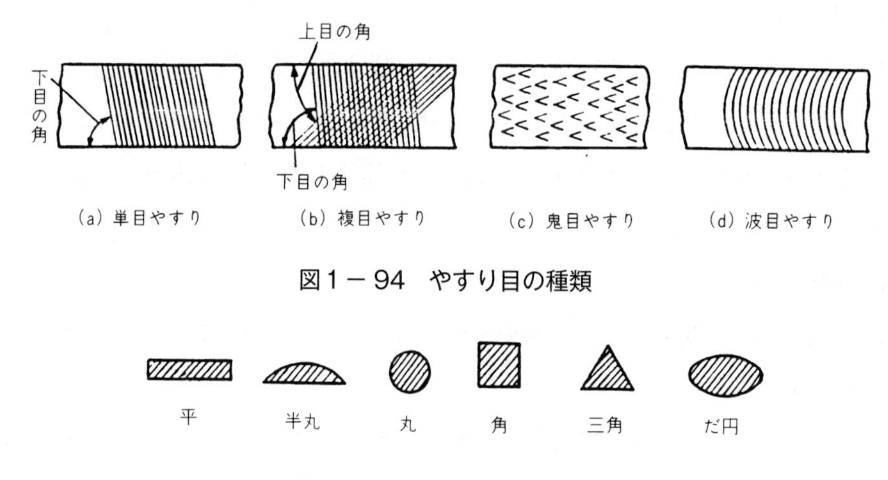

図１－94　やすり目の種類

図１－95　やすりの断面形状

b. 木工用やすり

木工用やすりは，木やすりとも呼ばれ，金工用やすりに比べて目が荒く，大根おろしに用いるおろし金のような目（おに目）や，くの字形の目（波目）のものである。形状は，丸形と半丸形が多く用いられている。やすりの大きさは，込みを除いた長さで表される。

やすりの取扱いと安全作業

□にチェックを入れながら進めましょう。

(1) やすりは焼きが入っており非常に硬い素材でできている。やすり同士ぶつからないよう，ぶつけないよう注意し作業に臨む。 □

(2) やすりを使う場合，切りくずが目に入らないようにする。 □

(6) 締付け具

締付け具は，板類のはぎ合わせ，練り付け，各種の接合部などを接着剤を使って接合する場合に用いられる。そのほか同じ形のものをたくさん加工する場合に，これらを一緒に締め付けて，同時に加工するとき，のこびきなどで加工材を固定するとき，加工用定規の固定などにも用いられる。

締付け具で製品を直接締め付けられない場合があるので，そのときは当て木などを使用する。また，締め付ける際締付け具を周りにぶつけたり，落とすことのないようバランスを見ながら締め付ける必要がある。締め付けた後，材料にねじれが出ないよう保管にも注意しなくてはならない。

a. 端金（はたがね）

端金は，鉄製（角棒）の軸にあごを設け，軸に短い2個の止め金を通し，その1つを任意の位置に固定して，もう1つは，軸から送りねじによって締め付ける構造のものである（図1－96（a））。端金は2本を一組とし，鉄製と黄銅（真鍮（しんちゅう））製がある。鉄製は，軸の長さが30～180cm，黄銅製は12～40cmぐらいまで各種ある。鉄製は主に板の木端はぎや組み立てに用い，黄銅製は，墨付け時に部材をクランプするのに用いられる。

また，上下に2本の角棒を有し，はぎ板の弓反りが防止でき，強い圧縮力が得られるダブル型の端金がある。（図1－96（b））。これは，小幅板のはぎ合わせ（集成材）に用いられる。端金の使用方法を図1－97に示す。

b. クランプ

クランプは，金属製の小型締付け具で，C形クランプ，F形クランプ，平行クランプ，三方クランプ，コーナークランプなどがある（図1－96（c）～（g））。

C形クランプは，基部の一端に送りねじを取り付けたものである。平行クランプは，2本の送りねじで，止め金が平行に移動して締め付ける構造である。C形クランプ，F形クランプ及び平行クランプは，2つの部材（部品）を一時的に固定するのに用いる。三方クランプは，馬てい形の三方からそれぞれ締めねじを付けたもので，木端面の縁ばりなど，各種の利用法を持つ，たいへん便利な締付け具である。図1－96（g）のコーナークランプはフレームクランプとも呼ばれ，各種形態（角形・丸形・だ円形など）の組立てに広く利用できる。

c. 万　力

万力は，ねじと固定板，締付け板とハンドルからなり，固定板と締付け板の間に加工材を挟んで固定する締付け具である。万力には，金工用と木工用がある（図1－96（h）（i））。

木工用は金工用と比べ堅ろう（牢）ではないが，締付けによって加工材に傷が付かないようになっており，口の開きも大きい。木工用には，連続万力といって，ねじの作用を外して締付け板を自在に移動させた後，ねじで締め付けるものが多用されている。

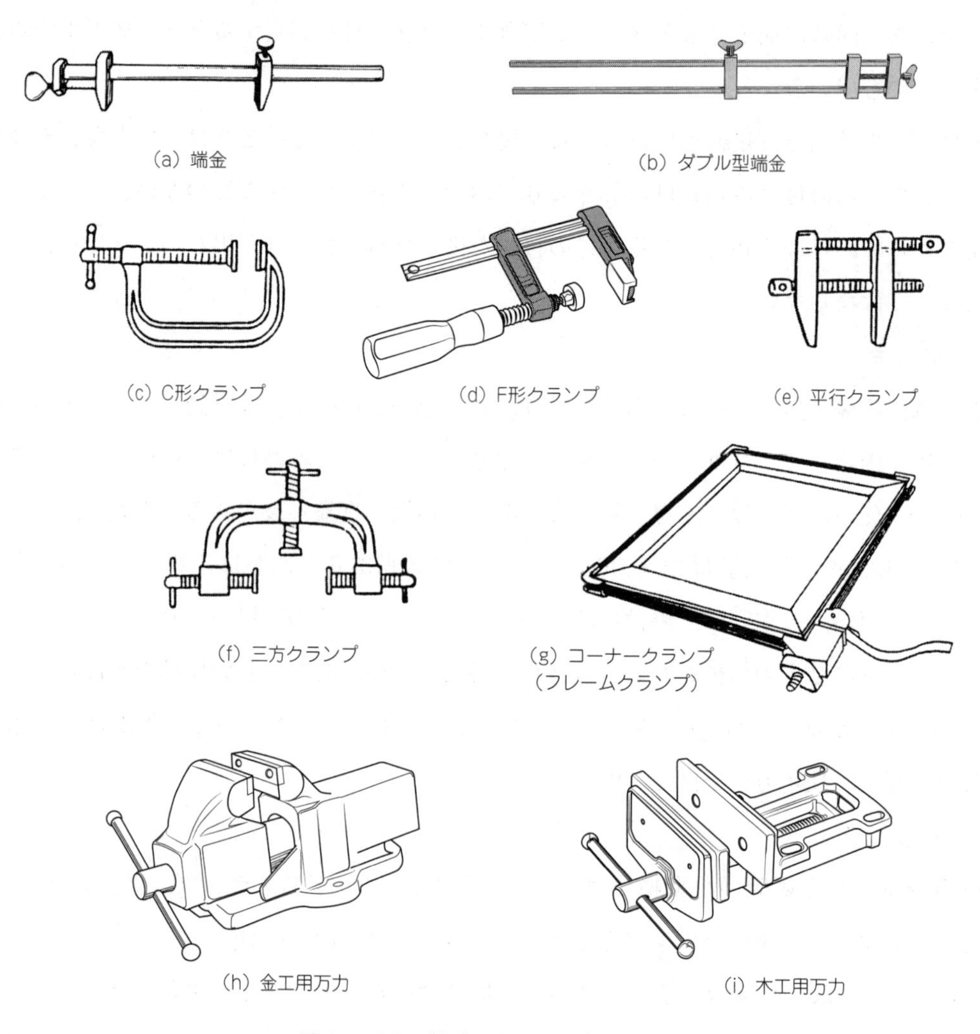

図1－96　端金，クランプ及び万力

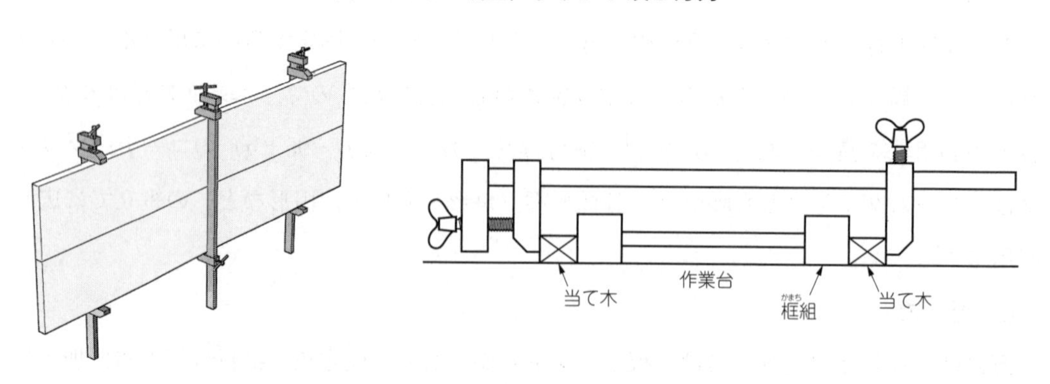

図1－97　端金の使用方法

（７）釘　締　め

釘締めは，打ち込んだ釘をさらに材面から深く打ち沈めるために使用するもので，円形又は角形をしており，先端が細くなっている。先端面は，平らで，格子溝を付けて滑らないようにしてあり，焼入れがしてある（図１－98）。

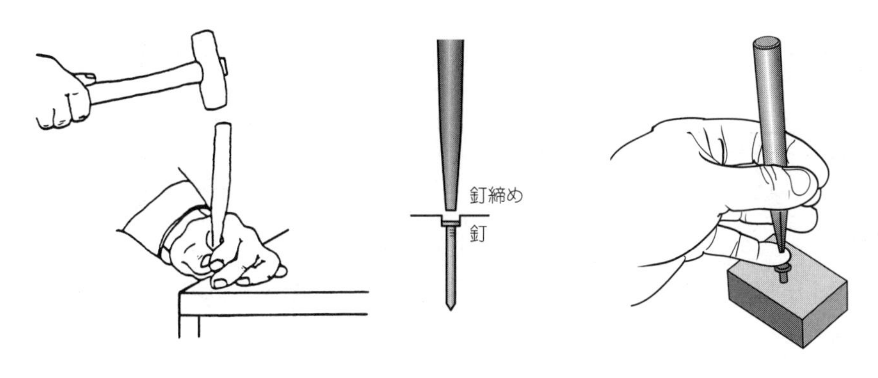

図１－98　釘締め

釘締めの取扱いと安全作業

□にチェックを入れながら進めましょう。

(1) 小指又は薬指で釘の頭を釘締めの先端から外れないよう，支えるように合わせ，釘が入っていく方向に打つ。	□
(2) このとき指が，釘締めの先端と釘頭の間に入らないよう注意する。	□

（８）いす張り工具

いす張り用の工具は，それぞれの技術者の工夫によって作られたものと，他の職種で使われているものを，応用して使用するものがある。

いす張りには，いす屋金づち，裁ちばさみ，締め板，針類，きり，包丁，釘抜き，こて，アイロンなどのほか，縫製ミシン，高周波装置なども利用して，下張りや上張り材の加工をしている。また，エアタッカーなどエアを利用した工具なども使用されている。

特に，針やはさみを使う作業があるので，その保管には十分配慮が必要となる。

a．いす屋金づち

いす張り用独特のつちで，一端が１cmぐらいの円形で，面全体は馬てい形の磁石になっている（図１－99）。この面で，平びょう（鋲）を吸着して，釘打ちできるものが多い。

もう一方の端は，４～５mmぐらいの厚さに平たくつぶしてある。全体は，長さ15cm前後の穂に，柄が付けてある。このほか，釘打ちなどに使用する中玄能，箱屋金づち，木づちなどがある。

b. 締め板（引き板）

てこの原理を利用して，力布（テープ）を緊張（きんちょう）する用具である（図１－100）。一端は力布が滑るのを防ぐため，釘でつめを付け，もう一方の端には，塗面などを傷付けないように，布やゴムが当ててある。幅５～６cm，長さ10～12cmぐらいのものである。

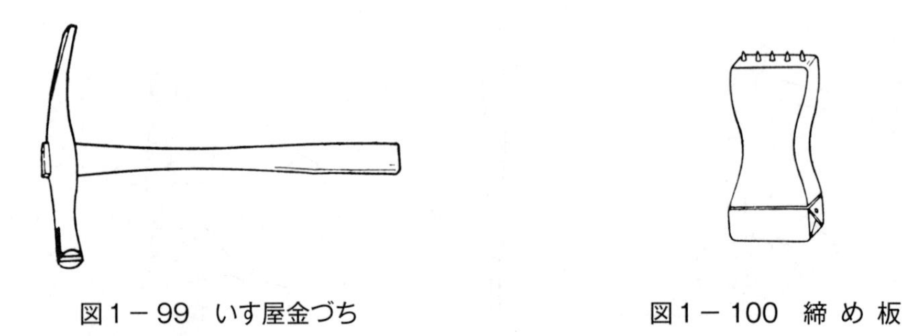

図１－99　いす屋金づち　　　図１－100　締め板

c. 針　類

針類（はりるい）は，布地の縫製用と，スプリングや詰め物の綴じ付け用に大別できる。また縫製用は，張り地の種類（レザー・布など）によって，各種の形状と寸法がある。

縫い付け用の普通針（３寸針や５寸針）は土手差し，丸針は中張りの綴じ付け，反り針は張りぐるみのとじ付けに用いる。両頭針は，力布にスプリングを止める場合や，詰め物を綴じ込むときに用いられる。図１－101にいす張り用の針を示す。

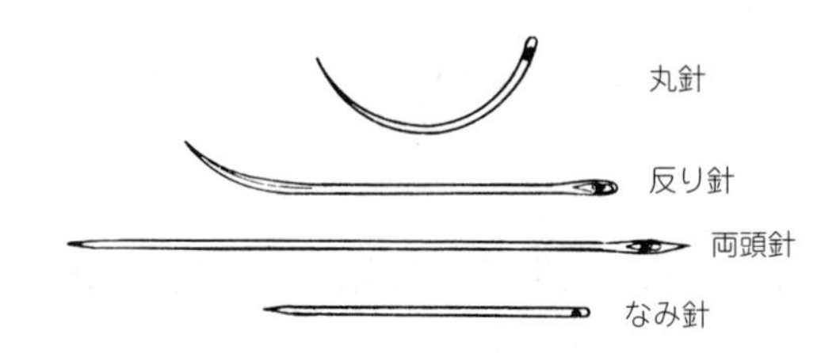

図１－101　いす張り用針

d. はがしと釘抜き

はがしは，刃先がねじ回しのようになっている。張り替えや，仮り止めの針の首を，横からたたいて抜くのに用いられる。

釘抜きは，はがしの刃先をふたまたに割り，首をそらせて，釘抜きとしたもので，はがしを兼ねることができる。図１－102にいす張り用はがし及び釘抜きの外観を示す。

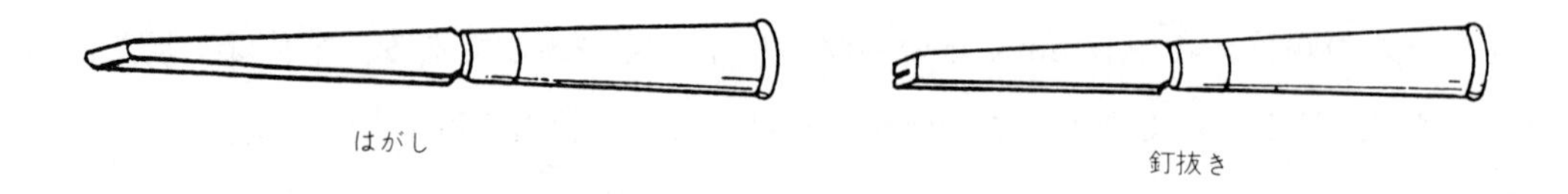

図１－102　いす張り用はがし及び釘抜き

e. その他の器具

裁ちばさみは，ラシャばさみと同じ形であるが，張り地の切り込みをする場合が多いので，先端の鋭利なものを使用する。はさみは，布地の裁断に加えて，わら，その他の材料の切断にも用いられる。

裁ち包丁は，皮すき包丁ともいわれ，皮すきやレザーの裁断に用いる。打抜きのみは，ひもの通し穴をあけるのに用い，**すじごて**は，皮張りなどの折り曲げに使う。**目打ち**は丸針又は掻き出しぎりともいわれ，へらとともに土手その他詰め物の整形，布地の押し込みなどに用いられる。

図示していないがアイロンは，布地のしわを伸ばすほか，ビニールレザーなどの溶着に用いるが，布地により適温が異なるので，温度調節のできる工業用がよい。図１－103に各種いす張り用器具の外観を示す。

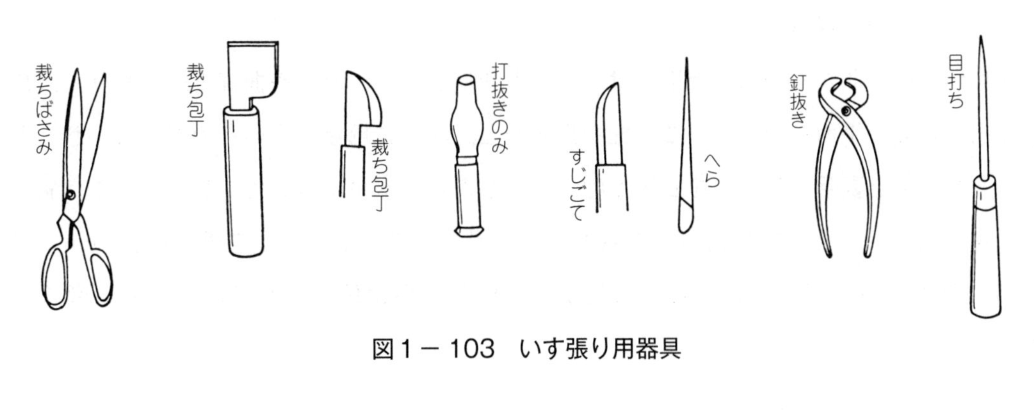

図１－103　いす張り用器具

第２節　規(き)　矩(く)

製品を作るときは，まず加工する部材を測り，墨付けを行ってから加工を始める。墨付けが正確か不正確かで，その製品の良否が決まるほか，作業の能率をも左右する。

墨付けは，「墨付け第一，加工第二」といってもよいほど重要な作業である。正確な墨付けは，正しい墨付け具の使い方を習得して，はじめて行うことができる精密な作業である。

寸法を測ること，こう配を出すこと，線を引くこと，水平を確かめることなど，墨付け具は，加工の予定線，加工状態の確認などに用いる。図１－104に各種定規の外観を示す。

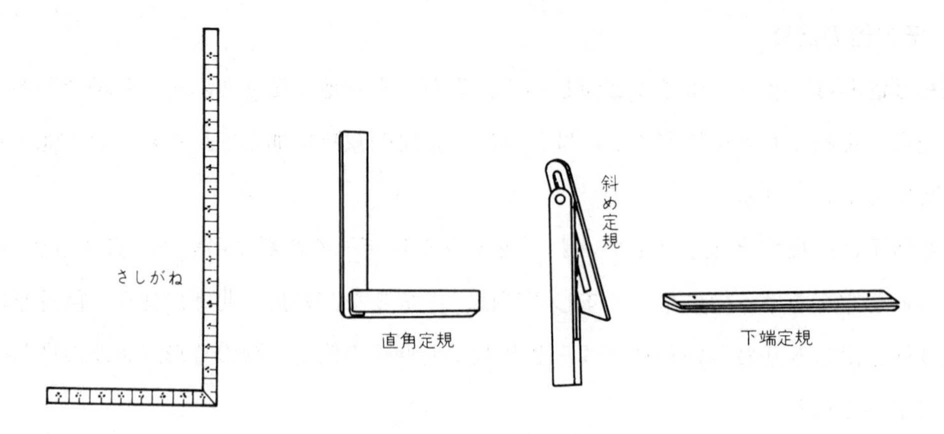

図1－104 各種の定規

2.1 長さを測る道具

（1）さしがね（指矩）

さしがねは「曲がりがね」とも呼ばれ，長さを測るほか，直線や曲線を引いたり，直角線を出したり，平面を調べる，こう配を出すなど，非常に用途の広いものである。さしがねは，短い方を**妻手**，長い方を**長手**と呼ぶ。さしがねを水平に置いて，長手を向こう側に妻手を右側にしたときに見える面を表といい，刻まれている目盛は普通の寸法（cm）である。その裏面を裏といい，長手に刻まれている目盛は**裏目**と呼ばれている（図1－105）。

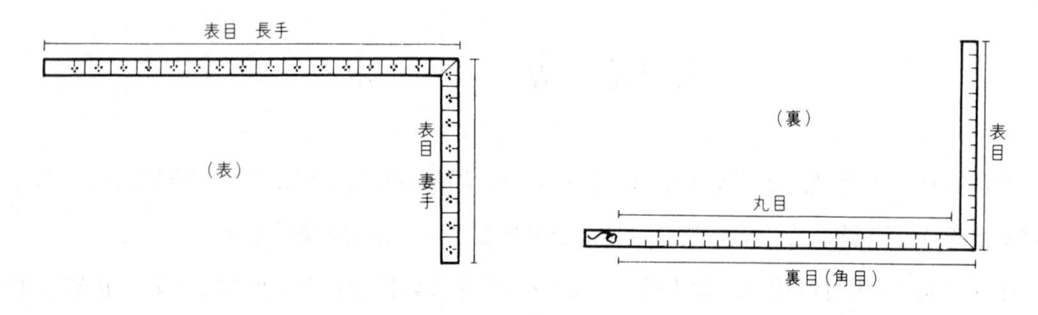

図1－105 さしがね

さしがねの特徴はこの裏目にあり，裏目の長手には，**表目**の$\sqrt{2}$倍の寸法目盛が刻んである。またさしがねによっては，裏目の内側に表目／π（円周率）の寸法目盛が刻んである。表目の$\sqrt{2}$倍の目盛を**角目**，表目／πを丸目と呼ぶ。この裏目を使って丸太の切り口に当てれば，この丸太から取れる角材（正角材）の大きさが直ちに分かるほか，加工に必要なこう配などを出すことができる。

（2）ものさし

種類には，直尺，巻尺，折尺などがある。

直尺の材質は，鋼製，ステンレス製，竹製のものがあり，測定範囲が30～100cmのものが木工作業で多く用いられている。図1－106に各種ものさしの外観を示す。

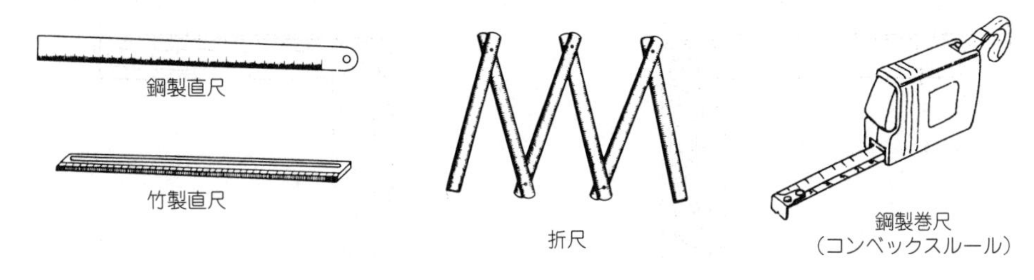

図1－106　ものさし

（3）ノギス

ノギスは，厚さ，幅，外径，内径，穴の深さなどを正確に測るときに用いる。木工作業で一般的に使われているノギスは，本尺のほかに副尺（バーニヤ）を付け，木工作業には，0.05mm単位まで読むことができる。1mm以下の寸法は，本尺の目盛と副尺の目盛が合ったところで読み取る（図1－107（b））。

また，測定寸法がデジタルで表示されるデジタルノギス・副尺の読取りが時計の文字盤状のダイヤル付ノギスも使われている。

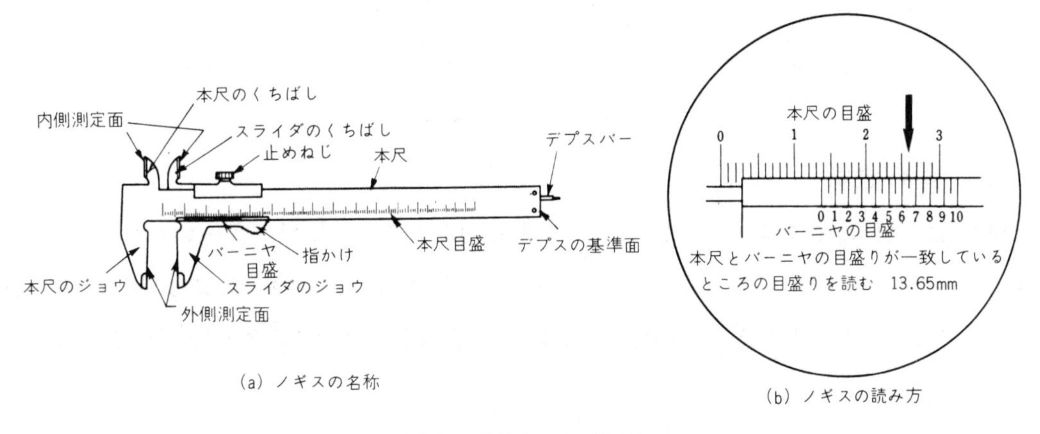

図1－107　ノギス

2.2　角度を測る道具

（1）直角定規

スコヤとも呼ばれ，直角の線引き，又は直角を調べるのに用いられる（図1－108）。これは厚手の妻手に薄手の長手をはさみ込んだもので，内角，外角ともに直角としたものである。一般には長手の長さをもって大きさを表し，木工作業には150～200mm程度が多用されている。鉄，黄銅（真鍮），ステンレスなどの金属製と，狂いの少ない木材で作られた木矩（きがね）がある。特に大きな部材の工作には，大矩といい，長手が450～600mm 程度のものがある。

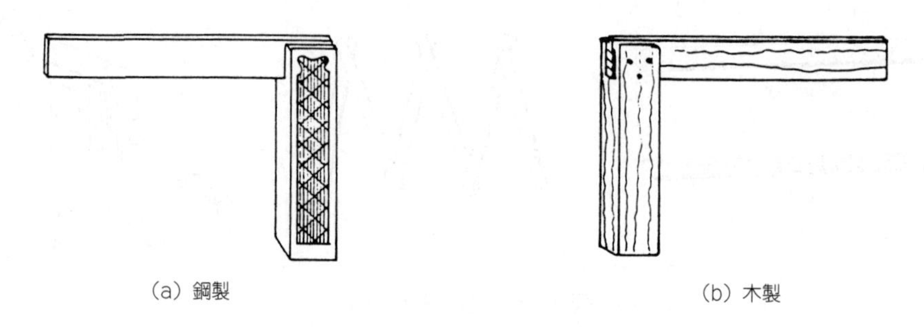

図1－108　直角定規

(2) 留 め 定 規

留め（45°）の線引きや角度を調べるのに用いられる。狂いのない平板で片方の側面に当て木を付け，角度が45°の平行四辺形になるように作ったものである（図1－109)。

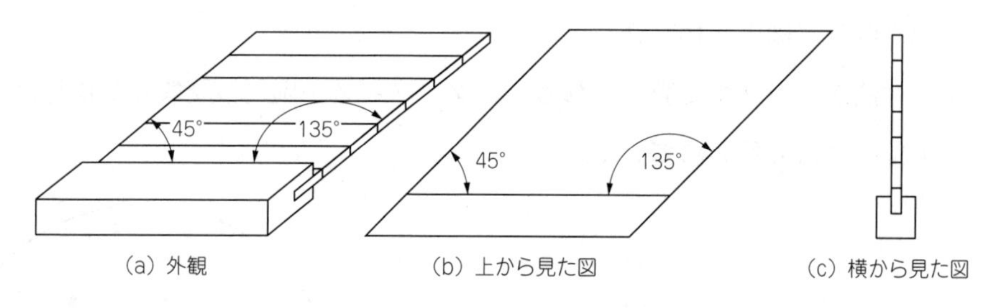

図1－109　留め定規

(3) 斜 め 定規

斜角定規又は**自由がね**（矩）ともいわれ，任意角度の確認や墨付けに用いられる。また，図1－110（b）のように妻手の中央部で固定し，基準面に長手の内角又は外角をあてがうことにより，セット換えしないでありの両こう配が墨付けできる便利な工具である。

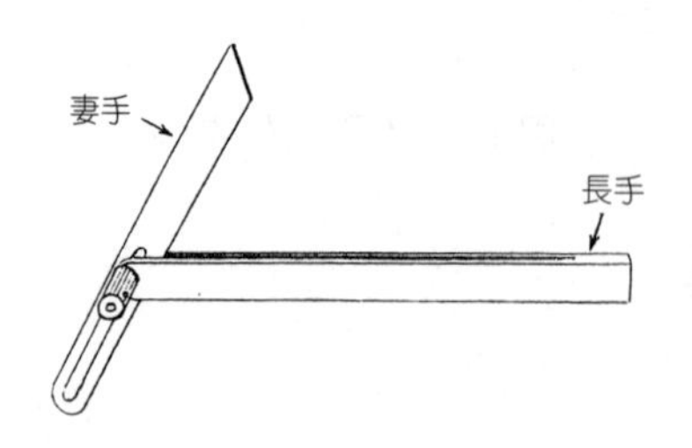

図1－110　斜め定規

2.3　平面を調べる道具（下端定規）

平面は鋼製ものさしや後述のさしがねでも調べられるが，木工作業には下端定規が多用されている。この定規は，割り定規又は双葉定規ともいわれ，かんな台下端面の検査や部材の反りを調べるときに用いる。下端定規の材料は，狂いの少ない柾目板が適す。定規面となる木端が狭くなるよう斜めに削り，だぼやひきどっこで２枚が重ねてある。

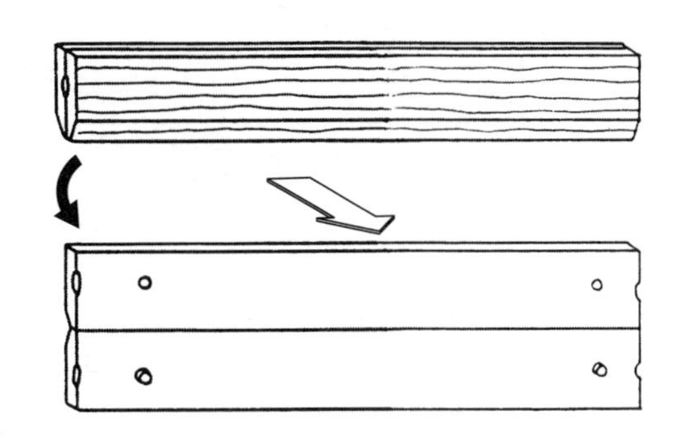

狂っていないか、使用する前に必ず検査をしなければならない。

図１－111　下端定規

２枚を重ねた状態で定規面となる木端を削り，図１－111のようにして真直度を調べるが，すき間の半分が定規１枚の狂いである。かんな台下端面の検査には，２枚を割り離して，定規面の当たりが見やすい１枚で調べる。下端定規が狂ってしまった場合，長台かんなや中仕工かんな等直線に削れる道具を用い，重ね合わせた状態（二枚同時に）で削り修正を行う。

2.4　線を引く（筋を付ける）道具

（1）け　引　き

け引きは，材料の表面に平行線を引く道具で，図１－112のように，普通はくし形の定規板を備え，それに直角に出し入れができるさお（棹）が差し込まれている。木部には，狂いの少ない堅木材が用いられている。

さおは，くさびやねじで定規板に固定するようになっており，さおの先端に鋭いけ引刃が付いている。この刃で材料の表面に細い筋を引くことができる。

け引き刃は，刃表を定規板に向け，刃裏を外の方に向けて仕込んであり，定規板に対して傾斜（手前に１～２°開いている）している。これは，けがく場合に刃先が外側に寄るような力が働き，定規面を材料側に引き寄せる作用となり，け引きの筋を片寄らなくするためである。

け引きは用途により，通常の墨付けに用いる**筋け引き**，さおが長い**大ざおけ引き**，さおを２本用いた**２本ざおけ引き**，け引き刃を２枚用いた**鎌け引き**，ほぞの厚さや幅を決める**ほぞけ引き**などがある。

また，筋け引きに対し，薄板を引き割るときに使う**割りけ引き**がある。割りけ引きは，薄い合板や軟材の薄板を一定の幅に割り裂く場合に用いる。

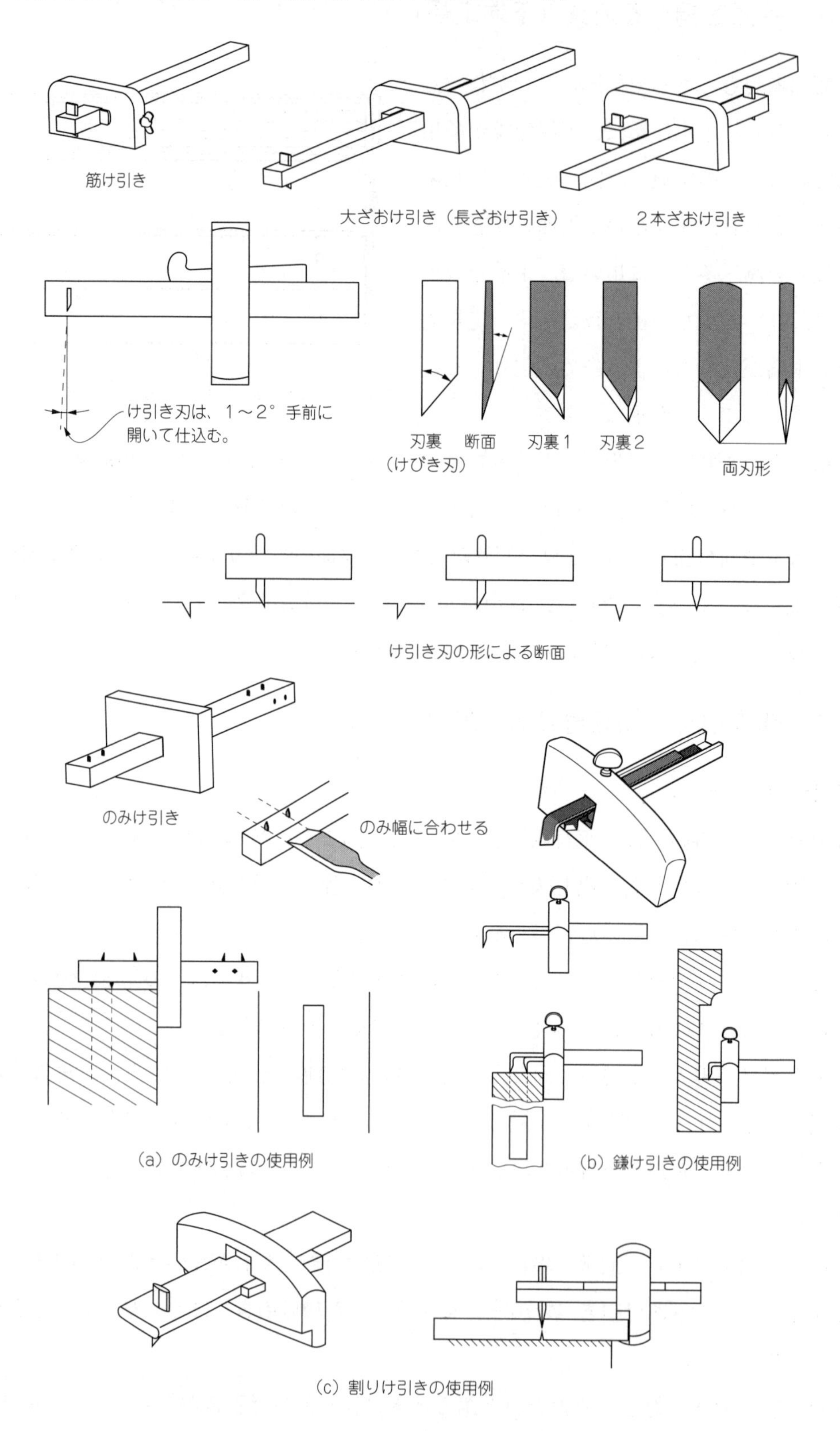

図1－112　け引きとけ引き刃の種類

さおと定規面が直角でなければ定規面を削る。

さおと定規面との矩を確認（図1－113（a），（b））。

直角（矩）でなければ，さおの上端又は下端に薄板を貼って調整する方法もある。

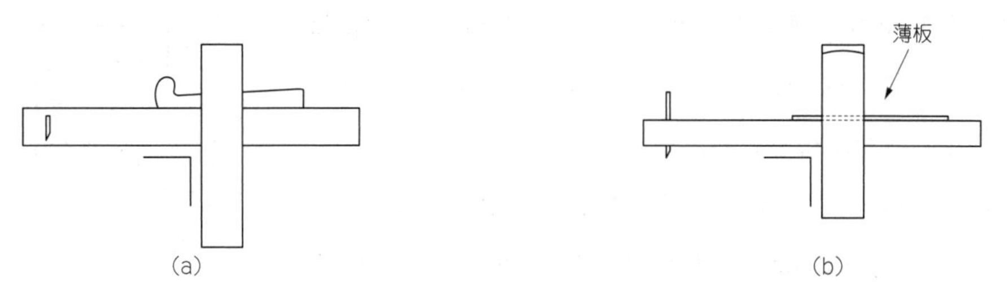

図1－113　け引きの調整

け引きの刃の研ぎは，さおから刃（穂）を抜いて治具にはめて安定させる（図1－114)。中といし，仕上げといしを使って一般的な刃物の研ぎと同じ作業になる。

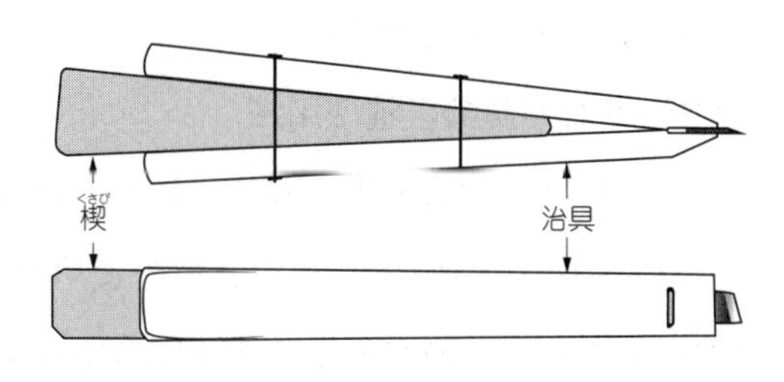

図1－114　け引きの刃の研ぎ

（2）しらがき（白書き）

定規に当てて直角な線を引くのに用いられる。片刃付け鋼で，切り出し小刀のようなものであり，刃先線は小端に対して60～70°ぐらいである（図1－115)。

しらがきによる線は，墨差しや鉛筆線より一層正確で，直角定規，留め定規，斜め定規などと併用して用いられる。

刃先が欠けたり裏切れした場合は，かんな刃の裏だし（p.95）・かんな刃の研ぎ（p.96）に準じて刃先を復活させる。ただし刃そのものが他の刃に比べて薄いので裏打ちの際，割ることのないよう注意する。

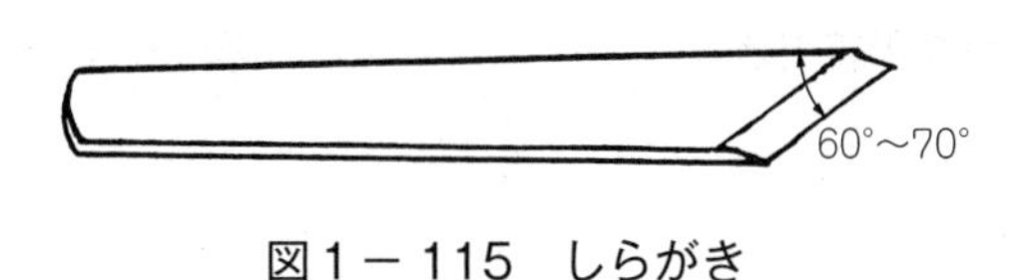

図1－115　しらがき

2.5　さしがねの使い方

我が国では，法隆寺や東大寺をはじめ，昔から立派な木造建築が建てられてきた。これらの建築物は，さしがねでこう配部材の角度や実長を割り出していた。さしがねにはいろいろな使い方があり，「規矩術（きくじゅつ）」といわれる墨付け技法が誕生し，今日も一部の棟梁に引き継がれている。

（1）表目と裏目の関係

さしがねには表と裏があり，それぞれに刻まれている目盛の大きさが異なる（前述の「2．1長さを測る道具」(p.62)参照)。この両目盛を上手に使い分けることにより，こう配部材の実長や角度が得られる。

① 表目の20mmは，裏目では，$20\text{mm} \div \sqrt{2} = 14.14$

② 裏目(角目)の20は，表目では，$20 \times \sqrt{2} = 28.28\text{mm}$

ただし，($\sqrt{2} = 1.414$)

となる（図1－116参照)。

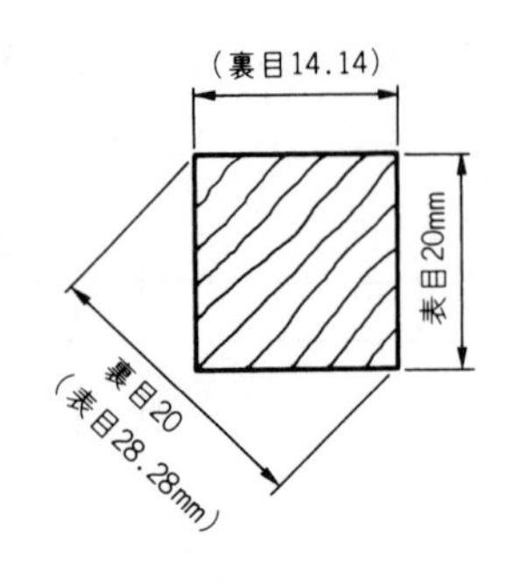

図1－116
表目と裏目（角目）

（2）さしがねの各種使用法

さしがねは，寸法を測るものさしや直角墨を出す墨付け用具として用いられるほか，図1－117～図1－127のような各種の使用方法がある。なお，さしがねの直角度は，それほど正確でないものが多く，使用に当たっては，その点を考慮し，正確に直角を出す場合には直角定規を用いる。

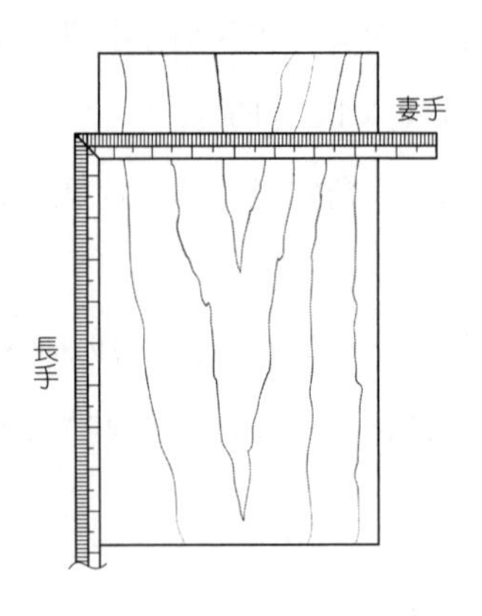

図1－117 直角な墨線引き

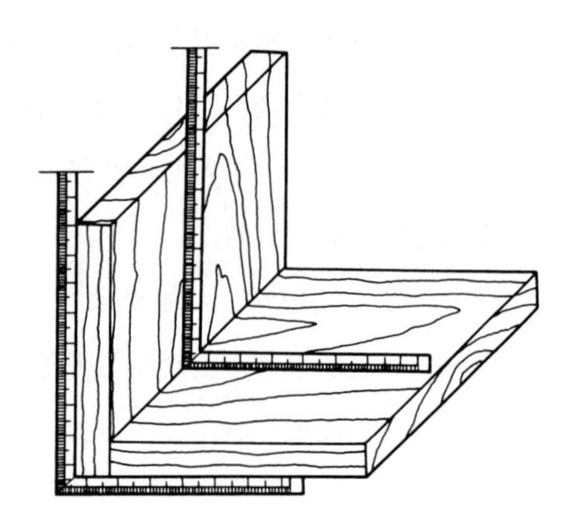

図1－118 直角度の測定

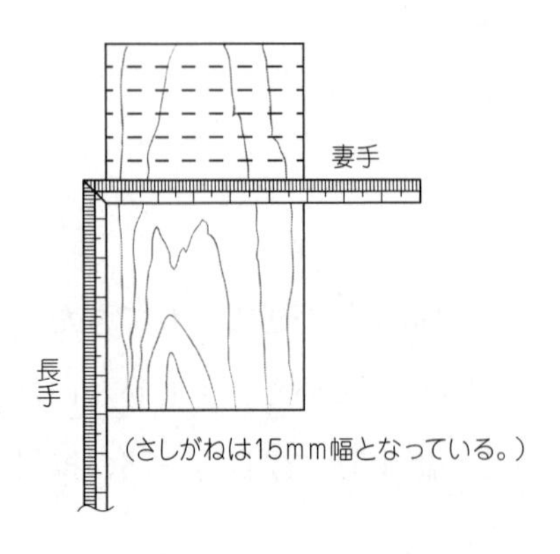

図1－119 15mm間隔の線引き

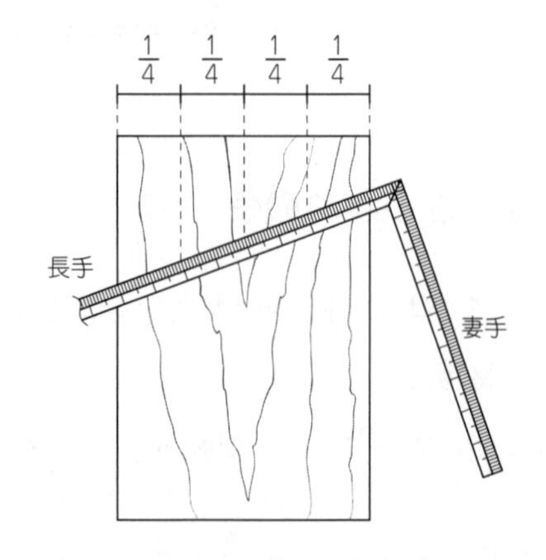

図1－120 組み手の等分割り付け

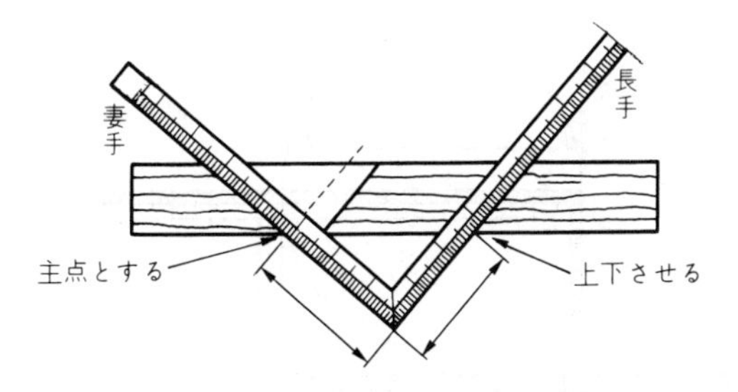

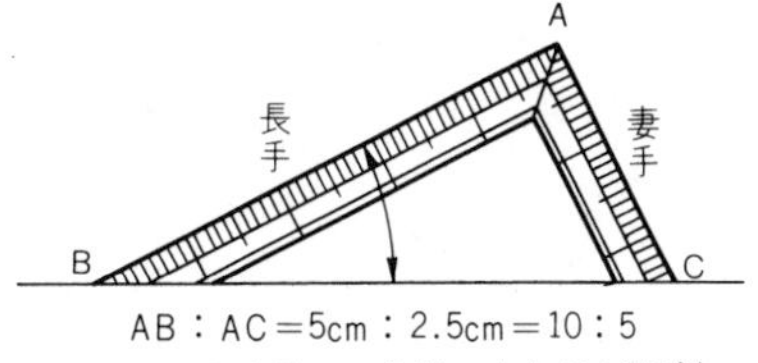

図1－121　こう配を求める

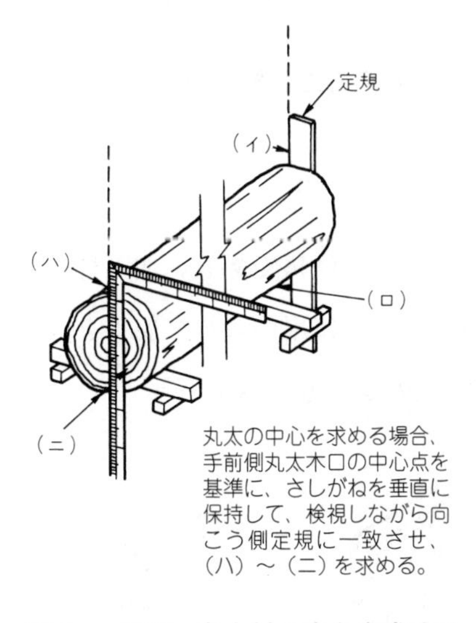

図1－122　丸太材の中心を求める

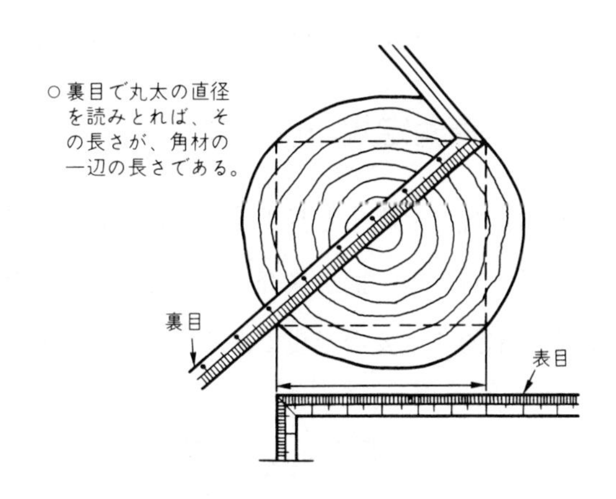

図1－123　丸太の直径を求める

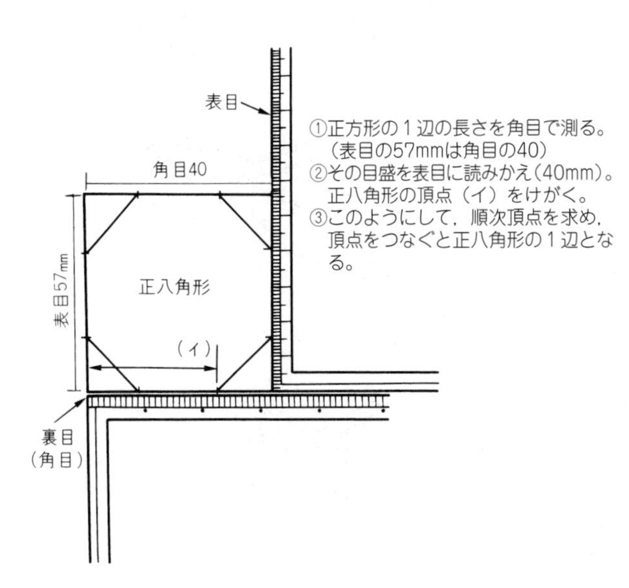

図1－124　正八角形の墨出し

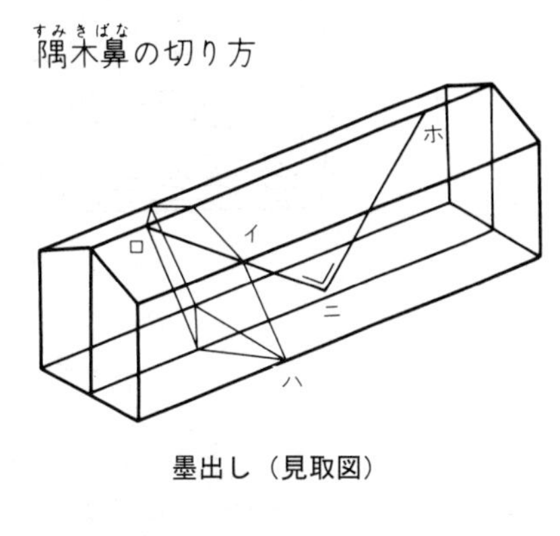

図1－125　四方転びの足，屋根の隅目などのこう配及びその仕口（こう配）の墨出し

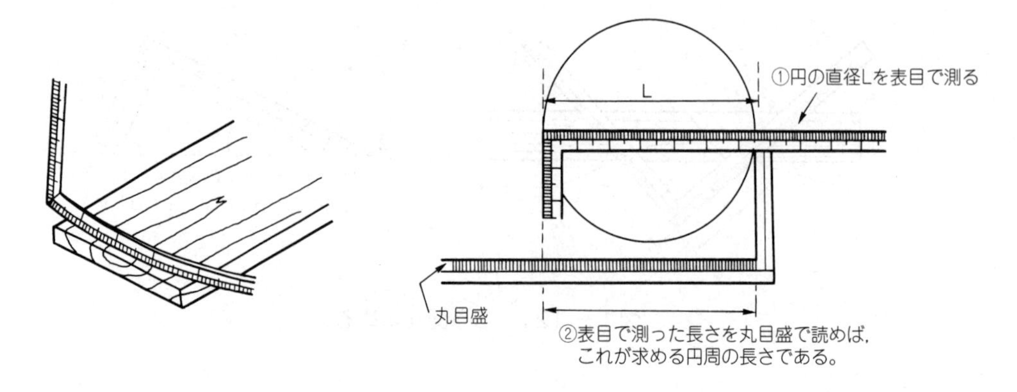

図1－126　曲線書き　　図1－127　円の直径を測って円周を求める

2.6　直角定規の使い方

直角定規は，妻手と長手からなっていて，内角・外角とも直角である。加工材や製品の直角又は材料の平面を検査，各種仕口・接ぎ手の墨付けなどに用いられ，加工を行う上で最も基本的で重要な定規である。図1－128に直角定規の使い方を示す。

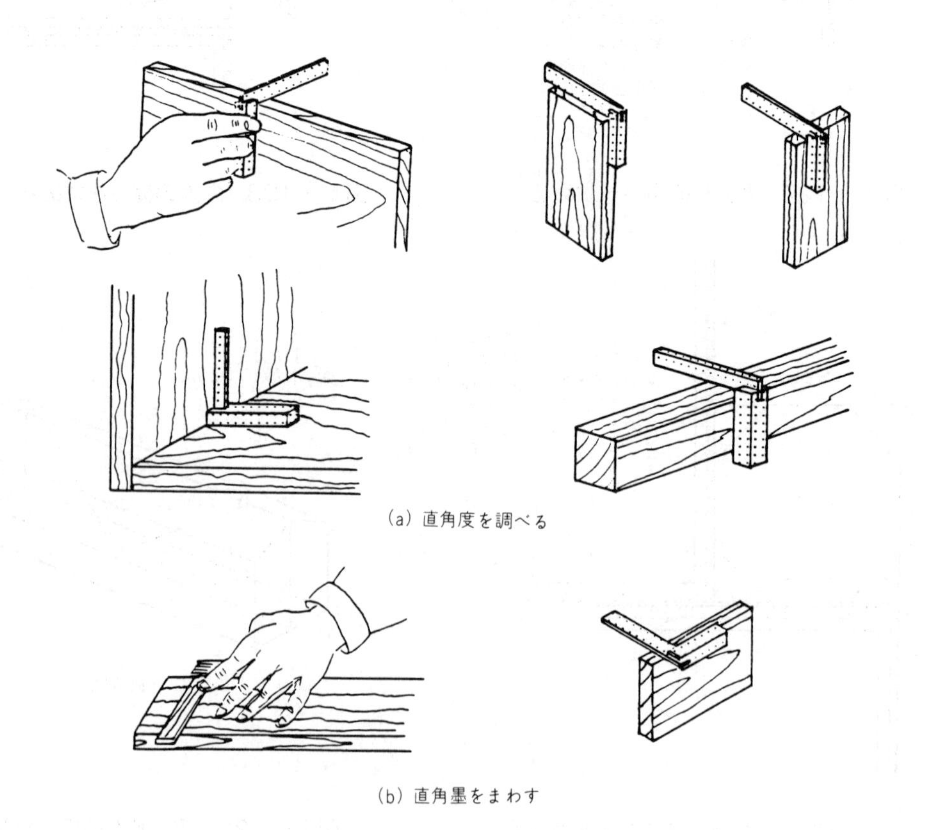

(a) 直角度を調べる

(b) 直角墨をまわす

図1－128　直角定規の使い方

2.7　け引きの使い方

け引きは，２．４　線を引く（筋を付ける）道具（p.65）で述べたとおり，「しらがき」と同様に線を引く工具である。「しらがき」が主に基準面と直交する線を引くのに対し，け引きは基準面と平行な線のけがきに用いる。

け引きを使う場合の主な手順と要点は，次のとおりである。

⑴位置を決める→⑵位置の再確認をして試し引きをする→⑶本引きをする。

（1）け引き刃の位置決め

① くさび又はねじを少し緩める。

② 図１－129のように，さしがねで定規板から刃先（刃裏）までの所要寸法を計り，さお尻又はさお頭を軽くたたいて，さおの位置を決める。

③ ねじ又はくさびを堅く締める。

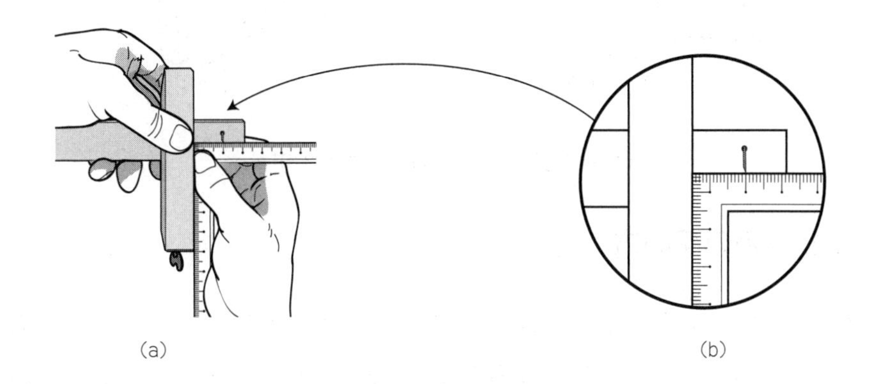

(a)　(b)

図１－129　け引きの持ち方と寸法の求め方

（2）位置の再確認と試し引き

① 所要の寸法にさおが固定されたかを再確認し，試し引きする。

② 基準面からけがき線までの寸法を確認する。

③ 試し引きでさおが動いたり，寸法違いがある場合は，①からやりなおす。

（3）本　引　き

① け引きは図１－130（a）のように持つ。

② 定規面を部材の基準面にしっかり当てる。

③ け引きの刃先を部材に軽く当てて，手前に引く。

④ １回目は軽く引き，２回目に本引きすると，けがき線のずれを防ぐことができる。

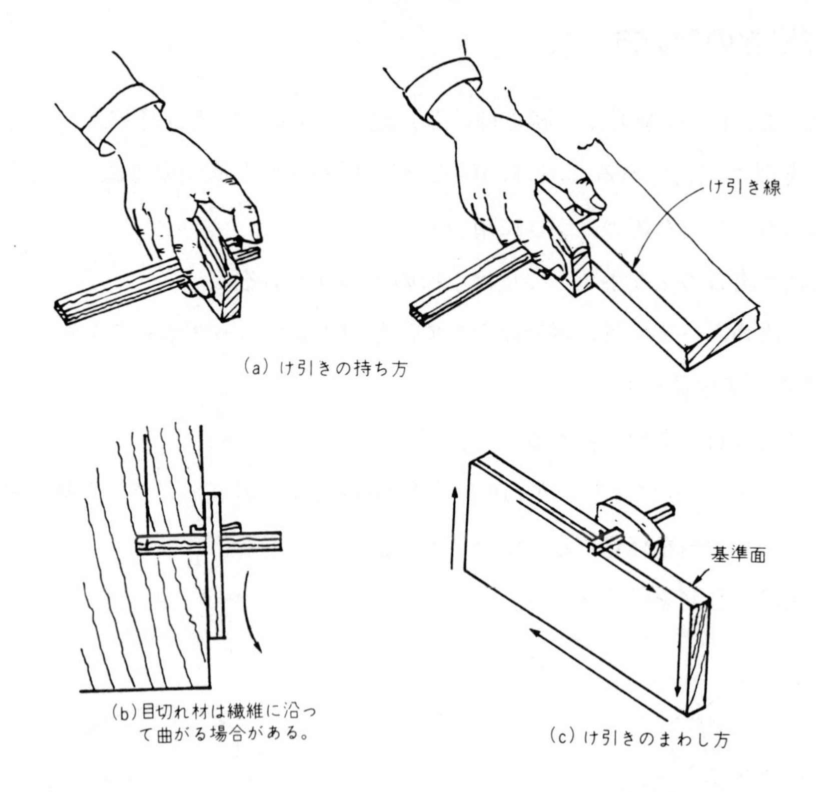

図1－130　け引きの持ち方と本引き

2.8　しらがきの使い方

しらがきは，墨付け作業に欠くことのできない工具の1つである。胴付きの墨線に代表されるように，寸法精度，加工精度を高めるものである。単独で使うことはほとんどなく，直角定規，留め定規，斜め定規，あり形定規などと併用して用いられる。使用に際しては，定規をしっかり固定して正しい墨線が引けるようにすると同時に，これらの定規を削らないように注意する。図1－131にしらがきの使い方について示す。

引くときは，1回目は定規面によく当てて軽く，2回目はそのまま強く引く。一度に強く引かないことがこつである。

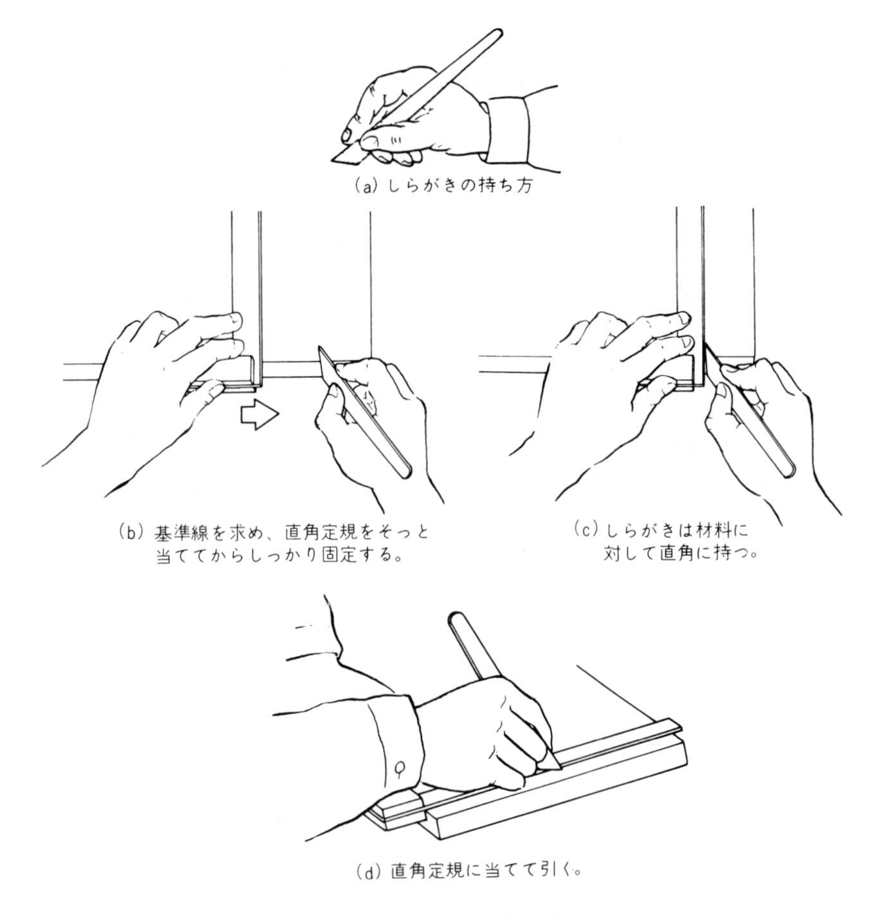

図1－131　しらがきの使い方

第3節　木口台・工作台

木材を正確に削る又は切るには，それなりの熟練を要する。正確で，安全に，しかも能率的に作業するには，個々の加工に適した専用の削り台やのこびき台の活用が望まれる。

これらの中には，事前に準備された台もあるが，作業者自身の創意と工夫により作られる台（ジグ）も多い。

3.1　木　口　台

木口台は，材料の木口を一定の角度に削るときに用いる一種の削り台である。その角度によって，直角木口台と，留め木口台を使い分ける。

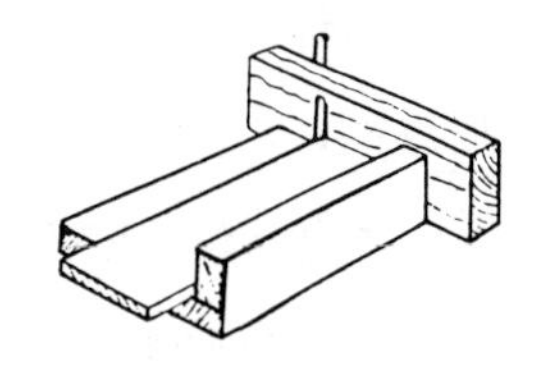

図1－132　直角木口台

（1）直角木口台

直角木口台は，各辺をすべて直角とした平板に，当て止めを直角に付けたものである(図1－132)。平かんなと併用して用いる。

（2）留め木口台

留め木口台は，材料の木口を留め（45°）に削るのに用いるもので，幅の広い留め削り用に箱形のもの（箱形留め木口台）もある。その他は，直角木口台と同様である（図1－133)。

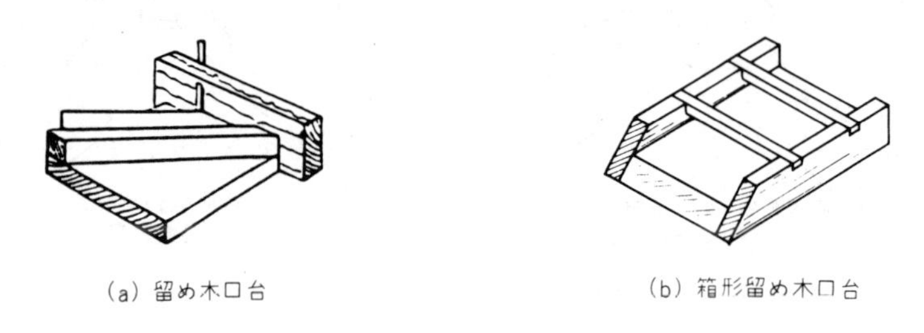

図1－133　留め木口台

3.2　すり（摺り）台

すり台は，木口台ではないが，同じような使い方をするものである。板材の木端を直角にかんな削りするのに用いる。座式工作台に似ている形で，作業台の上に載せたとき，すり台の上端面が作業台と平行（厚みが等しい）であることが必要である（図1－134)。

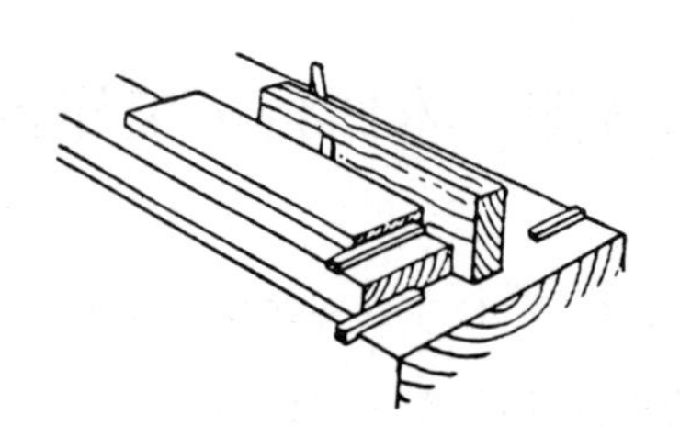

図1－134　すり台

3.3　作業台

切削，墨付け，加工，組立てなどに使用される。台面はいつも作業の基準になるので，平面に修正し，当て止めを付け，常に正確に保つよう心掛けなければならない。作業形式により，立式のものと座式のものがある（図1－135)。材料は一般にナラ，タモ，ケヤキ，サクラなどの集成材又は厚板を用いる。大きさは，この上で工作される製品によって異なる。また，特に長いものを削るために長削り台もある。

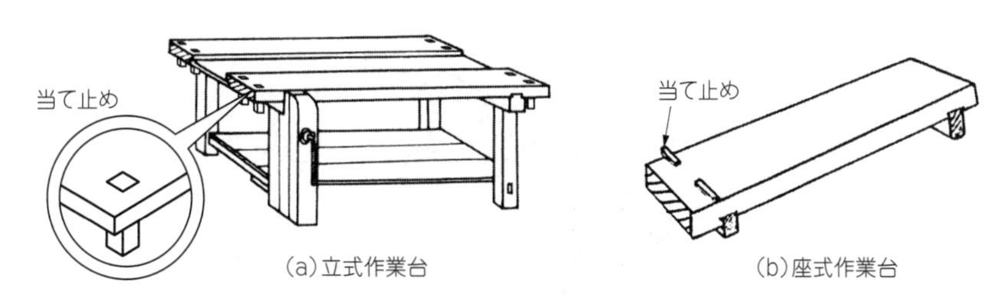

図1－135　立式作業台と座式作業台

3.4　補助工作台

補助工作台は，補助的に使用される工作台で，種々のものが考案されて使われている。一般的なものには，次のようなものがある。

(1) ひき当て定規とのこびき角度台

ひき当て定規とのこびき角度台は，ほぞの胴付きや追入れ溝を一定の角度でのこびきするときに，のこぎりのガイドとして使用される（図1－136 (a)）。これらは，それぞれの工作に対応して，作業者自身が製作する。ひき当て定規には，棒材に釘を打って釘頭を切り，先端をとがらせて，滑り止めと位置決めを容易にしたもの，木矩状の胴付きびき用などがある。のこびき角度台は，箱状の側板に一定角度ののこ目を入れ，のこ目をガイドとして角度とひきこみ深さを一定にする胴付きびきに用いる（図 (b)）。

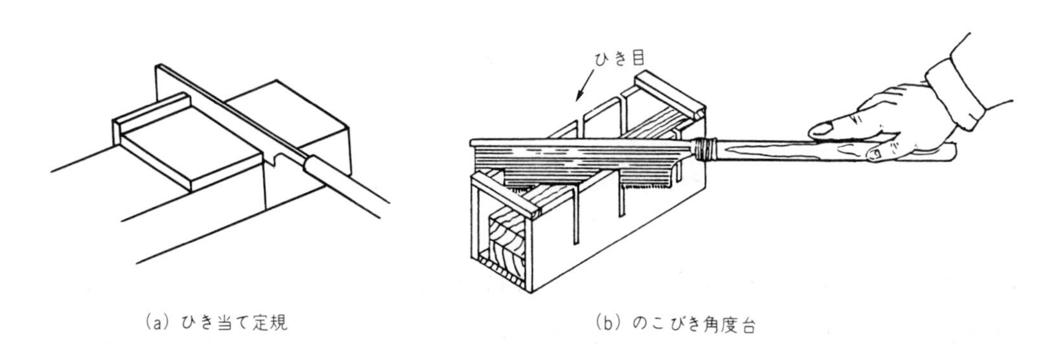

図1－136　ひき当て定規とのこびき角度台

(2) のこびき台

のこびき台は，ひき割り台又は単に馬ともいわれ，図1－137のようにひき材をこの上に載せ，墨線を見やすくし，また，のこぎりの突付けを防ぐために使用される。

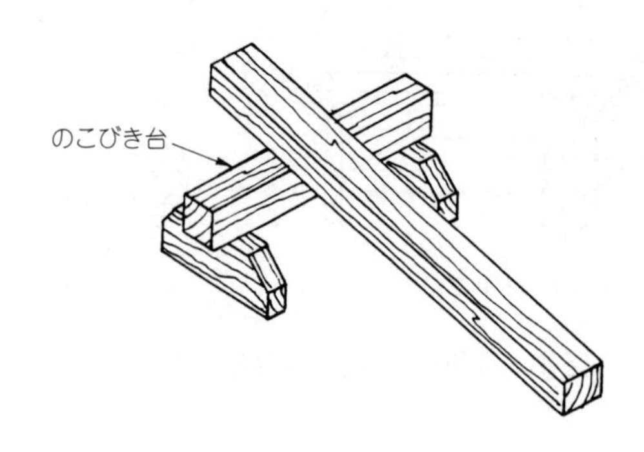

図1－137　のこびき台

（3）面取り台

面取り台は，細い角材を両取りするのに使用されるもので，V溝を付けて面取り部分が上向きに安定するようにしたものである（図1－138）。

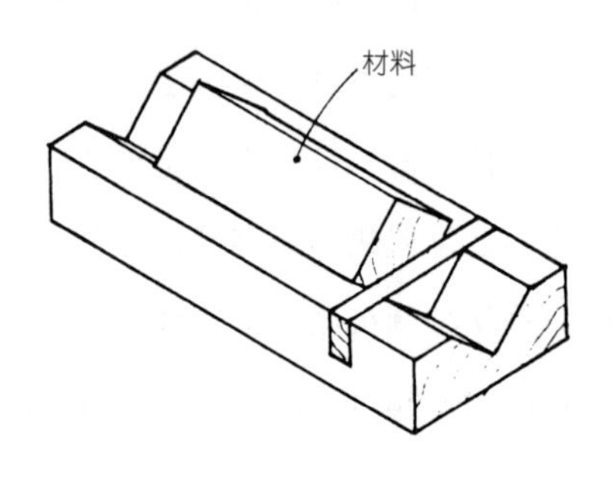

図1－138　面取り台

第4節　と　い　し

かんな，のみのように木工道具の中には，刃物の研ぎが欠かせないものが多くある。切れ味のよい刃物を用いることで，正確で，能率のよい作業が安全に行える。木工道具を上手に使いこなすためにも，といしの性質と手入れ方法を学ぶことは大切である。

4．1　といしの種類

といしとは，広い意味でいえば研削といし全体をさす。しかしここでは，木工用刃物を手研ぎするための角(かく)といしについて述べる。

といしには，天然の石でできた天然といしと，人工的に造った人造といしがある。これらのといしを使用目的によって分けると，荒といし，中といし及び仕上げといしの3種類になる。

（1）天然といし

天然といしの種類には，荒といし，中といし及び仕上げといしの3つがあり，と粒の大きさで分けられている。刃物を研ぐ場合には，荒といし，中といし，仕上げといしの順序で使用する。

a. 荒といし

荒といしは，新しく使用する刃物の形状を整えたり，摩耗して変形した刃先の形を修正するためのものである。荒といしのと粒は粗く，硬さも軟らかいものが用いられる。

刃物のしのぎ面を早くすり減らすためには，といしの面に突き出ていると粒と，刃物の研ぎ面をできるだけ直接接触させる方がよく，注水を十分に行って破砕されたと粒やといしの軟質部を洗い去るようにして研ぐ。このように,荒といしで研ぐことを荒研ぎという。

b. 中といし

中といしは，荒研ぎによって形は修正されたが，荒い研ぎ傷が残っている切れ刃面を平滑にするために用いるものである。中といしは，と粒，硬さともに中ぐらいのものが使用される。

中研ぎの場合は，前半は荒といしの研ぎ傷がなくなるまで早くすり減らすように注水を十分に行い後半は主として破砕されたと粒を利用して，それらを細かくしながら注水を少なくして，中研ぎの仕上げのつもりで研ぐ。

c. 仕上げといし

合わせといしとも呼ばれ，中研ぎした切れ刃面の細かい研ぎ傷がなくなって，鏡の面のように光ってくる程度に仕上げるもので，と粒の細かい，硬いといしが使われる。

天然といしは，同一産地のものでも品質が一定していないので，選定には経験を要する。天然といしを選ぶ場合は，傷，割れなどがなく，品質が均一で，全体的に色むらのないものを目安に選ぶとよい。表1－15に天然といしの名称と性質について示す。

（2）人造といし

人造といしは，と粒，結合剤，製造法などをいろいろと変えることによって，荒といしから仕上げといしにいたるまで，非常に多くの種類が作られている。人造であるため，一定した品質のものを作れるのが特徴である。

人造といしの一種に**ダイヤモンドといし**と**油といし**がある。ダイヤモンドといしは人造ダイヤモンドの粉末を金属板の表面に電着したもので，研削液が不要なタイプと，水研ぎするタイプがある。人造油といしは，石英の微粉を接着剤で固めたもので，いずれのタイプも研削液に油を使用する。人造といしの粒度には，荒目・中目・細目・極細の別がある。表1－16に人造といしの性質，表1－17に天然といしと人造といしの比較を示す。

表1－15　天然といしの名称と性質

種類	名称	産地	特質
荒といし	天草砥（あまくさど）	熊本県	赤，白の色まじりで，木目状の斑点がある。
	伊予砥（いよど）	愛媛県	淡白色又は淡赤色で，しま目がある。
中といし	青砥（あおど）	京都府	暗い青色のものが多い。
	沼田砥（ぬまたど）	群馬県	淡緑白色のものが多い。
仕上げといし	名倉砥（なぐらど）	愛知県	淡白色，特に硬質，ち密である。
	丹波砥（たんばど）	兵庫県	灰緑色，青砥の上級品である。
	鳴滝砥（なるたきど）	京都府	灰緑色のものがあるが，淡黄色のものが良質である。

表1－16　人造といしの性質

種類	名称	粒度	材質
荒といし	金剛砂（こんごうさ）といし	240番	金剛砂を型枠に入れ，高温高圧で固めて，人工的に作られたもので色は黒褐色，非常に硬質である。
中といし	白陶（はくとう）といし	800～1200番	カーボンランダム，アランダムを原料にして，これに接着剤を加え，科学的方法で作り出したもので，合成といしである。規格製造によって品質が安定し，量産によってその普及率は90％を超すといわれている。
仕上げといし		2000～8000番	
ダイヤモンドといし		荒目，中目，細目，極細（150～1200番）	一般といしよりも早く研げるがダイヤモンド層が薄く高価である。水研ぎするタイプと研削液が不要なタイプがある。
油といし		中目，細目，極細	油を使って研ぐもので，北アメリカ，カナダ産の白色天然といしと，天然といしの粉末に溶融アルミナを加えた人造といしがある。
金といし	金（かな）と		軟鋼で作られた金盤で，裏押し作業に使用される。

表１－17　天然といしと人造といしの比較

	天然といし	人造といし
質	同じ産地でもばらつきがあり，１個のといしでもむらがある。	一定している。
性　質	目詰まりが少ない。 手が汚れない。 鉄と相性がよい。	目詰まりすることがある。 手が汚れる。
取扱い	水につけておくと割れやすい。	使用前に十分に水をつけて使う。
価　格	高価である。	安価である。

（3）金といし

金といしは，**金盤**又は裏押し盤ともいわれ，刃物の刃裏を押し出すのに用いられる軟鋼板である（図１－139）。実際には，この盤面に適量の金剛砂と水を用いて使用する。裏面に脚を付けたものと，表から台に直接木ねじ止めするものがある。

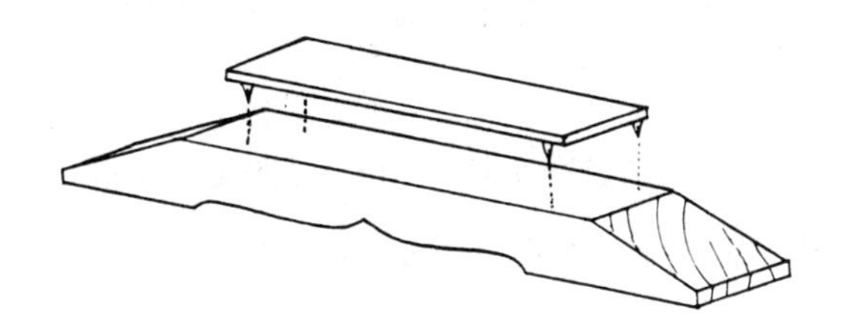

図１－139　金といし

４．２　といしの研磨

といしによって刃物がすり減らされるのは，研ぐことによって無数に並んだと粒の突起が少しずつ鈍化して，鈍化したと粒の一部が破砕され（これをと粒の自生作用と呼ぶ），新たな切れ刃が生まれる。さらに鈍化が進行すると，そのと粒がといし面から脱落する。この作用によってといし面には，次々に新しい切れ刃とと粒が現われる。

粉砕されたと粒の微粉も，といしと刃物の間に介在して研磨作用の一部を分担し，次第に微細化していき，切れ刃面も精細に研磨されてくる。

硬いといしでは，と粒の脱落が困難なために，と粒の突起が鈍化するにつれ，研磨の速さが減少する。そこでときどき別の小さなといし（**名倉といし**など）でといし面を研磨し，新しいと粒を出して使用する。

軟らかいといしでは，と粒の脱落が簡単にでき，新しい突起が絶えず現れるので，研磨作用は速いが，といしの摩耗も速くなる。

また，と粒の大きなといしほど速く研ぐことができるが，研ぎ面に深い条痕が残って，刃先の凹凸がひどくなる。これとは逆に，と粒の微細なといしは，研げるのは遅いが，研磨面が鏡のように平滑になり，黒光りするように研げる。

4．3　といし面の修正

といしのと面は，刃物を研磨すると，必ずといってよいほど変形する。特に，中央部がくぼんでしまうことが多い。これは，と面を平均に使わないためである。

このように変形したといしでは，刃物を正しく研ぐことができない。そこで，と面の全体を平均に使う心掛けや，幅の狭いのみなどは，といしの端を使うような心掛けが必要である。

（1）荒といしの修正

荒といしの修正は，ブロック又はコンクリート面に砂を適量まく。そして，注水を十分にしながらすり合わせ，平滑になるまで繰り返す（図1－140）。

（2）中といしの修正

中といしの修正は，定盤の上に研磨布紙（100～120番）を置き，と面が平面になるまですり合わせる。と面が平面になったら，別のといしで注水しながら，と面に傷がなくなるまですり合わせる（図1－141）。

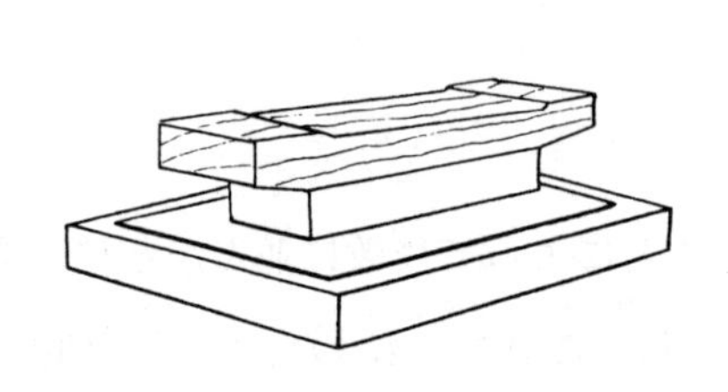

図1－140　といしの修正

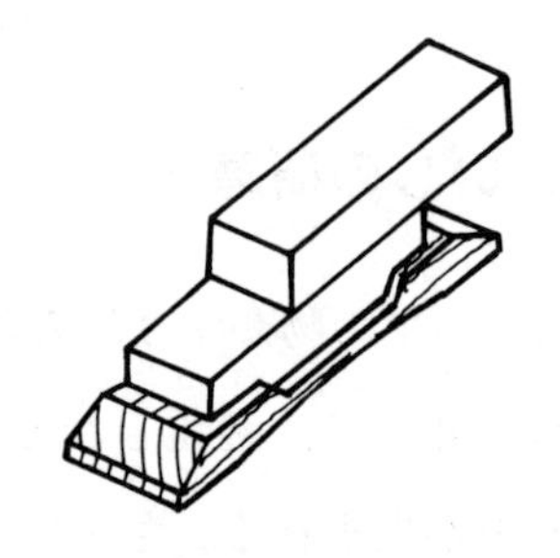

図1－141　といしのすり合わせ

（3）仕上げといしの修正

仕上げといしの修正は，定盤の上に耐水ペーパー又はサンドペーパー（180～240番）を敷き，と面が平面になるまですり合わせる。と面が平面になったら，別の仕上げといしで注水しながら，と面の傷がなくなるまですり合わせる。

(4）ダイヤモンドといしによると面の修正

中といし又は仕上げといしのと面を平面に修正する方法として，ダイヤモンドといしを使用する場合がある。各といしに十分水を含ませ，ダイヤモンドといしのといし面をすり合わせ平面にし，別のといしで傷がなくなるまですり合わせる。

といしの修正における安全作業

□にチェックを入れながら進めましょう。

(1) 中といし，仕上げといしを研磨布紙で行う場合　□

　中といし，仕上げといしは水で濡らさない。ドライの状態で研磨布紙を定盤の上に置き平滑にする。

(2) 中といし，仕上げといしをダイヤモンドといしで行う場合　□

　中といし，仕上げといしは十分に水に浸してから，ダイヤモンドといしで平滑にする。

第5節　刃物と安全

木材加工の作業では，他の産業，職種に比べて，鋭利な刃物を使うことが多い。刃物の取扱い方を誤ると道具を壊したり，けがの原因にもなる。木工作業者は，常に刃物に対する正しい認識と心構えを持つ必要がある。

5.1　刃物に対する心構え

作業中に切傷する第一の原因は，不注意によるものである。つまり，作業者の安全に対する心くばりが足りず，無造作に行動して起きる場合が最も多い。

いくら立派な製品ができても，その製作過程でけがをしたのでは，意味がない。私たちは製品を作る場合，刃物を使って切ったり削ったり穴をあけたりする工程を必ず通らなければならない。このことは，私たちの行動が，常に，けがをする危険性に結び付いているということである。けがをしないようにするには，作業のための正しい服装で，刃物をあまくみることなく，普段から正しい取扱いと整理整とんに心掛けることである。

また，自分自身がけがをしないように注意すると同時に，他人に対してもけがをさせない注意も必要である。

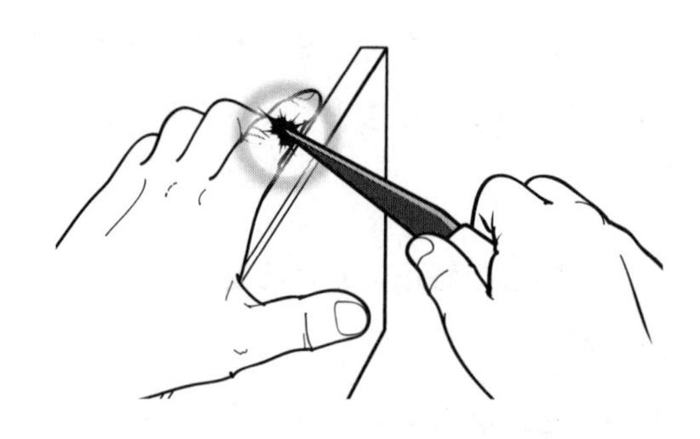

図１－142　けがは自分の不注意から起こる

5．2　刃物の取扱いと安全

現在は，物が豊富にあり，使い捨て時代となり，物を大事にしない風潮が多くみられる。昔の人は，刃物を研いで，もう鋼がなくなって道具としての寿命が尽きてしまうまで大事に使っていた。

このようにして使い込んでいくうちに，その道具に愛着がでて，また道具そのものが体の一部分となり，思いどおりに動き，結果的に立派な製品ができあがったのである。

私たちに大切なことは，まず刃物が切れなくなったら研いで使うという習慣と，道具を使いたいとき，いつでも気持ちよく使うことができるように，いつも最良の状態にしておくことである。切れ味が悪い刃物で作業すると，無理な力を加えるため，加工材が転倒したり，刃物が滑ってけがをすることがある。特に，のみによる突き削り作業では，切れ味が良好なときよりも低下したときの方がけがをしやすい。

また，刃物の置き方が悪いときや，加工方法を誤ると，思わぬけがをすることがある。刃物を安全に取り扱うには，まず正しい使い方をすると同時に，刃物の整理整とん及び点検補修に心掛けることが必要である。

第１章の学習のまとめ

この章では，木工工作で使用する様々な木工具・工作設備について，種類，名称，使い方などについて学んだ。

木工具は，使用に当たり安全なものでなければならない。同時に作業性に富んでいることが求められている。作業性とは，材料の歩留まりや生産効率，高品質な製品が作られることである。そのため，木工具は使用者に合うよう形状や大きさが進化してきた。

このことをよく理解したうえで作業に取り組まなくてはならない。誤った使い方は，加工物の精度が得られないだけではなく，けがにつながるおそれがある。

また，現在の工作設備は作業者が長時間使用しても疲れにくく，効率のよい作業が続けられる環境が整えられるよう，先人が工夫をしてきた結果である。

木工具・工作設備の特徴をよく理解し，正しく安全に使用することが大切である。

【確　認　問　題】

１．次の各問に答えなさい

⑴　のみやかんな刃の刃裏は，中央部をくぼませてあるが，これは何のためにあるのかを答えなさい。

⑵　平面を調べる道具には，どのようなものがあるかを答えなさい。

２．次の文章の（　）内に最適な語句を入れなさい。

⑴　かんな削りでは，木口を直角に削るには（①　）を使うと，また，木端削りには（②　）を使うと正確で能率よく作業することができる。

⑵　中といしの粒度としては，（①　）番から（②　）番ぐらいがよく用いられる。

⑶　金といしは，（①　）又は裏押し盤ともいわれ，刃物の（②　）を押し出すのに用いられる軟鋼板である。

３．次の文章の中で，正しいものには○印を，誤っているものには×印を付けなさい。

⑴　刃物を使って作業する場合のけが防止は，正しい服装，正しい使い方と整理整とんである。

⑵　切れ味の悪い刃物で作業すると，大きなけがをしない。

⑶　刃物は切れなくなったら研いで使い，いつも最良の状態にしておく。

4.　のみの名称と正しい使い方の組み合わせを線で結びなさい。

㋐　しのぎのみ　　　　①　浅い穴を掘るときに使う。

㋑　追入れのみ　　　　②　入隅の仕上げ削りに使う。

㋒　向こうまちのみ　　③　深く堅い木を掘るときに使う。

㋓　底さらいのみ　　　④　かき出しのみの一種で穴底をきれいにする。

5.　のこぎりの種類と特徴を説明しなさい。

⑴　胴付きのこ

⑵　両歯のこ

⑶　あぜびきのこ

⑷　回しびきのこ

第2章　工作基本作業

欧米は石の文化，日本は木の文化，といわれるほど我が国では人と木材のかかわりが古く，親密である。それゆえ木材の加工には，長い歴史と経験を持つ。その経験から生まれた知識，技術は膨大であるが，加工と組立ての方法には類型が見られる。そのような基本となる知識，技術を知ることは，応用範囲を広げ，新しい可能性を導く。

木工品の製作では，設計図に示された部品形状を木材から削りだし，それらの部品を組み立てて作られることが多い。この章では，かんな，のみ，のこぎりなどの手工具を中心にした工作法の基本について述べる。

第1節　切削と研削の原理

加工には，例えば，竹細工のように部材の形を変形させる**塑性加工**と，不要な部分を取り去る**除去加工**がある。木材加工では，刃物を用いて切り取ったり，削り取ったりして，所望の形を作りだす除去加工が多用される。

除去加工には，大きな切りくずの**切削**と，微細な切りくずの**研削**がある。なお，研削に類似して**研磨**があるが，研磨は表面を磨くことが主目的である。例えば，刃物の最終仕上げに見られるように，表面をぴかぴかに磨くことが研磨である。ここでは，切削と研削の原理について述べる。

1.1　切削機構

（1）切削角と切れ刃角

木工用の刃物で木材を切削する場合，原理的には，金属や合成樹脂などの切削の仕組みとほとんど同じである。しかし，木材は繊維でできていて，その組織は非常に複雑であり，繊維の方向が一定でないため，切削の仕組みも複雑なものとなる。

木材の切削では，刃先の諸角度によって切削の効果が著しく違ってくる。**刃先角**，**逃げ角**，**すくい角**は，切削を行うときの３つの基本要素で，このうち逃げ角と刃先角を合わせたものを**切削角**といい，最も重要なものである。

木材の切削では，切削角が小さいときは，切削能率もよく，削り肌，すなわち加工面もきれいであるが，刃先角の耐久度は小さくなる。切削角が大きくなると，切削能率が悪くなり，削り肌は滑らかでないが逆目ぼれが起こりにくく，刃先の耐久度は増大する。以上のことは，かんなで木材を削る場合，具体的に次のような結果として現れる。

① 切削角（かんなの仕込み角度）が大きくなるにつれて，切削抵抗は増大する（かんな削りに力がいる）。

② 切削角が大きくなるほど，硬い材料の削りに向く。

③ 切削抵抗は，切削角が50～60°から急増する。

④ 切込み量（かんな刃先の出）が大きくなればなるほど，切削抵抗は増大する。

⑤ 切削角が一定であれば，逃げ角の大小は，切削抵抗にはあまり影響しない。

⑥ 逃げ角の大小は，刃先の寿命に関係し，逃げ角の大きいものは，小さいものに比べて早く切れ味が悪くなる。

図2－1に刃の角度，図2－2に各種刃物の切削角度の概略について示す。

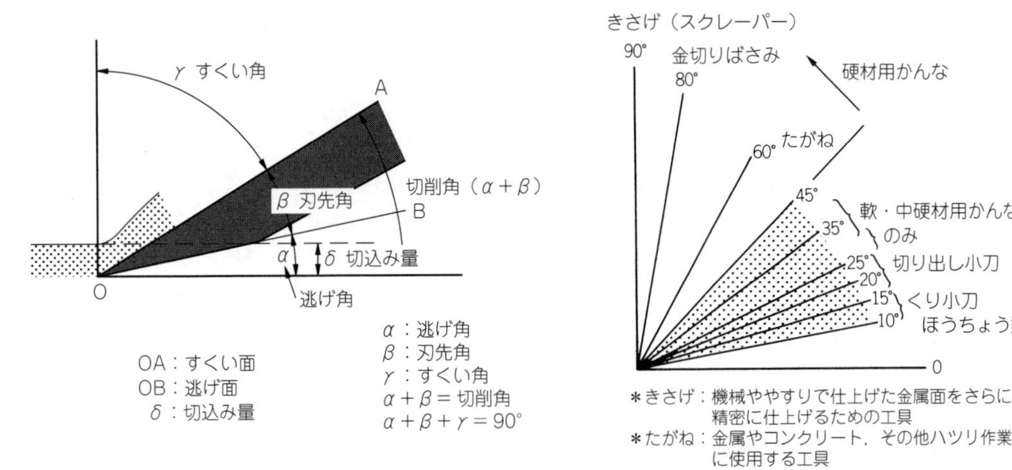

図2－1　刃の角度

図2－2　各種刃物の切削角度の概略

木材が削られるということは，引張作用（木材の繊維を引き離す作用）とせん断作用（木材の繊維を断ち切る作用）によるものである。

・切削角が小さい間は，引張作用だけが働く（図2－3（a））

・切削角が大きくなるに従って，せん断作用が働き，切削角が90°のときは，せん断作用だけとなり，材面を引っかくように削る（図（b））

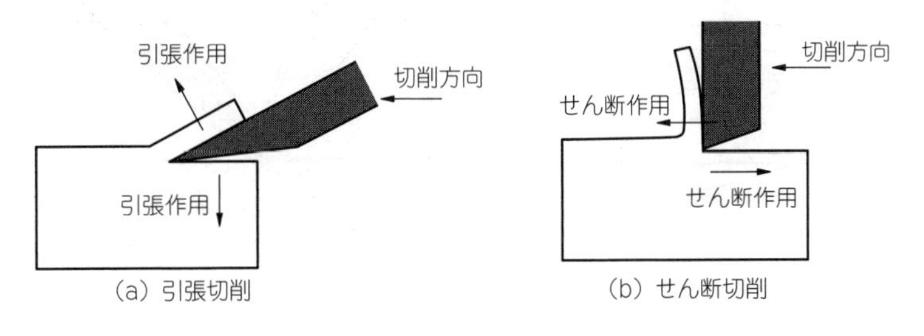

図2－3　切削角と切削力

(2) かんな削り

かんなによる切削は，切削する材料の繊維方向によって**縦削り**（ならい目削り，逆目削り），**横削り**，**木口削り**に大別できる。

図２－４のように，かんな刃の切削のしくみは，刃裏面に垂直な圧縮力と平行な摩擦力との合力（切削力）が，引張作用とせん断作用として働く。そして，刃先が部材に食い込み，先割れ現象が生じ，長くなった削りくずは，裏刃で曲げられて折れ目ができ，先割れが止まる。かんな削りは，この作用の繰返しで材料を削る。

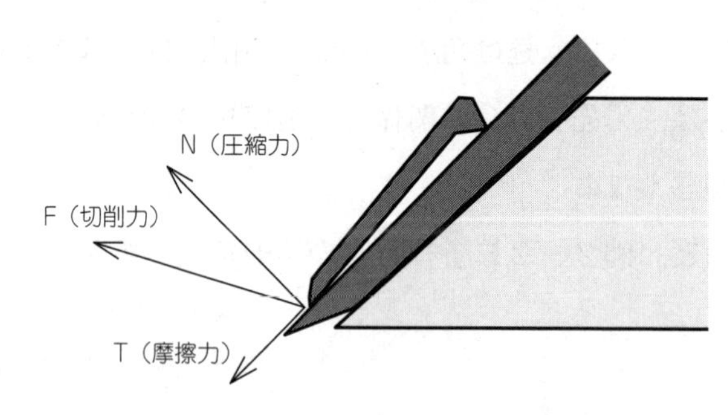

図２－４　圧縮力と摩擦力

・刃先が材料に切り込み，切りくずがすくい面に沿って昇る。

・刃物はすくい面で，材料に圧縮力（N）を加える。

・刃物はすくい面で，切りくずに摩擦力（T）を加える。

・NとTの合力（F）が切削力として材料に作用している。

刃先が材料に接触して力が加わると材料は刃先に押されて変形する。次に，その力が材料を切り開くのに十分な大きさになったとき，刃先は材料に食い込んでいく。材料が切り開かれて，すくい面上にくる材料の部分は，すくい面により，圧縮，せん断，曲げなどの力を受けて，変形又は破壊して切りくずとなる。

a. ならい目削り（図２－５）

この切削では，先割れといって刃先よりも前方斜め上方に，木理に沿って割れ目が生じ，その切りくずも先細りとなり，たやすく曲げ破壊される。削り肌は美しい。

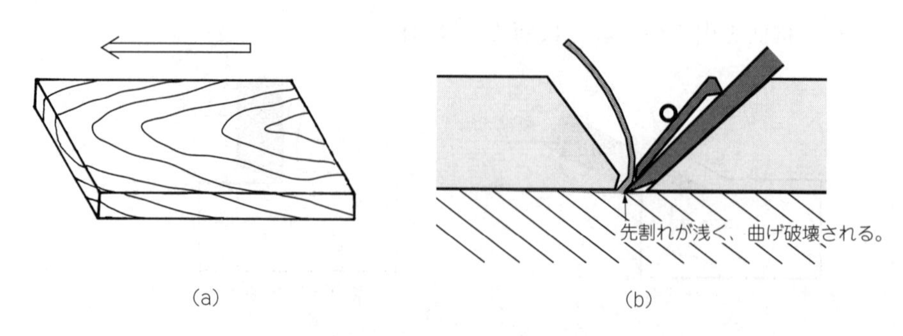

図２－５　ならい目削り

b. 逆目削り（図２－６）

この切削では，先割れが，斜め下方の内部に進行し，切りくずは先太りとなり，なかなか折れ目ができず，刃先が進むにつれて，すくい面により材料内部へと掘り起こしが進む。その結果，くぼみのような凹凸（逆目ぼれ）が生じ，削り肌は荒いものとなる。この先割れによってできるかんなくずの折れ目から折れ目までを短くするほど，先割れそのものが浅く，逆目ぼれも起きにくくなる。折れ目を短くするためには，切削角を大きく取る方がよい。二枚刃かんなでは，かんな刃に裏金を付けて切削角を大きくして，逆目ぼれを起きにくくしてある。また，刃口が広くなれば，折れ曲がりの節が長くなり，逆目ぼれが起きやすくなる。

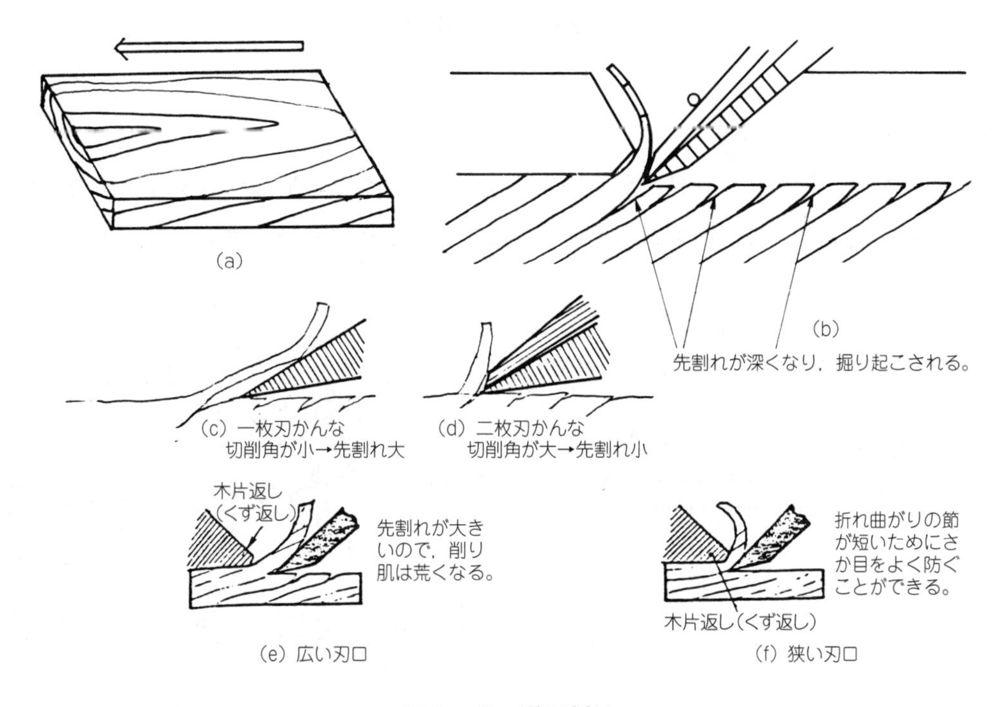

図２－６　逆目削り

c. 横削り（図２－７）

横削りでは，先割れにより軟らかい春材部が少しくぼみ，削り肌は荒くなる。この切削では，繊維が容易にせん断されるので，逆目ぼれがほとんど起きない，繊維方向に対する削り方向の角度が60°以内ならば，肌の荒くなる度合いは，極めて少ない。

一方，切削抵抗は縦削りの場合と比較して著しく小さく，労力はかなり節約できる。横削りは，このような特質を持っているから，荒削り，又は厚さを大量に減らす場合に適している削り方である。

また，逆目の多い板目板や硬材を削る場合には，横削りか，60°以内の斜め削りがよい。

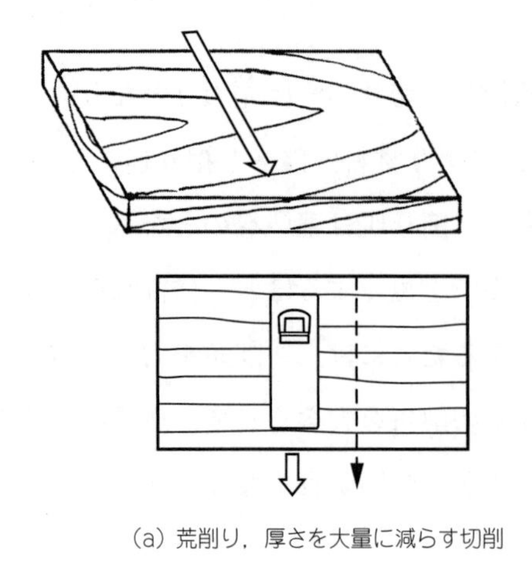

（a）荒削り，厚さを大量に減らす切削

かんなの斜め削り
（繊維方向に対し角度60°以内の切削）

（b）逆目の多い板目板・硬材の切削

図2－7　横 削 り

d. 木口削り（図2－8）

木口削りでは，軟らかい春材部がくぼみ，削りくずはむしり取られるように切削されていく。木口を削るときは，切削角の小さい一枚刃かんなの鋭利な刃で削ると，きれいな削り面が得られる。

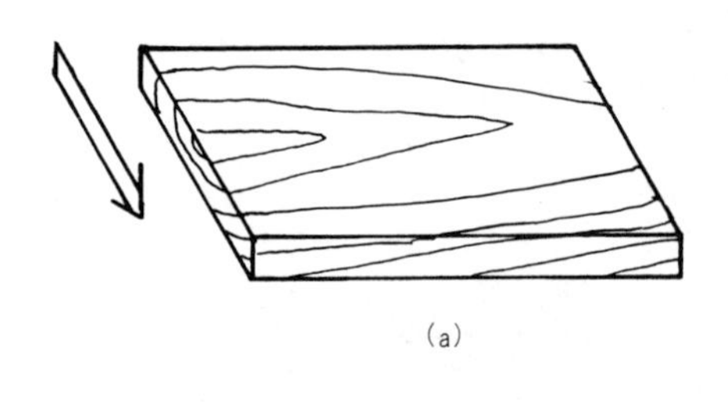

（a）

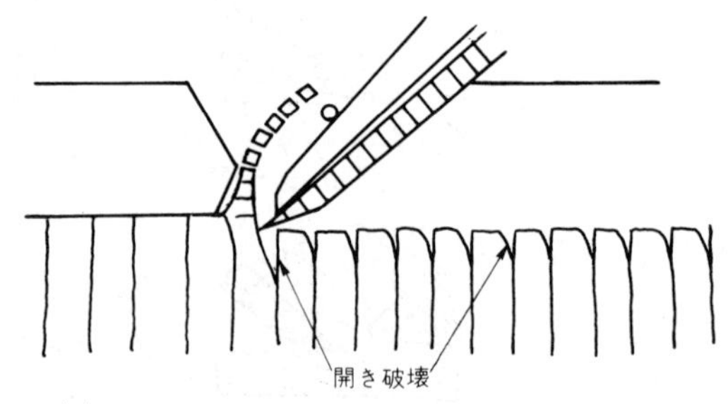

（b）刃先の切れ味が十分でないと、縦方向の繊維が切断されにくく、すくい面で押し上げられ、下方に開き破壊が生じ、むしり取られる型となる。

図2－8　木口削り

かんなの刃の出し方は，かんなくずの厚さが厚いほど逆目ぼれを起こしやすく，削り肌も荒くなるが，切削抵抗は厚さに対して比例的には増大しない。そのため，普通の荒削りの場合は，刃先を出して能率的に削るとよい。

（3）のこぎりびき

a. 縦びきのこ

縦びきは，木材を繊維方向に切るもので，歯形はのみ形をしており，下刃と上刃からなっている（図2－9）。

こののみ形の歯がひっかくように溝を削って，繊維をすくい切る作用をする。この切削作用は，のこぎりを手前にひくときに行われ，切りくずは歯と歯の間にたまる。そこで，軟材や厚板切削用ののこぎりには，歯形の大きなものを用いる。また，歯の角度は，材料の硬さによって変える。

一般に切削角，刃先角が小さいほど切削の能率はよいが，小さいと歯が弱く，刃先が減りやすい。軟らかい材料では角度は小さく，硬い材料では角度を大きくする（表２－１）。

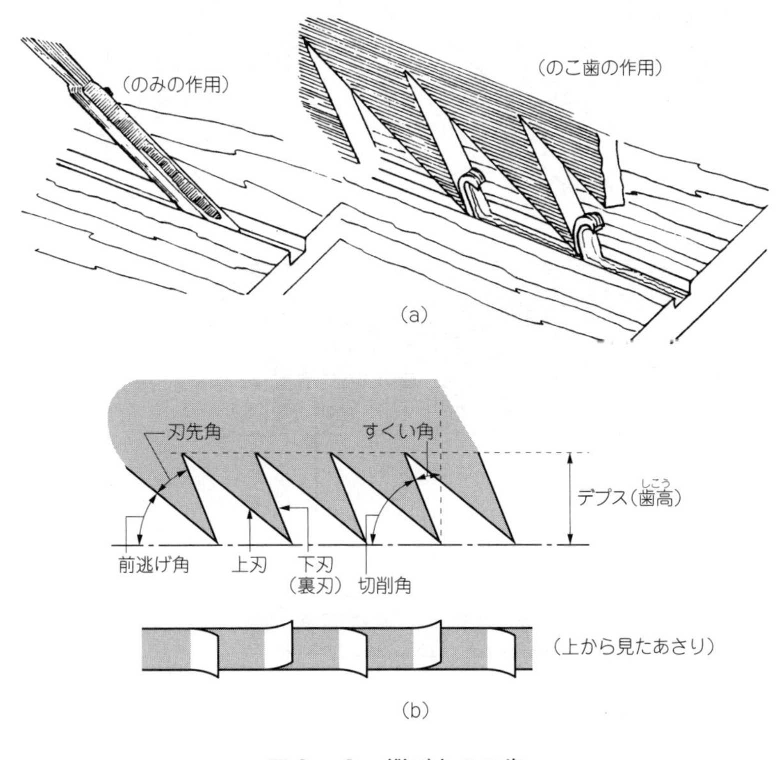

図２－９　縦びきのこ歯

表２－１　縦びきのこ歯の刃先角と切削角

	硬材用	軟材用
刃先角	40 ～ 45°	30 ～ 35°
切削角	90° 前後	75 ～ 80°

b.　横びきのこ

横びきは，木材の繊維を横切断するので，縦びきのこ歯と異なる。横びきの歯形は，縦びきよりも細かく，下刃と上刃のほかに上目があって，歯の表と裏が交互に配列してある（図２－10）。横びき歯は，切削角を大きくして切削作用を増大させるようにもなっている（表２－２）。

歯は，小刀の刃の形に似ており，左右の刃先で木材の繊維を切断し，溝底の繊維は，下刃によってかき出される。

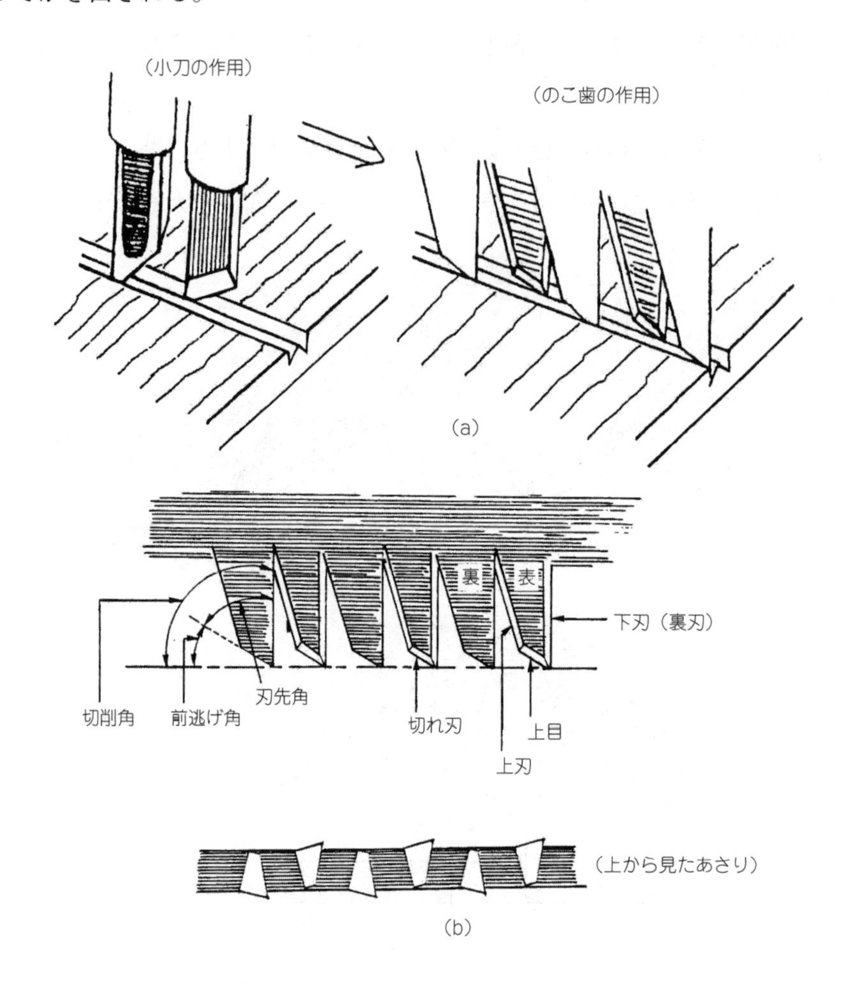

図２－10　横びきのこ歯

表２－２　横びきのこ歯の刃先角と切削角

刃　先　角	60°くらい
切　削　角	90°くらい
上目角（逃げ角）	30°

c. あさり

のこびきでは，のこ身とひき溝の間に摩擦抵抗が生じ，のこびきの運動が妨げられる。

これを防ぐためには，ひき溝の側面とのこ身面との摩擦抵抗を軽減する必要がある。あさり（歯振り又は目振りともいう）は，のこ歯を１つおきに左右に振り分けて，これらの抵抗を軽減してのこの運動を軽くし，切りくずの排出をよくするものである。

・あさり幅は，のこ身厚の1.3～1.8倍ぐらいが標準である（図２－11（a））。

・あさり不足は，摩擦をひき起こし，のこの曲がりや，折れの原因となる。

・過大なあさりは，切削抵抗が増し，切り口が汚くひき肌が荒れる。

・軟材，高含水率材の切削には，あさりが大きいのこがよい。

・硬材，乾燥材の切削には，のこくずの排出がよいので，あさりが小さいのこでよい。

・あさりの大きさがそろっていないと，ひき肌が荒れる。

・左右のあさりがそろっていないと，のこびき線が曲がる（図（d））。

・あさりがそろっていても歯の高さが違うと，高い側に曲がる（図（e））。

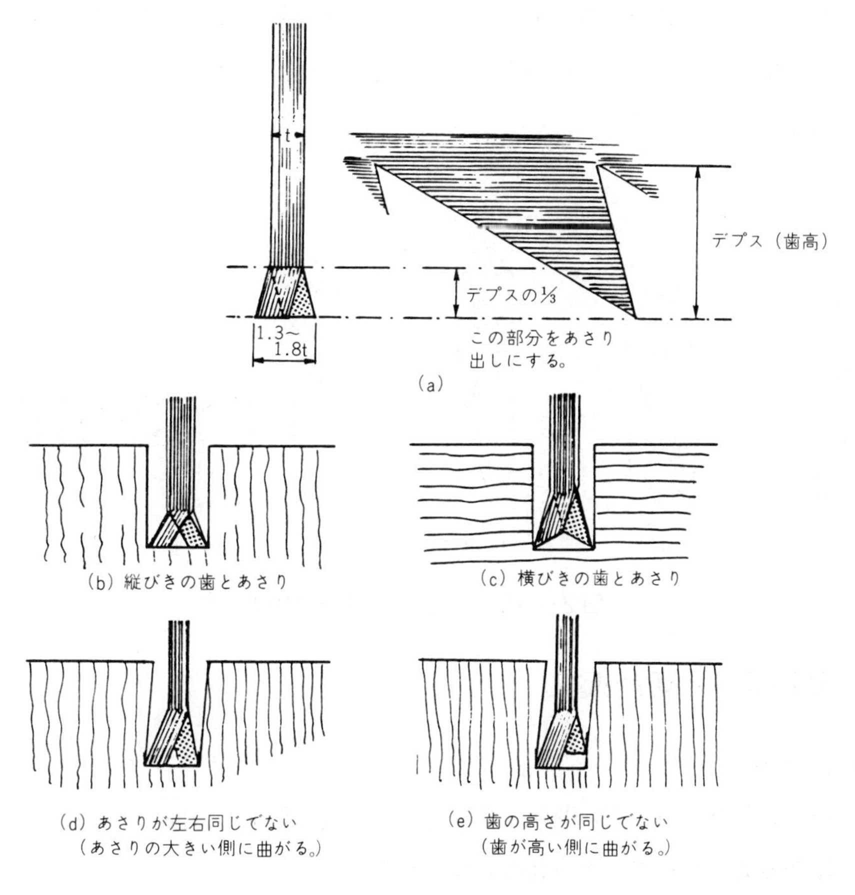

図2－11　デプスとあさり

d．腰入れ

のこ身は薄い鋼板で作られているが，その構造ゆえ，のこ身は力の加わり方，熱応力により，ゆがみ，ひずみが生じる。のこ身がひずむとひき曲がりの原因となる。のこびきでは，押さえて引く関係から，歯先側には引っ張りの力，また背側には圧縮の力が働く。さらに，のこびきの摩擦熱で歯先側には伸びが生じる。のこびき時の歯先側の伸びを想定し，それに対抗させて，のこ身中央部分をたたいて伸ばす作業を**腰入れ**という。

(4) きりとドリルによる穴あけ

円形の穴をあけるには，きり又はドリルが用いられる。一般的なきりの刃は，３つの部分に分かれる。まず，中心ぎりは，穴あけ作用の案内をする。けづめは，け引きの役目をして，切れ刃による切削円の外周をけがく働きをするもので，中心ぎりとともに穴あけそのものには，直接作用しない。切れ刃は，すくい角が大きく，逃げ角が小さい。したがって，切削角も小さく，刃先の摩耗が激しい。ドリルは，切削角を極めて大きくしたもので，一般的には，金属の穴あけに用いられる。ねじぎりとドリルは，ともに胴体に切りくずを排出するためのらせん溝がある。金工用のドリルを木材加工に用いることもあるが，木材加工に用いる場合には，ねじれ角が小さいものを用いる。図２－12に穴あけ用きり及びドリルの外観を示す。

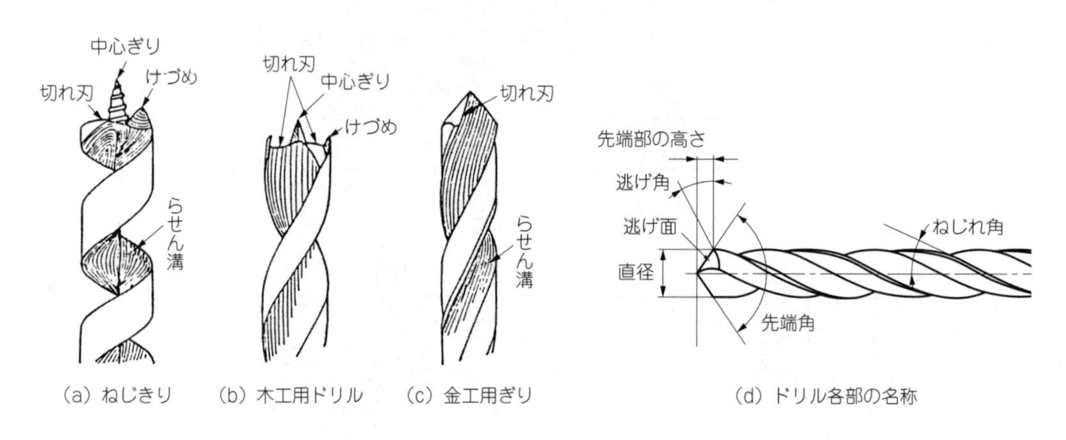

図２－12　穴あけ用きりとドリル

1.2　切削条件と切削抵抗

(1) 切削条件

切削角や刃先角などの刃先の形状，削る材料の性質，切削の方向などのほかに，木材を切削する場合の条件として，次の３つの要素がある。

a. 切込み量

切込み量とは，刃物が材料を目的の寸法に削り取る部分のうち，１回の切削によって削り取る部分のことである。手かんな削りなどの場合は，削り深さがそのまま切込み量となるが，回転する刃物などで切削する場合は，削り深さと切込み量は，区分して考えられる。

b. 切削速度

切削速度とは，刃物の動く速さのことで，刃物が固定されているような場合は，削る材料の動く速さのことである。手かんななどで削る場合は，かんなの移動する速度のことであるが，回転する刃物などでは，刃先が円を描くときの速度をいう。

c. 送り速度

送り速度は，刃物が直線的な動きをする手かんななどの場合は，切削速度がそのまま送り速度であるが，回転する刃物の場合は，切削速度と送り速度は全く別である。送り速度が大きくなると，作業能率をあげることができるが，切削抵抗は大きくなる。

（2）切削抵抗

材料を切削するときには，まず刃先で材料に切り込んで，材料に変形を起こさせ，次に切りくずを材料から分離させる。分離した切りくずは，すくい面を摩擦しながら離れていく。このとき，材料には，変形，分離されまいとする抵抗が働く。刃物が，この抵抗力に逆らって材中に食い込んで，さらに進んでいくには，より大きな力が必要である。この刃物が受ける力を**切削抵抗**といい，材料が刃物から受ける力を切削力という。

切削抵抗の大小は，次の４つの条件で違ってくる。

a. 材料の性質

・一般的には，材料が硬いほど切削抵抗が大きい。

・切削抵抗は，木口切削＞縦切削＞横切削の順で小さくなる。

・含水率が高いほど，切削抵抗は小さい。

b. 切削角

切削角が小さいときの引張切削は，切削角が大きいときのせん断切削よりも，切削抵抗が小さい。

c. 切込み量

１回の切削による切込みの厚さが大きいほど，切削抵抗は大きくなる。

d. 送り速度

切削する材料の進行する速度が速ければ速いほど，切削抵抗は大きくなる。

一般に切削速度は，切削抵抗にあまり重要な関係はないとされるが，実際の作業能率，仕上げ面の良し悪しなどの点からは，切削速度の大きい方が望ましい。

1.3 研削機構

(1) 研磨布紙の構成

研磨布紙は，一般には**サンドペーパー**，**紙やすり**などと呼ばれ，表面仕上げや曲面の加工に用いられる。研磨布紙の構成は，と粒，基材及び接着層の３つからなる（図２－13)。

と粒は，砕いた硬い鉱物質の粒子であり，と粒の破砕面の頂点を刃物として利用する。と粒の大きさは，25.4mm当たりの間にあるふるい目の数で示し，**粒度**と呼ぶ。粒度の種類（粗い・細かい）は数字（番）で表すが，数字が大きくなるにつれて，と粒の大きさは小さく細かくなる。と粒の材料としては，**アルミナ質**（Al_2O_3)，**炭化ケイ素**（SiC）及び**ガーネット**（ざくろ石）が用いられる。

と粒は接着層により基材に固定される。削りくずは，と粒同士の空間にたまる。基材は，研磨布紙の台となるもので，紙又は布でできている。基材の紙又は布は，強度を増やしたり，耐水性若しくは耐熱性を向上させるために，合成樹脂をコーティング又は浸透させてある。手研ぎ用には紙，機械加工用には布が用いられることが多い。

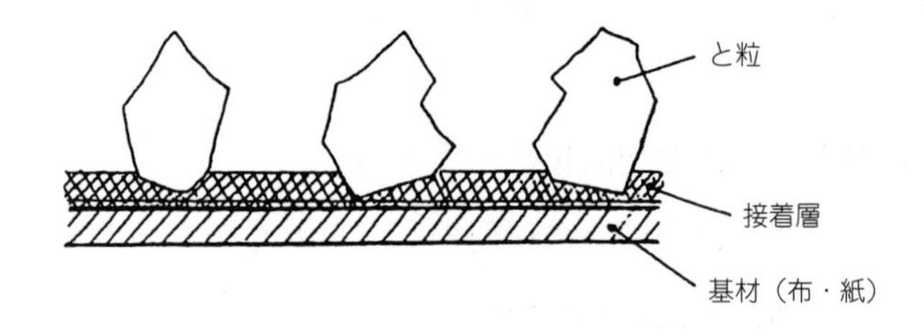

図２－13　研磨布紙の構成

(2) 研削の特徴

研削は，切削と同様に削り取る除去加工であるが，切削とはその特性上違いがある。切削では前述の図２－１に示したように，切削角が90°よりも小さく，すくい角（垂直からなす角）は**正**の値である。

一方，研削では図２－14に示すように，切削角が90°以上であり，すくい角は**負**となる。研削加工では，すくい角が負となるので逆目ぼれが生じない。また，切削が１枚から数枚の刃物で削るのに対し，研削ではと粒の突起部分により，無数の点状刃物で削る。これらのことから研削加工は，一般的に仕上げ面が良好であるものの，と粒の切れ味が悪いとケバ立ちや研削焼けなどの欠点が生じる。

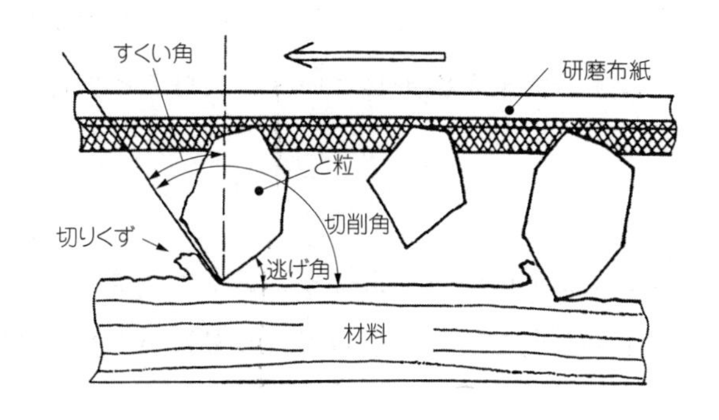

図2－14　研削加工

(3) 粒度の選定と研削性能

研磨布紙の粒度は**番手**とも呼ばれ，P（#）の記号の後に数字を付けて表示される（表2－3）。数値の小さいものは加工の能率がよいものの，表面に深い傷が残る。このため，能率的で表面を滑らかに仕上げるには，数値の小さい研磨布紙から大きいものへ，段階的に使う必要がある。

表2－3　加工程度と粒度の選定

加工程度	研磨布紙の粒度（番）
粗加工	P80 ～ P100
中仕上げ加工	P120 ～ P150
仕上げ加工	P180 ～ P240

P80は80番と呼ぶ。

第2節　かんなによる作業

かんなを上手に使いこなすには，刃の研ぎと台の調整が大切である。

2．1　かんな刃の裏出し

かんなやのみなどの刃は，刃表の地金と刃裏の鋼により構成された片刃物である。片刃物の刃裏は，「**裏すき**」といって，刃先先端部と周辺部を残して，中央部がわずかにくぼませてある。片刃の刃物は，研ぐに従って，次第に刃裏刃先の平滑な部分が少なくなって，最後は図2－15のようになる。このような状態を**裏切れ**という。裏切れした刃物は，刃表の**しのぎ面**をたたいて，刃裏側に打ち出す。この作業を**裏打ち**という。裏打ちした刃物の刃裏は，湾曲しているので平らにする必要がある。裏打ちした刃物や，裏切れしそうな刃物の刃裏を研いで，平らにする作業を**裏押し**という。裏打ちと裏押しを含めて，刃裏刃先の修正を裏出しという。

(1) 裏　打　ち

裏打ち作業には，**金敷**（かなしき）と玄能を用いる。裏打ちをするときは，図２－16のようにかんな刃を持ち，金敷にかんな刃の刃裏を当て，しのぎ面の刃先から2／3の位置を玄能の角でたたく（図２－17）。

裏打ち作業は，かなり熟練を必要とする。安易に行うと，たたき損ねて，かんな刃の欠け，縦割れ，鋼と軟鉄のはく離を生ずる。そのため，手元が狂わないように，玄能を持った手のひじは，脇につけて，玄能を振りおろす位置と角度を安定させる。また，かんな刃の刃裏を金敷の角面に押し付けるときは，たたく反動で刃先が跳ね返らないように，しっかりと押し付けて，密着させる。そして，玄能は軽く握り，玄能の重さにまかせて，軽く何度もたたき，かんな刃を横にしてみたとき，刃裏が中高になって見えるまで行う（図２－18）。裏打ちが終わったかんな刃は，裏押しを行う。

図２－15　かんな刃の裏切れの状態

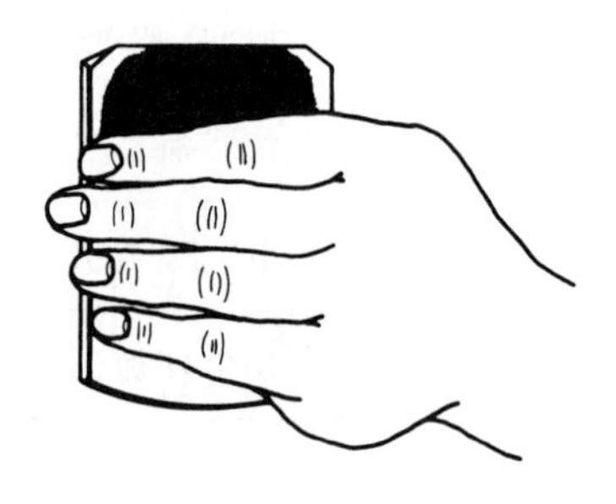

図２－16　かんな刃の持ち方

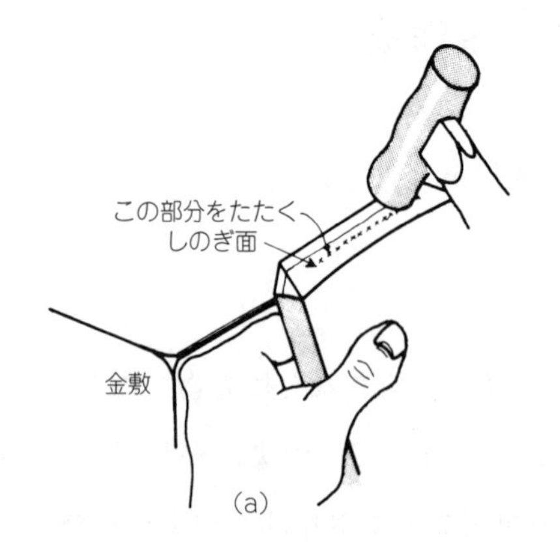

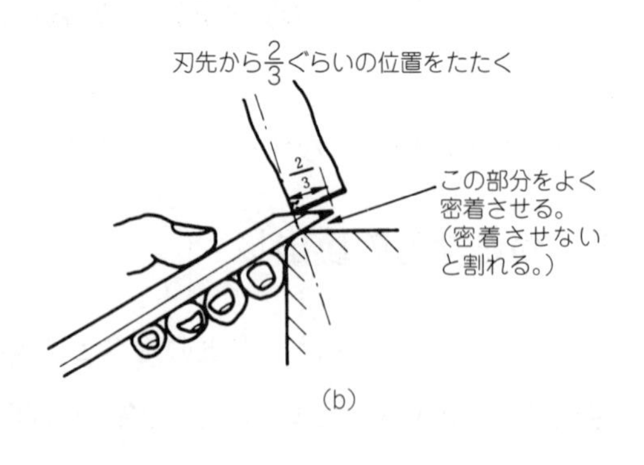

図２－17　しのぎ面をたたく箇所

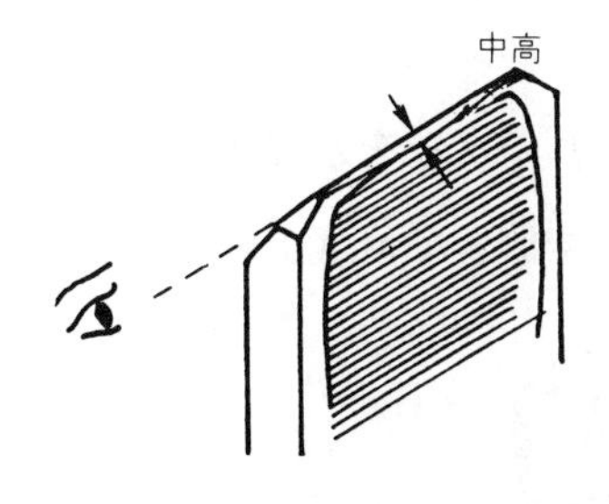

図2－18　中高の箇所

(2) 裏　押　し

裏打ちした刃物や裏切れに近づいた刃物は，裏押しをして刃裏の鋼を平らにする。裏押しが完全でないと，しのぎ面をいくら研いでも切れ味がよくならないばかりでなく，かんな刃と裏金の間にかんなくずが詰まる。裏押し作業は，刃裏の刃先付近を平面にするのが目的であるため，普通の刃研ぎ用といしは使わず，裏押し専用の金といし（金盤（かなばん））を使用する。

裏押しの主な手順は，次のとおりである。

①準備する。

裏押し作業では，作業を始める前に，かんなの刃先を中といしでつぶしておく。これは，刃先をつぶさないと，刃こぼれの原因になるからである（図２－19）。

②金剛砂（こんごうさ）をまく。

裏押し作業中に金といしが動かないように，金といしをしっかりと固定し，金剛砂をひとつまみ金といしの中央部にまき，水を１～２滴たらす。

③姿勢を取る。

姿勢は，立てひざになり，金といしの中央部に位置し，手を押し出したとき，金といしの先端に手が掛かるようにする（図２－20）。**押し棒**を刃表の中央部に当て，右手は押し棒とかんな刃を一緒に握り，左手は押し棒のもう一方の端を握る（図２－21）。

④金剛砂をならす。

裏押しの最初は，金剛砂が金といしから落ちないように注意しながら，軽い力で前後に動かして金剛砂を細かくつぶす。

⑤刃裏を押す。

金といしと刃裏がよく密着するよう刃先に力を入れ，金といしが乾くまで前後運動をする。といし前後端のと粒をときどき中央部に集め，水を１～２滴加えながら刃裏の刃先が２mm程度出るまで，繰り返す。

⑥仕上げる。

仕上げは，かんな刃といしのと粒を水で流し落とし，水だけで繰り返し，刃裏が平滑で鏡面になるまで，一気に空研ぎで研ぎ上げる。

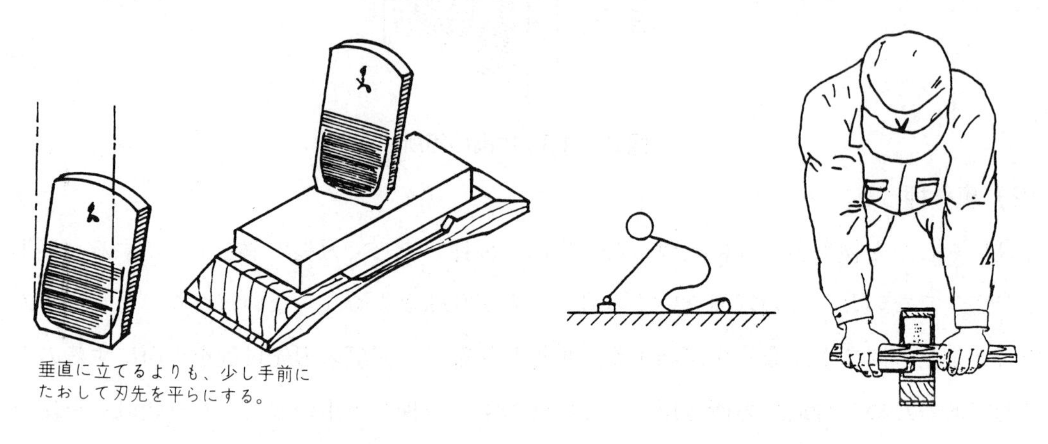

図2－19　刃先つぶし　　図2－20　裏押しの姿勢

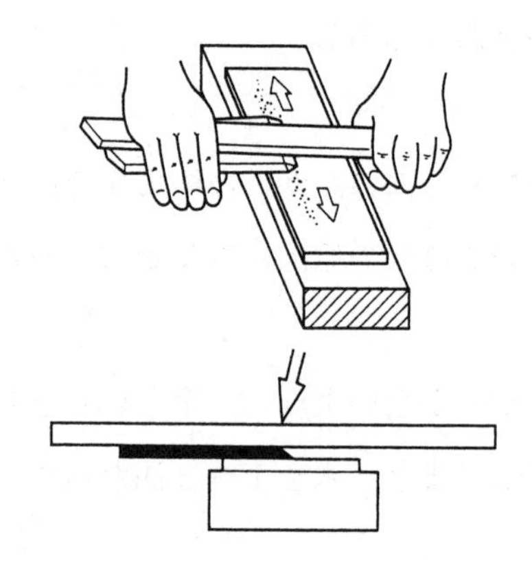

図2－21　かんな刃と押し棒の握り方

2.2　かんな刃の研ぎ

かんなで削った面は，製品のできばえを大きく左右するから，かんな刃は常によく切れるようにしておく必要がある。切れなくなってから研ぐのではなく，切れなくなる1歩手前に研ぐ習慣を付けることにより，いつもかんな刃を最良の状態にしておくことができる。しかし，かんなの刃を研ぐことは非常に難しい。ただ単に研ぐのではなく，刃先線が直線になり，切れ刃面が丸くならないように研がなければならない。これは熟練を要す作業であるから，よく練習する必要がある。

かんな刃の研ぎの主な手順は，次のとおりである。なお，この工程は，かんな刃が単に切れなくなった場合のものである。

①中といしを準備する。②姿勢を取る。③研ぐ（**刃返り**ができるまで）。④仕上げ研ぎをする。⑤水をふき取る。

かんなの刃を研ぐ場合の工程は，必ずしも，裏押しを行い，荒研ぎ，中研ぎ，仕上げ研ぎの順番で行うとは限らない。実際には，もう少し臨機応変に対応しなければならないこともある。次に示すものは，その考え方である。

・刃先が大きく欠けたかんな刃の場合

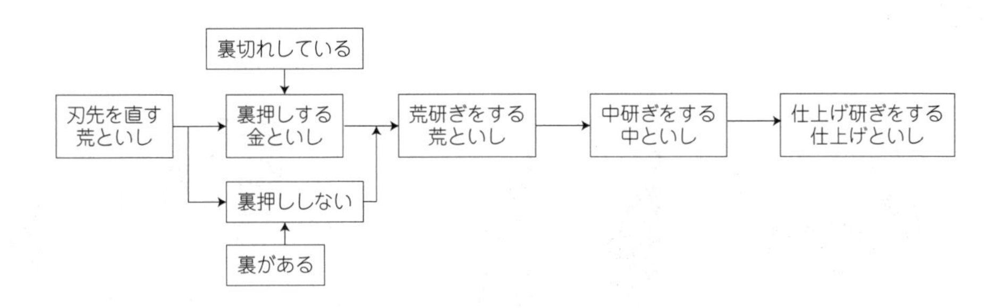

・刃先が小さく欠けたかんな刃の場合

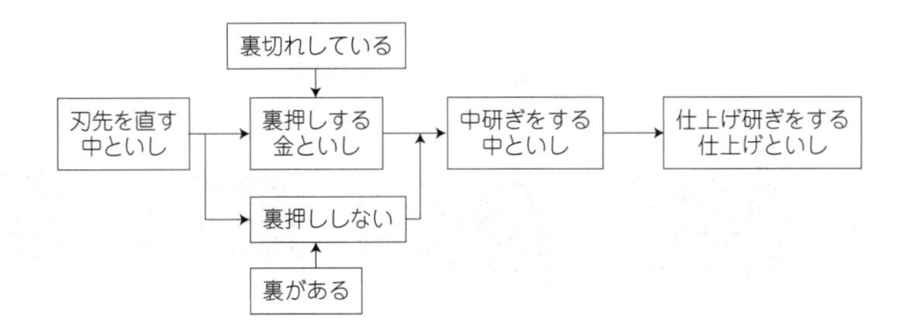

・刃先が摩耗して，切れなくなった場合

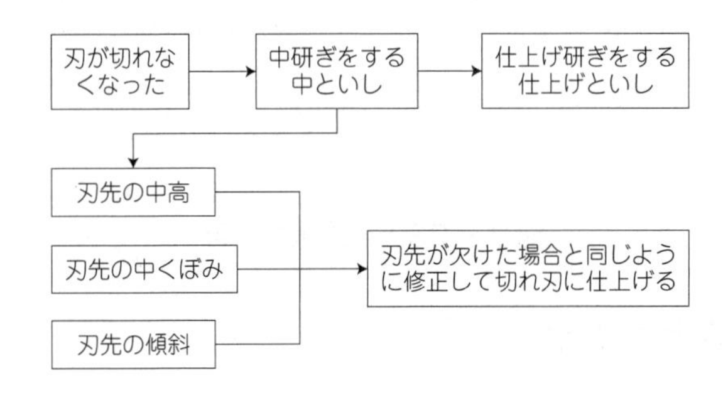

かんなの刃を研ぐときの主な要点は，次のとおりである。

・押すときは，握っているかんな刃の切れ刃面をといしに密着させるとともに，力を均等に入れ，手前をぐらつかせないでまっすぐ研ぐ。

・ひくときは，力を抜き，真後ろにひく。

・といしはできるだけ幅，長さともいっぱいに（ただし，長さ方向の手前1／3は使わない。ときどき，といしの前後の向きを変える。）使い，前半は十分に水を注ぎながら研ぎ，後半は研ぎじるをためながら研ぐ。
・ときどき研ぎ面を見て，正しく研げているかを確認する。
・刃先の鋼が刃裏全体に一様にまくれる（**刃返り**）まで研ぐ。
・刃返りは一部分でなく，一様に出ていることに注意する。
・刃先線の両端を少し低く研ぎ落とす。

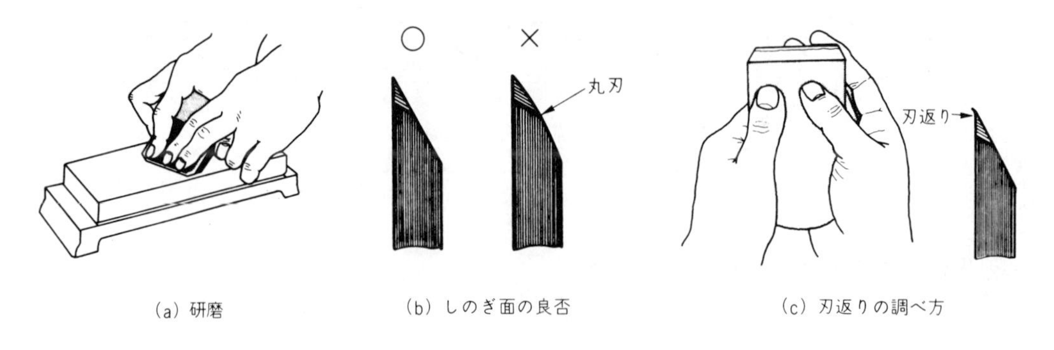

（a）研磨　（b）しのぎ面の良否　（c）刃返りの調べ方

図2－22　かんな刃の研磨

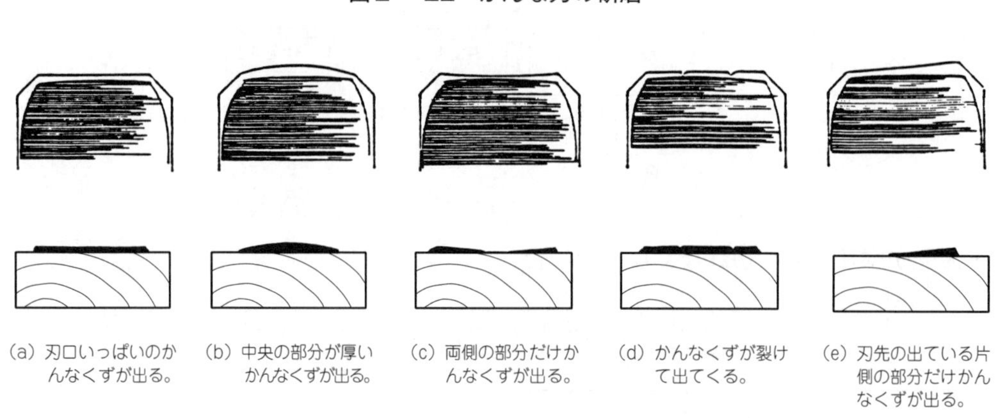

（a）刃口いっぱいのかんなくずが出る。　（b）中央の部分が厚いかんなくずが出る。　（c）両側の部分だけかんなくずが出る。　（d）かんなくずが裂けて出てくる。　（e）刃先の出ている片側の部分だけかんなくずが出る。

図2－23　刃先線の良否

2.3　裏金の研ぎと合わせ

木材をかんなで削る場合，大事なことは**逆目ぼれ**を起こさないことである。

裏金は，逆目ぼれを防止するために考案されたものであり，裏金の刃先部分をかんなの刃に密着させることにより，切れ刃角度を大きくして逆目ぼれを防止する。

かんなの刃裏と裏金を密着させるには，平らにしたかんなの刃裏に，同じく平らにした裏金の刃裏を合わせることである。この場合，刃裏同士は，全体的に触れるのではなく，密着を容易にするため，刃先線だけを合わせるようにする。

このほかに大切なことは，かんなの切削角を大きくするため，裏金の刃先を二段研ぎにすることである。裏金は，初めに切れ刃角度が20°ぐらいになるように切れ刃面を研ぐ。そして，次の二段研ぎでは，40～50°ぐらいに刃先を立てて研ぐ。あまり角度を大きくすると切削抵抗が大きくなり，削りが重くなる。裏金はかんな刃のようにたびたび研ぐことはないので，裏金を研ぐ場合は，ていねいに研ぐ必要がある。

かんなの刃裏と裏金が密着しているかどうかは，図2－24のように刃裏と裏金を合わせて調べる。ねじれ（がた）がある場合は，図2－25のように，浮いている耳を曲げるか，逆に曲がり過ぎた耳を伸ばして，両方の耳が一様に着き，カチカチと音がしなくなるまで調整する。このとき，裏金止めとの関係にも注意する。

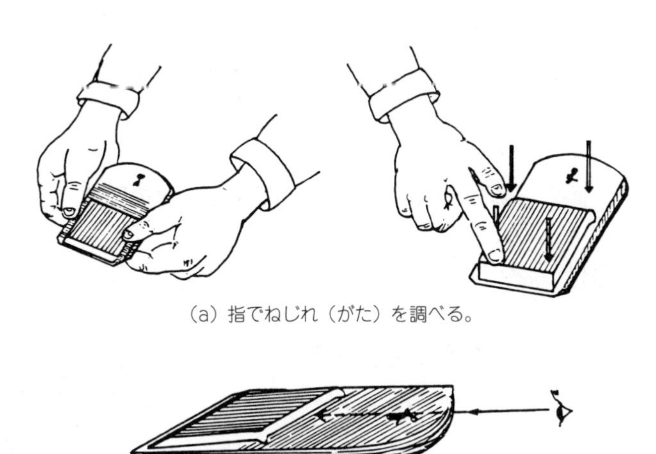

(a) 指でねじれ（がた）を調べる。

(b) 刃先のすき間を調べる。

図2－24　指と目でかんな刃と裏金とのすき間を調べる方法

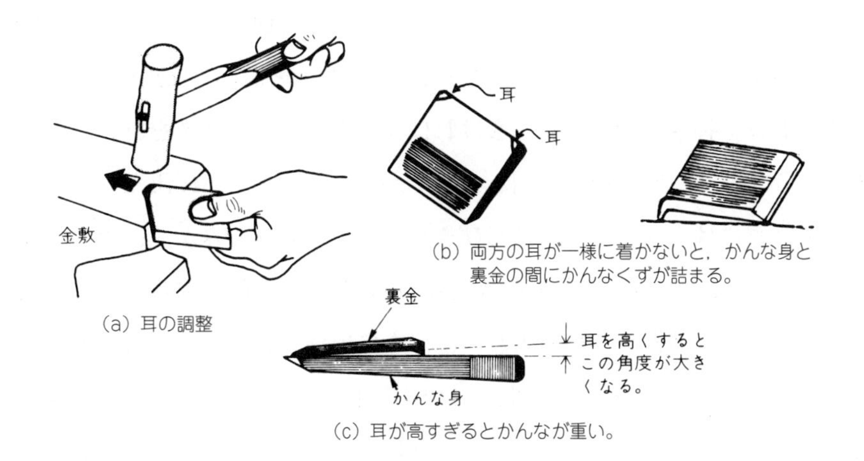

(a) 耳の調整

(b) 両方の耳が一様に着かないと，かんな身と裏金の間にかんなくずが詰まる。

(c) 耳が高すぎるとかんなが重い。

図2－25　裏金の耳の調整

かんなの刃裏と裏金とを調整するときの主な要点は，次のとおりである。

・金敷の上で裏金の耳を曲げたり伸ばしたりする場合は，玄能の平面の角を使用して，図２－25の矢印の方向にもっていく気持ちでたたく。反対方向にたたくと裏金が持ち手の方に跳ね返ってくるので危険である。

・かんな刃の刃裏と裏金の刃裏との間にわずかなすき間があっても，かんなくずが詰まり，うまく削れない。その関係を図２－26に示す。

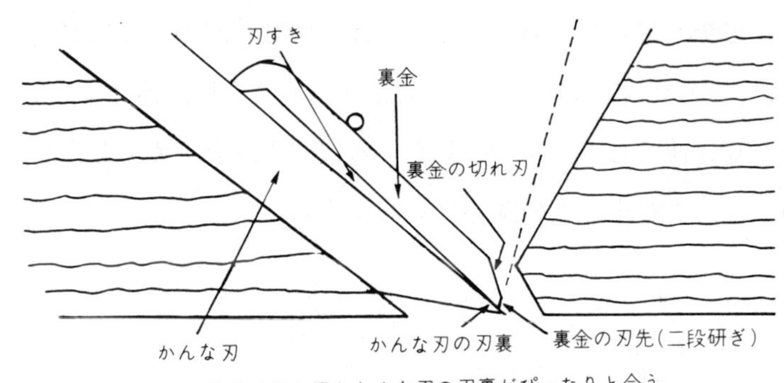

図２－26　かんな台，かんな刃及び裏金の関係

２．４　かんな刃の仕込み

かんな刃をかんな台にほどよく差し込む作業のことで，幅は図２－27のように両端に0.5mmぐらいのすき間を付ける。表なじみと刃表の接触面は，できるだけ多くする。接触面が少ないと，かんなの刃の納まりがすぐに緩くなって，うまくかんな削り作業ができなくなるので注意する。

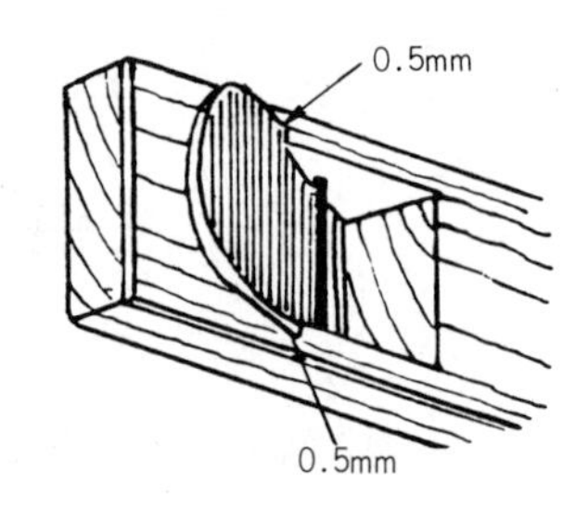

図２－27　押さえ溝のすき間

また，新しいかんな台にかんな刃を差し込む場合は，かんなの刃が正しく刃口から出るように，表なじみや押さえ溝を調整しなければならない。この作業を行わなかったり，不十分であったりすると，かんな台が割れたり，かんなの刃が斜めに出たりする。

押さえ溝の調整には，回しびき（押しびき）のこや追入れのみが主に用いられ，刃幅に合わせ，回しびきのこで，押さえ溝をひき込み，追入れのみで削り取る（図２－28）。また，表なじみの調整には，突きのみや追入れのみが主に用いられ，かんな刃を押さえ溝に差し込みながら，表なじみの高い所を削り取っていく（図２－29）。かんな刃の仕込みの具合は，かんな刃を手で強く押して，刃先が下端面より10mmぐらい手前で止まる程度がよい。

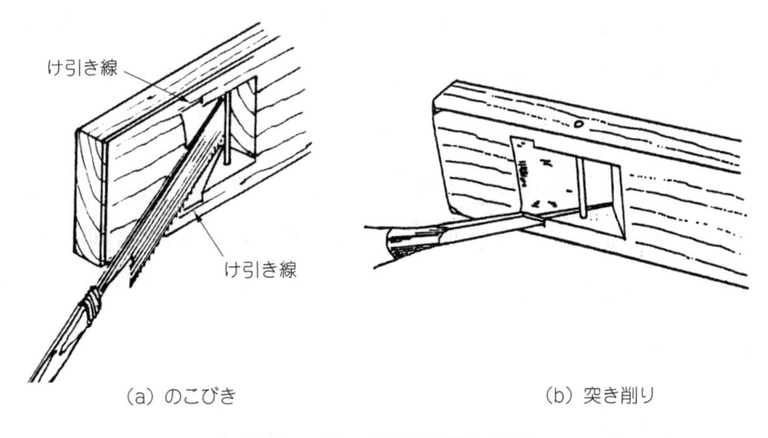

(a) のこびき　　(b) 突き削り

図2－28　押さえ溝の修正

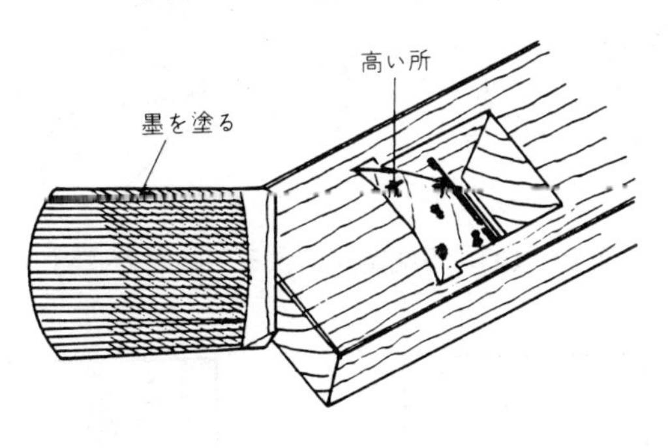

図2－29　表なじみの調べ方

2.5　かんなの台直し（下端調整）

かんな台には，一般に狂いの少ない堅木が用いられる。しかし，かんな台は木製であるため，どうしても，膨張，収縮による狂いや使用による摩耗が起こる。そこで，変形したかんな台を修正して，かんな削り作業を正しくできるようにする必要が出てくる。このようなかんな台の修正作業を台直しといい，特にかんな台の下端面を修正するので，かんな台の**下端調整**ともいう。

平かんなは，使用目的によって荒かんな，中仕上げかんな，仕上げかんなの３通りに分けられている。このようなかんなの違いは，下端面の調整の違いによるもので，それぞれの使用目的に合うように，下端面にすき間（凹凸）が付けてある。これは，かんな台の下端面が材料を削るための定規の役目をしているからである。

かんなは，台で切れるといわれるように，かんな台の下端面調整は重要なものであるから，正しく調整できるようになる必要がある。かんな台の下端調整には，下端定規と台直しかんなが主に用いられる。下端定規でかんな台の下端面の状態を調べ，台直しかんなで下端面の高い所を削っていく。

初めに，下端定規でかんな台下端面の反りやねじれの有無，すき間の位置や大きさなどを調べ，どの部分をどれくらい削るのか目安をつける（図２－30，図２－31，図２－32）。

次に，下端面の全面が平面になるように削る（図２－33）。さらに，そのかんなの使用目的に合うように，図２－34に示した下端面のすき間（凹凸）を付ける。なお，かんなの下端調整は，かんな刃をかんな台下端面から２mm程度引っ込めた状態で行う。かんな台からかんな刃を抜いた状態で作業を行うと，仕込んだとき（削る状態）に台に反りが生じて，正しい下端調整はできない。

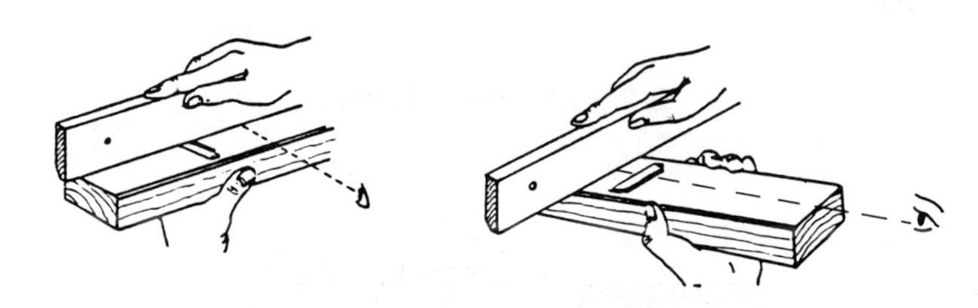

図２－30　下端定規による下端面の確認

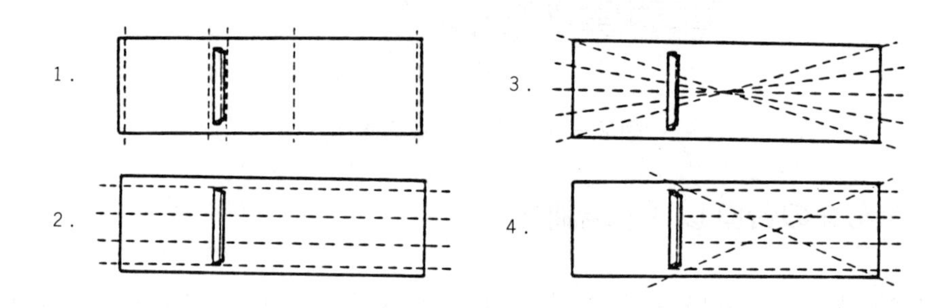

図２－31　下端定規で下端面を確認する順序

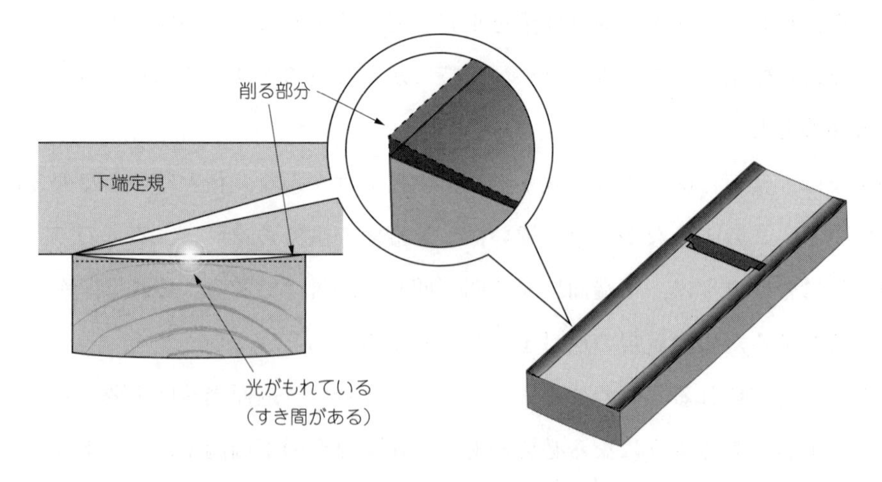

図２－32　台直しかんなで削る部分

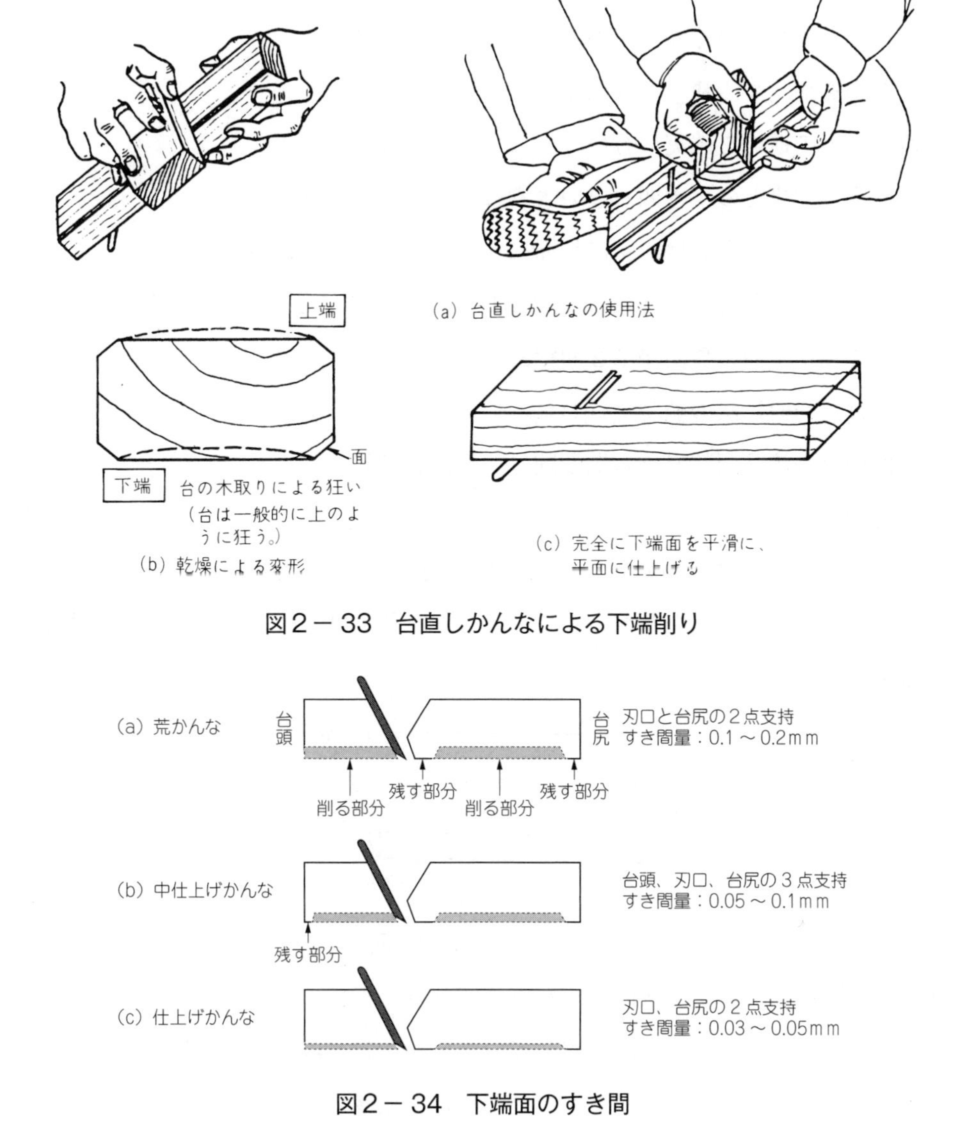

図2－33　台直しかんなによる下端削り

図2－34　下端面のすき間

2.6　平かんなによる板材削り

板材は，木製品の部材として，最も基本的で，重要な部材である。この板材を正確にかんな削りできないと，よい製品を作ることができない。

板材のかんな削りは，単に表面を平らに削るだけではなく，逆目ぼれを起こさず，平滑に仕上げることであるが，それは簡単ではない。特に，幅広の板は，反りや曲がりがあって，一層困難である。**板材削り**の逆目ぼれ防止対策として，次のようなことを考える必要がある。

・切削角，切れ刃角を大きくする。

・かんな刃の刃先と裏金の刃先との差を小さくする（仕上げかんなで0.3mmが目安）。

・刃口はできるだけ狭くする（かんなくずが出る程度）。

・過度の力を加えず，ゆっくり削る。

・台直しや刃の研磨を確実に行い，かんなくずを薄くする。

・押さえ溝と刃裏とのすき間がないようにし，しっかり仕込む。

・かんな刃や裏金の刃裏は，常に平面に保ち，両者をよく密着させる。

板材は，第１面，第２面，木端面及び木口面に分けることができる（図２－35）。第１面は，平面（ひらめん）で，第１面の裏面が第２面である。

板材削りは，一般に次の順序で行われる。

・第１面削り→第２面削り→木端面削り→木口面削り

（１）第１面削り

第１面を削る前に，第１面の狂いやねじれを調べる。板材を一定の厚さに削るために，第１面を平らにし，その面を基準にして，第２面を仕上げるので，第１面は**基準面**となる重要な部分である。

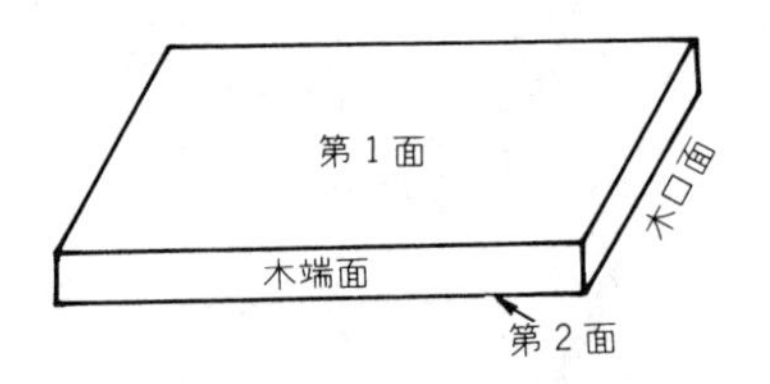

図２－35　板材の面

第１面削りを始める前に，次のような方法で部材（板材）の状態を調べる（図２－36）。

①　部材に砂，その他の異物が付着していないかを調べる。

②　部材のねじれ，反り，曲がりがないかなどを見極める。

　平らな作業台などの上に，第１面を下にして置き，第１面の狂い，ねじれを調べる。人差し指で軽くたたいてみて，すき間やがたがないか，目と指の触感で調べる。

③　高い箇所を横ずり削りして，反りやねじれを取り去る（削りしろが多い場合は横削りも併用する）。

④　ならい目削りになるように，削り台（作業台）の上に置く。

削るときの姿勢には，２通りがある。立ち削りの場合は，左足を前にして，右足を引いて腰を落とす（図２－37）。座り削りの場合は，左足を前にして，右足は正座のようにひざ（膝）を曲げる（図２－38）。かんなは図２－39のように持つ。

平かんなには，前にも述べたように，荒かんな，中仕上げかんな及び仕上げかんながあ

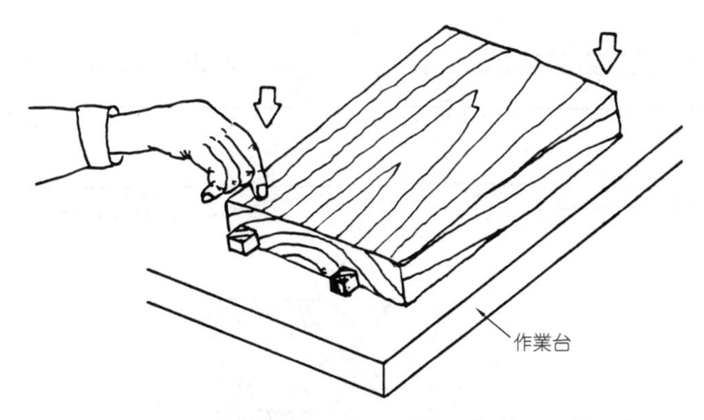

図2－36　部材のねじれ，反り，曲がりの調べ方

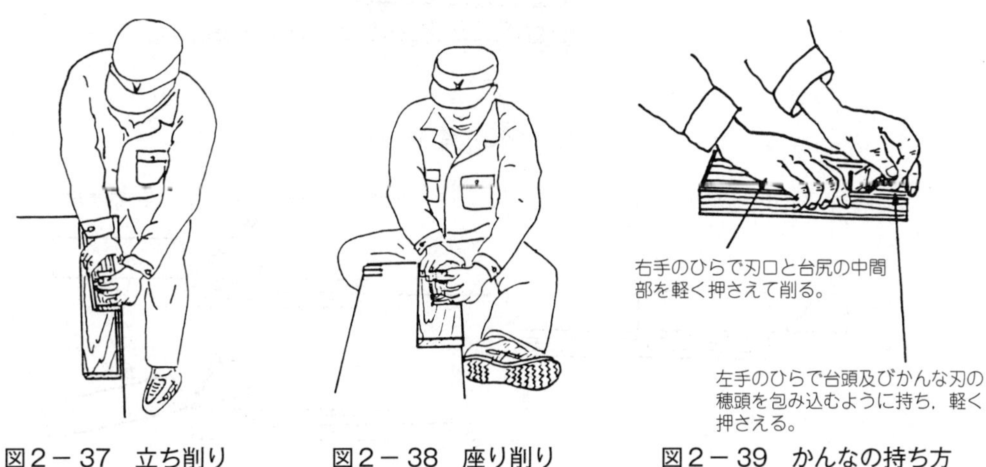

図2－37　立ち削り　　図2－38　座り削り　　図2－39　かんなの持ち方

る。1枚の板を削り仕上げるには，一般に3種類のかんなを次のような使い分けで行う。

① ねじれ・狂いを取ったら，荒かんなで，ある一定の厚さまで削る（粗整面削り）。

② ある一定の厚さにまで削った板を，中仕上げかんなで平らに仕上げる（整面削り）。

③ 最後にほぼ平面に仕上げた板を，仕上げかんなで，きれいに平滑に仕上げる（仕上げ削り）。

a. 粗面削りと粗整面削り

荒かんなと中仕上げかんなをかけるとき（粗面削りから粗整面削り）は，次のことに注意する。

① 反りや狂いが大きい場合は，荒かんなで横削りをする（図2－40）。

② 板材がほぼ平面で，反りや狂いが少ない場合は，ならい目削りで平面になるように削り進める。

③ 削る要領は，削り始めは台尻を押して台頭が下がらないようにし，削り終わりは台頭を押して台尻が下がらないようにする（図2－41）。

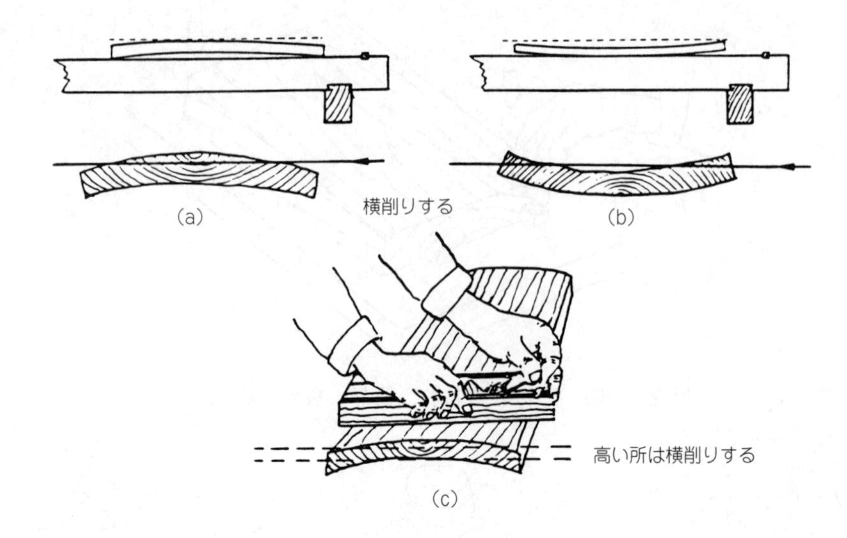

図2－40 荒削り

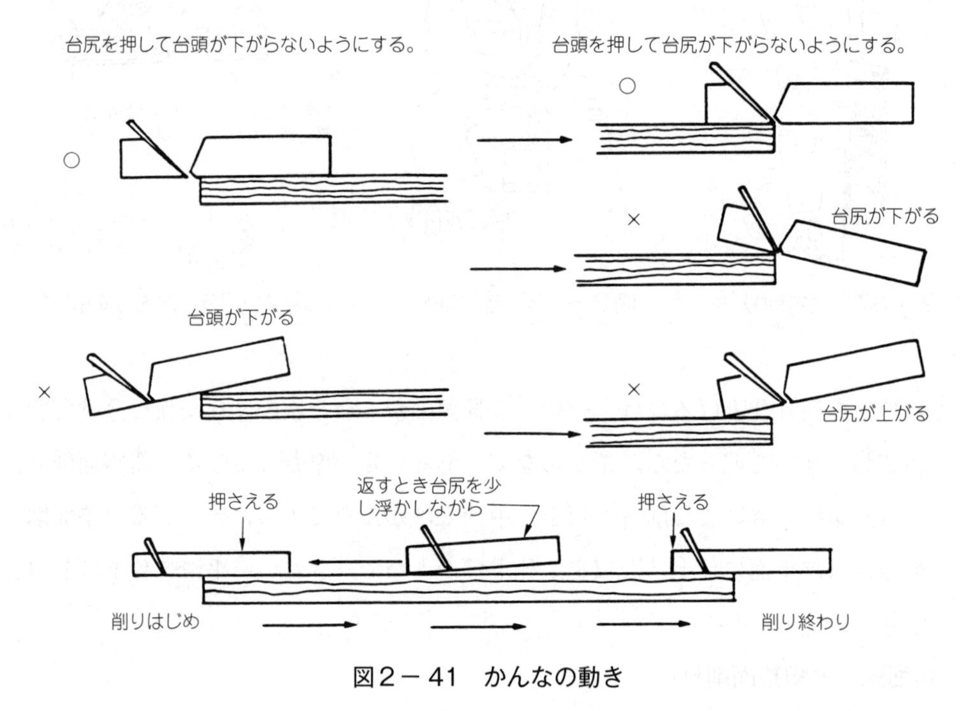

図2－41 かんなの動き

④ かんなを板材と平行にして，腕の力だけでなく，足腰も利用して削る。

⑤ 削り終わったら，平面検査をする（図2－43（c））。

b. 整面削りと仕上げ削り

中仕上げかんなと仕上げかんなをかけるとき（整面削りから仕上げ削り）は，次のことに注意する。

① 木端面の繊維走行を調べ，どの方向から削るか決める（図2－42）。

② 板の上を右から左へ(左から右へ)，かんなの幅を少しずつ重ねるように進ませる(図

2－43（a））。

③　前のかんな削り際の段を残さないように，削り重ねていく。

④　腕だけの力で削ると，上滑りをしてしまうので，始めから終わりまで腰を入れて削る。

⑤　かんな刃の耳が立たないようにして，できるだけ刃幅いっぱいに，均一の厚さでかんなくずが連続して出るように削り進めて，完全な平面になるようにする。

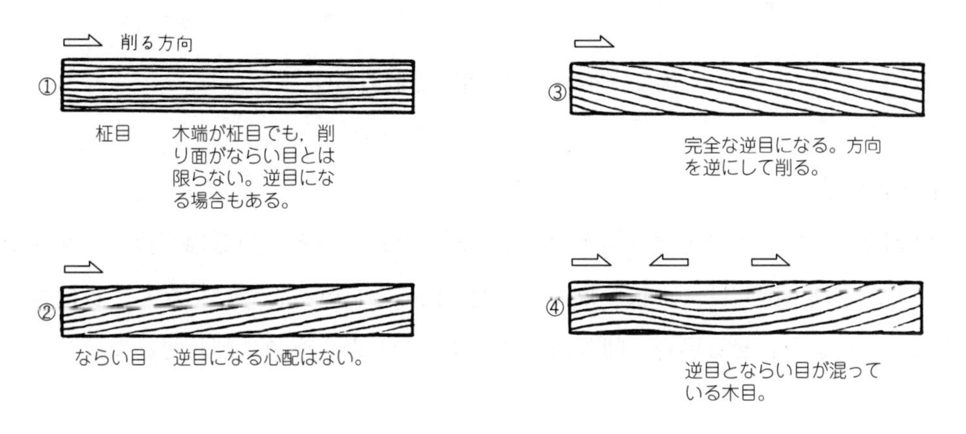

図2－42　繊維走行と削り方向

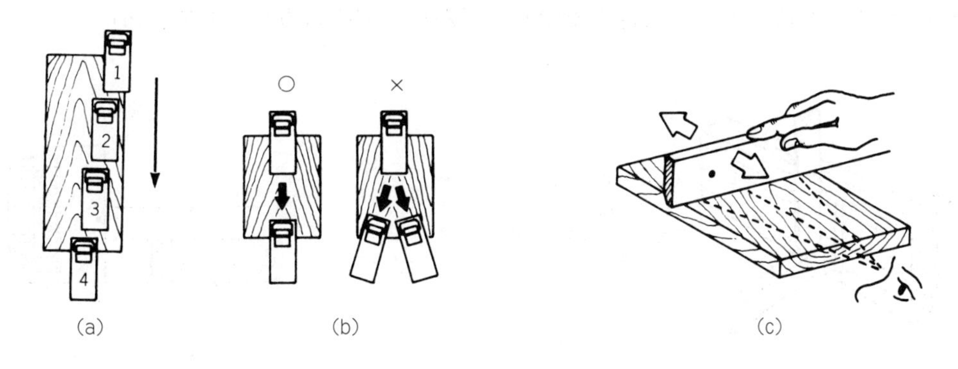

図2－43　かんな削りの重ねと平面検査

（2）第2面削り

第1面が平らになったら，第2面（裏面）削り作業をする。第2面の削り作業は，所定の厚さに削り仕上げるため，け引きで寸法決めを行ってから削り作業に入る。削り方などは，（1）の第1面削りとほぼ同様であるが，厚さを決めるけ引き線に注意して削る。削る量が多い場合は，図2－44のように，周囲をけ引き線まで斜めに削ってから行うとよい。

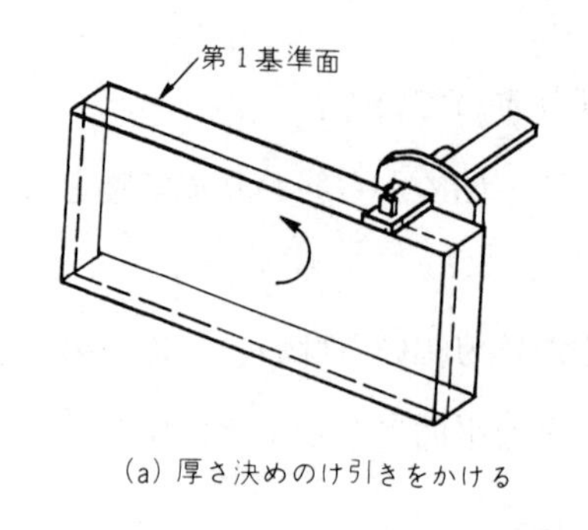

(a) 厚さ決めのけ引きをかける

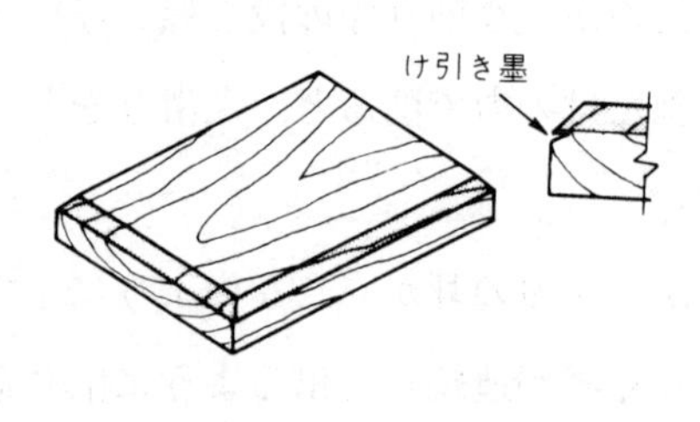

(b) 厚い場合、け引き墨線まで削る

図２－44　寸法け引きと斜め削り

（３）木端面削り

木端面削り作業は，板の平面（第１面，第２面）と比べると，削る幅も狭く，削りやすい。しかし，木端面削りは，１枚の板の木端面を削るということだけでなく，板はぎなどのように，２枚を合わせる場合，削り面がまっすぐでしかも直角に削れていなければならない。

木端面削りをするかんな台の小端は，直角でなければ正しい木端面削りはできない。平らな台にかんなを置いて，直角定規で確認してから作業を始める（図２－45)。

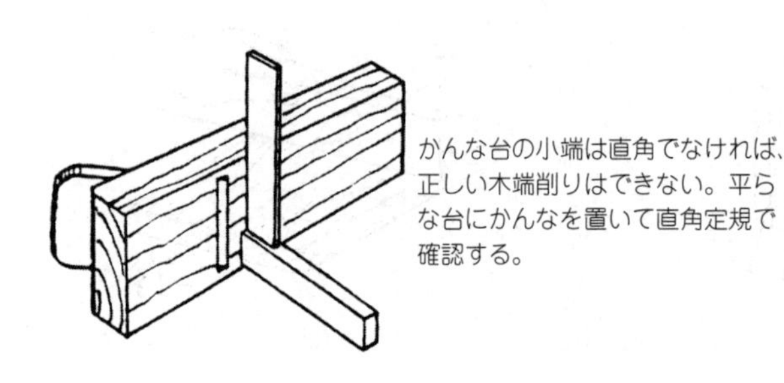

(a) 小端の直角を調べる

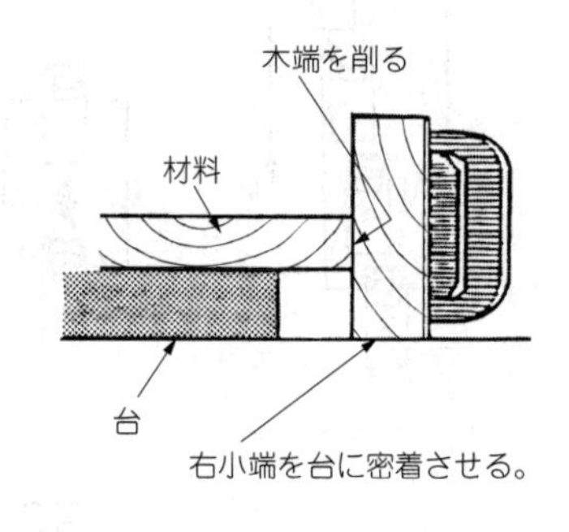

(b) 木端削り

図２－45　かんな台の確認

木端面削りには，すり台を用いる。すり台を作業台の当て止めに当て，その上に部材を置く（図２－46（a))。木端面は片手で削るので，かんなを片手で持ち，もう一方の手で部材の削る分だけ，すり台の小端から外側に出す。かんな台の小端を作業台に軽く押し付けながら，手前にまっすぐに引いて削る（図２－46（b))。削り始めと削り終わりは，特に内側に寄るので注意して削る。削り終わったら削り面を調べる（図２－46（c))。

長い木端面を削る場合は，長台かんなを使用するとよい。

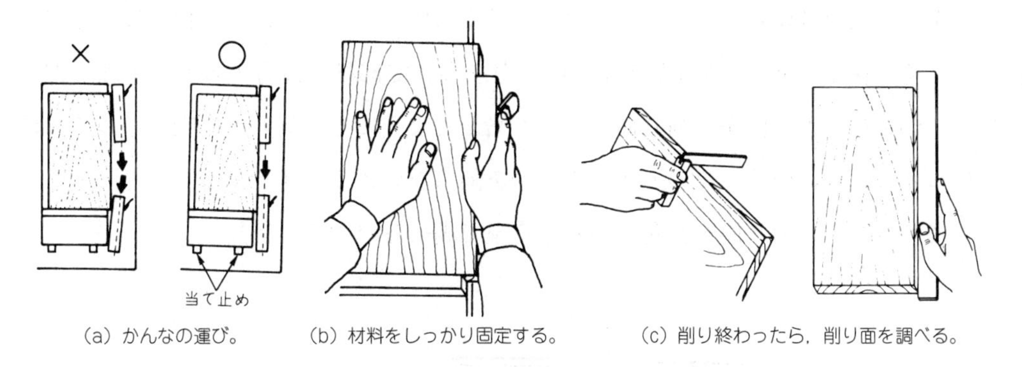

(a) かんなの運び。　(b) 材料をしっかり固定する。　(c) 削り終わったら，削り面を調べる。

図2－46　木端削りと削り面の調べ方

幅決めをする場合は，削りあげた木端を基準面として，図2－47のように，もう一方の木端面側の平面と木口面に，け引きで必要な墨をまわす。削り量が多い場合は，不用な部分を縦びきで切り落としてから，木端削りをする。

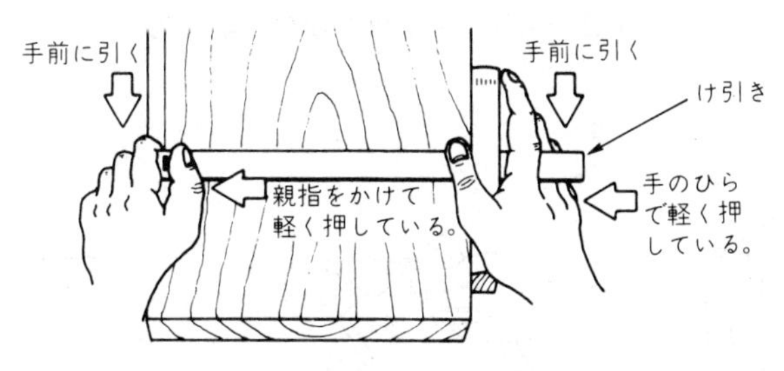

図2－47　幅決めのけ引きのひき方

(4) 木口面削り

木口面削りは，逆目ぼれの起こる心配がないので，かんなの裏金は引っ込めておく。また，木口面削りは，他の削りと違い，削るときの抵抗が非常に大きいので，鋭利なかんな刃を使い，木口面に**水引き**をすると削りやすい。

木口面削りには，図2－48 (a) に示す木口台を用いる。木口台を作業台の当て止めに当て，その上に部材を置く。木口面削りは片手で削るので，かんなを片手で持ち，もう一方の手で部材を1回削る分だけ，木口台の外側に出す（図2－48 (b)）。木口台からの突出量が多過ぎると，手元が欠ける。

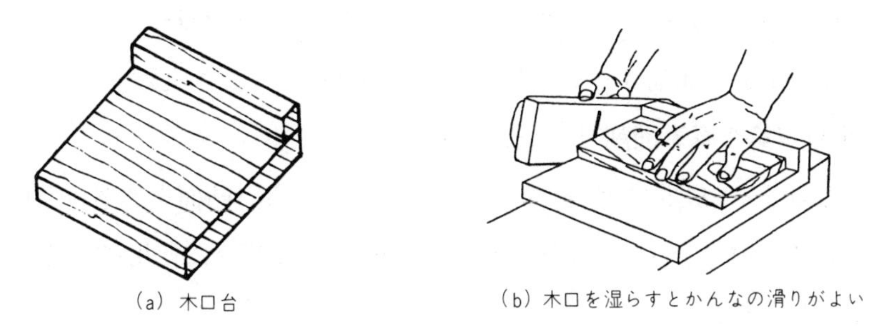
(a) 木口台　(b) 木口を湿らすとかんなの滑りがよい

図2－48　木口台と木口面削りのかんなの持ち方

木口を一方向だけから削ると，手元側が欠けるので，あらかじめ手元側を墨まで斜めに削っておく（図２－49）。削るとき左手は，力を入れて部材の前方の木端と上端を押さえ付ける。かんなの下端面が，削り面に正しく当たるようにして削り，手元に近づくに従って上から下に斜めに引く。このとき，木口台を削らないように注意する。

削り終わったら，削り面を直角定規と直定規で調べる（図２－50）。

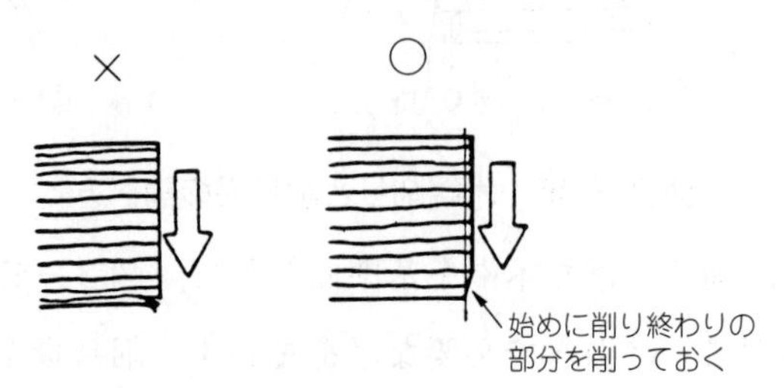

図２－49　手元が欠けない削り方

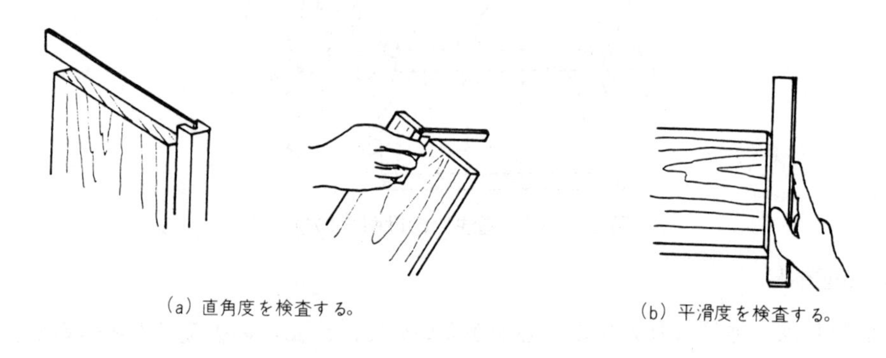

図２－50　削り面の調べ方

2.7　平かんなによる角材削り

角材削りは，木取り材の荒木を各辺が直角で，反りやねじれのない所定の寸法に仕上げる作業である。この仕上げの良否は，製品のできばえに大きな影響を及ぼすので，慎重に削る必要がある。

削り方は，板材削りとほぼ同様であり，一般に次の順序で行われる。

①第１面削り→②第２面削り→③厚さ決め→④幅決め→⑤長さ決め

（1）第１面削り（第１基準面削り）

第１面とする面は，一般的には，凸面側の幅広な面とする（凸面を作業台面側にすると，不安定で削りにくい）。しかし，部材が製品のどのような部分に使用されるかによって，これは変わることもある。

削る面を削り台の上に伏せるか，目測で，凹面の反りやねじれを調べる（図２－51）。凹面側に大きな反りやねじれがある場合は，荒かんなで高い所を少しずつ削って，粗整面削りをする（図２－52（a））。凹面を作業台側として，凸面側の粗整面削りをする。粗整面削りが終わったら，中仕上げかんなで正確に修正し，整面とする。長尺材の場合は，長台かんなで正しく削る。削り台面に密着するまで（直線に）削り，この面に**第１基準面**の印を付けておく（図２－52（b））。

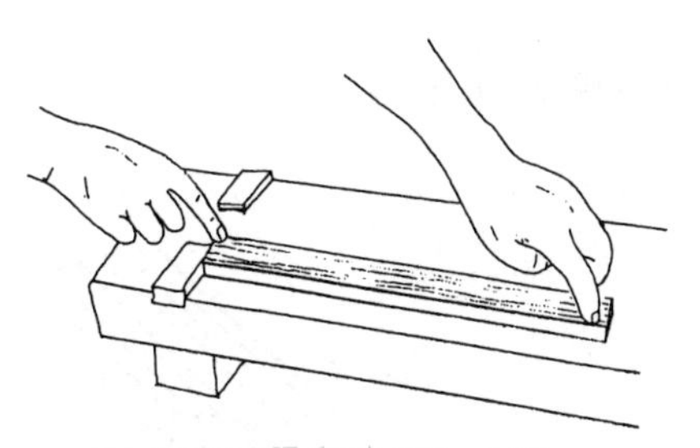

（a）ねじれを調べるために，人差し指で軽くたたいてみて，すき間やがたつきを目と指の感触で調べる。

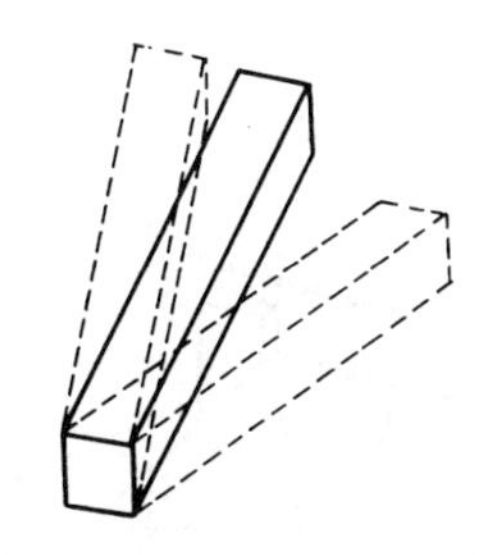

（b）端を持って左右に軽くゆすって，凹凸を調べる（凸面は中央を支点にゆれる。）。

図２－51　反りの調べ方

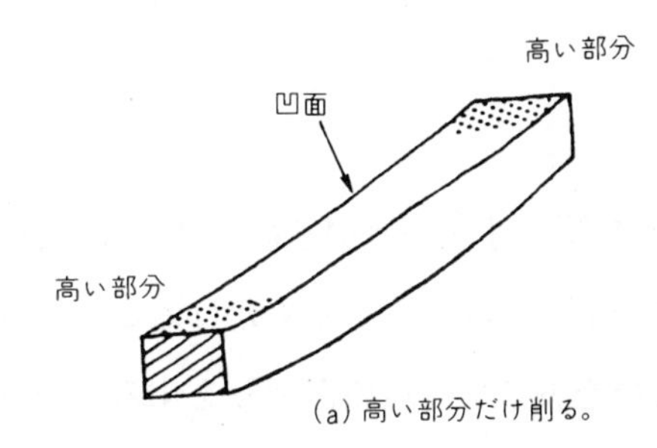

（a）高い部分だけ削る。

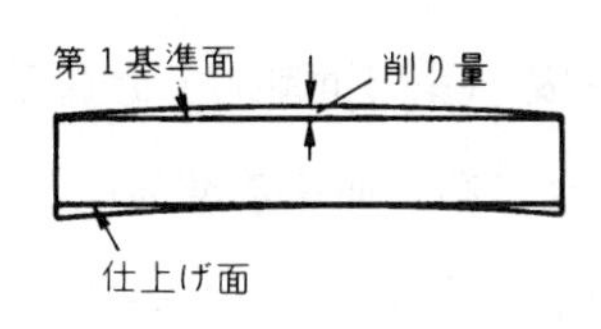

（b）凸面側を第１基準面とする。

図２－52　削り面

（２）第２面削り（第２基準面削り）

第２面は，第１基準面の隣の面となる。この面の状態を調べるため，削り面を削り台に伏せるか，目測で反りやねじれを見る。次に，面の直角度を調べるため，直角定規の妻手を第１基準面に密着させ，前後に傾けないように，手前から前方に向かって，数箇所を調べる。

面の状態が確認できてから，第１面削りと同様にして，粗整面削りと整面削りをする。整面削り後に直角度を調べるが，直角定規の当て方が悪いと直角度を正確に出すことができないので注意する（図２－53，図２－54）。

正確に削り終わったら，削り上げた直角面に直角の印（**矩墨**（かねずみ））を付け，**第２基準面**とする（図２－55）。

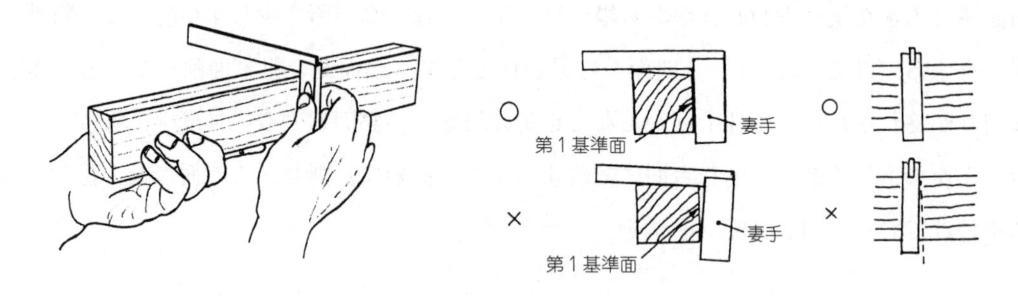

図２－53　直角定規の当て方

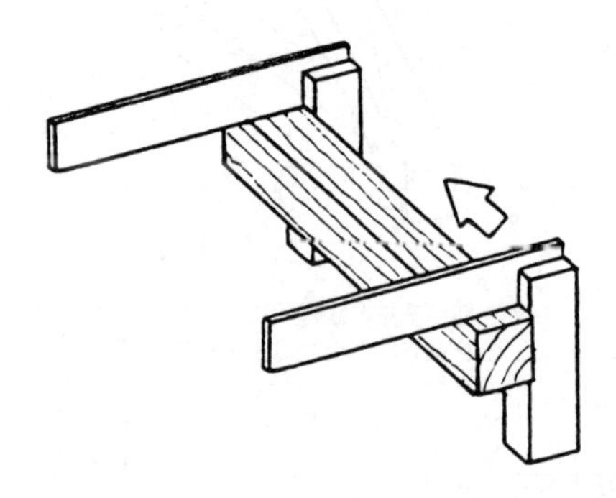

図２－54　直角度の確認

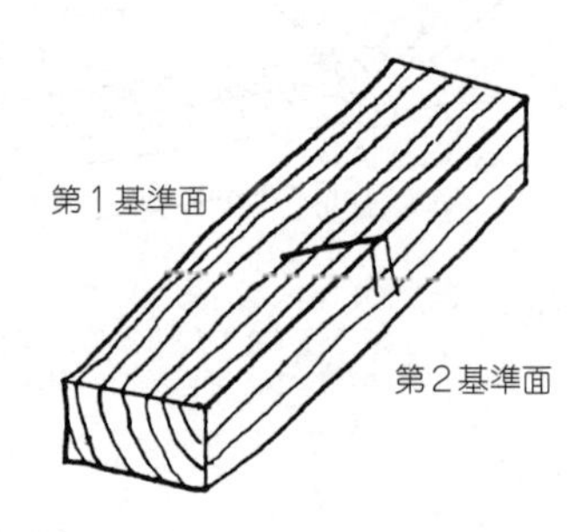

図２－55　直角の印の例

（３）厚さ決め（第３面削り）と幅決め

厚さ決めは，第１面を基準面にして，所定の厚さ寸法のけ引き墨をまわす（図２－56）。け引きが繊維に沿って走らないように，初めは軽く，次は少し強くかけることに注意する。

削りしろが３mm以上ある場合は，荒かんなを使って，粗整面削りをする。整面削りは，中仕上げかんなで削る。削るときは，先端から手元まで通して，直角に注意しながら，け引き線まで削る。

幅決めは，第２面を基準面にして，所定の幅寸法のけ引き墨をまわす。削り方は，厚さ決めと同様に削ればよい。

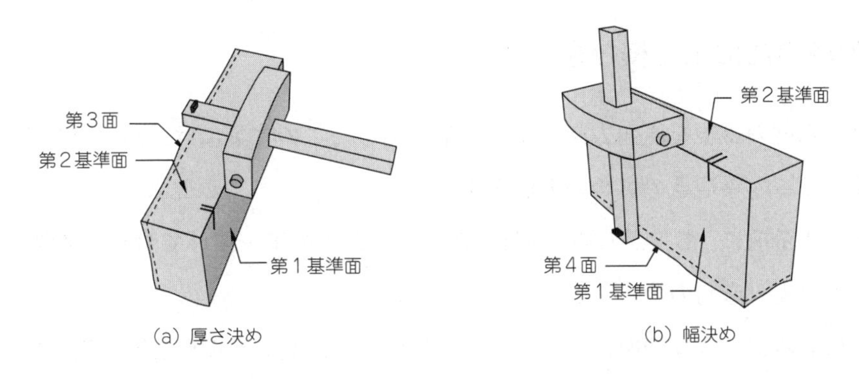

(a) 厚さ決め　(b) 幅決め

図2－56　厚さ決めと幅決めのけ引き

(4) 長さ決め

さしがね，直角定規，しらがきを用いて，所定の長さ寸法の墨線を引く。所定の長さの墨線を各面にまわす場合は，直角定規を第1基準面と第2基準面に当ててまわす。この場合，図2－57に示すように，第3面と第4面には直角定規の妻手を当てない。

削り落としが多い場合は，のこで墨線際まで切り落としてから，木口台を使って，墨線まで木口削りをする。木口削りで注意することは，板材削りの木口面削りの場合と同様である。

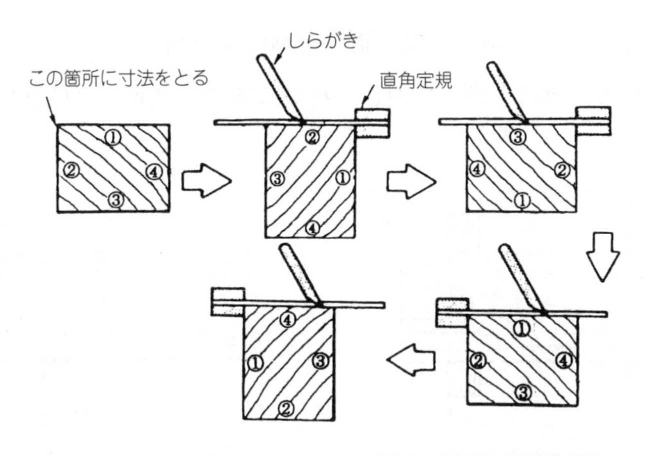

図2－57　墨線のまわし方（①と②が直角基準面）

第3節　のこびき作業

のこぎりは，木材を切断するのに用いられる重要な工具である。単に切断するということだけではなく，工作物を所定の寸法と形状に加工をする道具でもある。各種のこを安全に，かつ，確実に使いこなすには，普段からよく手入れをし，十分な練習を積まなければならない。のこぎりの取扱いと安全については，第1章第1節1．3　のこぎりを参照。

3.1 両歯のこによる横びき

横びきは，木材の繊維を直角方向に切る作業である。この作業には，両手でひく両手びきと，片手でひく片手びきの２つの方法がある。

のこびきをする前に，あらかじめ，部材に横びきのための墨を引いておく。必要ならば，木端面にもかね墨（直角の墨）を引いておくとよい。

両歯のこによる横びきの切断面は，一般には粗いので，高い精度が必要な箇所には不向きである。大きい部材を横びきするときは，両手びきをする。この場合部材は，のこびき台（馬）の中央又は作業台に置き，墨線を台から30mmぐらい出す（図２－58）。

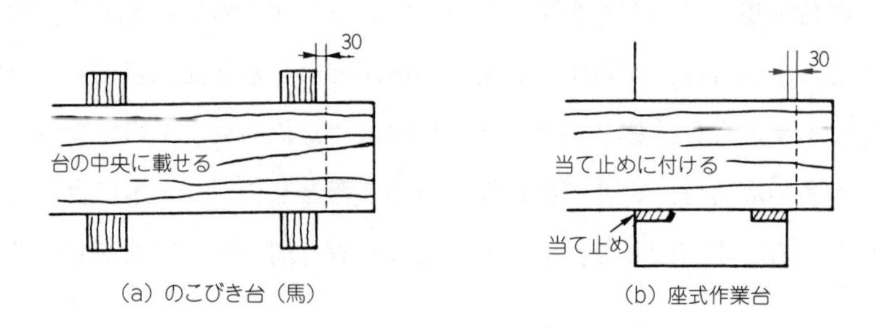

図２－58　横びき部材の置き方

部材を固定するため，足は一直線に開き，左足に体重を乗せ，部材をしっかり押さえる（図２－59）。

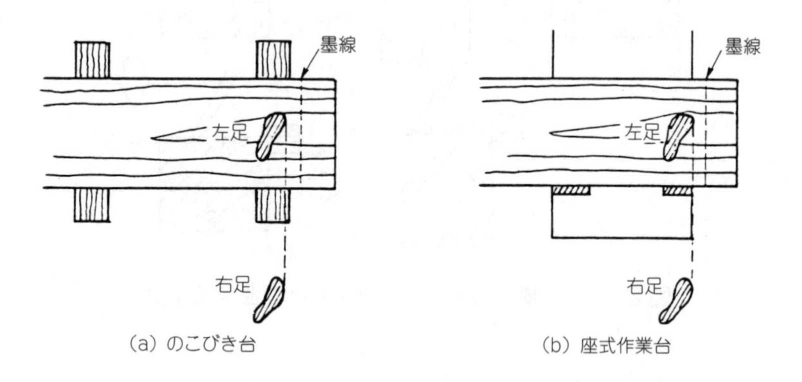

図２－59　横びき作業時の足位置

姿勢は，図２－60のように横びき歯を確かめて，右手でのこの柄尻を握る。そして，半歩開いて安定よく，鼻とのこ身が一直線になるように構えて，墨線を見る。

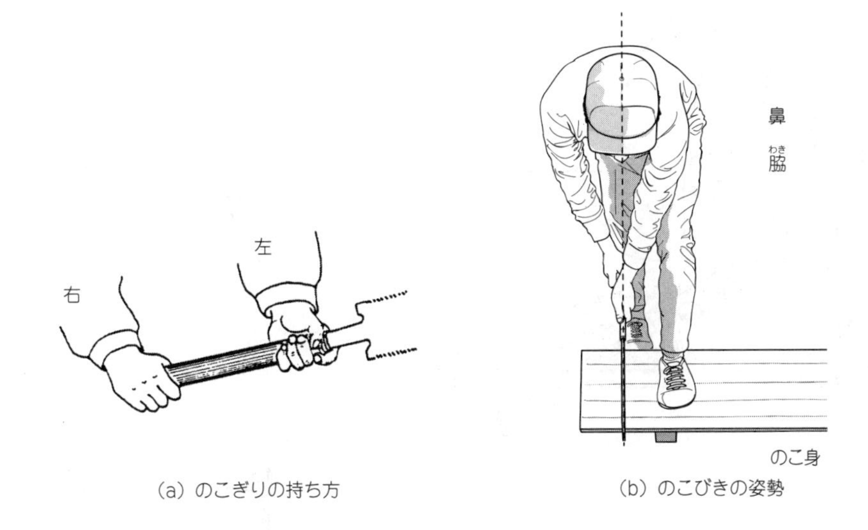

(a) のこぎりの持ち方　　(b) のこびきの姿勢

図2－60　のこの持ち方と姿勢

まず**ひき口**を付ける。ひき口を付けるには，左手の親指又は人差し指を墨際に立てて，これにのこ身を沿わせて，元歯で軽くひく（図2－61)。

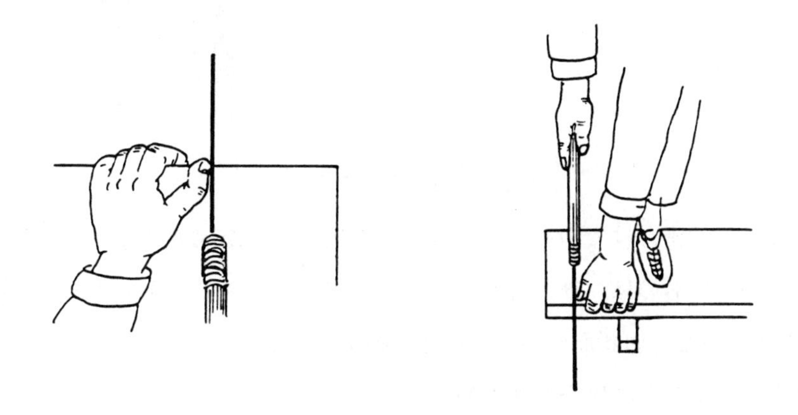

図2－61　ひき口の付け方

ひき口が付いたら，左手で柄頭を軽く持ち，右手1本だけでひくつもりで，のこくずを吹きとばしながらひく。のこびきをしている間は，頭や体を動かさず，のこ身の右側と左側が均等に見えるようにひくのが，墨線に沿ってまっすぐひくこつである（図2－62)。**ひき込み角度**は，一般には，15～30°である。

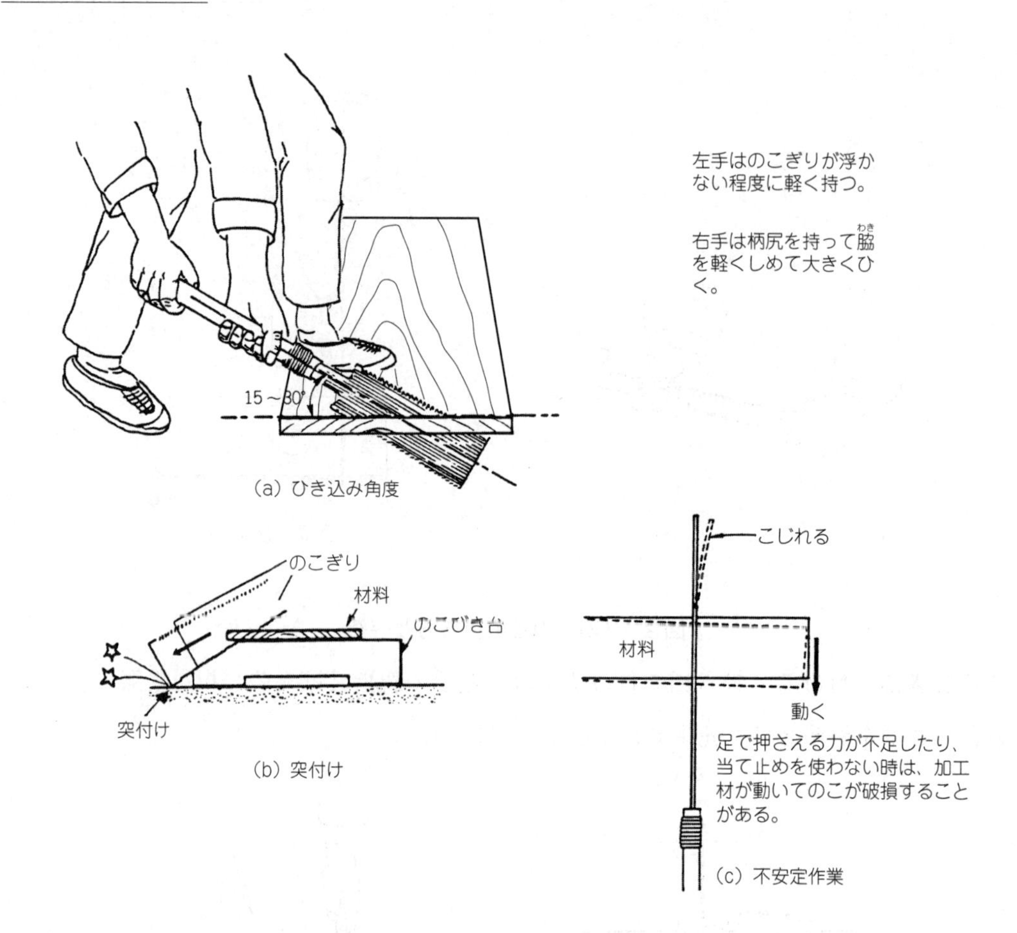

図2－62 横びきの仕方

ひき終わりは，元歯だけでゆっくりひき，ひき込み角度が水平に近づくようにする。ひき落とし部分が多いものは，ひき落とし部を左手で軽く支えて，片手びきをする（図2－63)。手で支えないと，切断面が裂けるなどの損傷をする。

片手びきも，両手びきの場合と基本的には同じである。しかし，片手びきの場合は材料の固定は足ではなく，左手で行う。作業台の当て止めなどを利用して，材料を手前に引き付け，のこびき中に材料が動かないように，左手でしっかり固定する。また，のこびき中は，右手の脇を右の体側に引き付け，のこぎりを前後に動かす。

図2－63 ひき終わりの姿勢

3．2　両歯のこによる縦びき

縦びきは，木材の繊維と同じ方向にひくものである。縦びきの要領は，横びきと同じであるが，のこ歯の形状や木材の繊維の方向などによって，横びきより曲がりやすいので注意する。

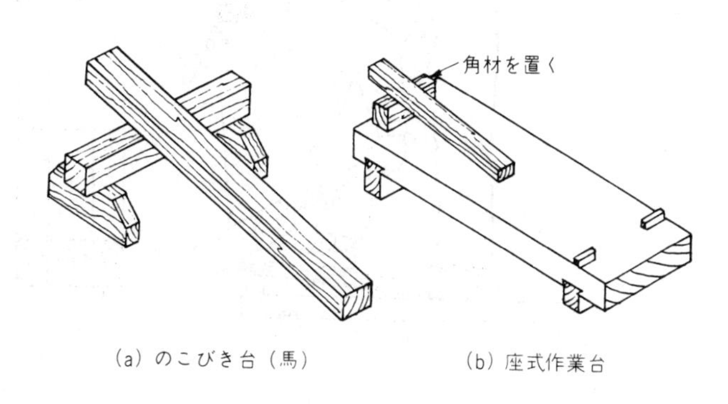

（a）のこびき台（馬）　（b）座式作業台

図2－64　縦びき部材の置き方

横びきの場合と同じように，あらかじめ，部材に縦びきのための墨を引いておく。墨線は，表面，裏面及び木口面に引く。図２－64のように，部材をのこびき台（馬）の中央又は作業台に置き，台から30～100mmぐらい出す。

部材を固定するため，足は一直線上に開き，左足に体重を乗せ，部材をしっかり押さえる（図２－65）。

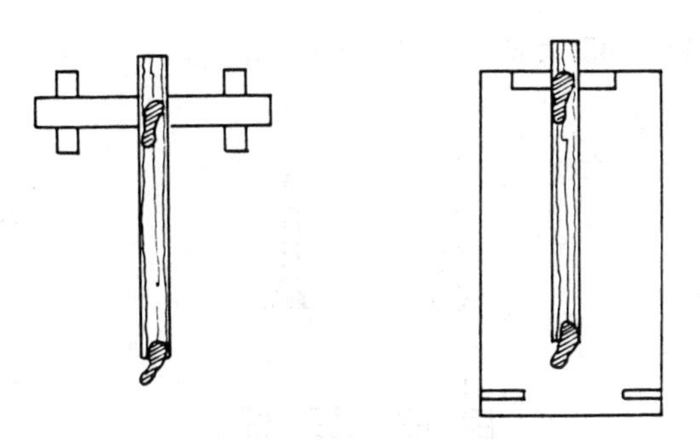

図2－65　縦びき作業時の足位置

姿勢は，縦びき歯を確かめて，右手でのこの柄尻を握る。そして，鼻とのこ身が一直線になるように構えて，木口面の墨線が見える位置に体を乗り出す（図２－66）。

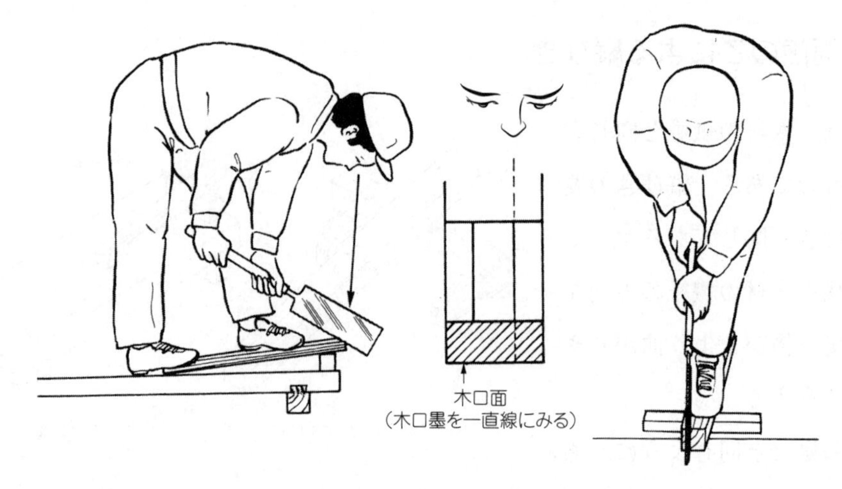

図2－66　縦びきの姿勢（顔の位置）

まず，**ひき口**を付ける。ひき口を付ける場合は，横びきの場合と同様に，左手の親指又は人差し指を墨線際に立てて，これにのこ身を沿わせて，元歯で墨線の外側を軽くひく（図2－67(a)）。**木取り作業**のような荒びきの場合は，完全に墨外をひくようにする。しかし，ほぞびき，又は加工びきのような場合は，墨線際をひくようにする（図2－67（b））。一般に，ひき込み角度は30～45°である（図2－67（c））。

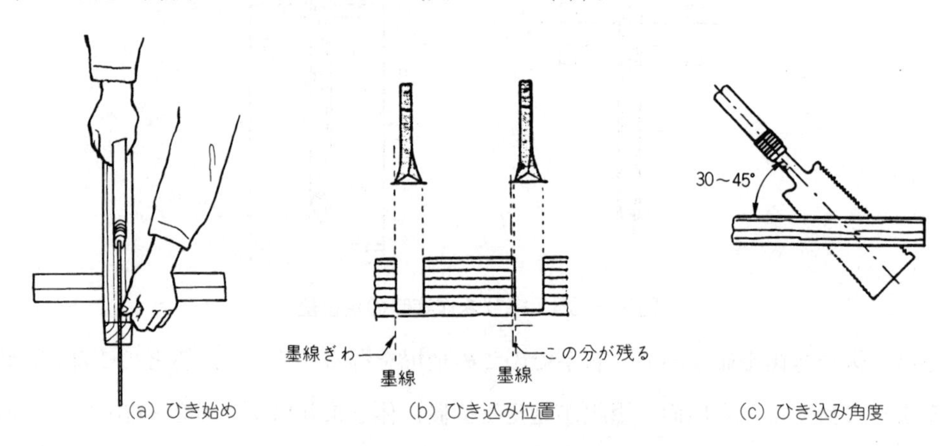

図2－67　ひき込みの位置及び角度

ひき口が付いたら，左手で柄頭を軽く持ち，右手1本だけでひくつもりで，のこくずを吹きとばしながらひく（図2－68)。のこびきをしている間は，頭や体を動かさず，のこ身の右側と左側が均等に見える姿勢を維持するのが，墨線に沿ってまっすぐにひくこつである。

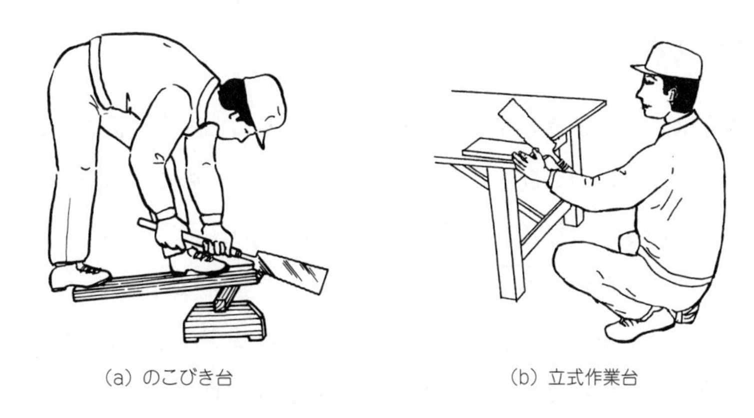

(a) のこびき台　(b) 立式作業台

図2－68 縦びきの姿勢（のこびき台と立式作業台）

ほぞびきのような場合は，図2－69のように，まず，木口面を見ながら三角形にひく。次に，材料を返して，裏側を同様に三角形にひく。最後に，のこを胴付き面と平行になるように立てて，まっすぐに胴付き墨線までひく。

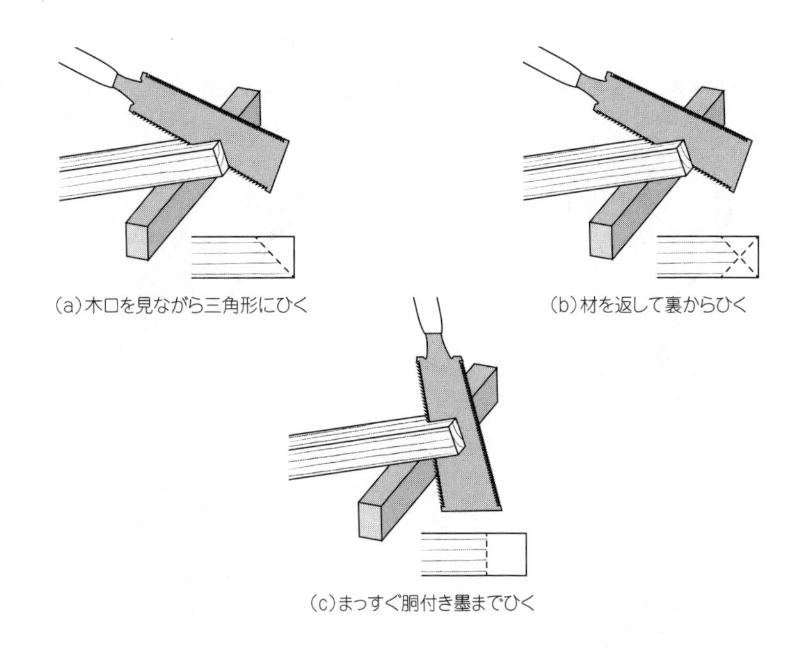

(a)木口を見ながら三角形にひく　(b)材を返して裏からひく　(c)まっすぐ胴付き墨までひく

図2－69 ほぞびき作業

長尺物の縦びきは，ひき進んで長さの中心を過ぎたら，部材をひっくり返して，同様にひく。一般的な縦びきのひき終わりは，元歯だけでゆっくりひき，のこ身を直角に立て，胴付き墨線までひく。ひき落とし部分が多いものは，ひき落とし部を左手で軽く支えて，片手びきをする。手で支えないと，切断面が裂けるなどの損傷をする。

3．3　胴付きびき

ほぞの胴付き面は，のこびきのままで，組立てられることが多い。後で削って修正する必要のないように，慎重にのこびきをしなければならない。のこびきをする前に，あらかじめ，胴付きにしらがきで墨付けをしておく。

胴付きのこは，のこ身が薄くあさりが小さいので，ひき肌は美しいが，摩擦によってのこ身が折れ曲がることが多く，注意する必要がある。のこびきをしていて，抵抗が多いときは，のこ身に油引きをするとよい。しかし，胴付き面に油が多く付くと，組立てで使う接着剤の効果に影響を与えるから，油は必要最小限にすることが大切である。

部材を固定するため，左手で作業台の当て止めに部材をしっかりと当てがう。胴付きのこは，右手の人差し指を伸ばして，のこの柄尻部を軽く握る。のこびきの姿勢は，図2－70のように構え，墨線の延長上に目の位置を置き，墨線を見る。

ひき口を付けるために，親指又は人差し指で墨線を押さえ，これに元歯を当てて軽くひいて，ひき口を付ける。ひき口が付いたら，墨線際をゆっくり手前に案内びきをする。

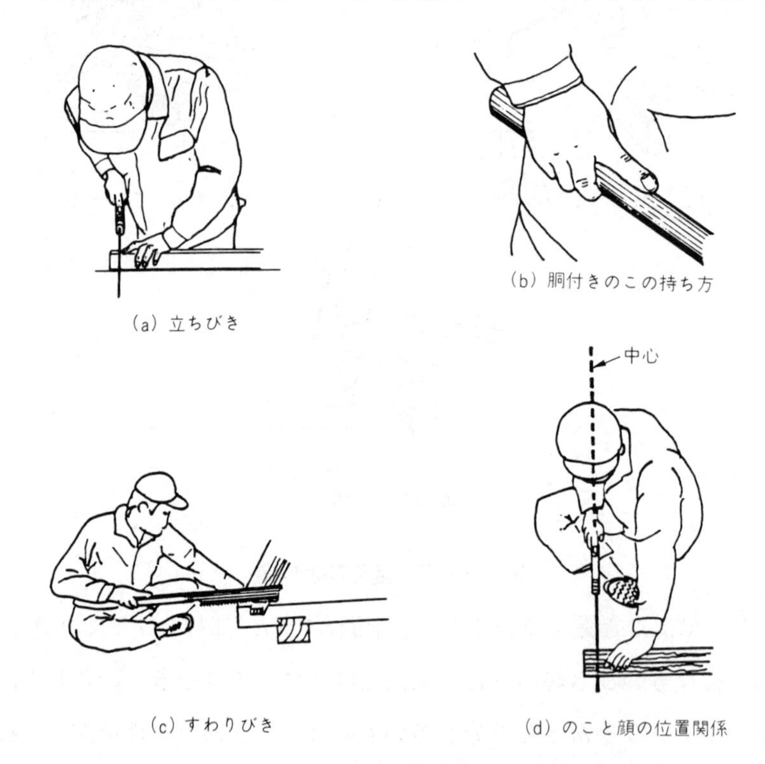

(a) 立ちびき

(b) 胴付きのこの持ち方

(c) すわりびき

(d) のこと顔の位置関係

図2－70　胴付きびきの姿勢

胴付きびきのこつは，初めの姿勢を保ちながら，のこの重さだけでひき込むようにして，力を入れずゆっくりと，のこ身いっぱいにひくようにする。また，胴付きびきは，のこびきの手順が重要である。墨線を見ながら図2－71のひき順に従ってひき進める。

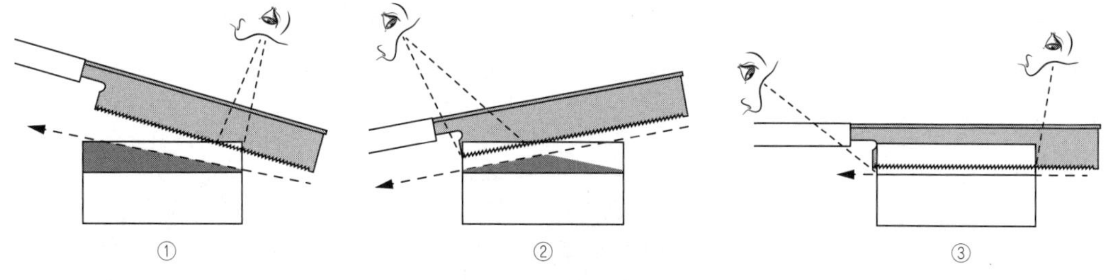

図2－71　胴付きびきの手順

ひき終わりは，手前の墨線を見ながら，墨線をひき過ぎないように軽くひく。そして，のこを水平にして，だんだん前後にひく動きを少なくして，ひき終わる。

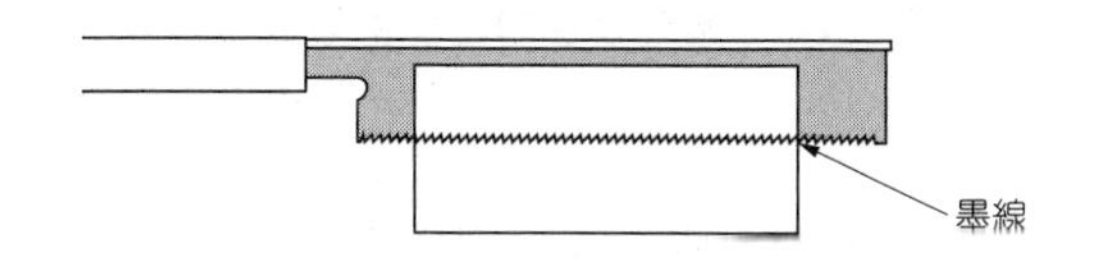

図2－72　墨際ののこ角度

胴付きびきでは，部材の切断箇所をまっすぐひくことが最も大切である。しかし，厚い部材をまっすぐに切るには，相当の熟練を必要とする。そのために考案されたのが，のこびき定規やのこびき角度台である。これらを使うと，胴付きびきがある程度楽にできる。

3.4　あぜびき

あぜびきのこは，一方が縦びき歯でもう一方が横びき歯になっている。普通ののこぎりは，材料の一端からひき込むのが一般的であるが，こののこは，歯先が円弧の形をしているので，材料の平面からひき込むことができる。あぜびきで注意することは，墨線に正しくひき当て（のこびき用）定規を当てること，のこびき溝の深さが一定になるようにひくことなどである。

のこびきをする前に，あらかじめ，溝墨線をしらがきで墨付けをしておく。止まり溝をあぜびきする場合は，溝の両端に30mm程度の穴を掘っておく必要がある。

部材を固定するため，図2－73（a）に示すように作業台の当て止めに部材が当たるように置き，ひき当て定規を墨線の外側に合わせて，上から左手でしっかりと押さえる。あぜびきのこは，胴付きのこの場合と同様に，右手の人差し指を伸ばして，のこの柄尻部を軽く握る。のこびきの姿勢は，墨線（ひき当て定規の小端面）の延長上に目の位置を置き，墨線を見る。

あぜびきのこのひき始めは，刃の中央部を使って，前後に大きく動かしてひく。

このため，ひき口を付けるときは，ひき当て定規にあぜびきのこを沿わせて，のこの先端で小刻みに小さくひき口を付ける（図２－73（b））。溝墨線際（内側の際）に沿ってひき口が付いたら，のこの中央部で大きくひき始める（図２－73（c））。

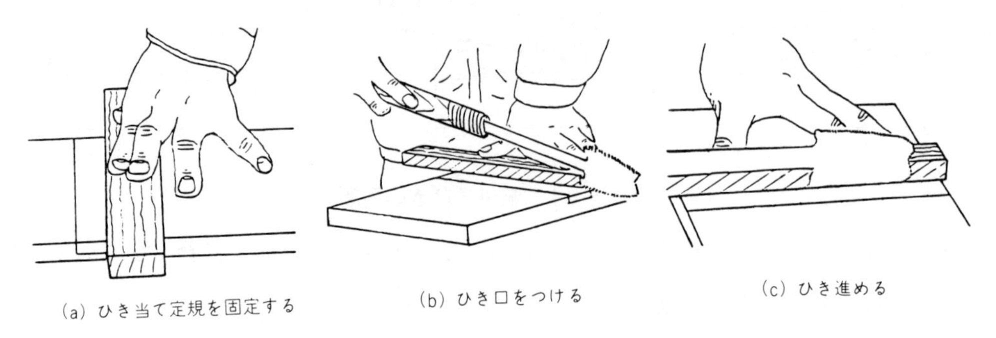

図２－73　あぜびきのこによるひき込み

片側の溝をひき終わったら，材料を返して，前の手順と同様にして，もう一方の溝墨線際（内側の際）を，のこ身いっぱいにひき進める。ひき終わりは，手前の墨線を見ながら，深くひき過ぎないように，また，深さが一定になるようにひく。のこを水平にして，前後の動きを少なくして切り終わる（図２－74）。

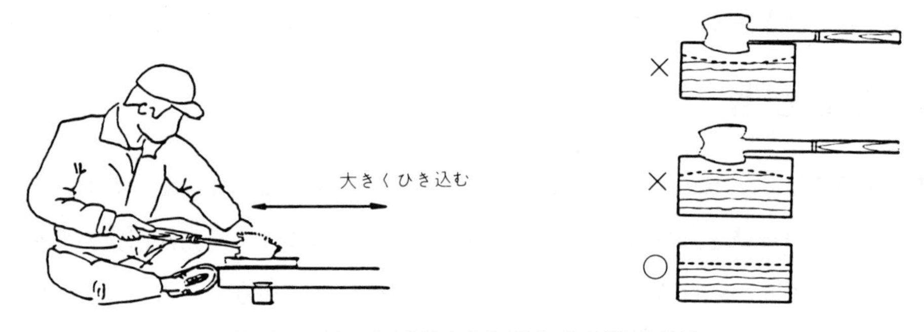

図２－74　あぜびきの姿勢とひき溝の形状

3.5　回しびき

回しびきのこは，のこ身の幅が狭く，曲線模様などのひき抜きに使用される。このこのこは，引き回しのこと突き回しのこの２種類があって，作業の違いによって使い分ける。いずれののこも，先端が細くとがっており，あさりが小さく摩擦抵抗が大きいため，突き戻すときにのこ身を損傷することがあるので注意を要する。

のこびきをする前にあらかじめ，回しびきのための墨付けをする。墨付けには，材料に直接墨付けをする方法と，模様を画いた型紙を材料に張り付ける方法がある。墨付けが終わったら，墨線を見ながら，ひき落として捨てる部分側の墨線際に，ドリル又はつぼぎりでのこ幅の穴をあける（図２－75）。

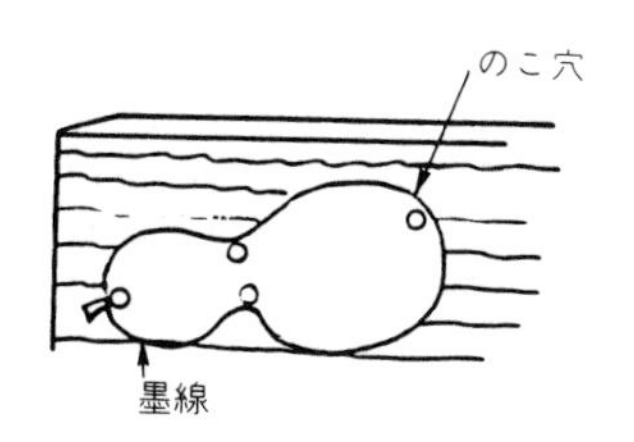

図２－75　のこ穴

部材を固定するには，万力で固定する方法，木製のジグを用いる方法，馬又は台に載せ，足で固定する方法などがある。これらの方法は作業の内容によって選択する。

回しびきの姿勢は，右手で柄を握り，人差し指をのこ身まで伸ばして，左手を軽く添える（図２－76（a））。そして，のこ身と鼻の線が一直線になるように構える（図（b））。

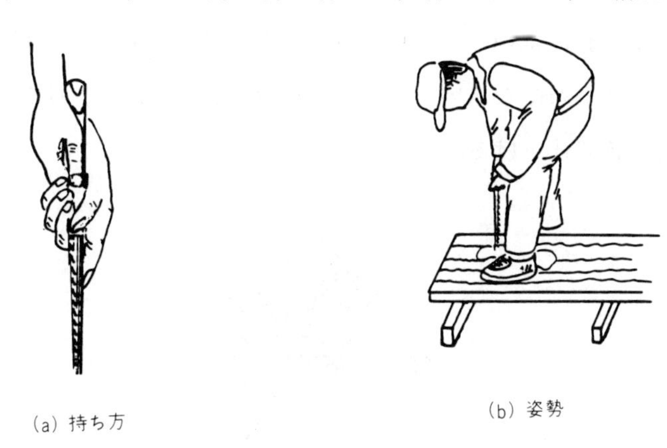

(a) 持ち方　(b) 姿勢

図２－76　回しびきのこの持ち方と姿勢

ひき始めは，のこの先端を使って，静かにのこ穴からひき込む。図２－77（a）のように仕上げしろを残しながら，板面と直角にひく。人差し指に力を入れ，押すときは静かに，引くときは力を入れてひくと，のこを折らずにひける。

刃渡りの全体を使ってのこ身をこじらないようにひく。逆目によるひき肌の荒れを避けるには，繊維走行に沿ってひく（ならい目びきする）とよい（図（b））。

のこ穴と次ののこ穴をつなぐ曲線に沿ってひき進め，最後は静かにひき終わる。

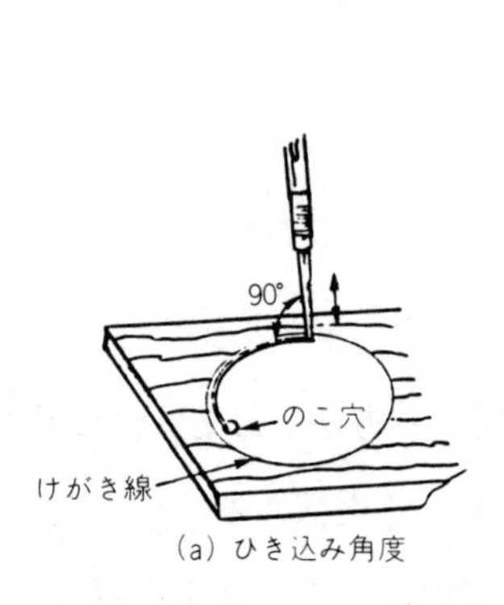

(a) ひき込み角度

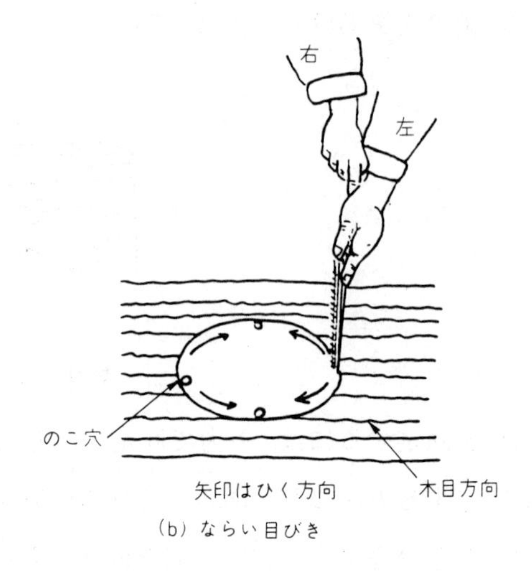

(b) ならい目びき

図2－77　回しびき作業

回しびきのこのひき肌は荒いので，仕上げをする必要がある。仕上げは，くり小刀を用い，墨線の際まで，くり小刀でならい目に削る（図２－78）。くり小刀できれいに削ったら，糸面を取り，研磨布紙で仕上げる。

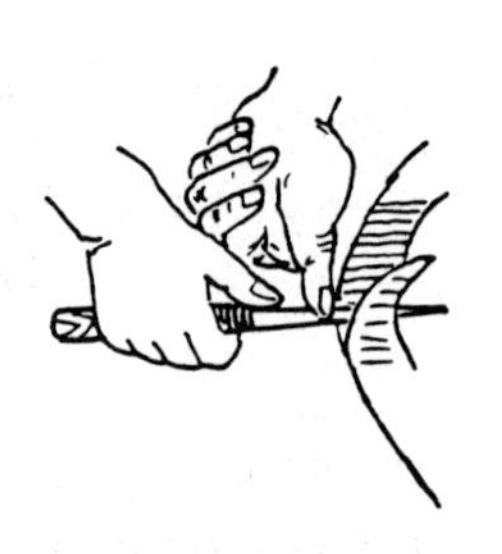

図2－78　墨際の削り仕上げ

第４節　のみの整備と穴掘り作業

のみは工作物に穴を掘り，かんなの届かない箇所を突き削るのに用いられる重要な工具である。また，単に削るということだけではなく，所定の寸法と形状に精密な加工をする道具でもある。各種ののみを安全に，かつ，確実に使いこなすために，普段からよく手入れをし，十分な練習を積まなければならない。

4.1　柄の修整

のみの冠(かつら)は，柄が裂けたり，すり減ったりするのを防ぐために付けられている。この冠が柄から抜け落ちたり，冠そのものが玄能のたたきによってめくれたりした場合は，直ちに柄の修整をしなければならない。そのままの状態で使い続けると，柄そのものが壊れてしまう。また，修整したときに冠の付け方が悪いと，柄はつぶれたり，割れたりするので，正しく取り付けることも大切である。

柄の修整には，冠，丸やすり，台木，のみ，玄能，万力，金敷，かじやなどを使用する。冠は，のみの柄より，やや小さい寸法のものを選ぶ必要がある。修整する柄がもし裂けたり欠けているときは，その部分を切り落としておく（図２－79）。

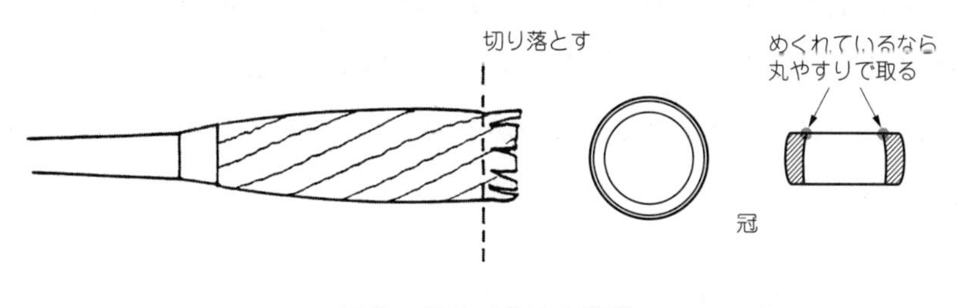

図２－79　事前の準備

今まで使用していた冠をそのまま用いる場合は，柄から冠をはずしてから，冠を万力に固定し，丸やすりで内側のめくれを取っておく。冠と柄の大きさの関係を調べるため，冠を柄頭に当てがって，木殺しだけで入るか，柄を削らなければならないかを判断する。

柄を削る場合（削り量の少ないとき）は，柄を回しながら，少しずつなだらかに，のみで突き削る。この場合，冠の内のりより，やや大きめに削るのがこつである。削り量が多いときは，冠そのものの寸法が合わないので，大きい寸法の冠と交換する。

柄を削って寸法を調整したもの，又は木殺しだけでよいものは，木殺しをする。木殺しをする場合は，柄を金敷の上に載せ，ぐるぐる回しながら，冠の取付け部を割らないように，平均に玄能の球面（丸面）でたたく（図２－80）。

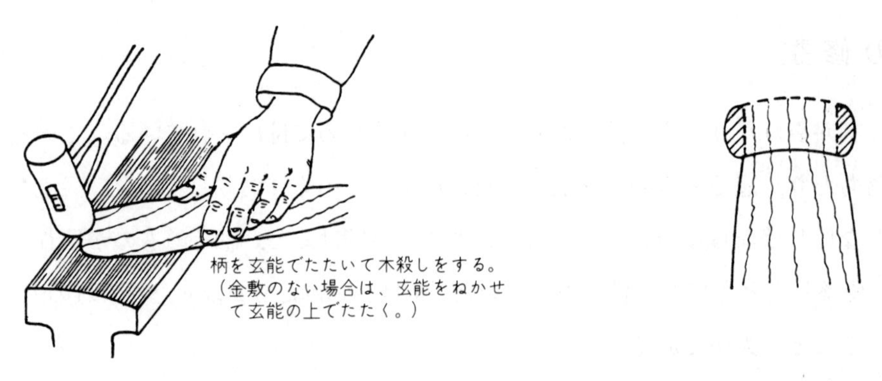

図2－80　冠合わせ　　　　図2－81　冠の納まり

木殺しをした柄の柄頭に冠をはめ込み，のみを台木に垂直に当てがって，柄頭が冠よりも平均に飛び出るまで，冠の周りを玄能とかじやなどを用いてたたく。柄頭が冠よりも平均に飛び出たら，柄頭が冠より飛び出た部分を外向きに玄能の内角でたたく。さらに，冠の高さと同じくらいになるまで，その部分をたたき崩す（図2　82)。

最後に，冠が斜めにはめ込まれていないかを調べる。斜めになっていたら，始めからやり直す必要がある。

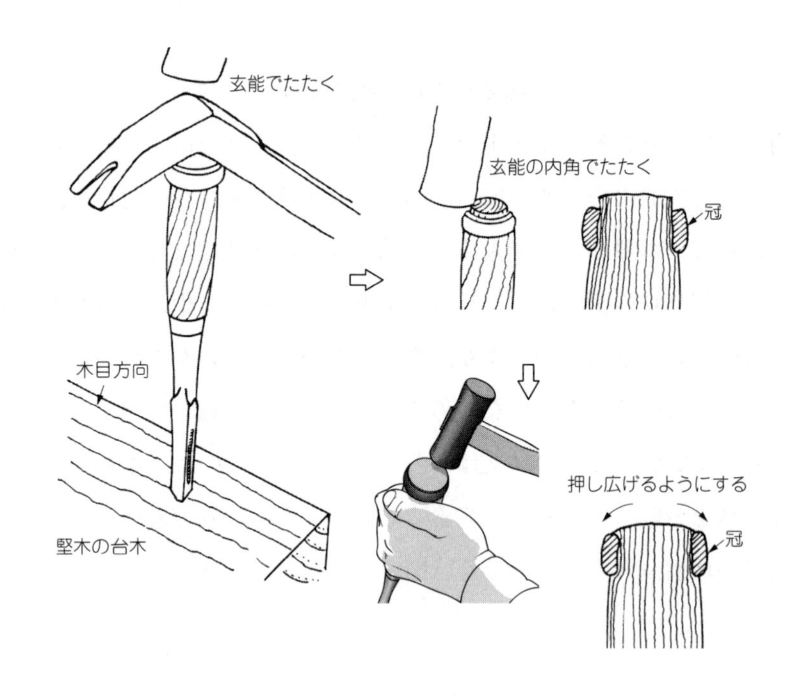

図2－82　冠の打ち込みと調整

4.2　のみの裏押し

のみの刃の研ぎ方は，かんなの刃と基本的には同じであるが，のみの刃裏面が定規となるので，全面が平らになるように研がなければならない。のみの裏押し作業は，かんなの刃の裏押し作業に準じる。しかし，刃先が大きく欠けたとき以外は，かんなと違って裏打ちを行わないのが一般的である。また，裏押しを行うときも押し棒は使用せず，刃表側を指で直接金とに押し付けて行う（図2－83）。のみはかんな刃に比べて幅が狭く，べた裏になりやすいので注意する。

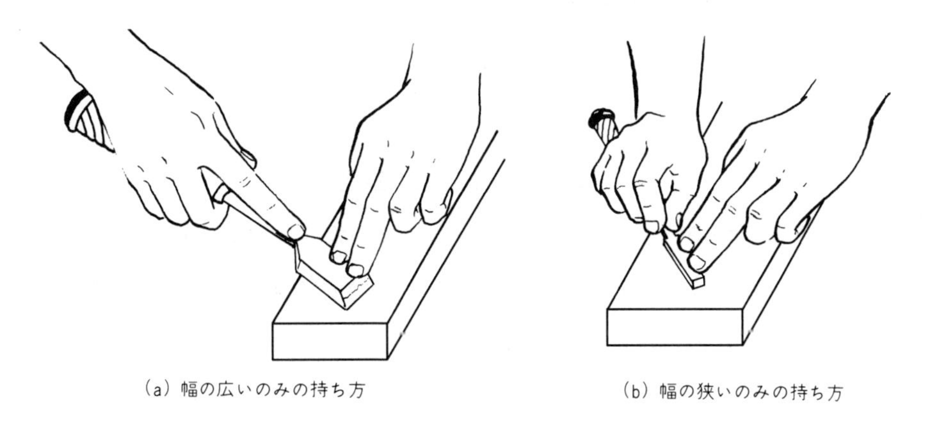

図2－83　のみの裏押し

4.3　のみの研磨

のみの刃は一般に，刃幅が狭くて穂が長く，柄が付いているので，刃先線をまっすぐに，そして切れ刃角度を一定に研ぐには熟練を要する。刃先線は，かんなと逆にある程度の凹形がよく，耳は絶対に落としてはいけない。研ぐときは，といし面と刃が安定するように，といしに対して刃をやや斜めに構えて研ぐのが一般的である。

のみの刃を研ぐ前に，刃の状態を調べる必要がある。刃の状態が悪いもの（図2－84参照）は，荒といしで研ぎ直す。この作業は，両頭研削盤（グラインダ）で直してもよいが，この場合，刃先に焼きが入らないように水で冷やしながら作業するなど，注意しなければならない。

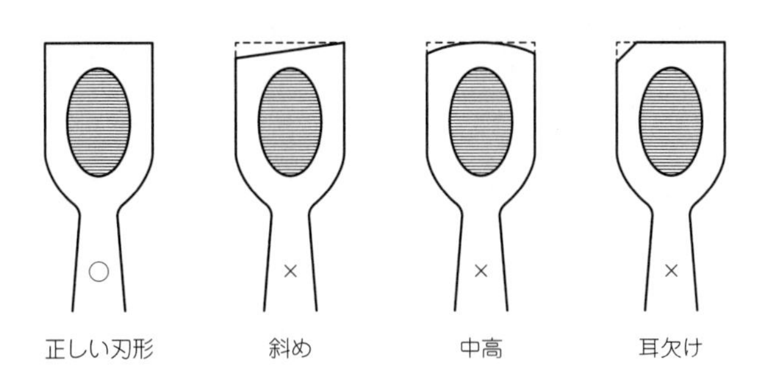

図2－84　のみの刃先線の正否

といしは，台に付けたものを用意し，動かないようにしっかり固定することが大切である（図２－85）。

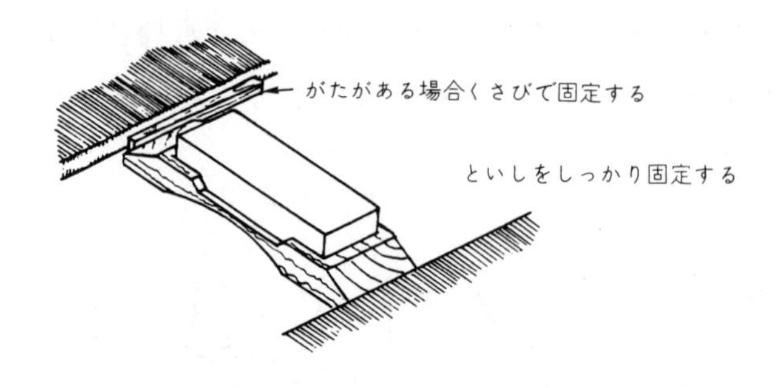

図２－85　といしの固定

といし面に砂やごみがあると，刃の損傷の原因になるから，といし面を水でよく洗い流し，使用前に十分水を含ませる必要がある。研ぐときの姿勢は，かんな刃の研ぎと同じように，といしの正面に立ち，左足を半歩前に出して，右足をやや後ろに引いて姿勢を安定させる。図２－86のように，といしの中心線に対し，刃先がやや斜めの角度になるように構える。左手で刃裏をしっかりと上から押さえ付け，右手で柄を握る。図２－87（b）のように，といしの中心線に対し，刃先が平行になるように構える方法もある。

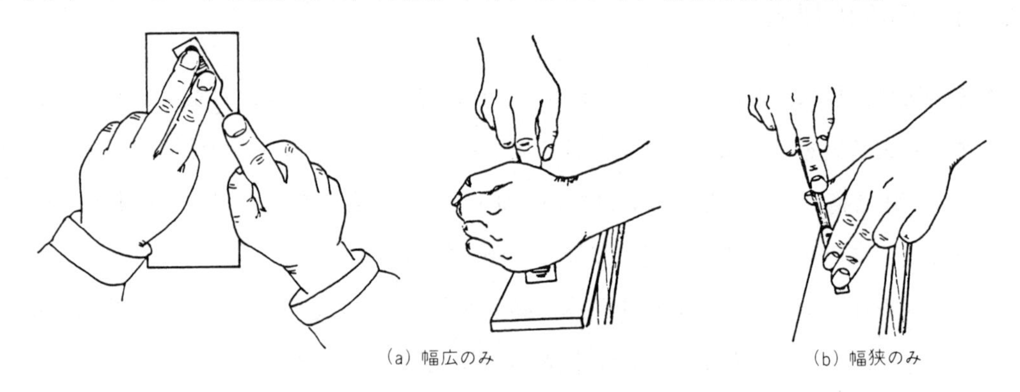

図２－86　姿勢の取り方

刃先線が斜めにならないように，保っている刃先角度がぐらつかないようにするため，均等に力を入れると同時に，右手で持っている柄の角度を一定にして研ぐ。図２－87にのみの刃の移動について示す。

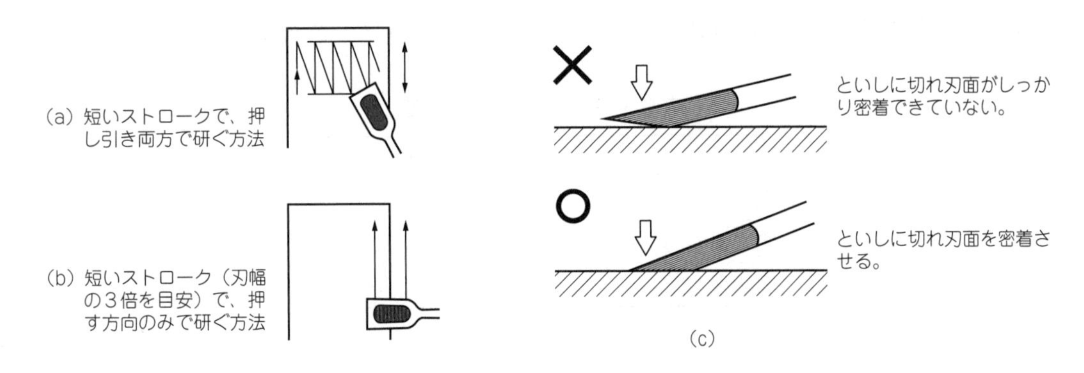

図2－87　のみの刃の移動

刃返りを調べるときは，刃裏側から刃先線と直角に指の腹で軽くなでてみる（図2－88）。ザラザラとした感じが，刃幅全体に出るまで研ぐ。ただし，ウエス等で先に水分や汚れ等を拭いてしまうと，刃返りが取れてしまうので注意が必要である。

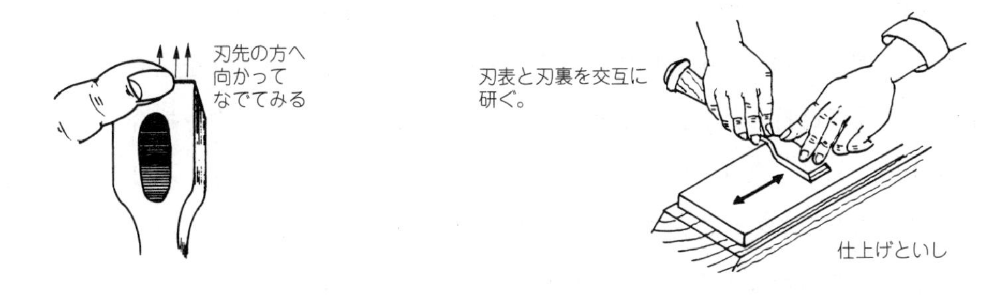

図2－88　刃返りの見方　　図2－89　仕上げ研ぎ

仕上げ研ぎをする場合は（図2－89），仕上げといしを据え，切れ刃面を7，裏面を3ぐらいの割合で何回も研ぎ合わせる。仕上げ研ぎでは，刃返りがなくなり切れ刃面が均一に鏡のようになるまで研ぐ。中研ぎの傷がなくなったら，研ぎ上がりである。研ぎ終わったら，刃に付いている研ぎ汁をよく洗って，ウエスなどで水分を十分ふき取っておく。のみの切れ刃面を別名で，しのぎ面ともいう。この面は，用途によって様々である。主な切れ刃面には，図2－90のようなものがある。

図2－90　切れ刃面（しのぎ面）の形状

また，一般的なのみの刃先角は，20 ～ 35° ぐらいである（表２－４参照)。

表２－４　のみの刃先角度

のみの種類	刃先角度
追入れのみ	25 ～ 30° ぐらい
向こうまちのみ	30 ～ 35° ぐらい
薄のみ	20 ～ 25° ぐらい

４．４　通し穴掘り

穴を掘るには，まず，掘る穴の幅と使うのみ幅を合わせる必要がある。穴の掘り方は，内側の胴付き面側から掘り始め，約半分の深さまで掘ったところで，材料を裏返して，打出し面側から掘り，最後に打抜きのみでのみくずを出す。

のみの握り方は，左手で柄頭近くを軽く持ち，左右前後の振れを止めて，所定の墨線に合わせ，垂直に打ち込む。穴が正しく掘れていないと，ほぞと穴を接合させたとき，胴付きがすいてしまったり，仕口そのものがねじれてでき上がったりするほか，打出し面に傷を付けることがある。このような欠点は，製品の価値を半減させるので，のみを垂直に打ち込む感覚をつかむように，十分に練習することが大切である。

この他にも，穴を正しく掘るために大切なことがある。その１つは，よく整備されたのみを使用することである。刃先線がまっすぐになっていないのみで穴を掘ると，掘っている間に，自然に曲がって穴が掘れてしまう。また，切れ味の悪いのみの場合でも，同じことがいえる。

もう１つは，正しい墨付けである。正しく墨付けされていないと，よく整備されたのみで慎重に手際よく作業を行っても，もともと墨線が悪ければ正しい穴に掘れるわけがない。これらは，１つの例である。このような穴掘り作業の１つを取ってもわかるように，そこには，のみの柄の整備や，刃の研ぎ，使用法，安全，墨付けなどといった作業があって，これらが集合されて成り立っている。これらの作業の１つひとつが確実に行えるようにしなければならない。図２－91に穴掘りと穴の各部の名称並びにのみの握り方について示す。

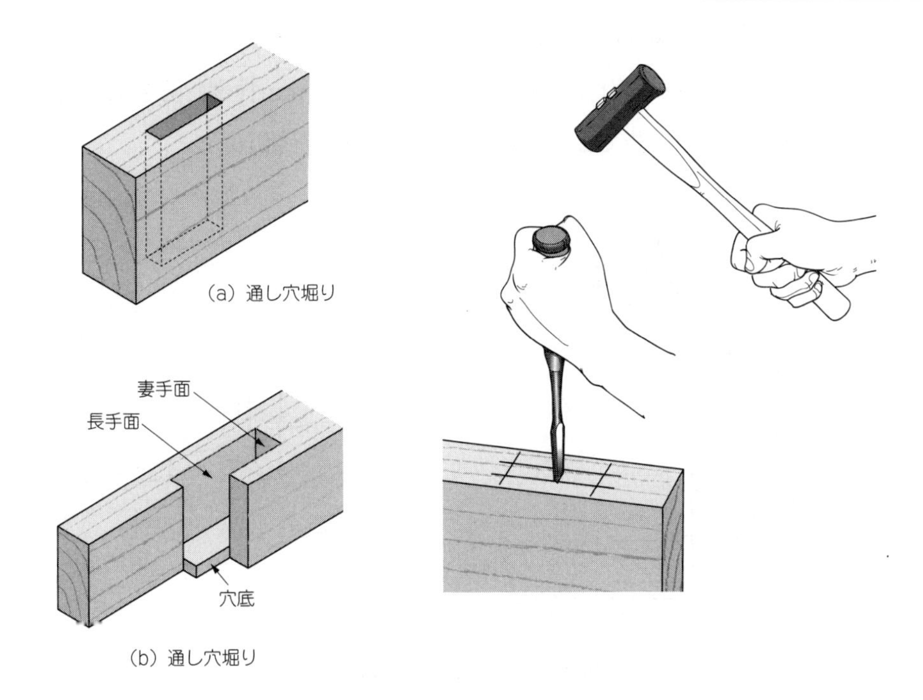

図2－91　穴掘りと穴の各部の名称

通し穴掘り作業には，向こうまちのみ，打抜きのみ，突きのみ，直角定規，しらがき，筋け引き，玄能などを用いる。

ほぞ穴の墨付けには，しらがきとけ引きを用い，図2－92のように胴付き面と打出し面の両面に行う。

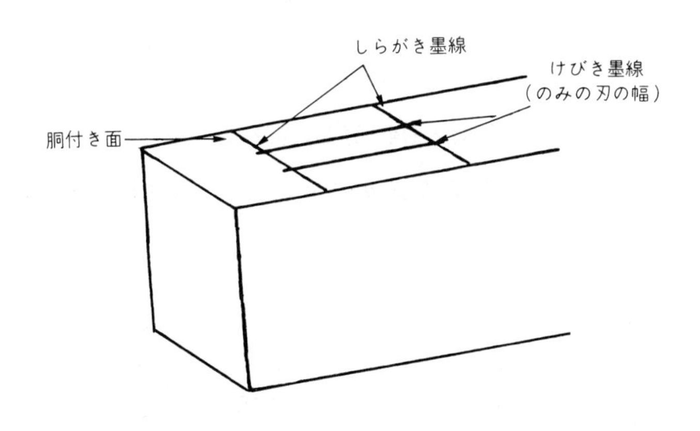

図2－92　穴の墨付け

穴を掘るときの姿勢は，穴墨面が上向きになるようにして材料を作業台に置き，左足を材料に乗せて固定する。のみは，刃裏を手前にして，冠の下を握り，玄能の柄尻を持つ。このとき，鼻線とのみが一直線になるように構え，左腕を左足の上に置いて安定させ，のみを垂直に立てる。

通し穴を掘る一般的な手順は次のとおりである。

① ほぞ穴の手前墨線内側の仕上げしろ（墨線際２～３mm程度）を残し，刃裏を手前に向けて垂直に立て，玄能で２～３回打ち込む（図２－93）。

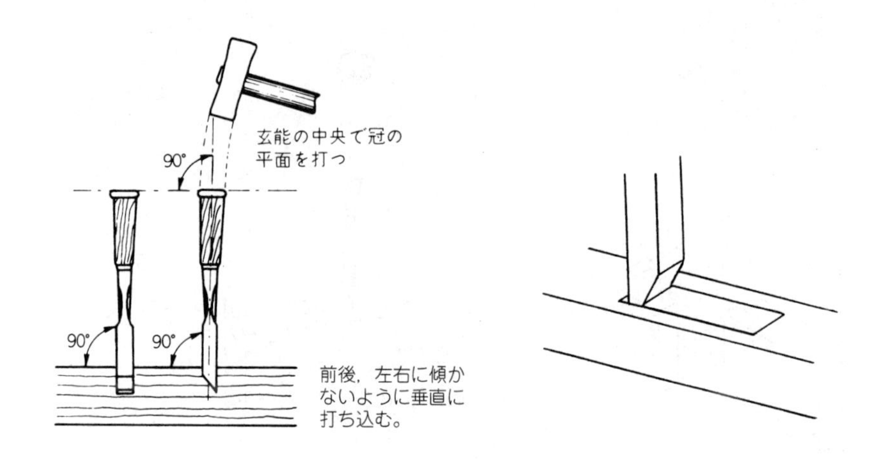

図２－93　通し穴掘り①

② 刃裏を上に向け，ほぞ穴の内側から斜めに打ち込み，◸形に掘る（図２－94）。

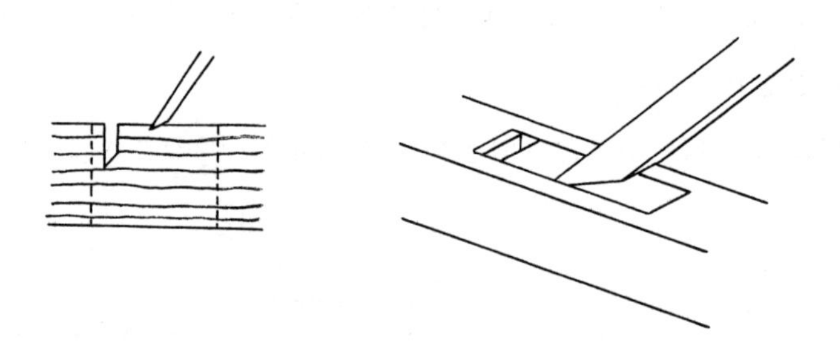

図２－94　通し穴掘り②

③ 前述の①と②を繰り返し，◸形を徐々に深くして，部材幅の半分以上になるまで掘る（図２－95）。

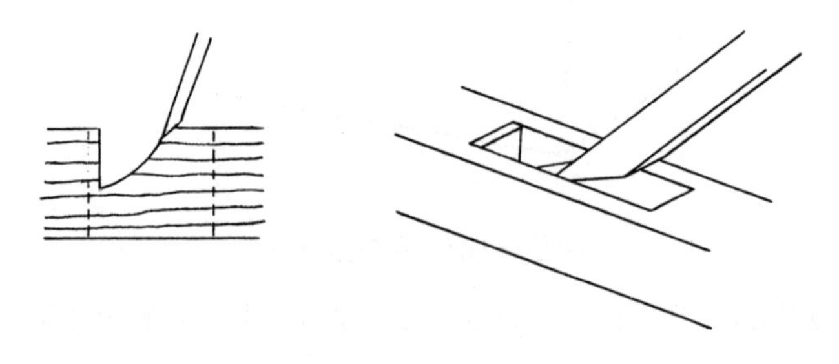

図２－95　通し穴掘り③

④ のみを返し，他端の妻手面も仕上げしろを残して垂直に立て，玄能で２～３回打ち込む（図２－96）。

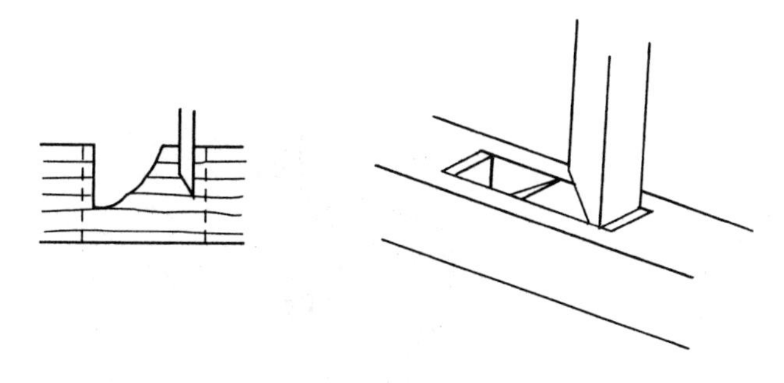

図2－96　通し穴掘り④

⑤　前述の②・③と同様に，部材幅の半分以上になるまで，◸形に掘る（図２－97）。ここで，前述の①～③は欠き取り時にのみの刃先が手前に向き，④と⑤は刃先が先方に向いて進むように見える。一般的には，のみの刃先が常に手前向きとなるように，材料の前後を返す又は作業者が向きを変える方法が用いられている。

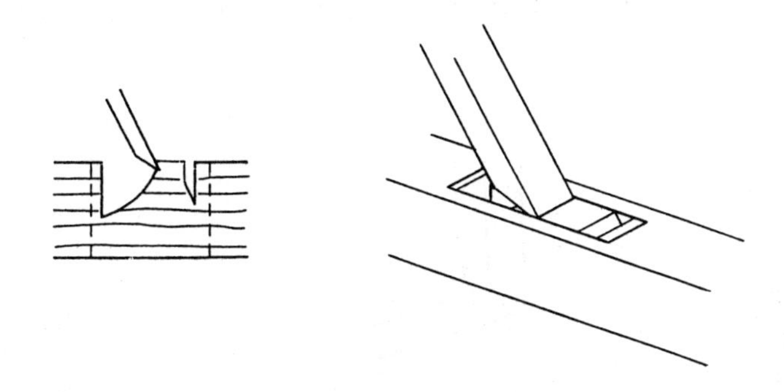

図2－97　通し穴掘り⑤

⑥　材料を裏返して打ち出し面から，同じ要領で掘り込み，ほぞ穴の両端を貫通させる（図２－98）。

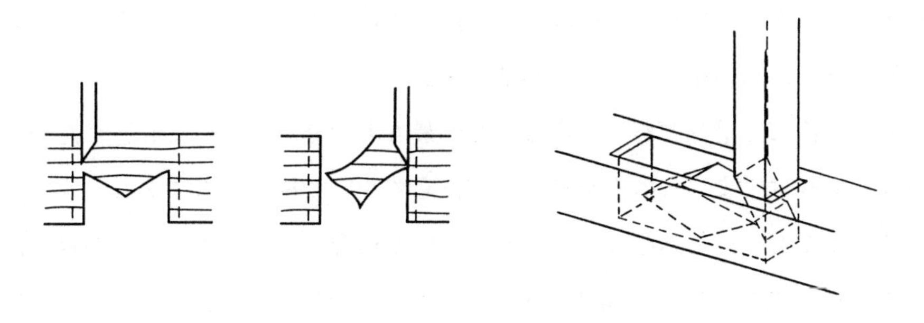

図2－98　通し穴掘り⑥

⑦　穴の位置を作業台からずらし，打ち抜きのみで中のくずをたたき出す（図２－99）。

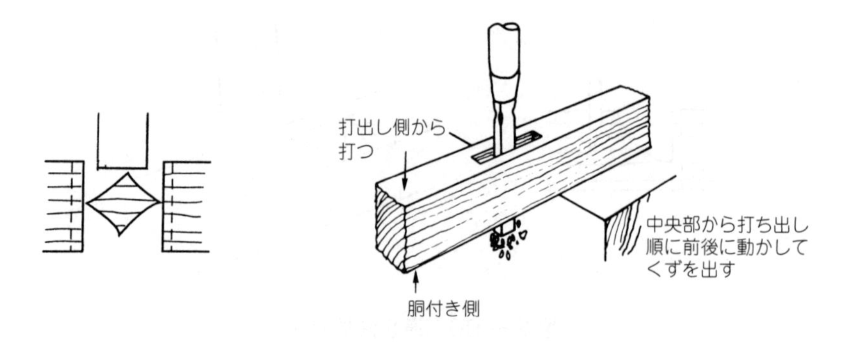

図2－99　通し穴掘り⑦

⑧　材料を作業台の上に戻し，妻手面に残してあった仕上げしろの墨線にのみを垂直に立て，軽く打ち込む。この場合，裏と表から半分ずつ掘り込み，仕上げしろを取り除く（図２－100（a））。

⑨　長手面にけばだちが多いときや，穴を修正するときは，突きのみを使って直す（図２－100（b））。

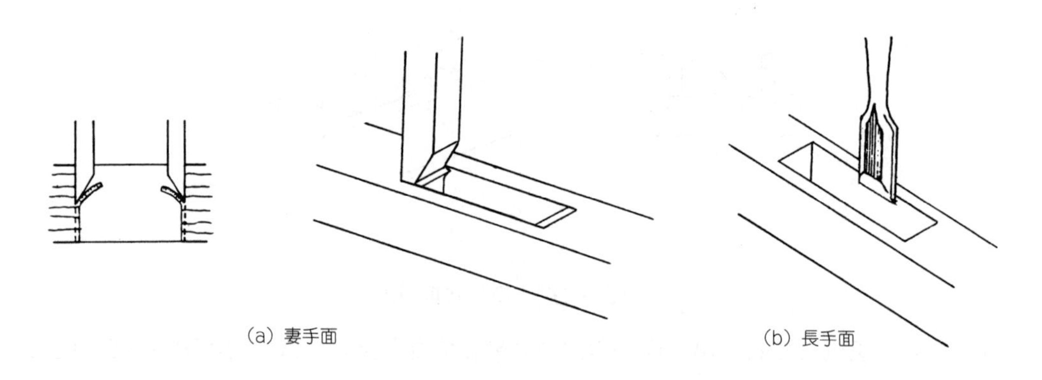

図2－100　通し穴墨際仕上げ⑧⑨

⑩　最後に，穴が垂直に正しく掘れたかを確認する。通し穴の断面に直尺（ミニスケール等）を当て，凹凸を確認する（図２－102）。

ほぞ穴は，垂直に，墨線どおりに掘ることが最も大切である。前にも述べたが，穴が垂直に掘れない原因は，まず，のみをまっすぐに立てないで掘るからである。次に，のみをまっすぐに立てても，打ち込むに従ってずれていく場合は，のみの刃先線が斜めになっていることが多い（図２－101）。図２－102は，通し穴を断面で見た場合の穴の良し悪しである。

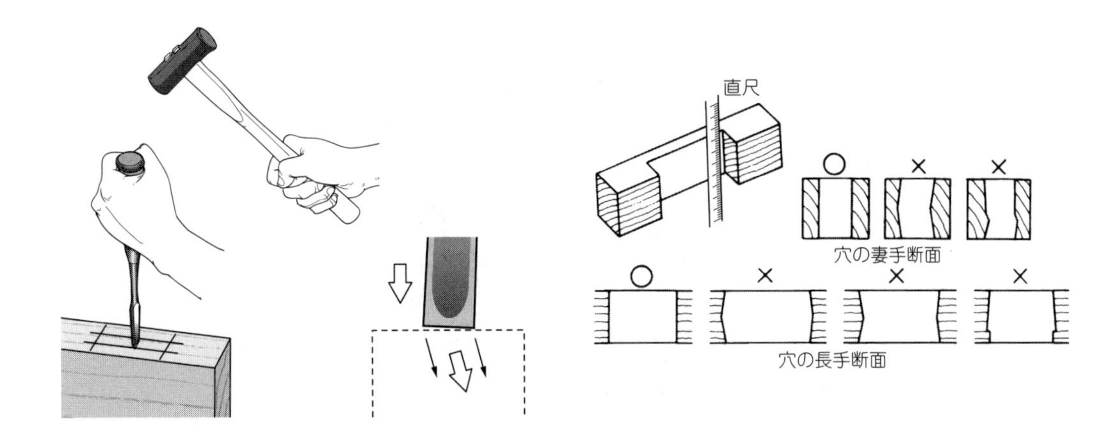

図2－101　のみの打込みと穴の曲がり　　図2－102　通し穴の断面

4.5　止め穴掘り

ほぞ接合に最も多く使用されている**止め穴**は，通し穴と異なり，打出し面に穴がないので，一見簡単なように見える。しかし，止め穴では，ねじれを起こさない穴掘りをしなくてはならないので，熟練を要する。胴付き面に垂直に打ち込んだつもりでも，一方向からだけの穴掘りは，掘り進むにつれて，少しずつねじれる可能性がある。穴掘りの要領は，通し穴と基本的には同じであるから，確実に穴が掘れるように練習することである。

止め穴掘り作業には，向こうまちのみ，もりのみ，底さらいのみ，突きのみ，直角定規，しらがき，筋け引き，玄能などを用いる。

ほぞ穴の墨付けには，しらがきとけ引きを用い，胴付き面に印す。穴を掘るときの姿勢は，通し穴掘りの場合と同様である。

止め穴を掘る一般的な手順は，次のとおりである。

① ほぞ穴中央部にのみの刃裏を手前に向けて垂直に立て，玄能で2～3回打ち込む(図2－103)。

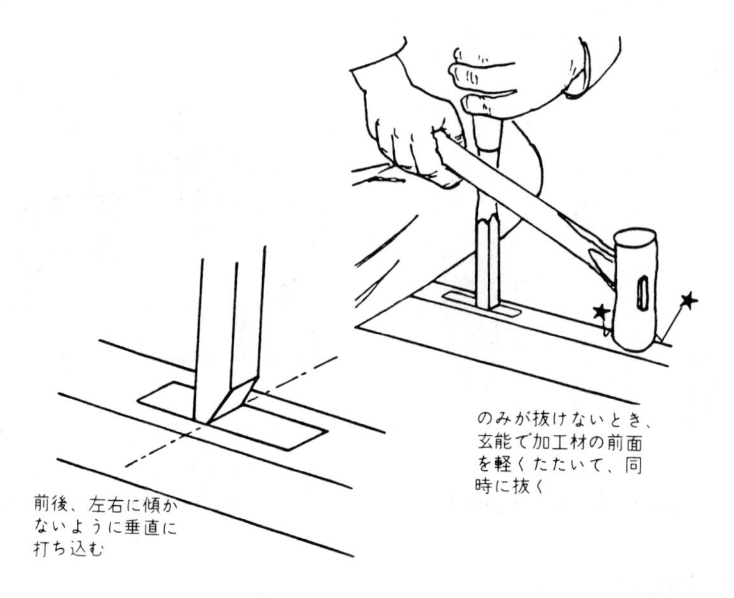

図2－103　止め穴掘り①

② 奥から中央に向かって，斜めにのみを打ち込む（図2－104）。

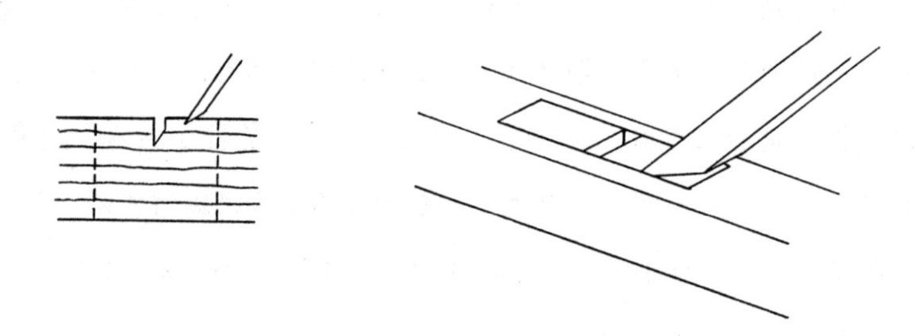

図2－104　止め穴掘り②

③ のみを返して手前から中央に向かって斜めに打ち込み，V字形に掘る（図2－105）。

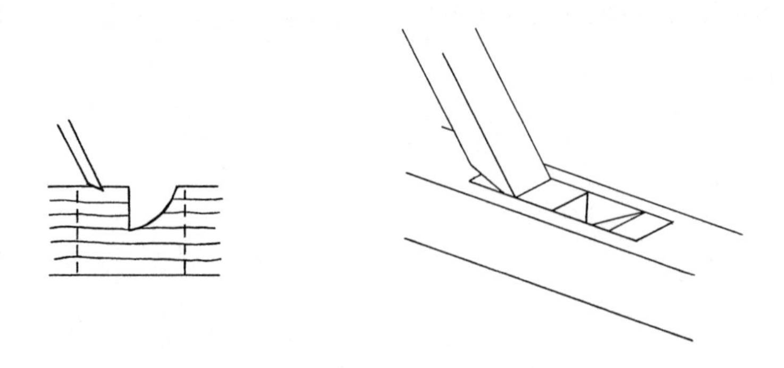

図2－105　止め穴掘り③

④ 前述の②と③を繰り返し，V字形の穴の深さを十分深くする（図2－106）。

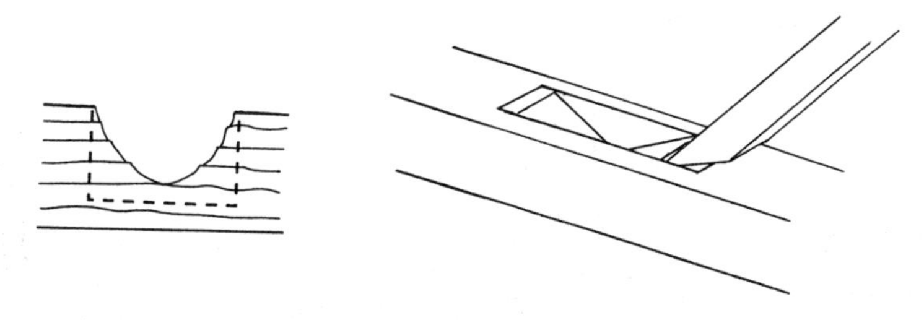

図2－106　止め穴掘り④

⑤　中央部にのみを垂直に立て，刃裏の向いている方へ小刻みに打ち込みながら，仕上げしろを残して，所定の穴の深さまで欠き取る（図2－107）。

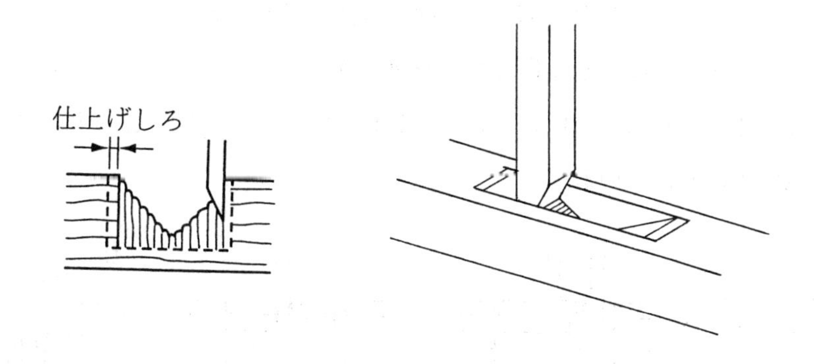

図2－107　止め穴掘り⑤

⑥　穴底まで，もりのみを軽くたたき入れて，くずをひっかけて出す（図2－108（a））。

⑦　底さらいのみで，くずをきれいにさらう（図（b），図（c））。

⑧　所定の穴の深さに掘れているか調べる（図（d））。

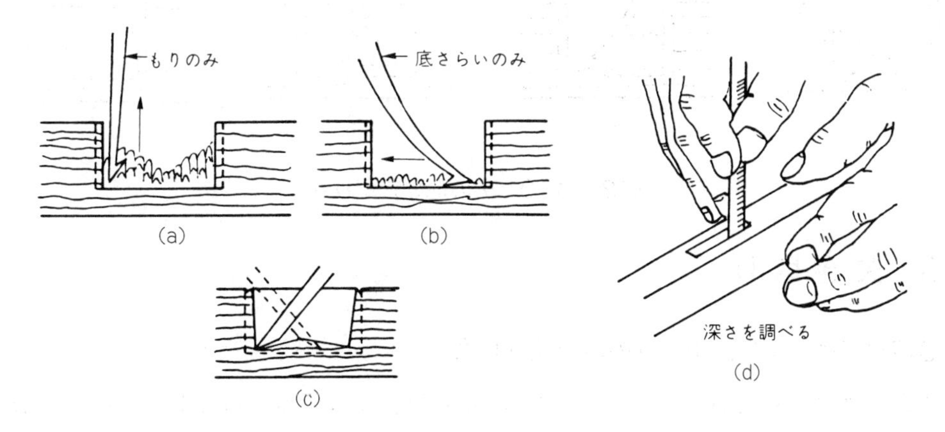

図2－108　止め穴の穴底仕上げ⑥～⑧

⑨　妻手面に残してあった仕上げしろの墨線に，のみを垂直に立て軽く打ち込む（図2－109（a））。

⑩　墨線際も向こうまちのみや追入れのみで加工できるが，微細な墨残りや穴壁の修正

には，通常突きのみを使う（図（b））。

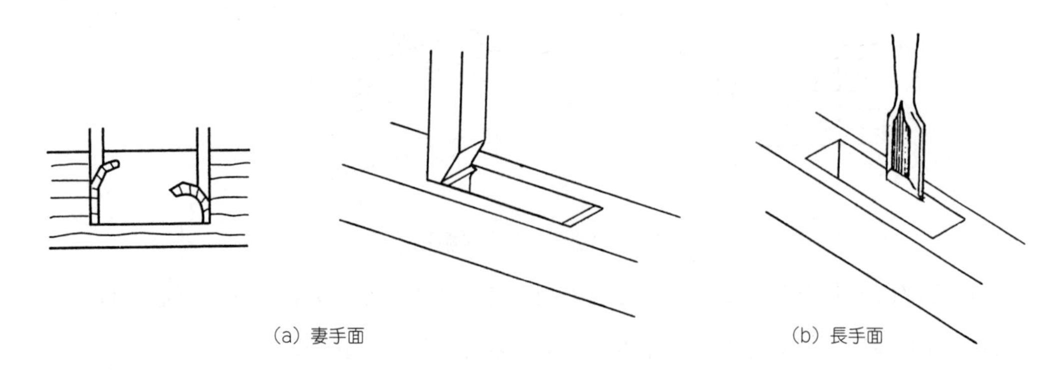

（a）妻手面　　（b）長手面

図２－109　止め穴の墨際仕上げ⑨⑩

⑪　最後に，穴が垂直に正しく掘れたかを確認する。

穴掘りには，図２－110に示すような，もう１つの方法がある。この方法は主に，材料が軟らかく浅い止め穴に用いる。

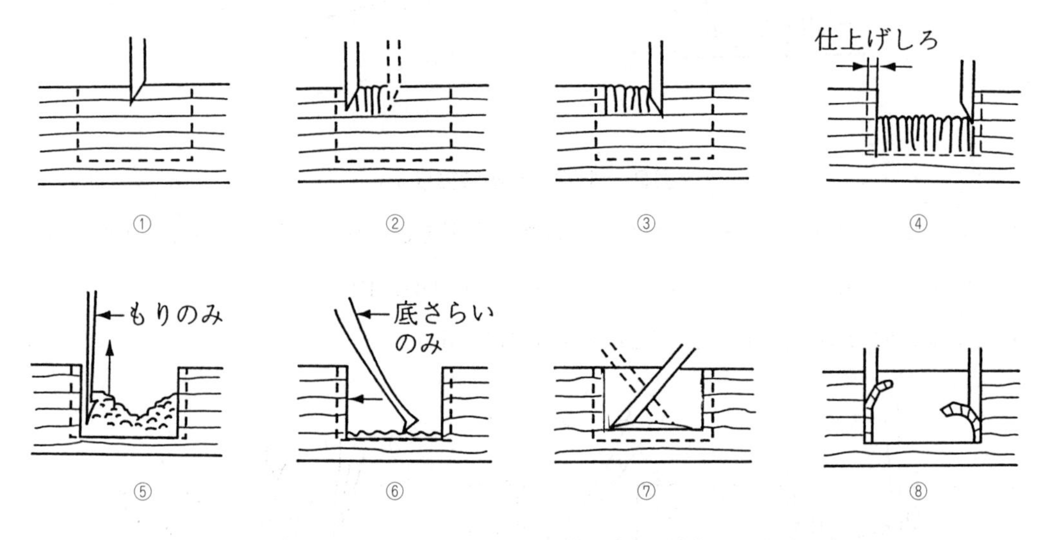

図２－110　その他の穴掘り例

4.6 欠き取り

欠き取りでは，主に，追入れのみを使う作業が多い。しかし，その使い方は一様ではない。また，図２－111に示すように，欠き取りの形状にはいろいろとあり，加工方法は一様ではない。

墨付けには，直角定規，しらがき，筋け引きなどを用いる。この場合，繊維と直角方向の墨線はしらがき，繊維と平行方向の墨線及び木口面の墨線はけ引きで行う。

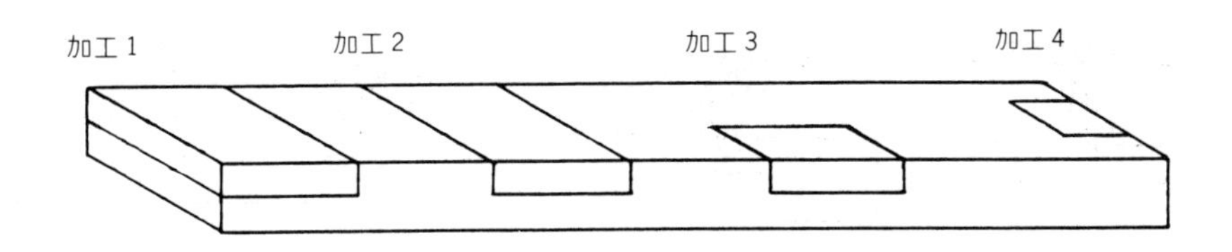

図2－111　欠き取り墨の例

(1) 加工1（のこびきしない場合）

この形状の加工方法には，のこぎりで荒取り後，のみで仕上げる方法と，のこぎりは使わず，のみだけで仕上げる方法がある。ここでは，のこぎりを使わない方法について述べる。この加工には，追入れのみ，突きのみ，直角定規，玄能などを用いる。

一般的な欠き取り手順は，次のとおりである。

① 正しい姿勢を取る。

② 墨線際2mmぐらいを残してのみを垂直に打ち込む（図2－112（a））。

③ のみを斜めに打ち込み，深さの墨線まで欠き取る（図2－112（b））。

④ 深さの墨線から1mm程度の仕上げしろを残し，木口面からのみを入れて欠き取る（図2－112（c），（d））。1回の欠き取りの大きさは，木目を見てその量を決める。

⑤ 残してあった墨線際を仕上げるため，墨線にのみを垂直に立て，直角を確かめながら，軽く垂直に打ち込む（図2－112（e））。

⑥ のみを水平にして，残しておいた仕上げしろを削る（図2－112（f），（g））。

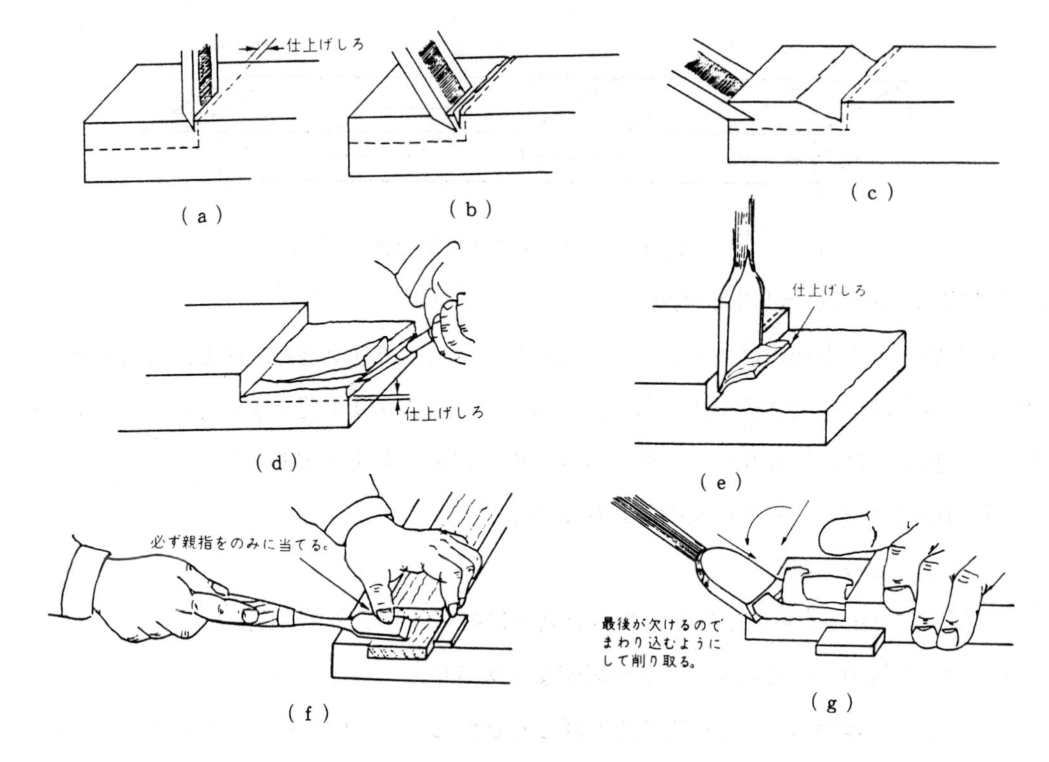

図2－112　加工１

(2) 加工２（胴付きのこで横びきした場合）

この加工には，追入れのみ，突きのみ，胴付きのこ，あぜびきのこ，直角定規，しらがき，け引き，ひき当て定規，玄能などを用いる。欠き取りを行う前に，胴付きのこ又はあぜびきのこで，墨線際を横びきしておく。

一般的な欠き取り手順は，次のとおりである。

① 正しい姿勢を取る。

② のみを中央から図２－113（a）のように入れて欠き取る。

③ 反対側からも②と同様にのみを入れる（図２－113（b））。最後に中央（山）の仕上げしろを残して，荒欠き取りをする（図２－113（c））。

④ 仕上げしろを突きのみ又は追入れのみで，仕上げ削りする（図２－113（d））。

⑤ 両方の木端面を欠かないようにするために，のみは木端面側から内側に向けて，半分ほど削り，材料を返して反対の木端面側から半分削る（図２－113（e））。

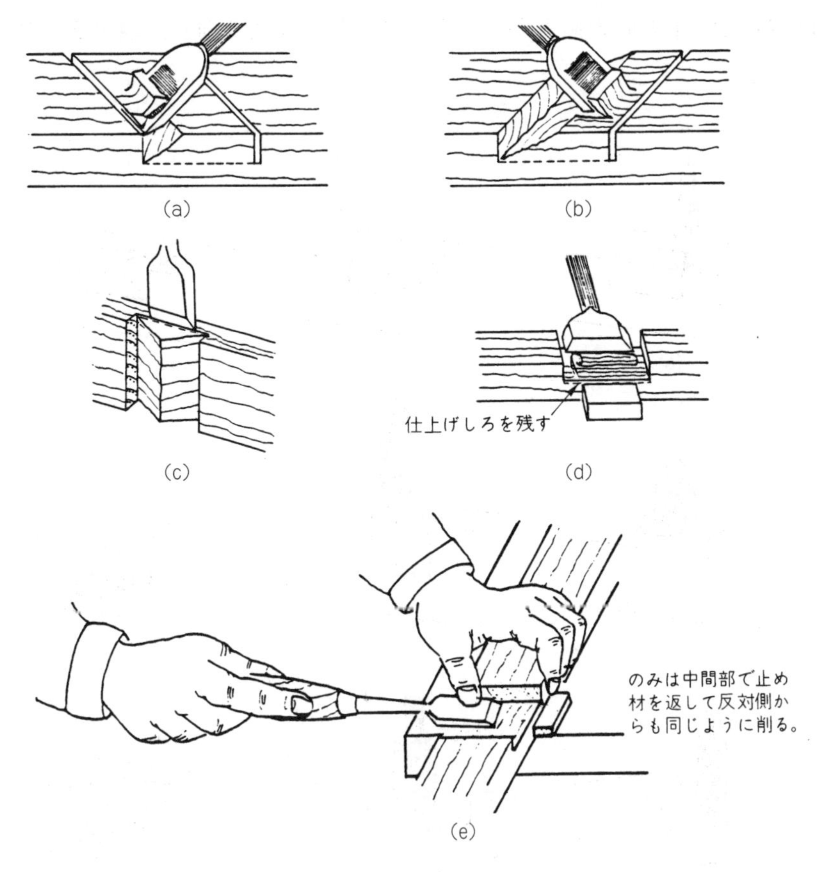

図2－113　加 工 2

(3) 加工3（両歯のこで横びきした場合）

この加工には，追入れのみ，突きのみ，両歯のこ，直角定規，のこびき用定規，玄能などを用いる。欠き取りを行う前に，墨線際を2mmぐらい残して，両歯のこで，斜めに横びきをしておく。

一般的な欠き取り手順は，次のとおりである。

① 正しい姿勢を取る。

② 両端ののこひき目に，のみを垂直に打ち込む（図2－114（a））。

③ のみを中央部から手前に入れて欠き取る（図2－114（b））。

④ 反対側からも③と同様にのみを入れる（図2－114（c））。欠き取りによってできた中央の山を荒取りする（仕上げしろは残しておく）（図2－114（d），（e），（f））。

⑤ 追入れのみを墨線に垂直に立て，直角を確かめながら，軽く垂直に打ち込む（図2－114（g））。この場合，まず繊維に直交する壁面に打ち込み，次に繊維に平行な壁面に打ち込む（図2－114（h））。

⑥　垂直方向と水平方向の両方から，交互に少しずつ突き削り，隅角をきれいに仕上げる（図（i））。

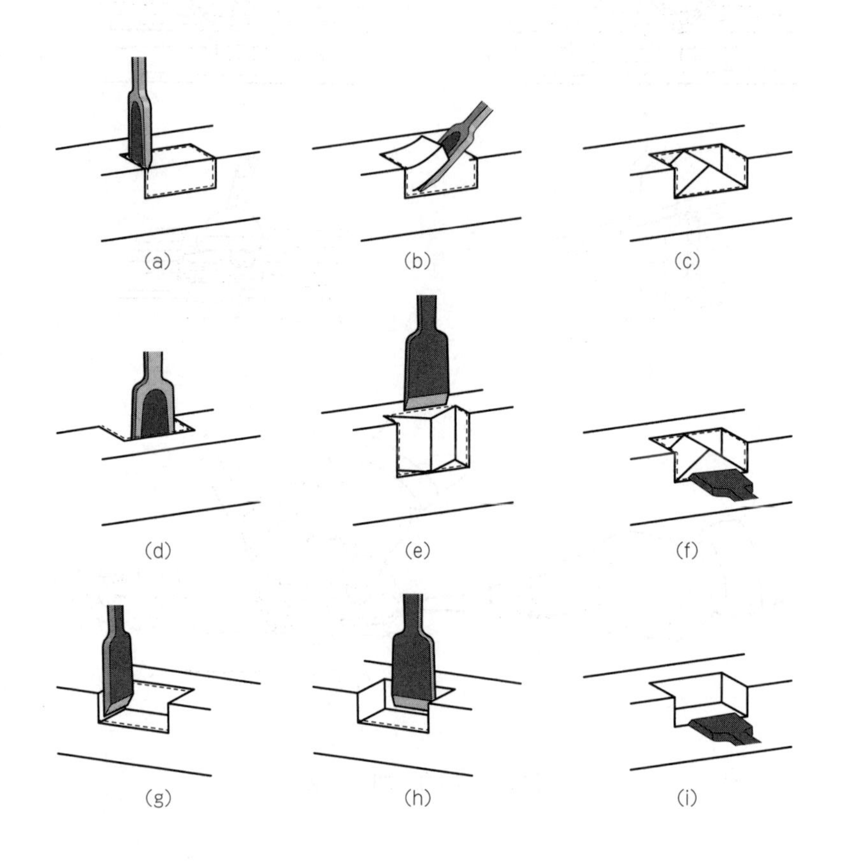

図2－114　加工3

（4）加工4（両歯のこで縦びきした場合）

この加工には，追入れのみ，突きのみ，両歯のこ，直角定規，のこびき用定規，玄能などを用いる。欠き取りを行う前に，両歯のこで，墨線際を縦びきしておく。

一般的な欠き取り手順は，次のとおりである。

①　正しい姿勢を取る。

②　墨線際を1～2mm程度残して，のみを垂直に打ち込む（図2－115（a））。

③　刃裏を上に向けて，垂直に打ち込んだ方向にのみを斜めに打ち込み，三角に欠き取る（図2－115（b））。

④　三角を大きくするように，②～③を繰り返して，板厚の約半分ぐらいまで掘る（図2－115（c））。

⑤　材料を裏返して，裏面からも，②～④を繰り返して欠き取る（図2－115（d））。

⑥　残してあった墨線際を仕上げるため，墨線にのみを垂直に立て，直角を確かめながら，軽く垂直に打ち込む（図（e））。

⑦　裏側から半分，表側から半分ずつ仕上げる（図（f））。

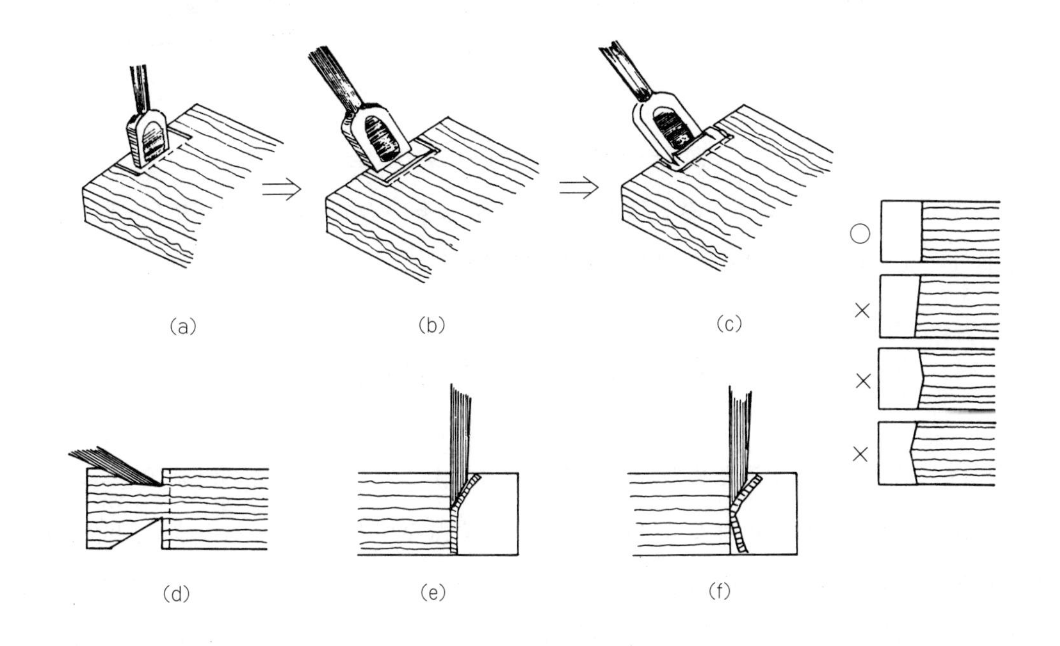

図2－115　加 工 4

4.7　のみを使った作業の安全

加工材の硬軟，大小などによって，加工の方法やのみの使い方が違ってくる。しかし，何よりも大切なことは，作業中にけがをしないこと，そして，けがをしない安全な使い方を身につけることである。高度な技能者ほど工具を正しく使い，けがをしない。つまり，技能が上達することと，けがをしなくなることが一致するといえる。

安全についての基本的なことは，すでに述べたが，作業におけるのみの使用上の注意事項は，次のようなことである。

①　のみは，よく切れるものを使用する。

②　加工材は，当て止めその他で固定する。

③　削りしろが多い場合は，追入れのみと玄能で荒削りをする。

④　のみの前に手や指を出さない。

⑤　突きのみや追入れのみを水平方向に使用する場合は，左手の親指でのみを押さえる。

⑥　手で突き削るときは，少しずつ削る。

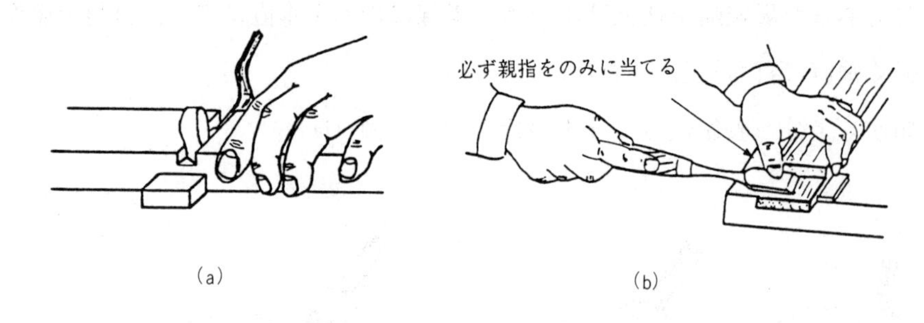

図2－116　突き削り作業の安全

ここで手工具の中では「のみ」によるけがが最も多いので，第１章の表１－13（p.38）及び図１－67（p.39）も参考に，作業の安全に努める。

第5節　墨付け作業

墨付けとは，工作をするための計画線を材料に記すことである。この計画線を，墨線又は単に墨という。墨線が正確でなければ，いかに立派な加工を施しても，よい製品とすることはできない。木工工作の基本は，正確な墨に対して正しい加工をすることである。このため，「墨付け第一，加工第二」といわれるほどである。このような墨付けは，正しい墨付け用具の使い方を習得することから始まる。

5．1　墨付け前の作業

（1）選材と木取り

墨付けは，加工しようとする部材に行う作業であるから，墨付けをする前に，ある大きさの材料から，必要な寸法の部材にする前加工（のこ切断やかんな削り）が必要になる。この作業を木取りという。木取りでは，材料の特徴を生かすことや，適材適所に使って有効利用することが重要で，この作業を選材（木拾い）という。

木取りでは，まず，製作する図面を確実に理解して，これから作る製品の形と品質を頭に入れる。そして，**見付けや見込み**（見付けとは，ある部材の正面から見たときの状態のことで，見付け幅，すなわち，正面から見たときの幅寸法のことまで含むことが多い。また，見付けに対する奥行きを見込みという。）の関係などを，具体的に見極めて，木取り表を作成する。作業は木取り表に従い，節，目切れ，割れなどの欠点を避けて，反りやねじれ現象などを予測しながら，選材して木取りをする。

部材の木目方向や木裏，木表に注意し，切削歩減りや削り上がり寸法を考慮し，さらに木材の性質を頭においた選材や木取りには，豊富な知識と経験が必要となる。選材や木取りが適切に行われないと，材料のむだ，材質の不ぞろいによる外観不良，塗装不良，製品の反りや割れ，強度不足など，多くの問題を生みだすほか，作業中のけがの原因にもなる。

木取りの一般的な注意事項は，次のとおりである。

① 木取りを行う前に，必ず木取り表を作成してこれに従って行う。表２－５に木取り表の例を示す。

② 割れ，変形，節，目切れなどの欠点を避けて木取る（図２－117（a））。

③ のこびき，かんな削りなどの歩減りを考慮して，幅と厚さは約３～５mm，長さは約10～20mm程度多めに木取る（ただし，この数字は部材の大きさ，技能の程度，加工する機械の精度により異なるので，１つの目安である。）。

④ 間違った選材をしないようにして，できる限り廃材を少なくする。

⑤ 長いものから短いものへ，広いものから狭いものへ，大きいものから小さいものへと木取ることを原則とし，残材の有効利用を考える（図２－117（b））。

⑥ 反りやねじれのあるものは，木取りの際又は木取りした後，「狂い直し」をしてから使う。しかし，極端に狂っているものや，あて材など，狂い直しが不可能な場合は，小部材として利用する（できる限り，利用することを考え，廃材を少なくする。）。

表２－５　木取り表の事例

単位：mm

部材名	仕上げ寸法	木取り寸法	材　料	個　数	備　　考
前　脚	42 × 42 × 475	46 × 45 × 485	タモ板	2	
後　脚	42 × 120 × 940	46 × 210 × 960	タモ板	1	幅210の板から２枚取り
前台輪	25 × 60 × 448	28 × 63 × 458	タモ板	1	
後台輪	25 × 60 × 352	28 × 63 × 362	タモ板	1	
側台輪	25 × 60 × 445	28 × 63 × 455	タモ板	2	

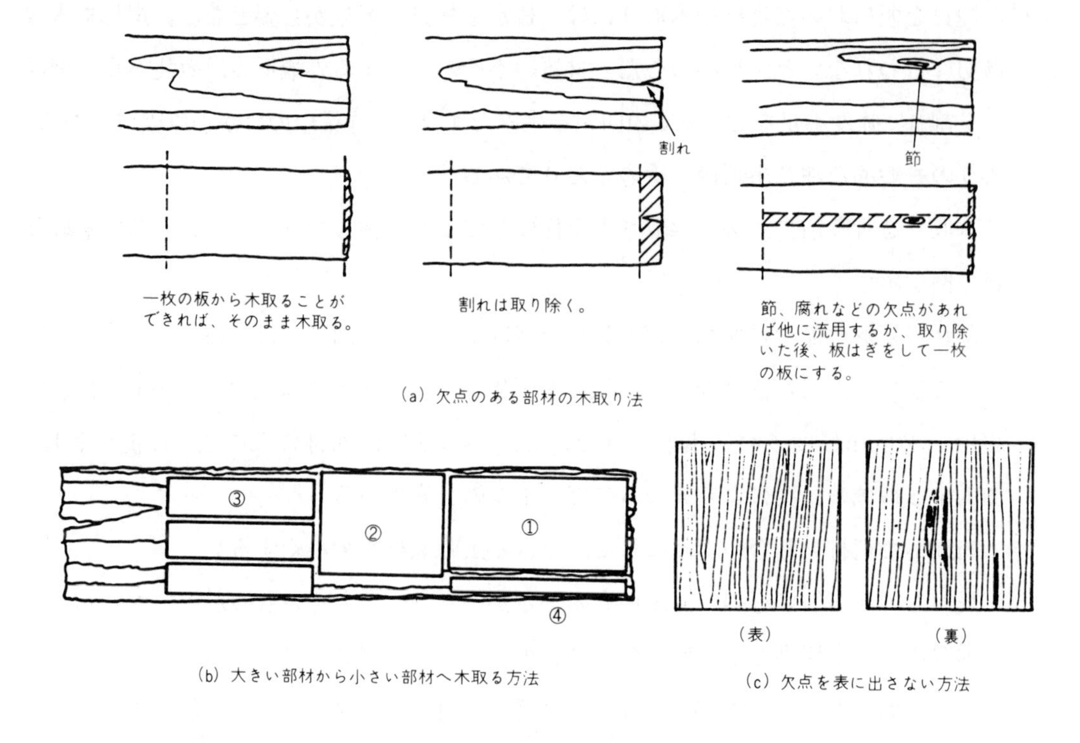

図２－117　木取りの一般的注意事項

(2) 木づくり作業

木取りされた部材を墨付けできるように，所定の寸法や形状に仕上げることを木づくり作業という。この木づくりが不正確で，図面どおりの寸法や形状が出せなければ，各部材に正確な墨付けができず，加工をしても製品にできあがらなかったり，できあがっても不正確な製品となってしまう。

木づくり時の部材寸法は，木取り表の仕上がり寸法に，手かんな又はサンダの仕上げ（削り）しろを加える必要がある。

5.2 勝　手　墨

勝手墨とは，木取りした部材の上下や左右などを取り違えて加工しないように，使い勝手の印を付けることである。勝手墨を付けるには，図面を読んで完成品を頭に描き，どの位置の部材が表に現れ，どの位置の部材が裏になるかなどを判断して，部材の見付けと見込みの関係を出していく。そして，墨付けされた部材を見たとき，上下（天板と地板），左右（右側板と左側板），外内などが一目で判読できるように，１つの約束を決めて墨を付ける。

なお，このときの部材の使い方も１つの決まりがあり，その注意事項は，次のとおりである。

（1）部材の欠点

資材をできるだけ有効活用する立場から，傷などの欠点のある面は，表側にならないように使う。

（2）木裏と木表

木材は乾燥収縮すると木表の側が凹面状に反ることや，木表よりも木裏のほうが辺材が少ないなどから，箱組の構造では表側に木裏が出るように使うことが多い。ただし，木裏は目が起きてささくれを生じやすいことや，木裏側の湿度が高いと反りを増大させるので，用途によっては木表を外（表）側にすることもある。図２－118に木裏と木表の用い方を示す。

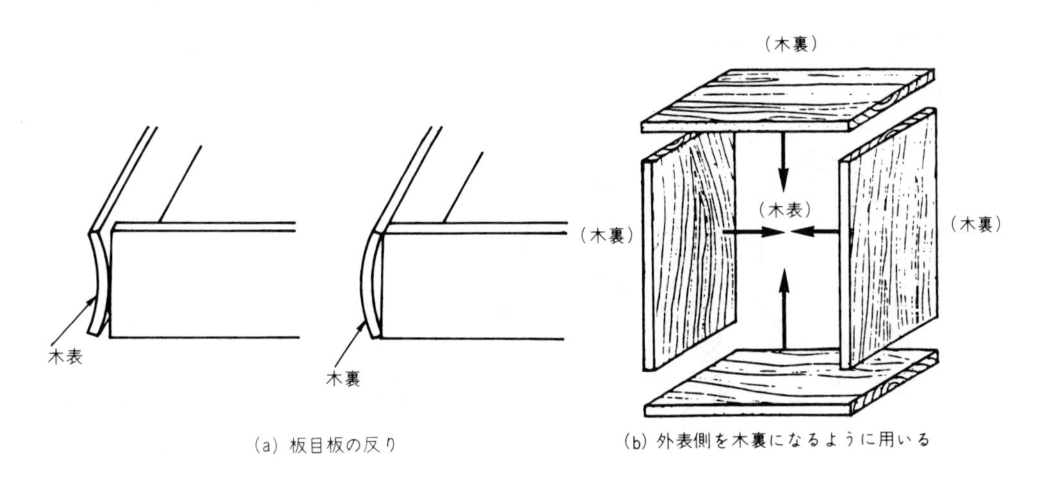

図２－118　木裏と木表の用い方

（3）部材の繊維方向

部材を縦使いにするときは，必ず木の元を下に，末を上にして，逆木にならないようにする（図２－119）。

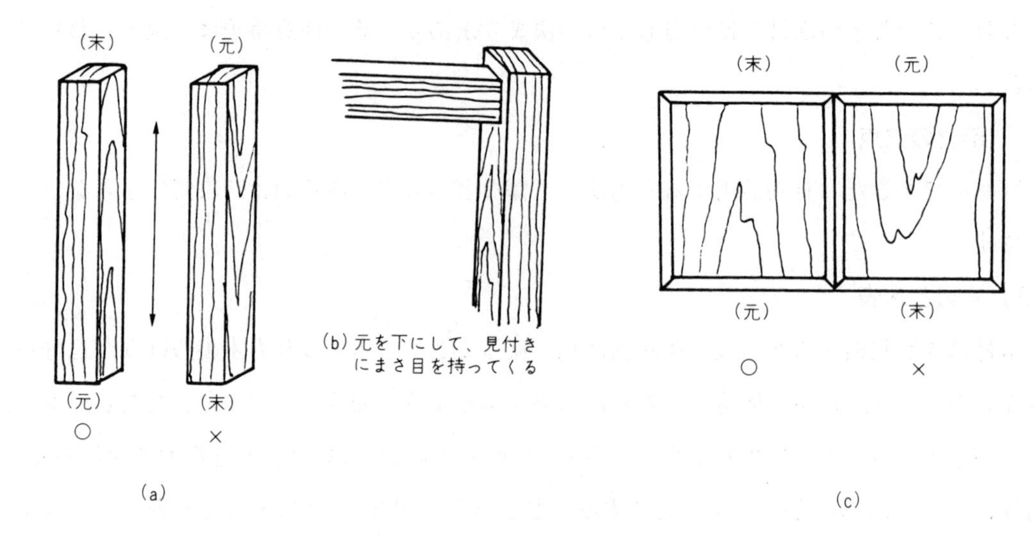

図2－119　元と末を考えた用い方

木材は繊維方向によって強度が異なるので，荷重の方向と部材の繊維方向を考えて使う(図２－120)。

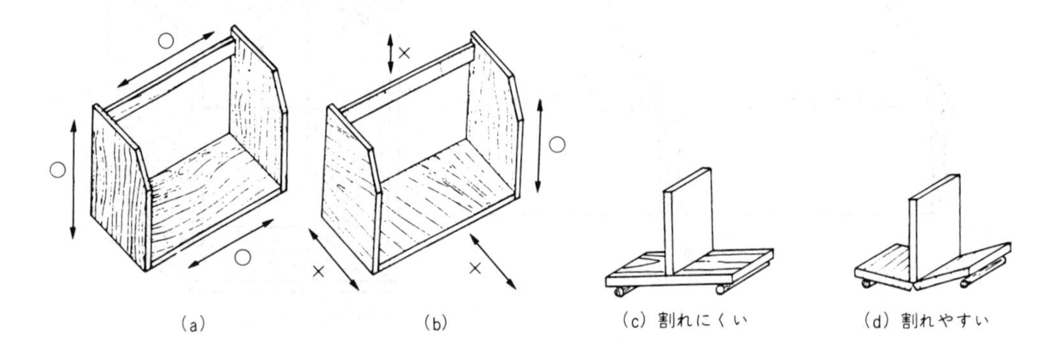

図2－120　繊維方向を考えた用い方

(4) 意匠面からの木理（木目）方向

木目方向は，意匠の面から最優先に考慮しなければならない。木目の流れ（バランス）が自然に見えるように配置して使う（図２－121)。上下や左右で一対の部材は，繊維方向，木理模様，色調などをできるだけそろえる。

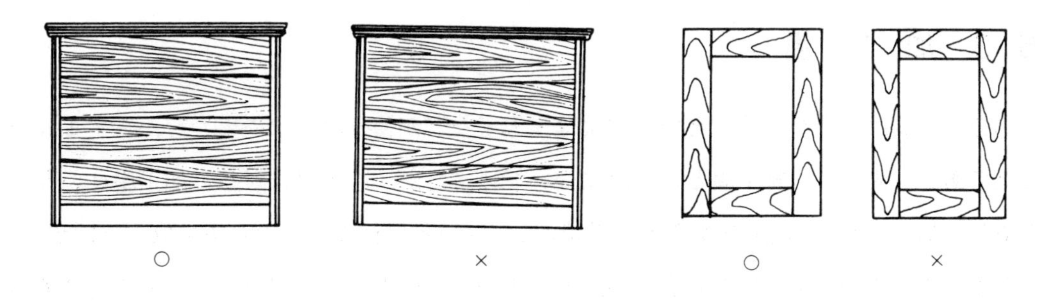

図2－121　木目方向を考えた用い方（木目方向をそろえるとよい）

以上の注意事項を考慮して，見付けと見込みの関係を墨付けする。

勝手墨は，上下・左右など一対となる部材について，複数の部材を一緒にして同一のマークを付ける。勝手墨には，見付け面に／や○印，見込み面に／／や×印をつける手法が多用されている。しかし，／と／／印は直角基準面（矩墨）に用いられることや，／と／／印，○と×印だけでは，上下や左右の判別ができない。外国では見付け面に△印を付け，三角形の頂点を上側としており，△印1つで見付けと見込み，上と下，左と右が判別できる。勝手墨の例を図2－122に示す。

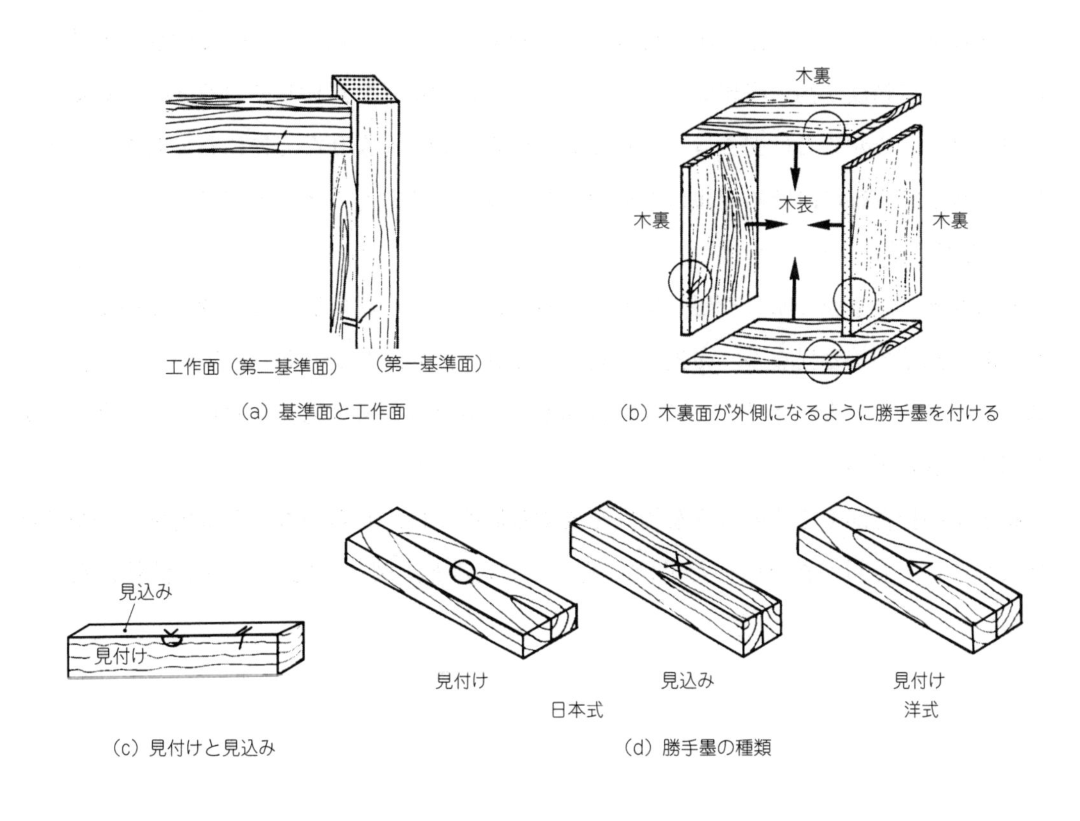

（a）基準面と工作面

（b）木裏面が外側になるように勝手墨を付ける

（c）見付けと見込み

（d）勝手墨の種類

図2－122　勝手墨の例

5.3 加 工 墨

墨をする又は，墨を付けるという言葉は，大工などが使う墨つぼや墨さしから生まれた言葉である。すでに，勝手墨という墨について述べたが，勝手墨に対して**加工墨**という墨がある。加工墨とは，加工箇所を示す墨線のことで，各部材に図面の寸法を取る（けがく）ことである。この墨付け作業の良否が，その後の加工に大きな影響を与え，最終的に製品のできばえを決定してしまうものである。

このようなことから，まず第一に正確な墨付けをするために，墨付け用具と墨付けの際の注意事項を確実に習得しなければならない。

しらがきやけ引きについては，すでに述べたが，ここでは，これらの要点をもう一度述べることにする。

（1）墨付け用具の整備

加工作業で，もし切れ味の悪いのみで欠き取りを行った場合，木口面がむしり取られたり，削り肌が荒れて外観の悪いものになってしまう。これと同じように，しらがきやけ引きの切れ味が悪いと，正確な墨を付けることができない。墨線は，すべての加工の基であるから，常に精度が高い墨線が引けるように，墨付け用具を点検しておく必要がある。

例えば，しらがきとけ引きは，刃物であるから，いつも鋭利な刃先にしておき，直角定規は定規面を直線に，留め定規は留め角度を正確にしておくことが大切である。

a. しらがき

しらがきは，木製の家具や建具で使われる墨付け具で，鋭い切れ刃を持っている。しらがき線は鉛筆の線と異なり，刃先が材料に深く食い込み，しかも非常に細い墨線を付けることができる。しらがきは，主に墨付け基準面（見付け面又は見込み面）から，直角な線を引くときに用いる。

接ぎ手の接合部やほぞのような精度を要する箇所では，しらがきによる墨付けでなければならない。しらがきで引いた墨は，拡大して見ると，図２－123のような溝線になっている。

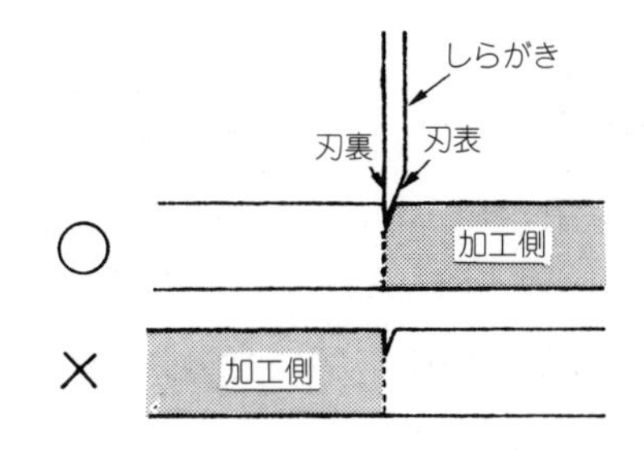

図2－123　しらがき墨線の断面

しらがきの墨線は，掘り取ったり，ひき取ったりするような加工側に，しらがきの刃表が向くように使用するのが一般的である。また，しらがきによる墨線は，材面に切り溝として残る。そのため，引き損じがないようにすることと，製品の表側にでる部分には，しらがきで墨付けをしない方がよい。

b. け引き

け引きは，墨付け基準面と平行な線を引くときに用いる。筋け引きは，最も多く使用されるけ引きである。しかし，け引き刃の刃先が片刃であるため，けがいた筋は，片切れの線が残る。切り墨や胴付きのように，一方向に切り取る場合はよいが，ほぞ穴や小穴のように平行に引いた２本の筋の間を加工するような場合には，正確にいえば，不適切である。このような場合には，ほぞけ引きを使用するとよい。

図２－124に筋け引き墨線とほぞけ引き墨線の断面を示す。

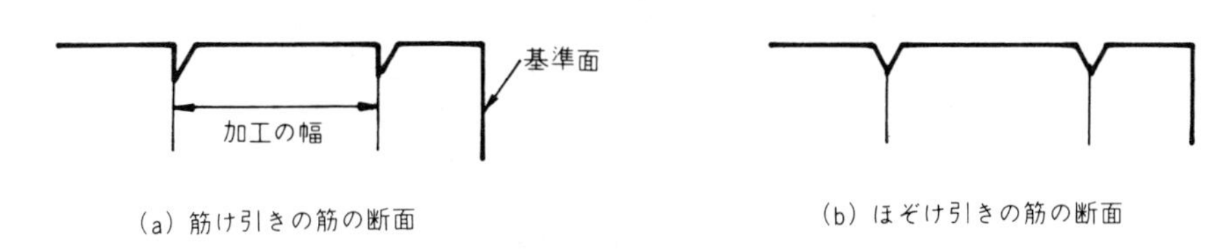

図2－124　筋け引き墨線とほぞけ引き墨線の断面

け引きをかけるときは，け引きの頭又は定規板の背に指を当てがい，定規板をしっかり材料の木端面に当てて，定規板の手前をわずかに持ち上げるように持つ（図２－125)。繊維方向に負けないように，最初は軽く引き筋を作り，２回目は深く強く引く。

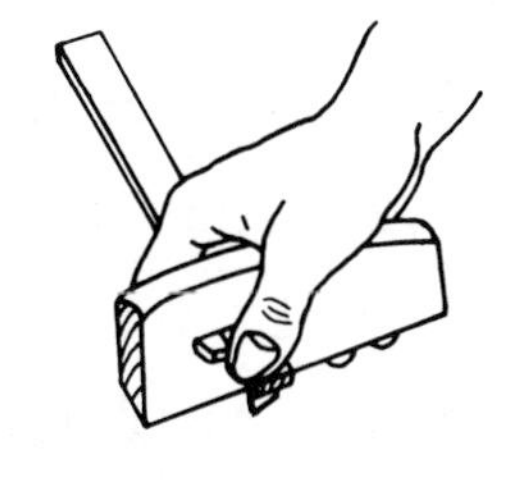

図2－125　け引きの持ち方

繊維方向が内側に曲がっていると，け引きは内側に曲がりやすくなる（図２－126)。最初に軽く引き筋を作ると曲がりにくくなる。

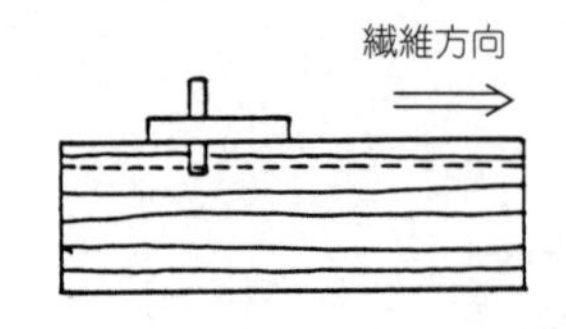

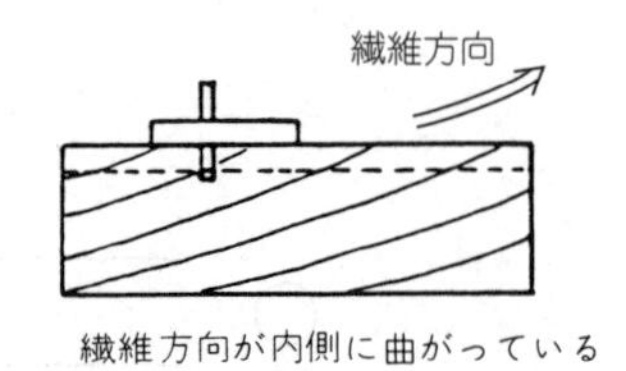

図2－126　け引き線の曲がり

c. 直角定規とさしがねのかねの調べ方

直角定規やさしがねは，矩（かね）（直角）になっていなければならない。新しい定規を使用するときは，必ず直角になっているかどうかを調べてみる必要がある。

また，使用中に不注意のため定規を床などに落とした場合は，矩が狂わなかったかどうかを調べなければならない。

調べる方法は，図２－127の①のように，真直な基準面に定規を正しく当てがって線を引く。次に定規を180°回転させて，図２－127の②のように，再び定規面に当てて前に引いた線に合わせてみる。①で引いた線と定規が正しく一致すれば，定規は矩になっていることになり，一致しない場合は狂っていることになる。

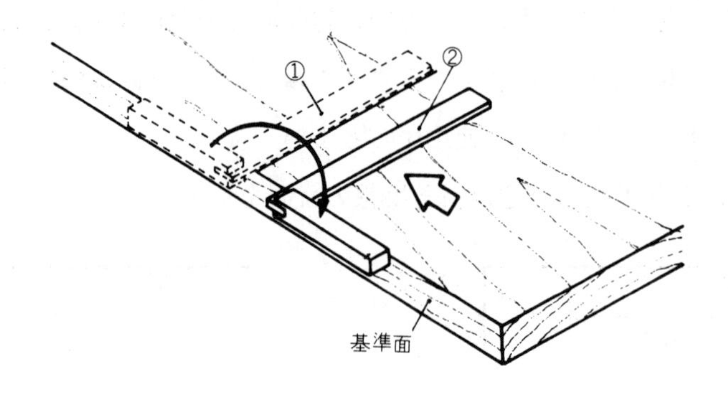

図2－127　直角定規の調べ方

(2) 盛付け棒

盛付け棒は，**尺棒**，**尺づえ**ともいわれ，家具，建具などの墨付けに当たり，曲がりのない小角材（２～３cm）又は長方形（五平（ごひら）（碁平））の材料に現物実寸を目盛った一種の現物スケールのことである（図２－128）。盛付け棒を作るには，これらの材料の直角や平面を正確に削り，一端に基準線を引き，この線から高さ方向，幅方向（間口）及び奥行き方向の実寸を図面から読み取って，しらがきで目盛っていく（盛付け）。

盛付け棒を使用すると，同じ寸法の墨を正確に速く，しかも，多量に墨付けすることができる。

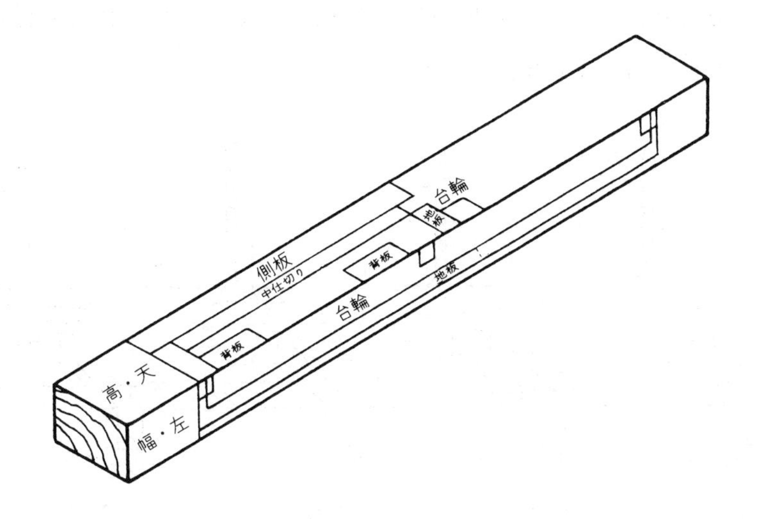

図2－128　盛付け棒

盛付け上の主な注意事項は，次のとおりである。

① 定規の一端に，上下，左右の目印や盛付け箇所の名称などを記入しておく。

② 基準寸法からその他の寸法へ，また，大きな寸法から小さな寸法へと盛り付けていくのを原則とする。

③ 寸法の読み違いや測り違いはないか，必ず，２度ずつ測ってみる。

（3）はめ合いの条件

部材と部材がかみ合って接合される場合，そのかみ合い状態の緩さ，堅さの加減をはめ合いという。部材のはめ合いには，次の３つの場合が考えられる。

① すき間ばめ……部材と部材の組立て，分解が自由にできるようなもので，ほぞより穴が大きく作られて，はめはずしが楽にできるもの。

② とまりばめ……両者の間にすき間はないが，締めしろもなく，手で押し込んで入る程度のもの。とまりばめは，組立て時に接着する通常のほぞ接ぎや組み接ぎに適したはめ合いである。

③ 締まりばめ……締めしろを取り，ほぞ先に入り面を取るか，ほぞをつちで木殺しして，玄能でたたき込んで入れるもの。

この３つのはめ合い条件に対して，部材の工作では，墨付けそのものは両者（例えば，穴とほぞ）を正しく同一にする。そして，加工時のほぞは，すべて墨際仕上げとし，穴をはめ合いの種類に応じて，墨際，墨そと，墨うえ，墨うちのいずれかで仕上げ，はめ合いを加減するのが一般的である。この場合の加工の仕方は，材料の硬軟を十分に考慮し，原則として，ほぞを基準とする。

大入れ接ぎの場合はほぞ・穴とも墨際仕上げとし，はめ合い堅さに対応して木殺しで微調整をする。図２－129にはめ合いの条件を示す。

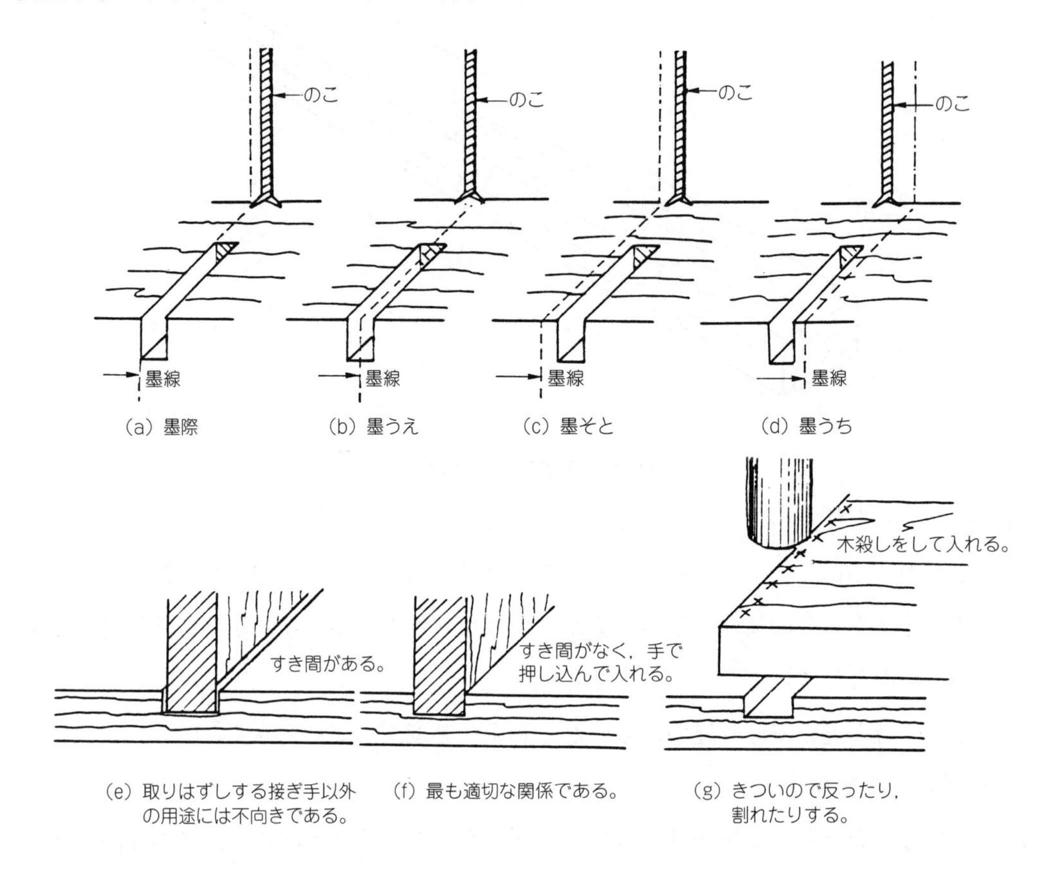

図２－129　はめ合いの条件（大入れ接ぎの場合）

（4）墨付けの注意事項

正確な墨付けをするためには，いろいろなことに注意を払わなければならない。その第一は，製作図面を読み取り，個々の寸法を正しく引き出すことである。第二は，引き出された寸法を，確実に墨付け用具（しらがきやけ引きなど）で，部材の上に取ることである。第三は，適切な墨付け具を選び，正しい方法で正確な墨付け作業をすることである。

以上のことを行う上で，注意しなければならない一般的事項は，次のとおりである。

① 特に，重要な寸法を基準寸法とし，これを基準として，他の寸法を決める。

② 部材の硬軟を調べ，はめ合い条件を考慮した寸法で，墨付けをする。

③ 墨付けは，できるだけ精密にしなければならないので，け引き，しらがき，鉛筆の使い分けをすると同時に，紛らわしい墨はしない。

④ 工作に，便利なように墨付けをしなければならない。例えば，穴や欠き取り部の墨の幅は，のみの刃幅の寸法に合わせる。のみで胴付き線などを一直線に仕上げる箇所

などは，け引き又はしらがきで強く線を引いて，のみの刃先を合わせやすくする。

⑤　勝手墨を確認し，墨付け基準面から墨付けを行う（墨付け基準面とは，墨付け具を使うときに基準となる面，普通は見付け面と見込み面が墨付け基準面になる。）（図2－130）。

⑥　寸法を移すには，さしがねなどを使うより，なるべく実物を当てて移しとるか，盛付け棒を使用する（図2－131）。

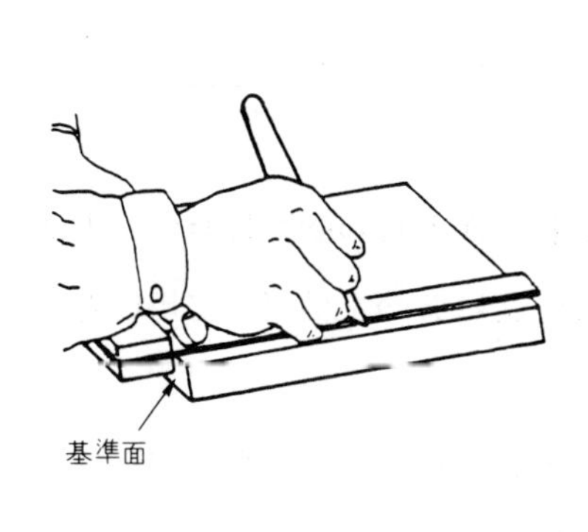

図2－130　基準面から墨付け

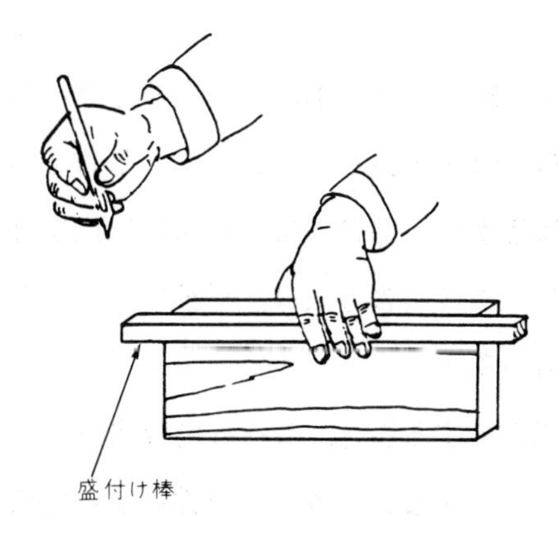

図2－131　盛付け棒による墨付け

⑦　各箇所ばらばらに墨付けしないで，できるだけ一まとめに墨付けをする。例えば，一定幅の寸法のけ引きは，一時に全部にわたって同寸法幅の墨を引いてしまう（寸法を取ったけ引きを一度崩してしまうと，再び同じ寸法に取るのは，なかなか面倒であり，能率や正確さの点で問題がある。）。

また，一時に全部にわたって同じ寸法の墨付けをするには，加工全体が頭の中に入っていないとできない。

⑧　複数の箇所に，同じ長さの墨付けをする場合，最初に２本に墨を付けておいて，次に図２－132のように端金で締めたまま，一括して行う。盛付け棒を用いた墨付けの場合も，同様な方法で行う。

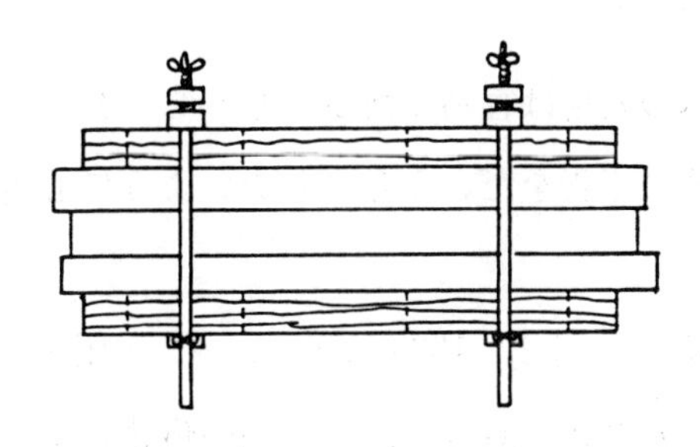

図2－132

⑨ 寸法取りする場合は，誤差を少なくするようにして，必ず寸法確認をする。また，墨付け後の寸法確認も忘れずに行う。

第6節 緊 結 法

部材である板材や角材を組み合わせて製品にするには，普通，３つの方法が用いられている。

緊　結……釘・木ねじ・金具などの緊結材によって，部材を接合する方法

接　着……接着剤によって，部材を接合する方法

接ぎ手……部材の接合箇所に凹凸を作り出し，それをかみ合わせて接合する方法

以上の３つの方法は，単独で用いたり，同時に２つ又は３つを併用して用いたりすることもある。

工作をする場合，これら接合法のどれを適用するかは，強度，仕上げの程度，作業工程，工具，ジグなど，各種の条件によって決めなければならない。要は，必要にして，十分な強さを持たせることと，適切な外観となるように配慮することが望ましい。

6．1　釘による接合

釘による接合は，他の接合法に比べて，最も簡単で，原則として，接合のための前処理をせず，直接部材に釘を打ち込むことができる。しかも，接合部材の接触面全体に，比較的均等に接合できるので，荷重による力（応力）の集中度が低いという特徴がある。

また，釘は接合の程度により，打ち込む釘の大きさや本数を自由に選択できる利点がある。一方，釘を打ち込む接合材が，乾燥材か未乾燥材か，材の繊維方向（板目や木口）に対して，どの方向の箇所へ打ち込まれるかにより，いわゆる釘の効きが違ってくる。

さらには，接合材の厚さと，釘の大さや長さの関係，釘を打ち込む位置や間隔の関係などが，直接接合効果を左右する。

釘は安価であり，木材への利用は容易である。しかし，容易であるからといって，不用意な用い方をして，その後の工程をだいなしにしないように心掛ける必要がある。

（1）釘の保持力

釘が木材に打ち込まれると，図２－133のように，その周囲の木質繊維を強く押しわけながらくい込んでいく。このとき，釘は，逆に周囲の繊維によって強く押し付けられて保持される。したがって，釘の保持力の大きさは，打ち込まれる木材の繊維の状態（材質）と，

打ち込む釘の大きさによって決まる。釘の保持力については，次のようなことが一般的にいえる。

① 堅い木材は，軟らかい木材よりも保持力が大きい。

② 木端面は，木口面よりも保持力が大きい。

③ 乾燥材は，生材よりも保持力が大きい。

木口に打ち込まれた釘の保持力は，板目面や柾目面に打ち込まれた釘の保持力の6～7割程度である（図2－134)。また，生材に打ち込まれた釘は，その後，乾燥すると約半分に保持力が低下する。

釘の太さ（釘の直径）や長さが大きいほど保持力は大きくなるが，これにも限度があり，あまり太い釘を用いると板割れ現象を起こすことも考慮しておかなければならない。

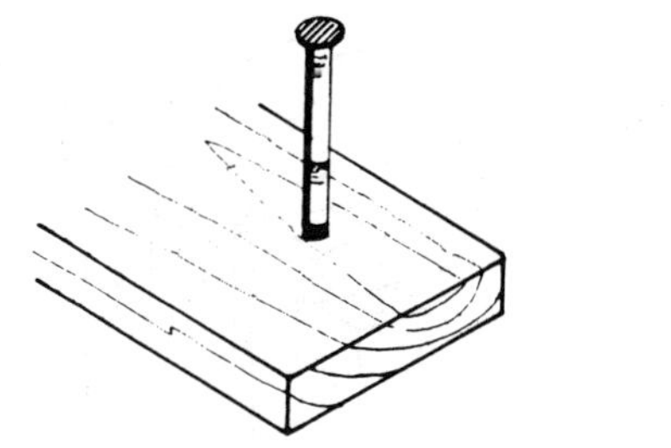
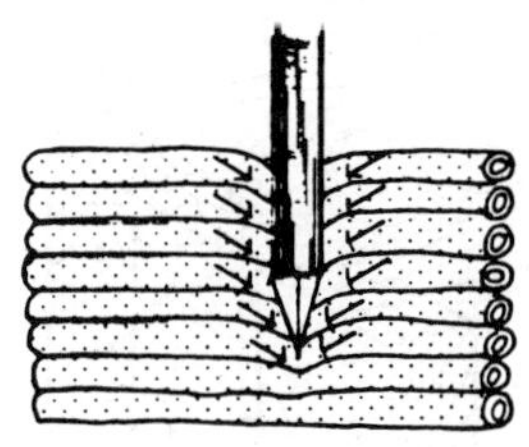

図2－133　板目面に打ち込まれた釘は抜けにくい

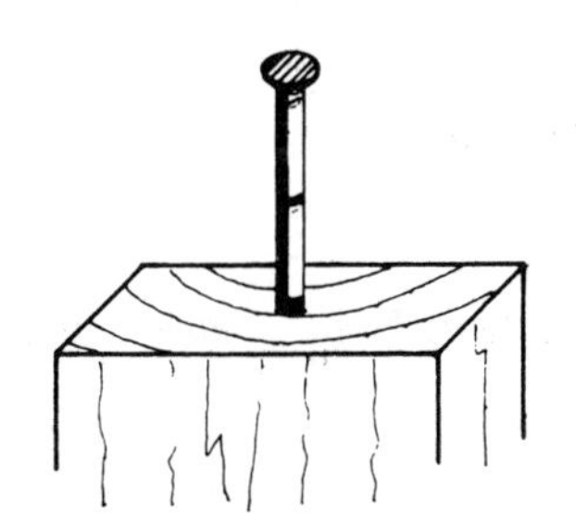
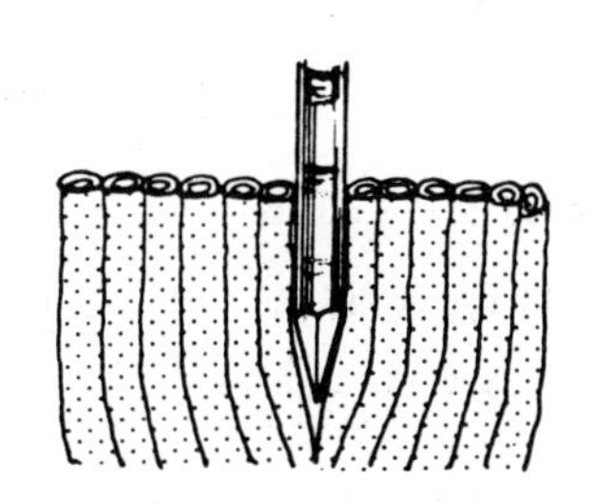

図2－134　木口面に打ち込まれた釘は抜けやすい

実際の釘による接合では，数本の釘が使われる。このようなとき，釘の保持力を高めるため，まっすぐに打ち込むよりも，くさび形になるように，斜めに打ち込むとよい（図2－135)。この角度は一般に60～70°とされているが，作業性の面から実用的には70～80°が多用されている。

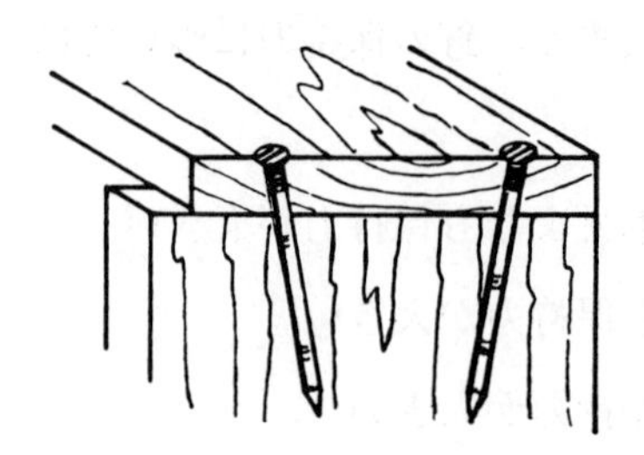

釘の保持力を高めるために，くさび形に打ち込む。

図２－135　釘の打ち込み

（2）釘の長さ

接合する材料に対して，どの程度の長さの釘を用いればよいかを考えると，一般的には，板厚の2.5～３倍，木口面や軟材の場合は，４～５倍程度が標準である（図２－136)。

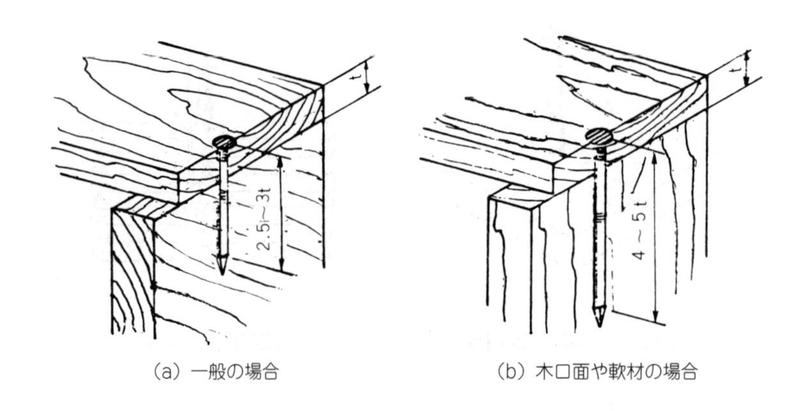

（a）一般の場合　（b）木口面や軟材の場合

図２－136　板厚と釘の長さ

（3）釘の間隔と打ち込む位置

接合材に釘を打ち込む場合，用いる釘の長さは前述のように，板厚の2.5～３倍の長さの釘を使用する。そして，接合材のどの位置に打ち込めばよいかを考えると，一般的には，接合材の材端（木口面と木端面）から板厚以上離す。

あまり過密に間隔を取ると，逆に接合効果を低下させる。釘の打ち込みによる割れを防ぐため，木端面や木口面からなるべく離れた位置に打ち込むようにし，図２－137のように，板の厚さが薄くなるほど，釘の打ち込み角度を取るようにする。

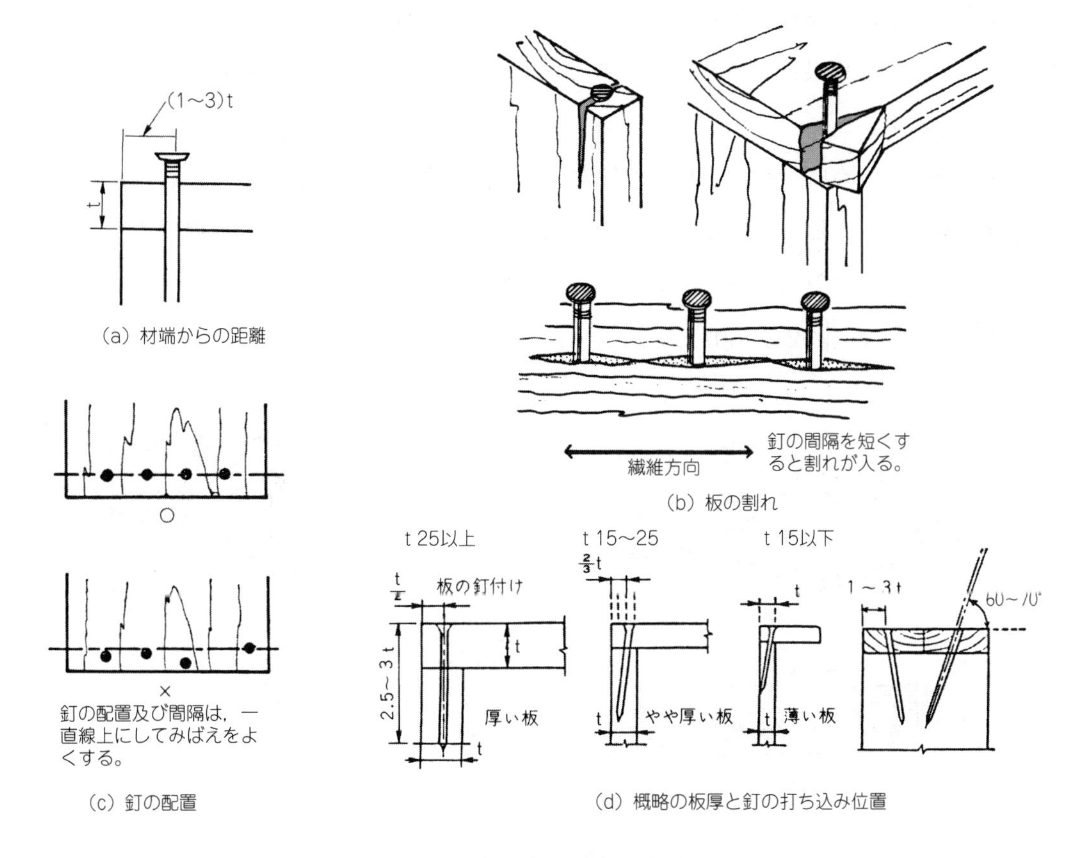

図２－137　釘を打ち込む位置

釘と釘の間隔は，繊維と直交方向では，５d（d＝釘の直径)，繊維方向では，10dであり，それ以下にすると割れる危険性がある。例えば，直径2.3mmの釘の場合，接合材が割れないための釘と釘との最小間隔は，繊維と直交方向では12mm，繊維方向では，22mmぐらいである。

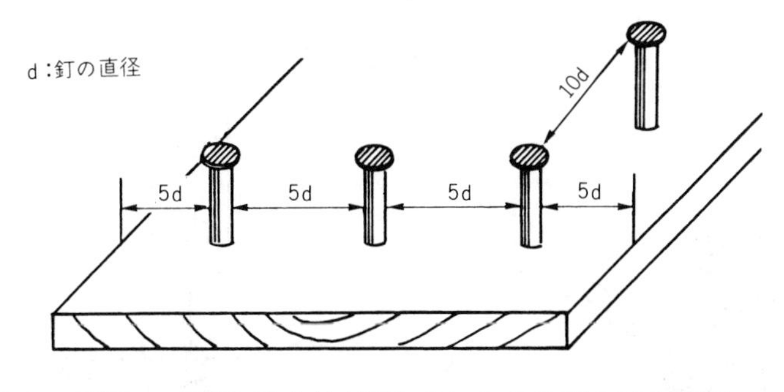

図２－138　接合材が割れないための釘の最小間隔

(4) 釘の打ち方

釘を打ち込むには，釘の頭が玄能の小口面の中心にくるようにし，必ず釘の軸方向に打ち下ろさなければならない。玄能の面に平面と球面があるが，平面は釘の打ち始めから終わり近くまで用い，球面は釘の打ち終わりに，材料の表面に傷が付かないようにするために用いる。そのため最後の一撃は，木殺し面（球面）の小口面を用いる。図２－139に釘の打ち方を示す。

板割れを防ぐために，あらかじめ予備穴（下穴）をあけてから釘を打ち込む。特に，薄い材料，堅い材料（節などの堅い部分を含む），材料の端の部分，斜走木理になっている部分，その他の欠けや割れやすい位置に釘を打ち込む場合は，きり・電動ドリルで予備穴をあけてから打つ（図２－140）。

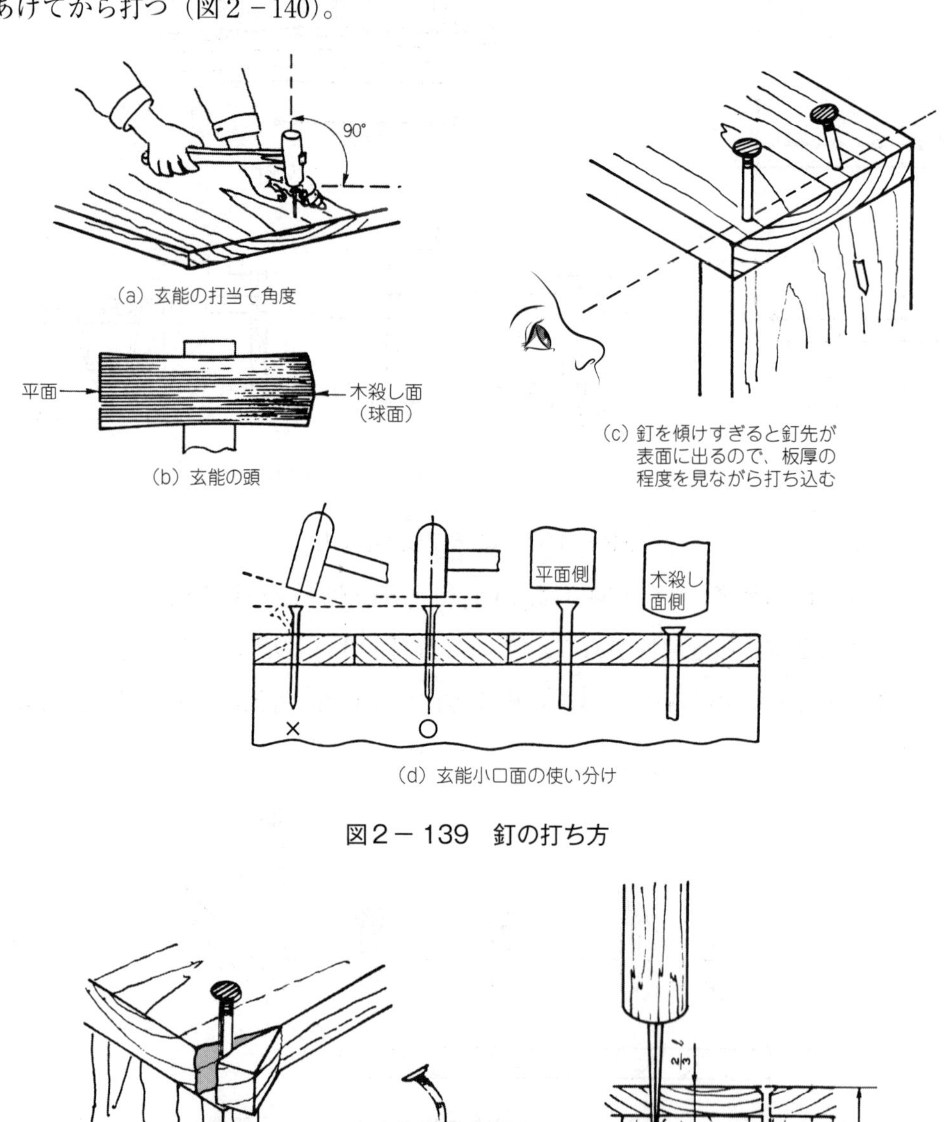

（a）玄能の打当て角度

（b）玄能の頭

（c）釘を傾けすぎると釘先が表面に出るので，板厚の程度を見ながら打ち込む

（d）玄能小口面の使い分け

図２－139　釘の打ち方

（a）斜走木理は欠けやすい　（b）堅い材料は釘が曲がりやすい　（c）四つ目きりであらかじめ予備穴をあける

図２－140　釘の予備穴

(5) つぶし釘と隠し釘

釘による接合では，釘の頭が製品の外側に現れることが多く，美観が損なわれる。これらの欠点を少しでも補うために，釘の頭が目立たないようにするのが，つぶし釘や隠し釘を使う目的である。

a. つぶし釘

つぶし釘は，一般に鉄丸釘の頭を平らにつぶした釘である。

つぶし釘は，釘の頭を繊維方向と同じ方向に向けると，釘が目立たなくなる利点がある。ただし，丸い頭のひっかかりが小さくなるので，接合材に力が加えられたとき，釘の頭から接合材が抜けやすくなる。

釘の頭のつぶし方は，図２－141のように，釘の頭を金敷の上に置き，玄能の球面でたたいてつぶす。つぶす程度は，釘の直径と同程度までとする。それ以上につぶすと，頭のひっかかりが全くなくなり，釘の効き目が小さくなる。

つぶし釘の打ち込みでは，接合材の繊維方向と同じ方向に釘の頭が向く必要がある。打ち込んでいるうちに，釘が動いてずれたりするので，頭を打ち沈める直前に，ペンチなどで繊維方向と同方向になるよう頭の向きを修正する。

最後に，釘の頭が材面と平らになるまで，玄能の球面で打ち込む。

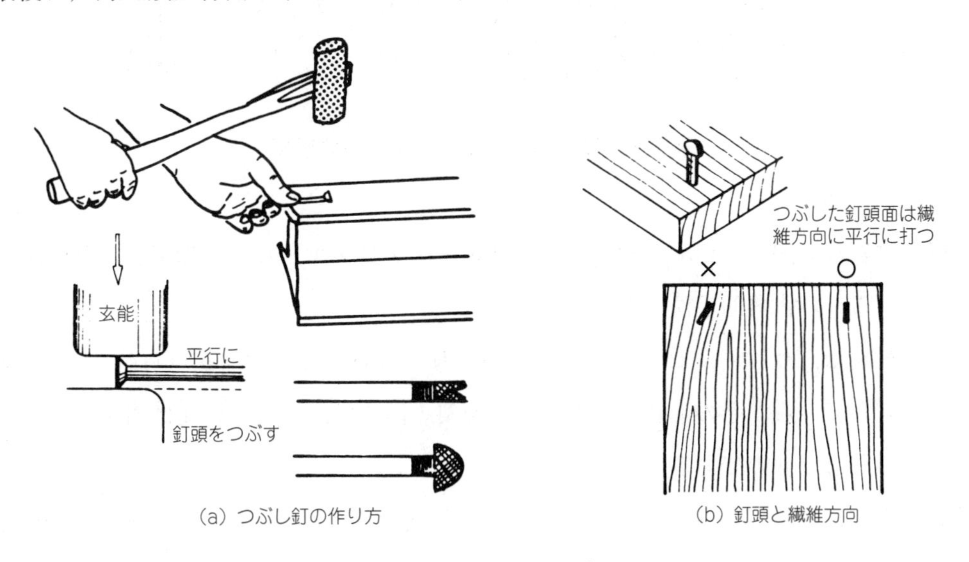

(a) つぶし釘の作り方　(b) 釘頭と繊維方向

図２－141　つぶし釘

b. 隠し釘

隠し釘は，釘打ちしてあることが一見分からない打ち方の総称で，釘の頭を材面よりも打ち沈めた後，だぼで埋めたものや，ほぞが抜けないように，脚の内側から釘を打ち込むものなどがある。

ここでは，釘頭をだぼ埋めする方法（釘打ちだぼ埋めと呼ばれる）について述べる（図2－142）。

釘打ちだぼ埋めは，釘による接合の中で最も高級な工作である。この方法は釘の頭を材面より打ち沈めた後，だぼ埋めをするので，釘打ち箇所を仕上げ削りすることができる。しかし，接合部材がだぼ埋めできる程度の厚さでなければ，この作業はできない。だぼの埋め込み深さは，板厚の1／4～1／3程度とする。また，釘の頭とだぼが触れた状態であると，材料が収縮した際に，だぼが接合部分から飛び出し，目違いの原因になることから，釘の頭とだぼの間には空間を作り密着させないようにする。

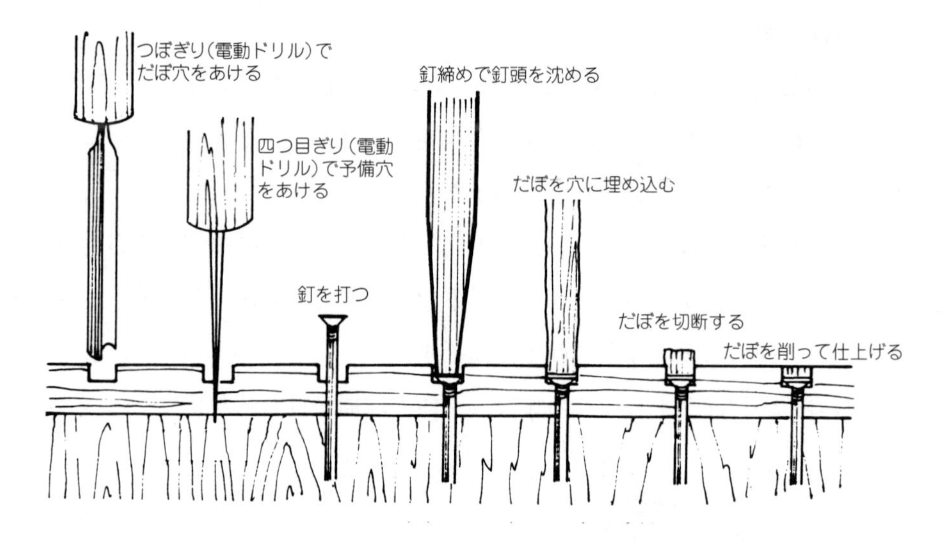

図2－142　釘打ちだぼ埋め工法の手順

（6）木釘と竹釘

木釘と**竹釘**は（図2－143），軟質材（キリ・スギ・ヒノキ）などで加工された製品の接合部に用いられる古典的手法である。

木釘の材料は，ウツギ，ヒノキなどが用いられ，竹釘には，マダケ（真竹），ハチクなどが用いられている。その形状は，緩やかな傾斜の円すい，八角すい又は四角すいで，先端を切り落としたものである。

鉄釘のように木材への貫通力がないため，予備穴は必ず必要である。予備穴の形状は，使用する木釘などと同じ傾斜角を持つ円すい形とし，深さは，木釘の打ち込み量より深く掘っておく。使用する前に加熱して十分に乾燥させ，接着剤を付けて打ち込み，打撃の抵抗加減が最も増したときに打ちやめる。釘先が穴底につかえるまで打つと，反動で接合面にすき間が生じる。

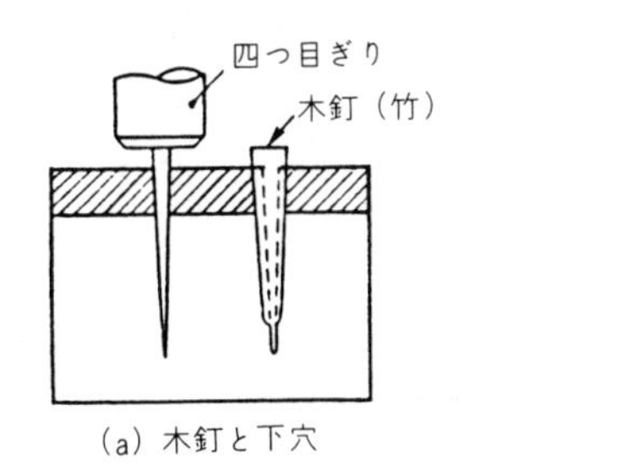

(a) 木釘と下穴

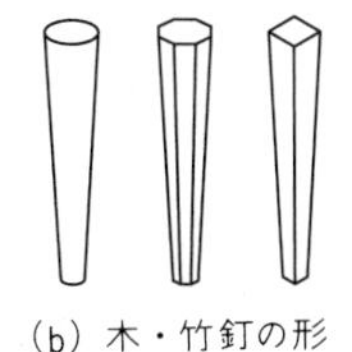

(b) 木・竹釘の形

図2－143　木釘と竹釘

6.2　木ねじによる接合

木ねじによる接合は，釘打ちのできない箇所，取外しを必要とする箇所，釘による接合よりも強度を必要とする箇所などに用いられる。木ねじの保持力は，木材の繊維にねじ山が食い込んでいるので，一般には，釘の2倍以上である。しかし，釘の場合と同様に，木口面や繊維板に用いられた場合，保持力は減少する。木ねじも，正しく用いることによって，必要な保持力を得ることができる。木ねじをねじ込まず，玄能で打ち込んだ場合は，釘と同じか，それ以下の保持力となる。

接合材に対する木ねじの長さは，釘の場合と同様に，板厚の2.5～3倍程度のものを用いる（図2－144）。予備穴をあけずにねじ込むと，必要な保持力が得られないばかりでなく，正しい位置にまっすぐねじ込むことができず，頭の溝を傷め，外観を悪くすることがある。そこで，木ねじをねじ込むときは，まず予備穴をあける。

予備穴の径は，頭部側の部材とねじ部側の部材で異なる。頭部側の予備穴は，呼び径（首径）と同じかやや大きくする。一方，ねじ部側の予備穴は，柔らかい材料で呼び径の約1／2，堅い材料で2／3程度がよい。また，予備穴の深さは，木ねじ長さの1／2～2／3程度にあけるとよい。

予備穴の穴あけには，通常ドリルを用いるが，直径が小さい木ねじを用いる場合は，四つ目ぎりで予備穴をあけることもある。ここで，頭部側の予備穴が小さ過ぎると，ねじ込み時の作業性が低下するほか，穴部材にもねじ溝ができて十分に締まらないことや，途中で木ねじが折損することもある。また，ねじ側の予備穴が小さ過ぎると，ねじ部の木繊維がつぶれて，保持力が低下する。これらのことから予備穴には，木ねじの呼び径や接合部材の堅さに対応して，適合した直径のドリルを使うことが大切である。

予備穴は，木ねじの頭が材面よりも少し低くなるように，菊ぎりなどで皿もみをする。また，木ねじを一直線上に並べて緊結する場合は，頭の溝を一定方向にそろえるとよい。

木ねじの穴が緩く，木ねじの効きが悪くなったときは，穴に埋め木をして，改めてねじ込むようにする。図２－145に木ねじ締めの手順を示す。

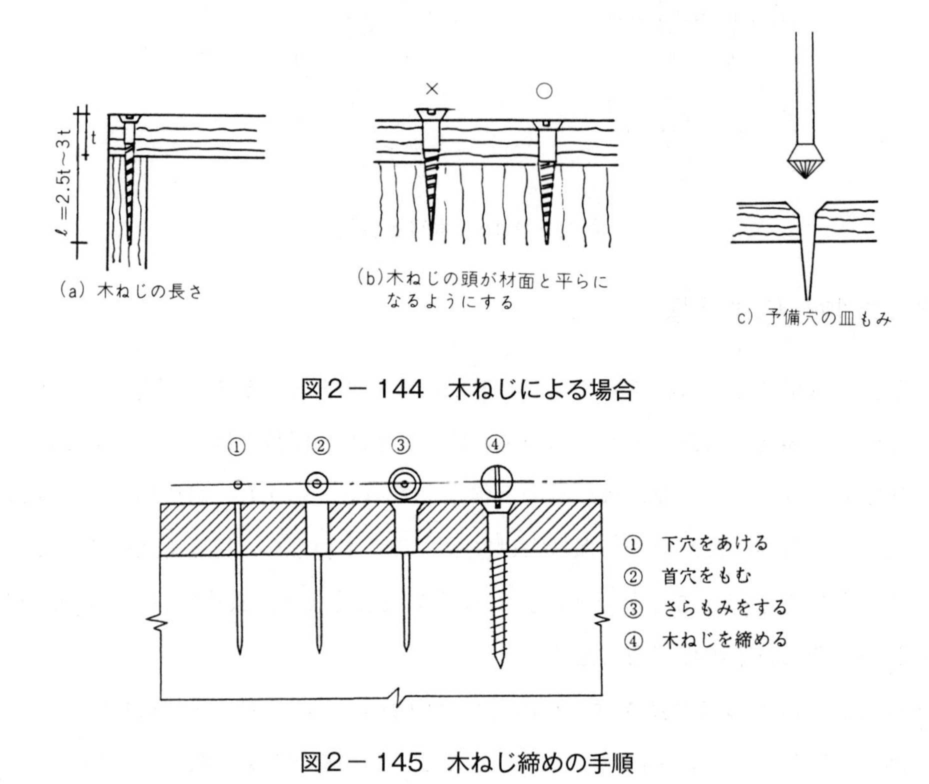

図２－144　木ねじによる場合

図２－145　木ねじ締めの手順

6．3　だぼによる接合

近年は，後述のフレームコアやペーパーコアを含む合板類，パーティクルボードや繊維板などのボード類が，木材製品に多く使われるようになった。これらの材料には，接合強度の面から，ほぞ接ぎや組接ぎの採用が困難である。だぼ接合は，この問題を解決するために開発されたものである。大量生産方式では，合板類やボード類に限らず，ソリッド材にもだぼ接合が多用されている。

（1）だぼ接合の特徴

だぼ接ぎは，接合する両部材にドリルで丸穴をあけ，穴に円柱の「だぼ」を差し込んで接着する。だぼ接合の主な長所と短所は，次のとおりである。

a. 長　所

① だぼの表面は圧縮されており，接着剤中の水分を吸収してだぼが膨潤するので，合板類やボード類に対しても接合強度が高い。

② ほぞ接ぎや組接ぎに比較して，ほぞの長さ分材料が節約できる。

③ ほぞ接ぎは穴とほぞを別の機械で加工するが，だぼ接ぎは接合する両部材に同径の丸穴を加工するので，機械の導入費用が小さく設置スペースも少ない。

④ だぼ接合は，だぼと穴が別工程により加工できるので，ほぞ接ぎに比較して生産性がよく管理も容易である。

b. 短　所

① だぼ接合では，接合部に複数本のだぼを配置するので，穴間隔（中心間距離）の精度が求められる。

② だぼ接合では，だぼ径と穴径の関係が適正でないと，接合強度が著しく低下する。

③ だぼ接合では，接着剤の塗布量が接合強度や後工程の作業性に大きく影響する。すなわち，接着剤が過少の場合は接合強度が大きく低下し，過大の場合ははみ出た接着剤が硬化して接合部にすき間が生じる。

これらの長所と短所は裏腹の関係にあり，設計や加工を誤ると長所も短所となる。逆に，加工方法の改善や十分な管理によって，短所を長所とすることも可能である。

（2）だぼ接合の基本条件

a. だ　ぼ

だぼには，強度的（引張り・圧縮・曲げ・せん断など）に優れ，材質がち密で弾性に富み，吸水時の膨潤率が大きい通直な乾燥材が適している。実用的には，ブナ・カバ・カエデなどの樹種が多用されている。

だぼには，図２－146に示すように，単に丸棒に加工したものと，接着剤のまわりと空気の逃げを考慮して，丸棒の外周に溝を付けたものがある。いずれのタイプも表面を約0.5mm圧縮して接着効果を高めている。市販だぼには，公称直径が６・８・10・12mmの４種で，長さに25mm以上の各種がある。

部材が薄く強度がさほど必要ない接合部には６mm又は８mm，いす部材のように高い強度が必要な接合部には10mm又は12mmを用いる。だぼ接合では，だぼ径の４～５倍の長さを標準とするが，埋め込み深さが板厚に制約される。例えば，だぼ径が10mmの標準的な長さは40～50mmであるが，部材厚が20mmで材面に穴あけする場合，穴深さが約15mmで穴壁が木口面となるため，だぼの長さは約30mmでよい（他方の部材に深く埋め込んでも，引抜き強さはさほど増大しない)。

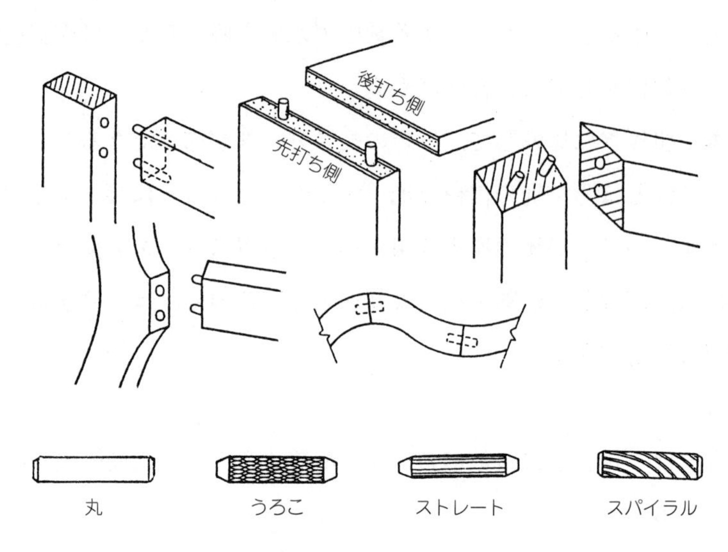

図２－146　だぼによる接合

b. だぼ穴

だぼ用の穴あけには公称のだぼ径よりも0.2mm小径のドリルが用いられている。これは，だぼ径にばらつきがあることや，穴あけ時にドリルが振動してドリル径よりも穴が大径となることが主な理由である。また，組立時の作業性やだぼの膨潤を考慮すると，だぼ穴はだぼ径よりも0.1～0.2mm程度小さいことが望まれる。

穴底はドリルで押しつぶされており，接着剤を注入すると穴底の繊維が膨潤する。このため，両部材の合計穴深さは，だぼの長さよりも２mm程度深くして，後打ち側（既に打ち込んであるだぼにかぶせる方の部材）のだぼ先と，穴底間に逃げを作る。

接合部材の材質にもよるが，だぼ穴が部材の端面に近過ぎると，穴部材が組立時に割れやすい。図２－147に示すように，穴部材の割れを防ぐには，だぼ径ϕが部材厚tの1／2～2／5の範囲内で，端面から穴の外周がだぼ径の1／2～3／4程度離れる寸法を目安として，だぼの直径やだぼ穴の中心位置を決める。

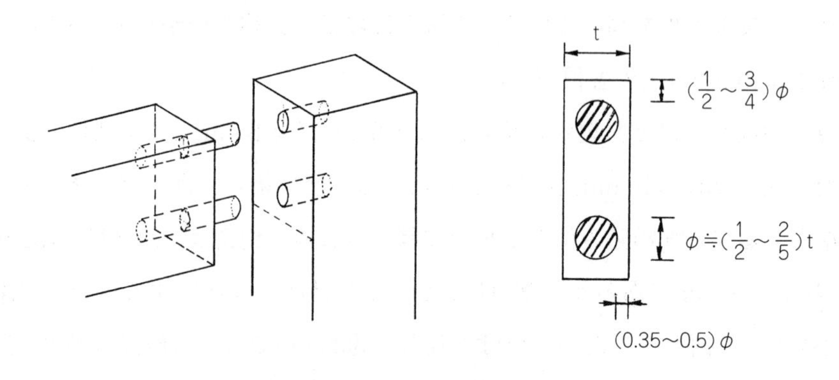

図２－147　径とだぼ位置

6.4　ビスケットによる接合

ビスケットは，圧縮加工した薄板をだ円形（ビスケット状）にパンチングしたもので，だぼと同様の接合部に用いる。接合部に半円形の小穴を複数個掘り，ビスケットを差し込んで接着接合する接ぎ手である（図2－148）。

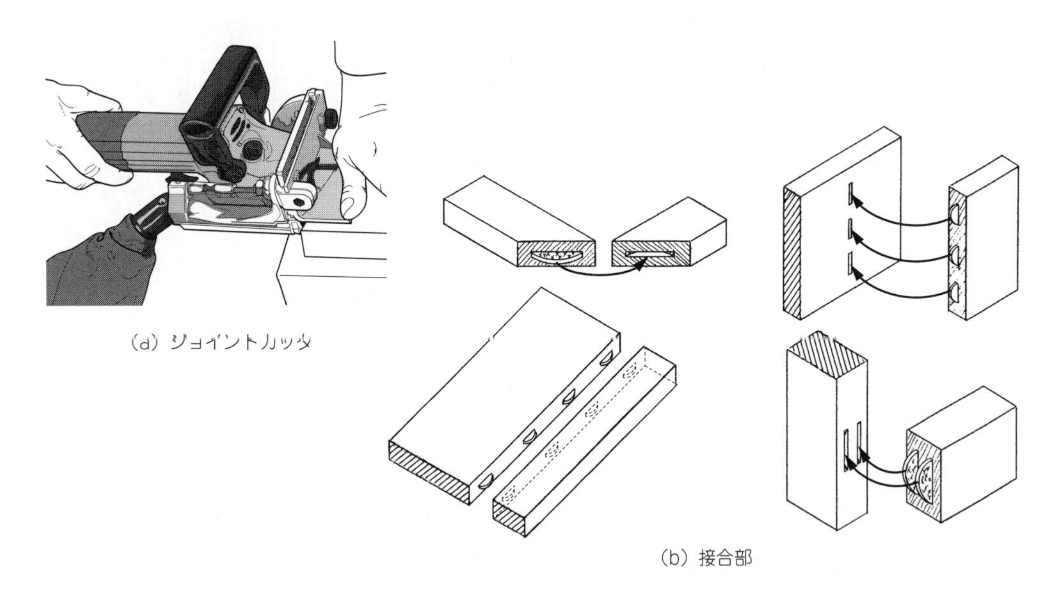

(a) ジョイントカッタ

(b) 接合部

図2－148　ビスケットによる接合

ビスケットの大きさは，番号記号で区分けされ，0番（47×15×4mm），10番（53×19×4mm）並びに20番（56×23×4mm）の3種がある。ビスケットは，最小長さが47mmのため，接合面（ビスケットの長さ方向）が50mm以下の部材には採用できない。

ビスケット用の小穴は，ジョイントカッタと呼ばれる専用の電動工具で加工する。

だぼ接合では，基準面からの穴位置に加えて，両接合部（穴）の中心間距離の精度が求められる。一方，ビスケット接合は，溝をビスケットよりも約5mm長く（カッタの出を多く）する。基準面からの溝位置が一定であれば，半円形の中心位置が多少ずれても，両接合部材を面一（つらいち）（さすり）に組み立てることが可能である。

6.5　ドミノチップによる接合

ドミノチップは，ビーチ材やシポ材などを使用した，だ円柱状のチップである。

接合部にだ円形の小穴を複数個掘り，ドミノチップを差し込んで接着結合する接ぎ手で，ほぞ組み，留め接ぎ，フラッシュ家具の組立てなどにも対応している。正確な位置取り，精度の高い加工が可能である。

ドミノチップ用の小穴は，ドミノ（DOMINO）と呼ばれる専用の電気工具で加工する。

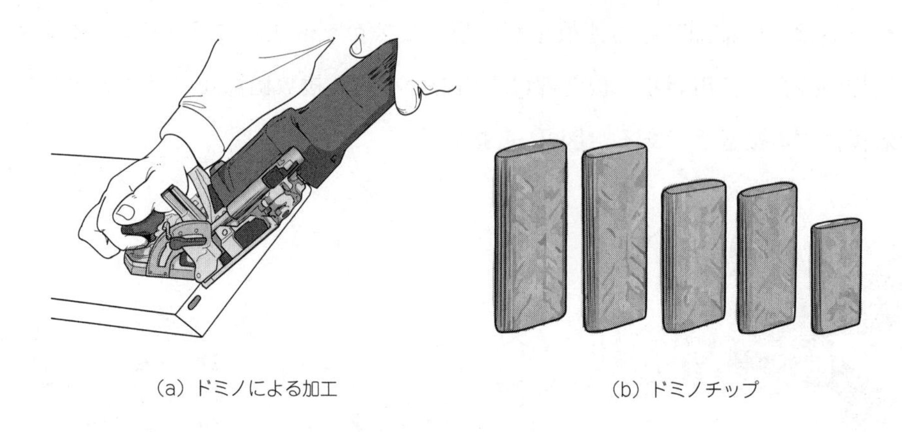

（a）ドミノによる加工　（b）ドミノチップ

図２－149　ドミノチップによる接合

6．6　こまによる接合

こまは駒（こま）止め金具とも呼ばれ，机やテーブルの甲板を幕板に取り付ける場合などに用いる。ソリッドの甲板は，幅方向の伸縮に対して逃げを与えるために，こまの木ねじ穴は長穴とし，縦用と横用の２種類を使い分ける。

市販のこまには，平形，L形，S形などがある（図２－150は平形）。いずれの形式も，甲板と幕板の密着をよくするために，甲板とこまの間にすき間を設けなければならない。通常は市販品を利用するが，20～30mmの角材をL形に段欠き後所定の長さに切断し，幕板の内側に加工した溝に差し込んで，木ねじで止める自作のこまも使われている。

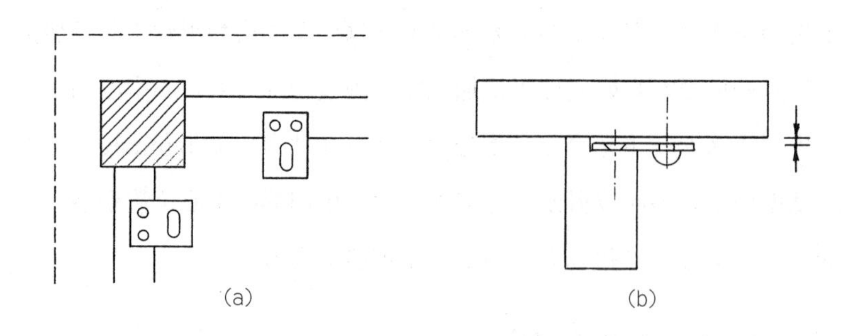

（a）　（b）

図２－150　こまによる接合

6.7　栓による接合

元来の「栓」は，びんやたるの出口をふさぐ詰め物のことである。木材関連分野では，接ぎ手や仕口が外れないように，一層念入りに横から打ち込む細い部材を栓という（図2－151（a））。また，ほぞの長さ方向に対して，斜めに入る栓をしゃち栓という（図2－151（b），（c））。

栓は，接合する両部材の間に通して，ほぞ抜けの防止効果を持たせるものである。

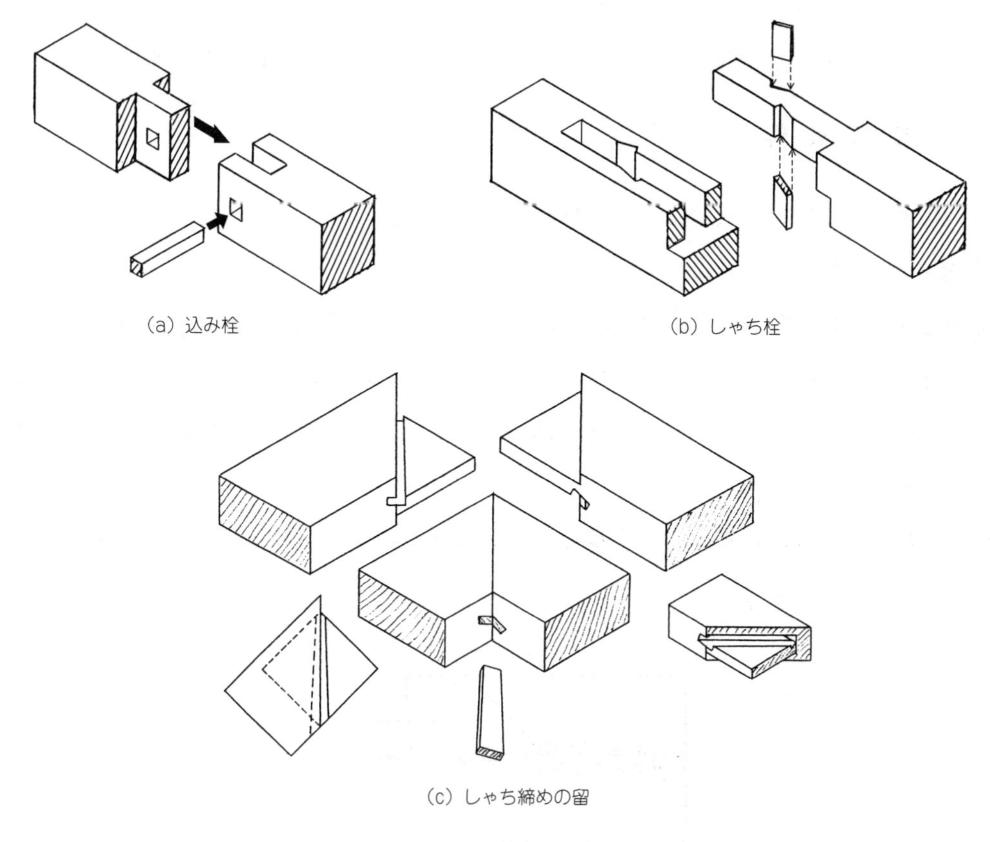

図2－151　栓による接合

第7節　接　着　法

接着とは，2つ以上の材料の間に，別の材料を挟んで，互いに接合させることで，その接合の役目をする別の材料を接着剤と呼ぶ。木材は，接着剤によって，強く接着することができる。よく接着した木材は，接着された箇所ではがれることがなく，接着箇所以外で破壊する。

木材製品の多くは，接ぎ手と，接ぎ手に用いる接着剤の作用によって，その製品に必要な強度を得ている。丈夫で立派な製品を作るには，接着剤の種類と接着の方法について修得しなければならない。

木材接着の考え方にはいろいろの説があるが，その主なものは次のとおりである。

① 接着剤が木材の間で薄い膜を作り，接着剤の分子と木材の分子の間に強い引力が働いて，接着されるとする「比接着説」

② 木材組織にある多くの小さな穴に，接着剤が流れ込んで固まろうとする，投びょう（錨）効果による「機械的接着説」

③ 接着剤と木材との間に，化学的な結合が行われるとする「化学的接着説」

7.1 接着条件

よい接着をするには，次のような条件が必要である。

(1) 接 着 膜

最適とされる**接着膜**の厚さには，いろいろの説がある。実用的には，0.1mm程度と薄く，同じ厚さで均一な膜状となっている状態が最もよいとされている。接着膜が，厚過ぎると接着力は低下し，また，薄過ぎても接着剤の付かない部分ができるので，どちらの場合も接着力は低下する。

接着層が薄過ぎて，接着剤の付かない状態を欠膠（けっこう）という（図２－152）。

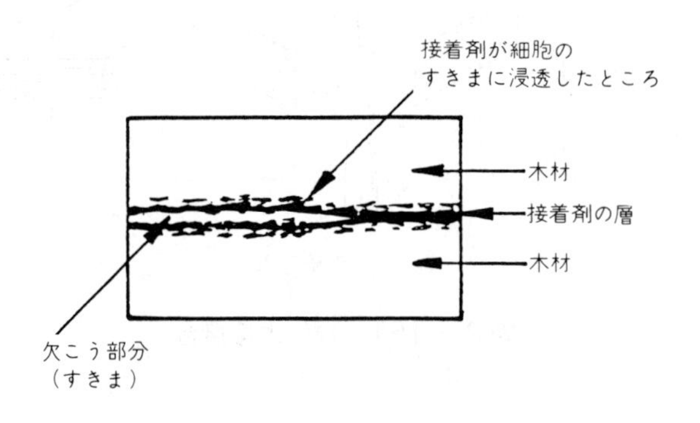

図２－152　欠膠（けっこう）の状態

(2) 木材の種類

木材の比重が大きいほど，接着力も大きくなる。一般に，広葉樹材は比重が大きいので，針葉樹材より，強い接着力を示す。しかし，広葉樹材の中でも，道管が大きくて数多く分布しているものは，接着剤を吸収し過ぎるため，接着力が弱くなりやすい。

(3) 木材の含水率

一般に，木材の含水率が8～12％のとき，最もよい接着力が得られる。尿素樹脂接着剤や酢酸ビニル樹脂接着剤のような水溶性接着剤の場合は，その水分が木材中に吸収され，硬化して接着するので，生材（含水率が30％以上の木材）や乾燥し過ぎた木材は，共に接着不良の原因となる。

水溶性の接着剤を使用した後は，接着剤の水分が木材中に残っているため，養生を十分に行った後，次の作業を進める必要がある。

(4) 材　　面

木材を接着する場合，その接着力は，表面の凹凸によって異なる。例えば，手かんなをかけた面が最良で，次に，研削面や機械かんなをかけた面，最後にのこぎりなどによる切削面の順となる。また，木材の縦断面は接着が良好であるが，横断面（木口面）は極端に悪い。したがって，木口面を接着する場合は，接着剤の中に小麦粉などを混ぜて，木口面の凹凸を埋め，接着剤を吸収し過ぎるのを防ぐと，接着力が向上する。

(5) 木材の表面処理

接着される木材の表面に，汚れがあったり，機械油やパラフィン（ろう）が付いていると，接着力は著しく低下する。このような場合は，アルコールや他の有機溶剤（アセトン，ベンジンなど）で拭くか，材面を削り直して，表面をきれいにしてから接着するとよい。

(6) 圧 締 力

よい接着力を得るには，接着される2つの材面をできる限り密接させることが基本である。しかし，「(4) 材面」で述べたように，実際には，材面に多少の凹凸があるので，圧締する必要がある。そのために用いられる圧締力は，普通，0.2～1 MPa（2～10kg／cm^2）程度である。圧締力は，被着材表面の状態，接着剤の種類などにより異なるが，酢酸ビニル樹脂接着剤で0.3～0.5MPa（3～5 kg／cm^2）である。

7.2 圧 締 法

圧締のジグ及び方法には各種のものがあるが，接着面に平均に圧締力がかかるように考慮する必要がある。また，板はぎのような場合は，板幅で反り張りを防ぐような考慮も必要であって，なるべく，このような要件を満たすようなジグ，方法を採用しなければならない。

(1) 板 は ぎ

端金が一般的であるが，普通の端金では，片面のみに用いると，反り張りが起こりやすいから，両面から用いることが大切である。

端金を一対又は棒はぎのように，材料の中央部1箇所だけで圧締する場合は，はぎ口の中央部を少し低くしておくとよい。反対に，かすがい又は釘で両端を圧締する場合は，削り面はほとんど一直線にするか，若しくは，中央部をほんの少しばかり高くしておけば密着がよい。

図2－153に端金による圧締を示す。

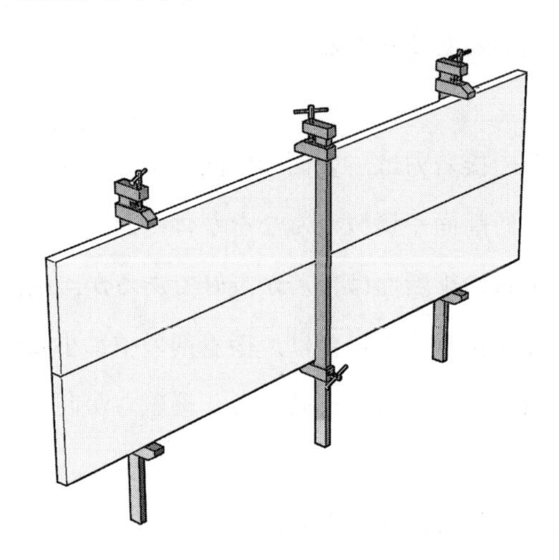

図2－153　端金による圧締

(2) 留 め 接 ぎ

留め形三枚接ぎ，平留め接ぎなどにおいては，普通の圧締ジグで力を加えると，接着面にずれを生じやすいので，留め接ぎ専用のジグを使用するとよい。

(3) 組み接ぎと打ち付け接ぎ

接ぎ手工作が適切であれば，釘付けを併用しない場合でも，圧締を必要としないこともあるが，胴付きの接着には，圧締した方がよい。

(4) ほ ぞ 接 ぎ

ほぞ接ぎの接着も，工作が適切であれば，圧締を必要としない場合もあるが，胴付きの密着のために，圧締を必要とする場合もある。

7.3　接着剤の種類と特性

接着剤はその形態により，主成分を水又はその他の溶剤で液状とした「溶剤型」，酢酸ビニル樹脂エマルジョン接着剤のように，微粒子状の主成分を水で乳化させた「エマルジョン（乳化）型」，エポキシ樹脂接着剤のように溶剤をほとんど含まず，主剤と硬化剤を混ぜ合わせて用いる「無溶剤型」に分けられる。また，熱に対する性質により，ユリア樹脂接着剤のように，加熱すると短時間で硬化する「熱硬化性型」と，酢酸ビニル樹脂接着剤のように，加熱すると軟化又は溶ける「熱可塑（そ）性型」に分けられる。

このように，木材用の接着剤にはいろいろの種類があり，接着剤によって用途や接着方法が異なる。ここで注意しなければならないのは，ホルムアルデヒドがシックハウス症候群の原因の一つとなっていることである。ホルマリンは，ホルムアルデヒドの水溶液であるため，人体に大きな害をもたらす。そのため建築での使用は厳しく規制されている。一方で，室内で使用される木製家具のホルムアルデヒド放散についての規制はないが，ホルマリンを含む接着剤を使用する場合は，低ホルムアルデヒドの材料を使用するのが望ましい。木材加工に関連がある接着剤に限定して，主成分により分類をすると次のようになる。

（1）たんぱく質系接着剤

たんぱく質系接着剤は，けものや魚の骨・皮などを原料とした動物質と，大豆や小麦粉などを原料とした植物質に分けられる。動物質にはいくつかの種類があるが，その１つに膠（にかわ）がある。

膠は，使用前に５～６時間水に浸して水分を吸収させ，60 ～ 70℃の温度で湯せんしながら溶かして使う。腐敗を防ぐために，防腐剤を添加する。膠は，接着後すぐに硬化し，接着力は強いが熱や水に弱い。凝固の促進と耐水性向上のため，ホルマリン（20％液）を片方の接着面に塗り，他方の接着面に膠を塗布して，すり合わせて接着する。

圧締力は0.5 ～ 1.0MPa（５～ 10kg／cm^2），圧締時間は６～ 12時間，放置時間は12 ～ 48時間である。高級家具や楽器などに用いられている。

（2）合成樹脂系接着剤

合成樹脂系の接着剤は，人工的に合成された高分子化合物（主に石油製品）を原料としている。

a．酢酸ビニル樹脂エマルジョン接着剤

現在広く使われている木工用接着剤の多くは，このタイプである。樹脂分40 ～ 50％と水分50 ～ 55％の混合液に，少量の可塑剤，その他を混ぜ合わせたものである。加熱・混合などの準備を必要とせず，使用時間に制限がなく，常温で短時間に硬化する。

酢酸ビニル樹脂接着剤は，衝撃に強く，硬化すると無色透明になるので，木材を汚さない。また，硬化後も刃物を傷つけないが，熱に対して弱く，60 ～ 80℃で軟化して接着力が低下する。酢酸ビニル樹脂接着剤は酸性であり，金属に付くとさびるので，工具や機械に付いた接着剤は，直ちにふき取るようにする。

圧締力は0.3～0.5MPa（3～5kg／cm^2），圧締時間は1～2時間，放置時間は6～12時間である。耐水性が劣るので，水にぬれることがある流しや玄関扉の接着には不向きである。

b. ユリア（尿素）樹脂接着剤

ユリア樹脂接着剤は，尿素とホルマリンの縮合物で，無色又は白濁（はくだく）した粘りのある液体である。使用時は，硬化剤として塩化アンモニウムの10～20％溶液を，樹脂液の重量に対して，2～10％程度添加すると常温でも硬化する。しかし，硬化は温度に対して敏感なので作業場の室温によって硬化剤の添加率を変える必要がある。

この接着剤は，木材に対して接着力が強く，酢酸ビニル樹脂接着剤に比較して，耐水性，耐熱性，耐溶剤性などが優れている。また，硬化すると透明になるが，接着層が硬く刃物を傷つけやすい。

圧締力は0.7～1.5MPa（7～15kg／cm^2）必要である。圧締時間は，常温で6～12時間，加熱温度が100℃で3～5分程度である。硬化剤を混入後の可使時間と圧締時間は，室温及び硬化剤の添加率により大きく異なるので，作業に着手する前に調べておく必要がある。

安価であるので，合板・パーティクルボード・集成材などの接着に用いられる。

c. エポキシ樹脂接着剤

エポキシ樹脂接着剤は，化学的に複雑な化合物で，主剤そのものは無色透明である。使用時に主剤と硬化剤を同量混合するが，溶剤を使用しないので，すき間の充てん効果が大きい。

この接着剤は，耐熱性や耐薬品性に優れているほか，衝撃・引張り・曲げなどの強度的性質や電気的性質にも優れているが，耐候性が劣る。木材・金属・ガラス・プラスチック・陶磁器などのほか，これら異種材料の接着も可能である。比較的高価であるため，小物の接着や部分的な補修などに用いられる。

d. フェノール樹脂接着剤

フェノール樹脂接着剤は，フェノールとホルマリンの縮合物で，黄褐色又は赤褐色の半流動体である。接着時に熱圧する熱硬化型と，硬化剤を用いる常温硬化型がある。木質材料の接着には，熱硬化型が多用されている。

この接着剤は，接着力・耐薬品性・耐水性及び耐菌性ともに優れている。特に耐水性は，他の接着剤に比べて非常に優れている。しかし，接着層が着色するため，一般的な木製品の接着には不向きで，室外用の合板や構造用の集成材に用いられる。

(3) 合成ゴム系接着剤

ゴム系接着剤には，天然ゴム（ラテックス）を用いたものと，合成樹脂に属する合成ゴムを用いたものがある。木工作業に使われているものは，合成ゴム系である。

ゴム系の接着剤は，溶剤にトルエン，アセトン，ヘキサンなどを用いており，溶剤を多量に吸い込むと気分が悪くなったり，火気に近付けると引火するおそれがある。

a. ニトリルゴム接着剤

この接着剤は，ニトリルゴムとブタジエンを乳化重合したもので，粘り気のある流動体である。

合成ゴム系接着剤は，接合する両面に薄く塗布し，5～20分放置して溶剤が蒸発，生乾き（指で触ってべた付かない程度）になったら圧着する。圧着には，当て木をして玄能や木づちで軽くたたく方法，上からローラで強く押し付ける方法，プレスを用いる方法などがある。一度圧着すると，引きはがしたり，ずらして補正することができないので，接合部材を重ねるときは注意する。

木材・皮革・金属・ガラス・プラスチック・陶磁器など，同種や異種材料の接着に適している。

b. クロロプレンゴム接着剤

この接着剤は，クロロプレンを重合させたもので，別名をネオプレンゴム接着剤ともいう。特徴や用途は，ニトリルゴムとほぼ同様である。クロロプレンゴムは，ニトリルゴムよりも粘着力が強く，耐薬品性・耐熱性・耐久性などが優れているが，耐油性が劣る。

第8節　接ぎ手工作

建築分野では，部材同士を長さ方向に接合する方法を継ぎ手，2つ以上の部材を一定の角度で接合する方法を仕口と呼んでいる。

一方，家具と建具の分野では，建築分野と同じように継ぎ手と仕口を区別することもあるが，接合部を継ぎ手，接ぎ手，仕口，差し口，組み手などと呼んでおり，明確な区別がない。本書では，部材の接合箇所に凹凸を作りだし，それをかみ合わせて接合する方法を接ぎ手と呼ぶことにする。

8.1　接ぎ手の考え方と種類

(1) 接ぎ手の考え方

接ぎ手は，接着剤による接合法，及び釘や木ねじなどの金具類による緊結法とともに，部材接合の一方法であり，従来の家具及び建具構造において，最も重要な部分を占めている。部材と部材を接合する場合，これを形の上から大別すると，次のようになる。

① 板材と板材の接合

② 板材と角材の接合

③ 角材と角材の接合

接ぎ手の方法も，これらの３種類に対して，それぞれ強度，外観，工作の難易を異にした数多くの種類があって，その選択に迷うほどである。

接ぎ手を適用するに当たっては，接合すべき箇所に対して，どのような接ぎ手を採用するのが，最も合理的であるかを考えなければならない。その選択の基準になるものは，製品の強度，外観，加工の難易，その製品の用途や価格の相違などである。これらは，次のように分けられる。

① 強度だけが必要で，外観をあまり考えなくてもよいもの。

② 強度よりも外観を特に必要とするもの。

③ 強度，外観ともに十分に必要であるもの。

これらの点とその製品価格とを考え合わせた上で，できるだけ合理的な接ぎ手を選ぶべきである。また，加工をする場合は，常にその接ぎ手の強度と外観を念頭においていなければならない。

(2) 接ぎ手の種類

接ぎ手には，単純で簡単なものから，複雑で手数がかかるものまで数十種類以上がある。これらを接合部材の形状で分類すると，①板材と板材の接合，②板材と角材の接合，③角材と角材の接合になり，それぞれの代表的な接ぎ手には，表２－６に示すようなものなどがある。

また，図２－154にほぞの各部名称を示す。

表2－6　接ぎ手の種類

接合の主な目的		種　類	工　作　法
板材と板材の接合	幅を広くする	きわはぎ	板の木端に，他の部材を接合する。
	直角又はある角度に接合	平打ち接ぎ	板の側面に，他の板を突き付けて接合する。
		組み接ぎ	組み手を作り，接合する。
		留め接ぎ	隅を留め形にし，木口を現さないで接合する。
板材と角材の接合	反りを防ぐ	端ばめ接ぎ	板の木口に，端ばめを取り付ける。
		吸付き桟接ぎ	板の裏面に，吸付き桟を取り付ける。
角材と角材の接合	直角又はある角度に接合	相欠き接ぎ	接合する部分を，互いに欠き取って接合する。
		三枚接ぎ	男木，女木を作って接合する。
		ほぞ接ぎ	一方にほぞ，他方にほぞ穴を作って接合する。
		留め接ぎ	隅を留めにして接合する。

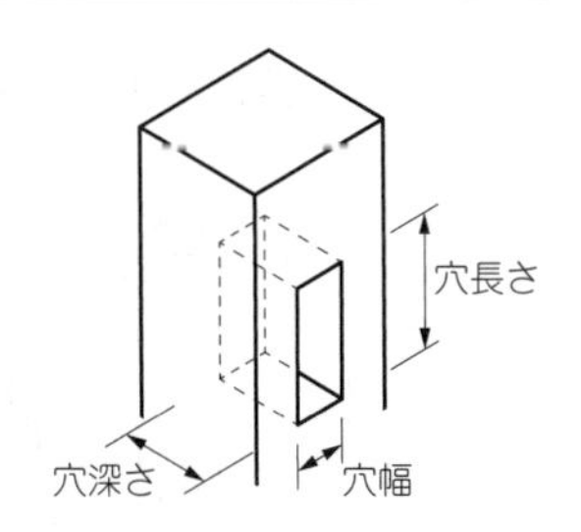

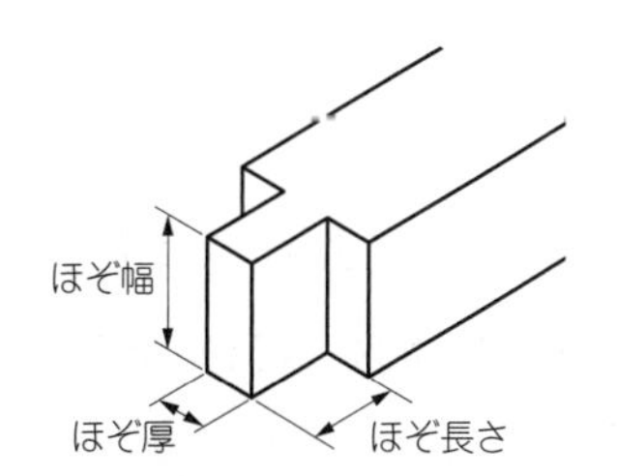

図2－154　ほぞの各部名称

8.2　板材と板材の接合に用いられる接ぎ手

(1) きわはぎ

板の木端と木端の接合で，主に，板の幅を広げるために用いる接合法である。主なきわはぎには，次のようなものがある。

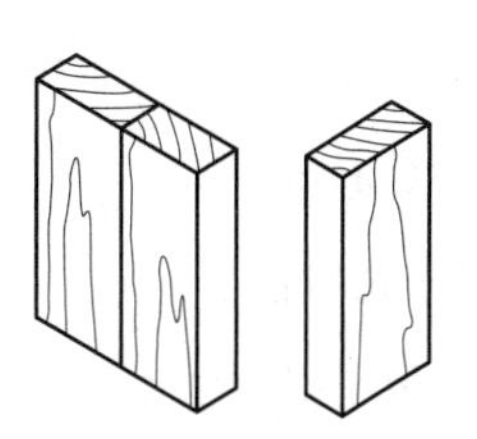

図2－155　すり合わせはぎ

a.　すり合わせはぎ（いもはぎ）

最も一般的に使われる接ぎ手で，すべてのはぎの基本である（図2－155）。

板の木端面に接着剤を塗布し，すり合わせて接合する。

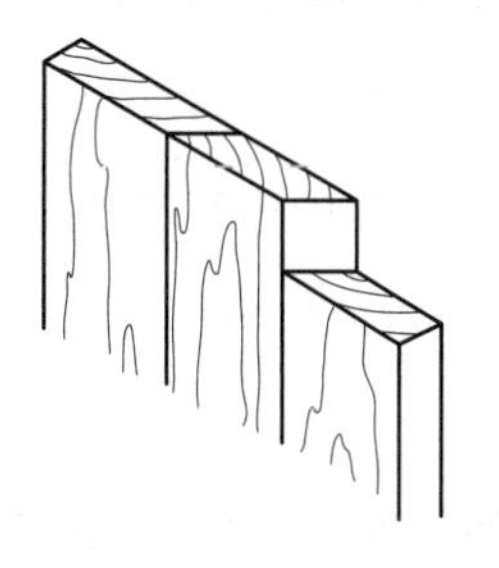

図2－156　斜めはぎ

b.　斜めはぎ

木端面を斜めに削り，接着面を広くして接合する接ぎ手である（図2－156）。

薄ものの接合に使われることが多く，昔は箱物の底板などに使われた。

c. 相欠きはぎ

板厚の1／2ずつを段欠きして，広い板幅に接合する接ぎ手である（図２－157）。床張りや，あげぶたなどに多く用いられ，すき間風や，ちりの通りを防ぐのに有効である。

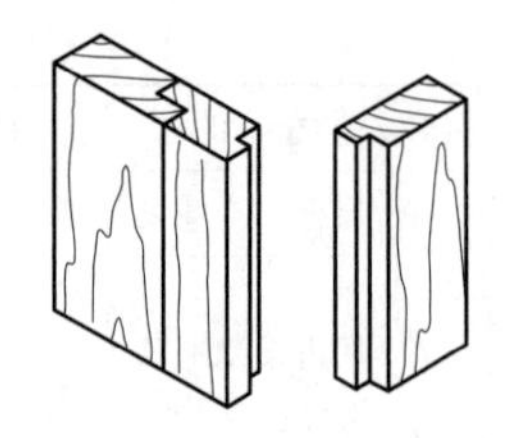

図２－157　相欠きはぎ

d. 雇いざねはぎ

すり合わせはぎをさらに，強くした接ぎ手で，さねの厚みを板厚の1／3，幅をさねの厚みの４倍ぐらいにしてはめ込む（図２－158）。むく板のはぎによく用いられる。

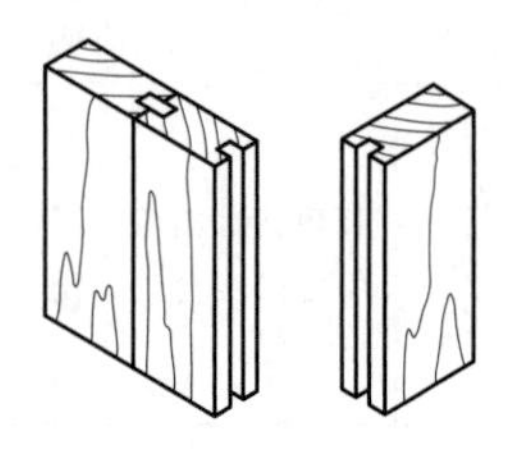

図２－158　雇いざねはぎ

e. 本ざねはぎ

すり合わせはぎを，さらに強くした接ぎ手で，さねの厚みを板厚の1／3，幅をさねの厚みの２倍ぐらいにしてはめ込む（図２－159）。むく板のはぎに多く用いられる。

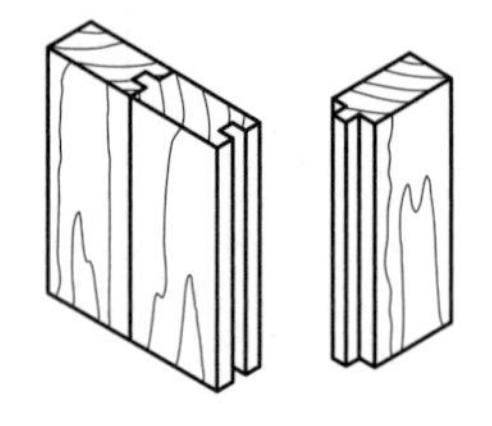

図２－159　本ざねはぎ

（2）平打ち接ぎ

板材を互いに突き合わせて，釘や木ねじ，それに接着剤を併用して接合する接ぎ手で，箱組構造に多く用いられる。主な平打ち接ぎには，次のようなものがある。

a. 打ち付け接ぎ

２枚の板を接合する最も簡単な接合法で，外見は劣るが，基本的な接ぎ手である（図２－160）。

図２－160　打ち付け接ぎ

b. 包み打ち付け接ぎ

２枚の板材の木口を直角にして，一方の材料の木口を，厚みの約2／3ぐらい欠き取り，これをもう一方の木口に突き付けて釘付けする（図２－161）。

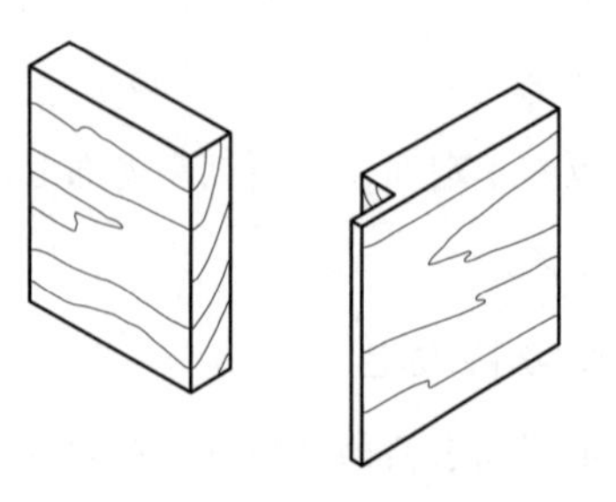

図２－161　包み打ち付け接ぎ

c. 追入れ（大入れ）接ぎ

一方の板の側面に，もう一方の板の厚さと同じ幅の溝を付け，そのまま組み込む接ぎ手である（図２－162)。棚板などに用いられる。追入れ接ぎの溝の深さは，ｃ～ｅのいずれも板厚の1／3～1／2程度とする。

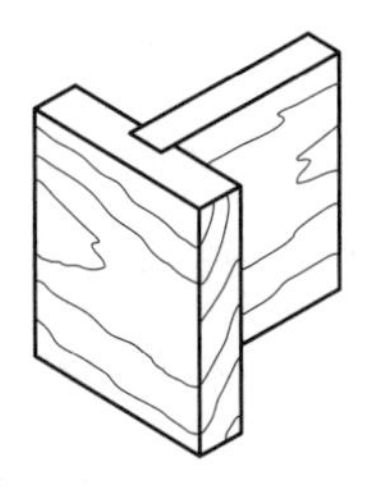

図２－162　追入れ接ぎ

d.　片胴付き追入れ接ぎ

一方の板の側面に溝を付け，もう一方の板に片胴付きを付ける接ぎ手で，箱組などに用いられる（図２－163)。

図２－163　片胴付き追入れ接ぎ

e.　肩付き片胴付き追入れ接ぎ

木端面に刻みが見えないように，片胴付き追入れ接ぎの板幅方向に胴付きを付けたものである（図２－164)。このように板幅方向に付けた小胴付きを肩という。

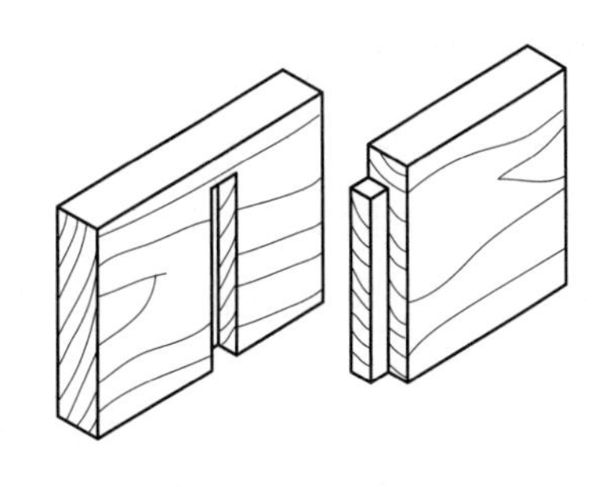

図２－164　肩付き片胴付き追入れ接ぎ

f.　あり形追入れ接ぎ

板の反りを防ぐため，板にあり形の溝を掘り，もう一方の板にあり形のほぞを作って組む接ぎ手である（図２－165)。強度を要する仕切り板などに用いられる。

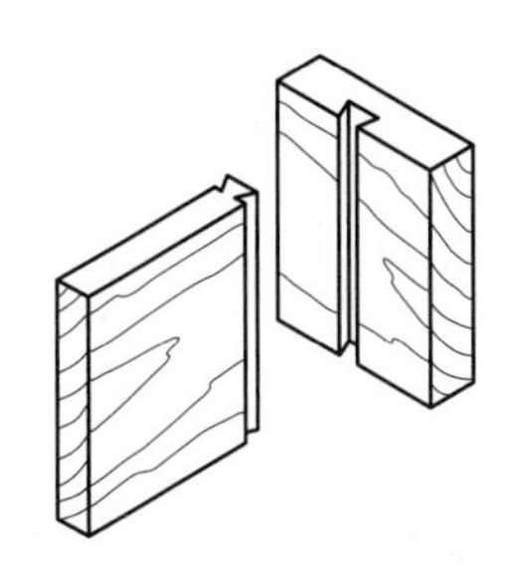

図２－165　あり形追入れ接ぎ

（3）組 み 接 ぎ

板材で箱組を作るときによく使われる接合法で，種類も多く，平打ち接ぎよりも強度があり，外観がよい高級な接ぎ手である。手工的に加工するのは，一般に組み手数が７枚ぐらいまでで，それ以上は組み接ぎ専用の機械で加工する。７枚以下の組み接ぎは，名称に組み手の数を記す。

主な組み接ぎには，次のようなものがある。

a.　二枚組み接ぎ

相欠き組みともいわれ，２枚の板の木口を２等分して欠き取り，組み合わせる最も簡単な接ぎ手である（図２－166)。

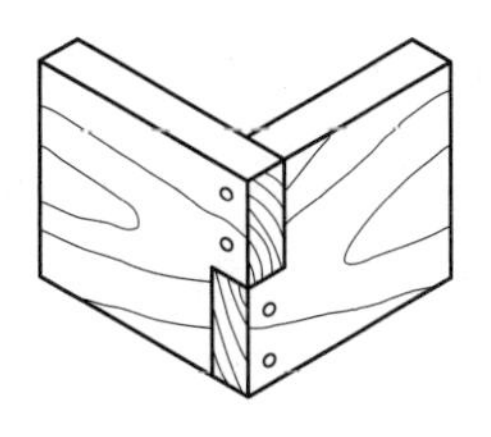

図２－166　二枚組み接ぎ

b.　五枚組み接ぎ

板幅を木口端で５等分して，互いに欠き取り，組み合わせる接ぎ手である（図２－

167)。ここで，組み手を細かく奇数に等分して，ほぞ幅を板厚より狭くした接ぎ手を，刻み組み接ぎ又は石畳（いしだたみ）組み接ぎ，ほぞ幅を板厚より広くした接ぎ手をあられ組み接ぎともいう。普通，組み接ぎでは，組み手の枚数が多い方を女木といい，少ない方を男木という。

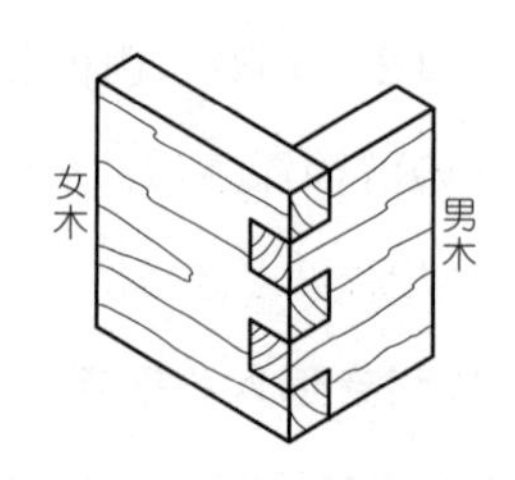

図2－167　五枚組み接ぎ

c. 両端留め形五枚組み接ぎ

五枚組み手の一端又は両端を留めにして組む接ぎ手である。見付け面が留めになっているので，外観がよい。留め加工する工法は，各種の接ぎ手に採用されている。両端を留めにした場合は，「両端留め形○○組み接ぎ」と呼ぶ（図２－168)。

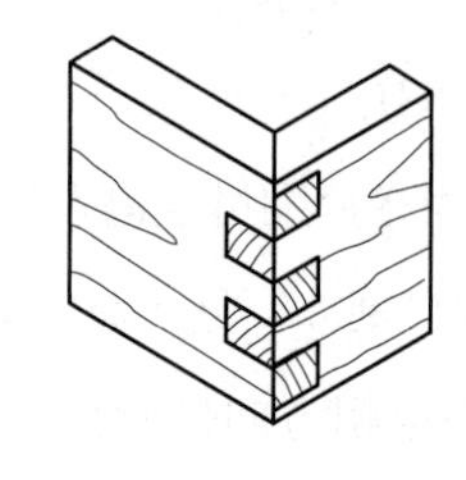

図2－168　両端留め形五枚組み接ぎ

d. あり組み接ぎ

組み接ぎのほぞをあり形にして，一方からだけ抜き差しできるようにした接ぎ手で，天秤（てんびん）差しともいわれる。組み接ぎより一層強固である。普通，女木の木口があり形になるが（図２－169)，男木の木口があり形になるものもある（図２－170)。

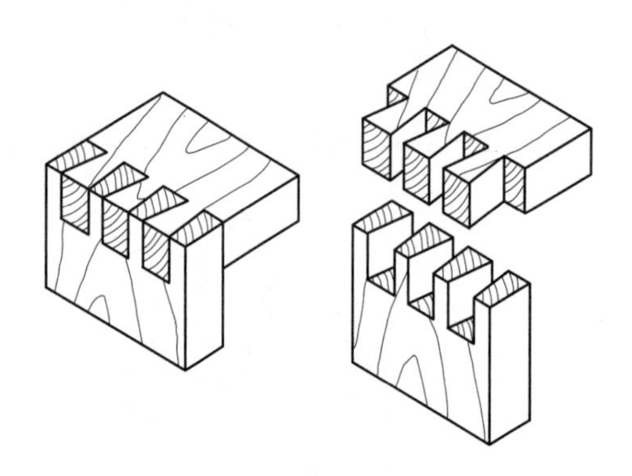

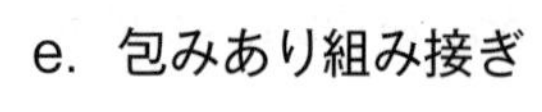

図2－169　あり組み接ぎ①

図2－170　あり組み接ぎ②

e. 包みあり組み接ぎ

男木のありほぞを板厚の1／3程度短くして，見付け面に出ないように穴で包み込んだ接ぎ手である（図２－171)。引き出しの前板と側板の接合に利用されている。

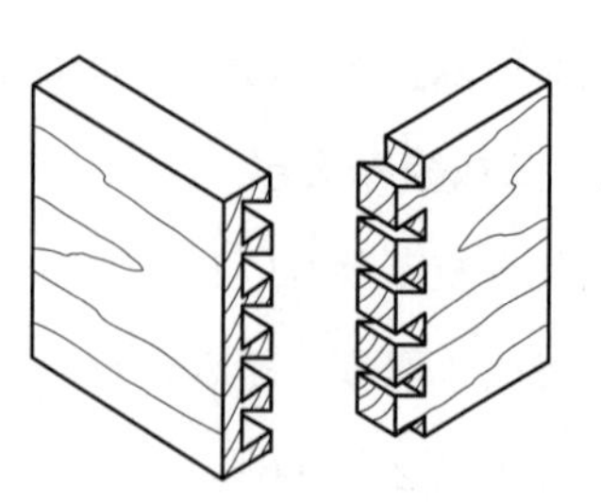

図2－171　包みあり組み接ぎ

f．隠しあり組み接ぎ

男木と女木のほぞを板厚の1／3程度短くして，組み手が見えないように隠した接ぎ手である（図2－172）。外観は包み打ち付け接ぎのように見せて，内部をあり組み接ぎにしたものである。

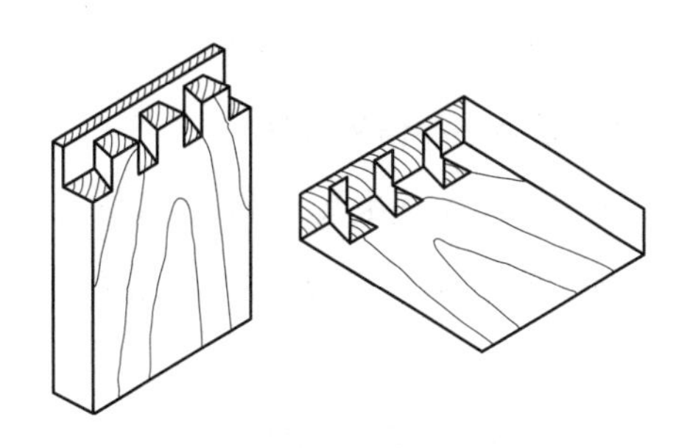

図2－172　隠しあり組み接ぎ

g．留め形隠しあり組み接ぎ

外観は大留め接ぎのように見せかけて，内部をあり組み接ぎにした接ぎ手である（図2－173）。組み接ぎの中では，外観上最も高級な接合法であるが，上手に工作するには高度な技能が必要である。

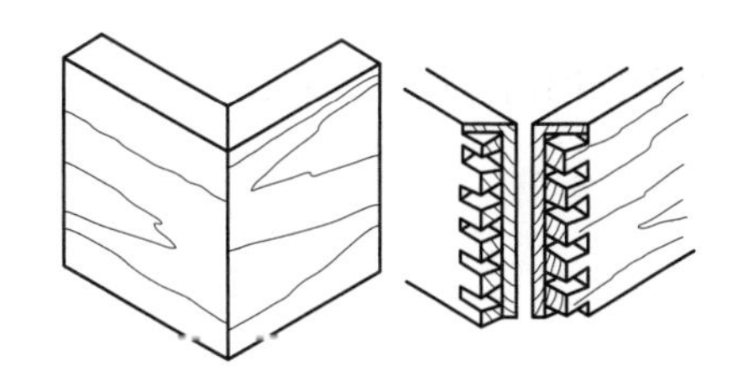

図2－173　留め形隠しあり組み接ぎ

h．斜め組み接ぎ

男木と女木両方の木端面に，こう配を付けた組み手である（図2－174）。組み込んだ後，外角を丸く削ると，組み手がらせん状に現れるので，縄目接ぎとも呼ばれる。

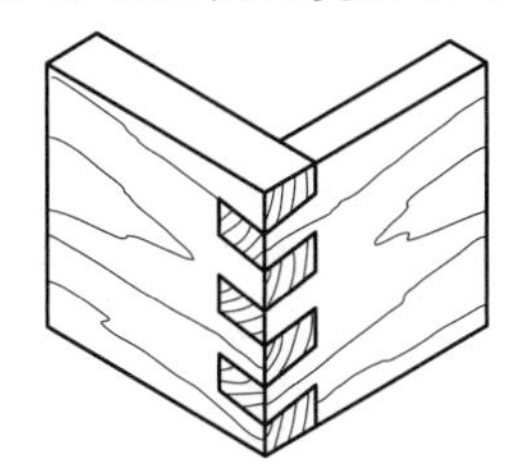

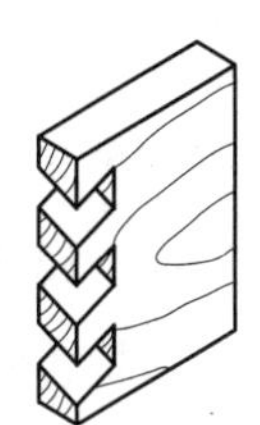

図2－174　斜め組み接ぎ

i．ねじれ組み接ぎ

男木と女木の両方に対して，あり形が互いに向き合うような形にした組み手で，水組みともいう（図2－175）。組むときは斜め差しにする。

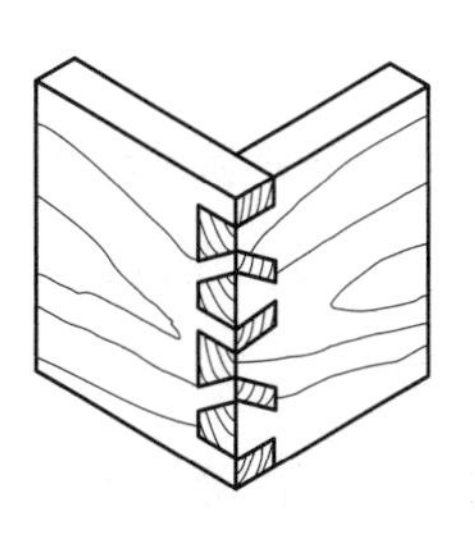

図2－175　ねじれ組み接ぎ

（4）留め接ぎ

板材で箱組を作る場合，両部材の木口を外側に出さないで組む接ぎ手である。主な留め接ぎには，次のようなものがある。

a．大留め接ぎ

板面を見込みにし，木端が留め形になるようにして，木口を単に削り接合する接ぎ手である（図2－176）。止めが切れる（はがれる）ことがある

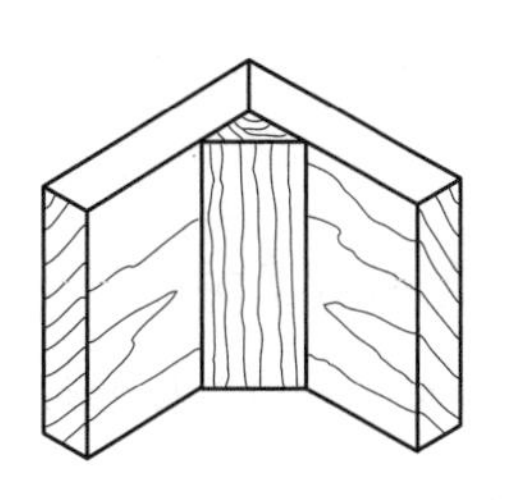

図2－176　大留め接ぎ

ので，隅木(すみぎ)などで補強する。

b. ひき込み留め接ぎ

平留め接ぎの外角からのこ目を入れて，これに薄板を差し込み，接合度を増した接ぎ手である（図2－177）。

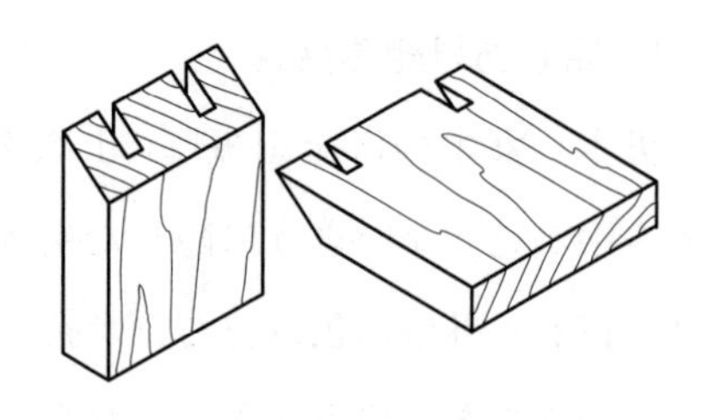

図2－177　ひき込み留め接ぎ

c. 雇いざね大留め接ぎ

大留め接ぎの接合面に筋違(すじか)い状に雇いざねをはめ込み，接合度を増した接ぎ手である（図2－178)。内側の見かけもよい。

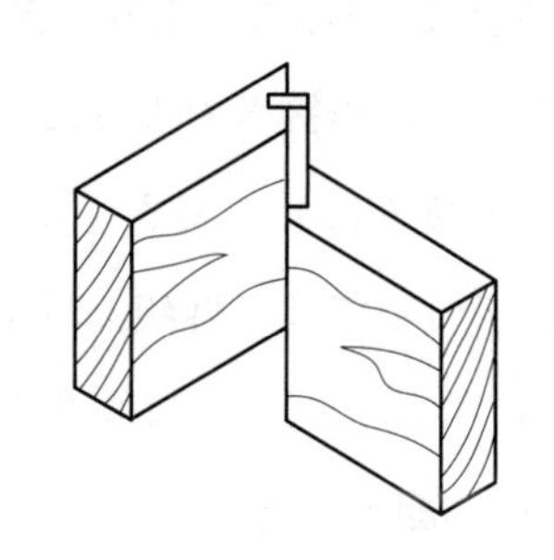

図2－178　雇いざね大留め接ぎ

8.3　板材と角材の接合に用いられる接ぎ手

(1) 端ばめ接ぎ

一枚板やはぎ合わせ板の反り，ねじれなどの狂いを防ぐためと，木口面の保護のため，他の部材を横木にして，木口に接合する接ぎ手である。板が伸縮できるように，端ばめは通常接着しない。主な端ばめ接ぎには，次のようなものがある。

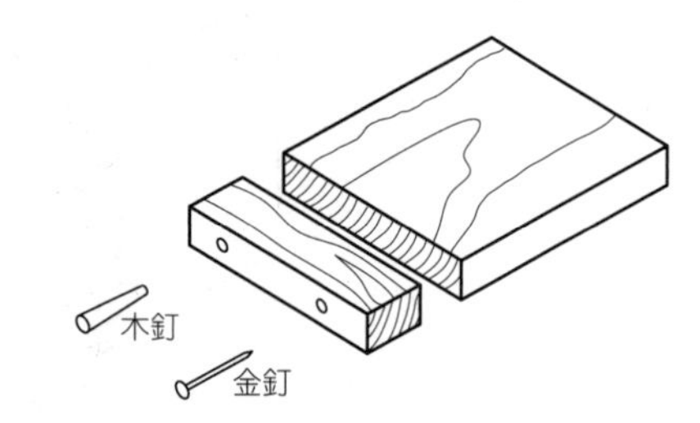

図2－179　打ち付け端ばめ接ぎ

a. 打ち付け端ばめ接ぎ

横木を釘で打ち付けた平易な接ぎ手である（図2－179)。

b. 本ざね端ばめ接ぎ

板材の木口にさねを作り，横木に溝を掘り，両者を接合したもので，接合強度も大きい（図2－180)。

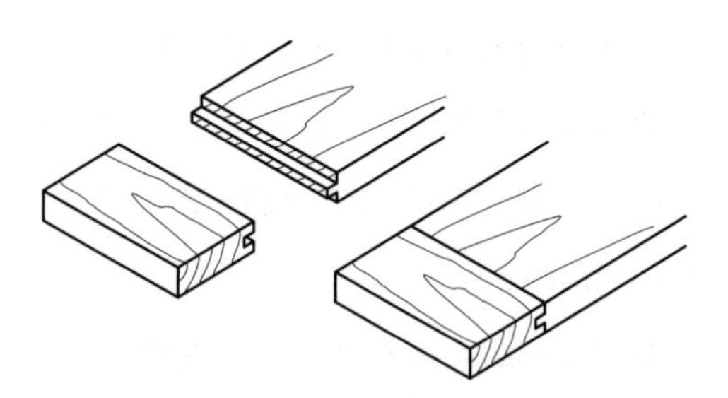

図2－180　本ざね端ばめ接ぎ

c. あり形端ばめ接ぎ

本ざね端ばめのさねをあり形にした接ぎ手である（図2－181)。

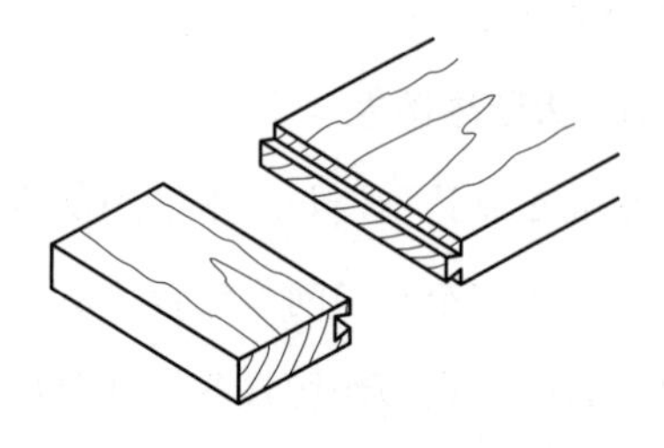

図2－181　あり形端ばめ接ぎ

d. 通しほぞ端ばめ接ぎ

本ざね端ばめ接ぎに通しほぞを付加した接ぎ手で，幅の広いものに用いられる（図2－182）。

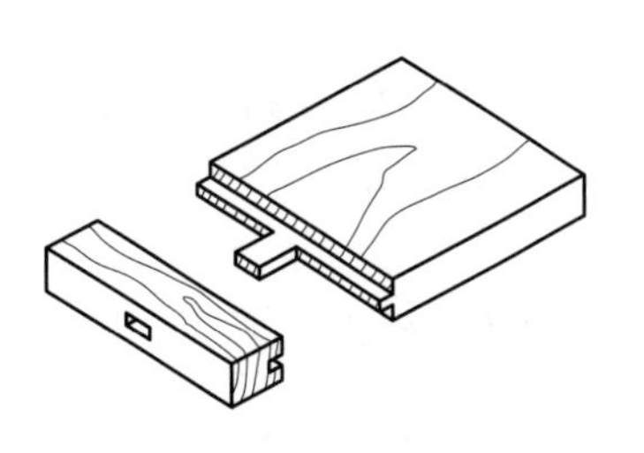

図2－182　通しほぞ端ばめ接ぎ

「木工工作法」正誤表

ページ	訂正箇所	誤	正
185	13行目	g. 通しほぞ本ざね端ばめ接ぎ	g. 通しほぞ本ざね留め端ばめ接ぎ
	14行目	本ざね端ばめ接ぎに通しほぞを〜	本ざね留め端ばめ接ぎに通しほぞを〜
	図2-185のタイトル	図2-185 通しほぞ本ざね端ばめ接ぎ	図2-185 通しほぞ本ざね留め端ばめ接ぎ

にするもので，

ある（図2－

見えないので，

口にも，留め

込む接ぎ手であ

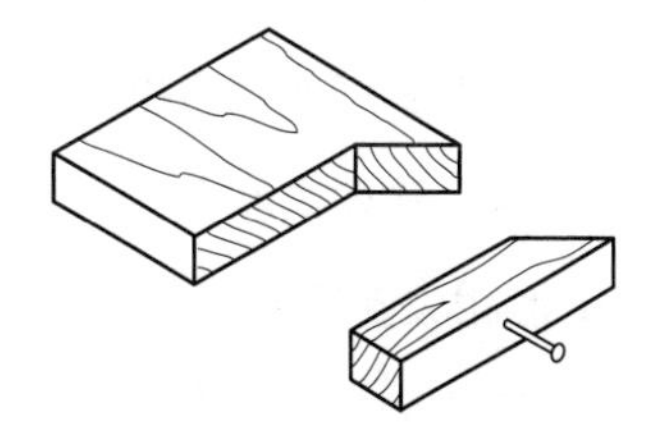

図2－183　留め端ばめ接ぎ

付加した接ぎ手

85)。

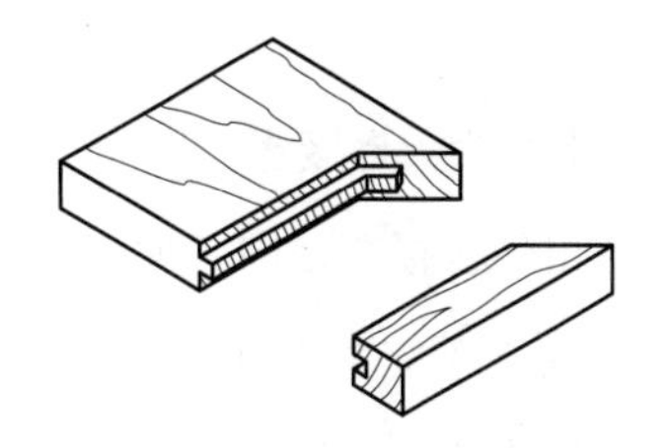

図2－184　本ざね留め端ばめ接ぎ

せた板の反り，

いられるもの

する接ぎ手で

できるように，

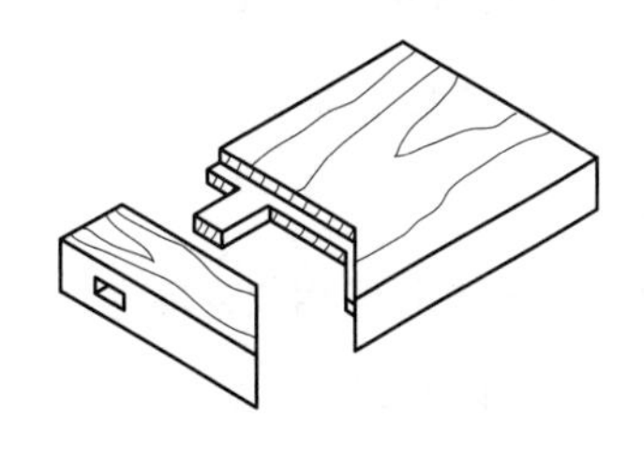

図2－185　通しほぞ本ざね端ばめ接ぎ

形の溝を掘り，

ぎ手である（図

に木製又は鉄

る。この場合，

て，長穴とす

る。

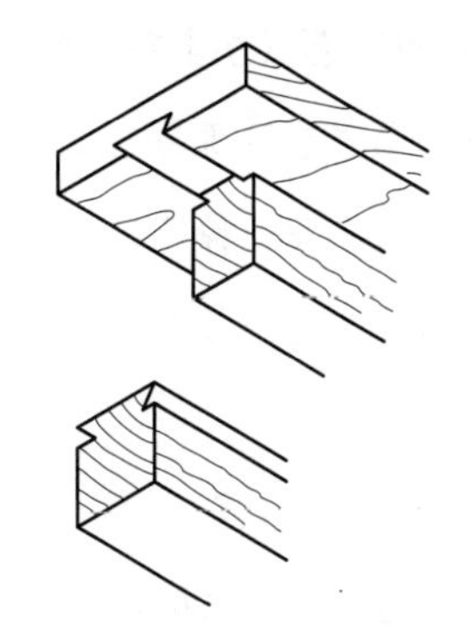

図2－186　あり形吸付き桟接ぎ

8.4　角材と角材の接合に用いられる接ぎ手

(1) 相欠き接ぎ

角材（場合によっては板材もある。）の板厚の半分ずつを欠き取って，組み合わせて接合する接ぎ手である。相欠き接ぎのけ引きをかけるときは，両部材の同じ基準面から墨付けをする。主な相欠き接ぎには，次のようなものがある。

a. T形相欠き接ぎ

材料の厚みの半分を欠き取る接ぎ手である。T形の角度がそれぞれ90°になるようにする（図2－187）。

b. 十字相欠き接ぎ

T形相欠き接ぎと同じ加工で，十字形に組み合わせる接ぎ手である（図2－188）。

c. あり形相欠き接ぎ

T形相欠き接ぎのほぞ先をあり形にして，縦に引く力に対して強くした接ぎ手である（図2－189）。

d. 包みあり形相欠き接ぎ

あり形相欠き接ぎのほぞの木口を包んだ接ぎ手である（図2－190）。

(2) 三枚接ぎ（かまち接ぎ）

部材の厚さを3等分して，ほぞ組みを作って組む接ぎ手である。枠組みなどに多く使われる接合法である。主な三枚接ぎには，次のようなものがある。

a. T形三枚接ぎ

三枚接ぎでT形に接合する場合に用いる（図2－191）。T形相欠き接ぎよりも強度を必要とする

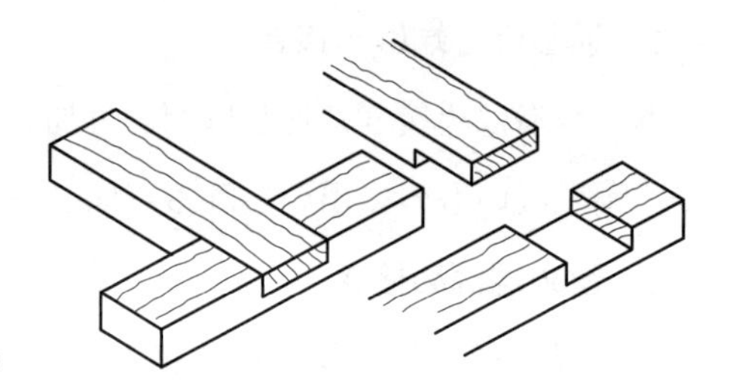

図2－187　T形相欠き接ぎ

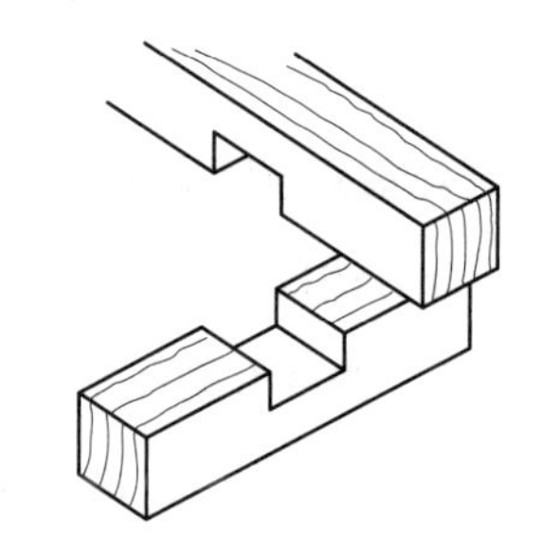

図2－188　十字相欠き接ぎ

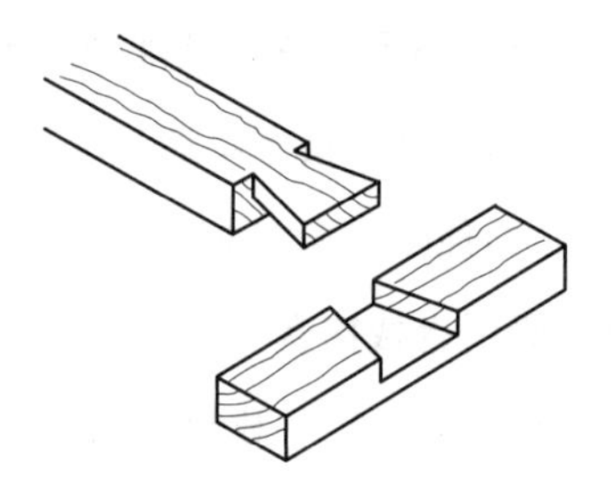

図2－189　あり形相欠き接ぎ

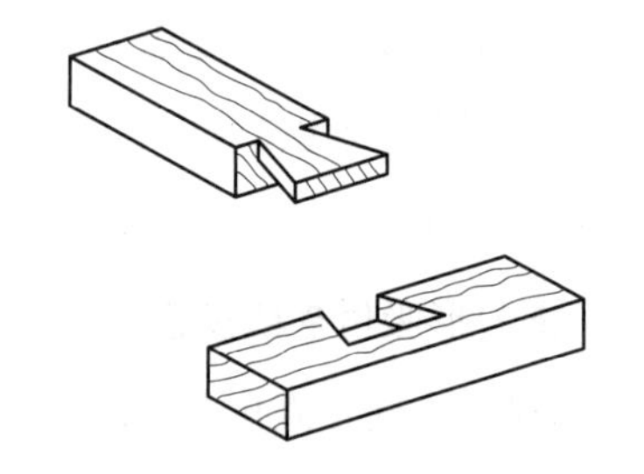

図2－190　包みあり形相欠き接ぎ

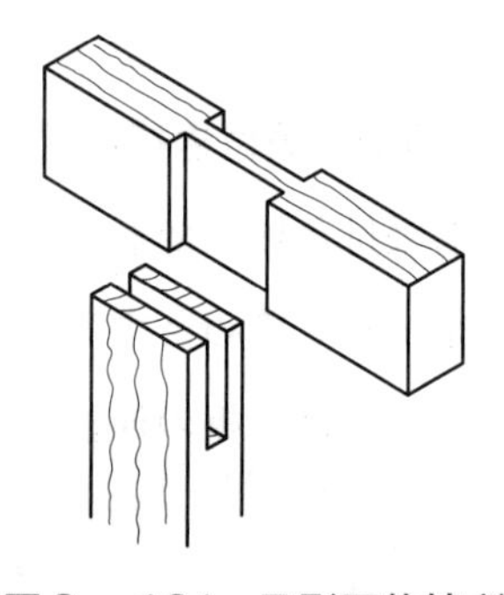

図2－191　T形三枚接ぎ

部分に使う。

b. 矩(かね)形三枚接ぎ

部材の厚さを3等分にして，おす（雄）とめす（雌）のほぞを作って接合する接ぎ手で，ほぞの接合具合（密着度）が接合強度の大小を左右する（図2－192）。普通三枚接ぎでは，ほぞの枚数が2枚の方を女木といい，1枚の方を男木という。

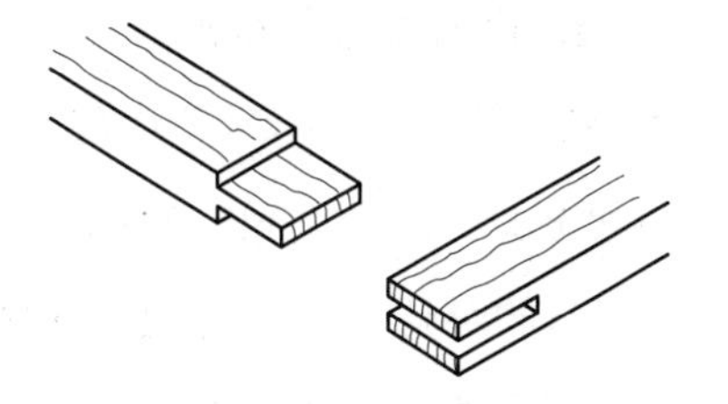

図2－192　矩形三枚接ぎ

c. 包み三枚接ぎ

矩形三枚接ぎのほぞ丈を短くして，ほぞの木口を見えなくした接ぎ手である（図2－193）。

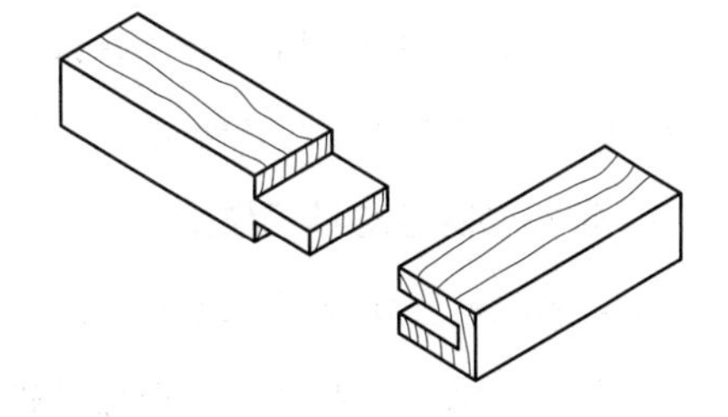

図2－193　包み三枚接ぎ

d. あり形三枚接ぎ

あり形三枚接ぎには，男木（ほぞ）の木端をあり形にするタイプと，男木の木口をあり形にするタイプがある（図2－194）。この場合，前者が女木の木口から差し込むのに対し，後者は女木の内木端から差し込む。どちらのタイプを採用するかは，接合部に作用する力の方向により使い分ける。

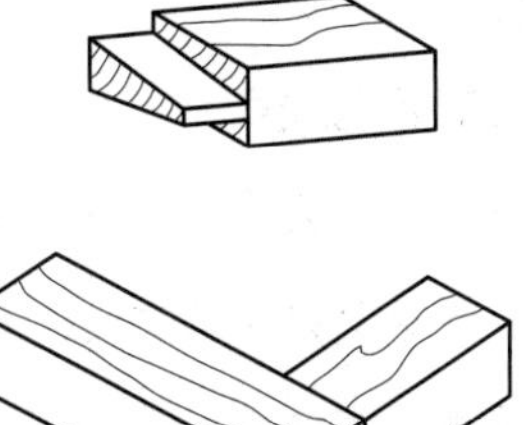

図2－194　あり形三枚接ぎ

e. 包みあり形三枚接ぎ

男木の木端があり形のタイプと男木の木口があり形のタイプがあり，いずれのタイプもほぞ長さを短くして，ほぞの木口を見えなくした接ぎ手である（図2－195）。

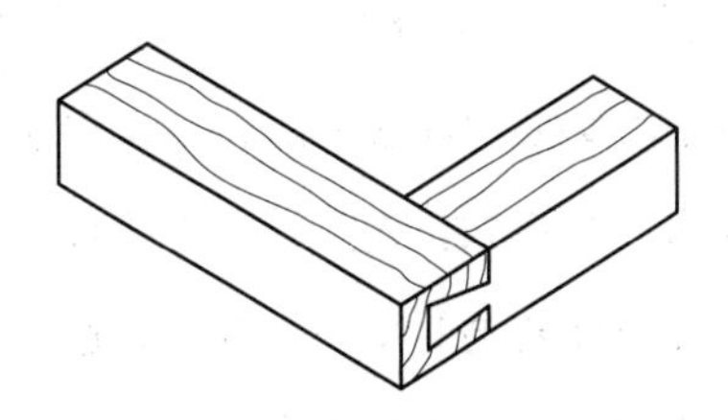

図2－195　包みあり形三枚接ぎ

f. 隠しあり形三枚接ぎ

包みあり形三枚接ぎ（男木の木端があり形）のほぞ幅を狭くして，女木で男木のほぞを包み込み，あり形が外面に現れないようにした接ぎ手である（図2－196）。

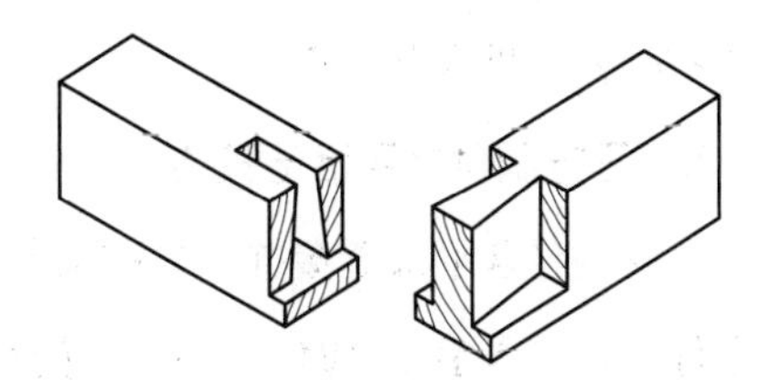

図2－196　隠しあり形三枚接ぎ

g. 留め形三枚接ぎ

矩形三枚接ぎの表と裏を留め形にして，外観をよくした接合法である（図2－197）。一方の木端に木口が包み込まれた形となる。

h. 留め形隠し三枚接ぎ

留め形三枚接ぎのほぞを内部でまとめて，さらに外観をよくした接合法である。そのため，外観からはほぞが見えない（図２－198）。

i. 留め形あり三枚接ぎ

留め形三枚接ぎのほぞをあり形にした接合法である（図２－199）。留め形三枚接ぎに比較して，抜けにくいので強度的に優れている。

j. 留め形隠しあり三枚接ぎ

留め形隠し三枚接ぎのほぞをあり形にした接ぎ手である（図２－200）。ほぞ部は外から見えず，接合強度も大きい。三枚接ぎの中では，最も高級な工作法である。

（3）ほ ぞ 接 ぎ

ほぞとほぞ穴を作り接合するもので，建築物から建具や家具に至るまで，広く使われている基本的な接ぎ手である。主なほぞ接ぎには，次のようなものがある。

a. 二方胴付き平ほぞ接ぎ

最も一般的で簡単な接ぎ手で，広い範囲に使用されている（図２－201）。ほぞ厚を板厚の1／3に取り，ほぞ穴に差し込んで接合する。

ほぞが貫通しているものを通しほぞといい，貫通していないものを止めほぞという。

また，ほぞ接ぎでは，ほぞ穴の方を女木といい，ほぞの方を男木という。

b. 三方胴付き平ほぞ接ぎ

二方胴付き平ほぞ接ぎのほぞ幅方向にも胴付きを付けた接ぎ手で，肩付き平ほぞ接ぎともいう（図２－202）。三方胴付きほぞは，ほぞ部材が穴部材の木口方向に抜けないので，女木の木口近くに男

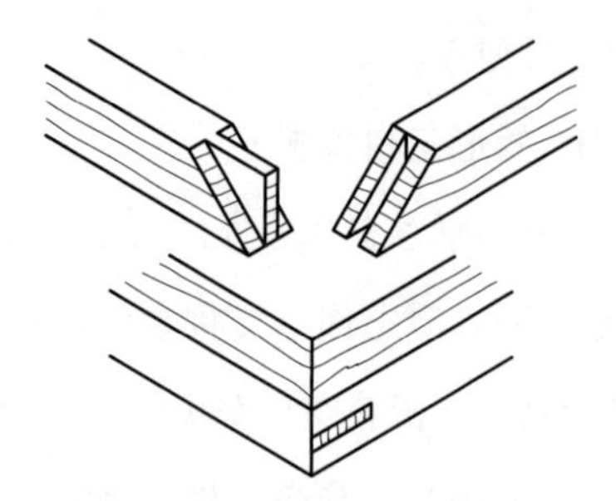

図２－197　留め形三枚接ぎ

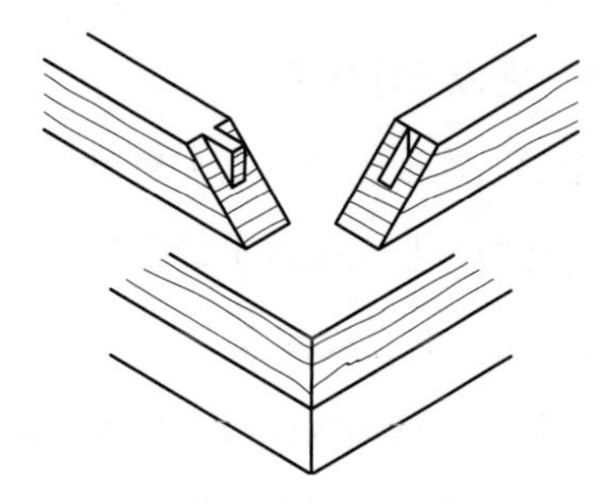

図２－198　留め形隠し三枚接ぎ

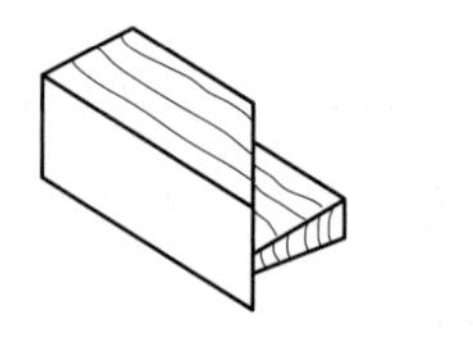

図２－199　留め形あり三枚接ぎ

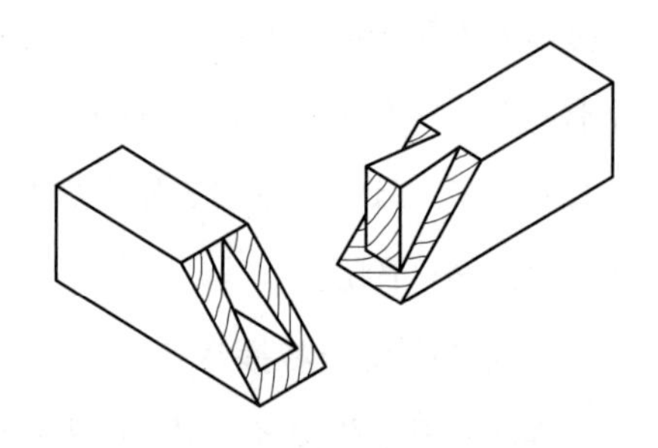

図２－200　留め形隠しあり三枚接ぎ

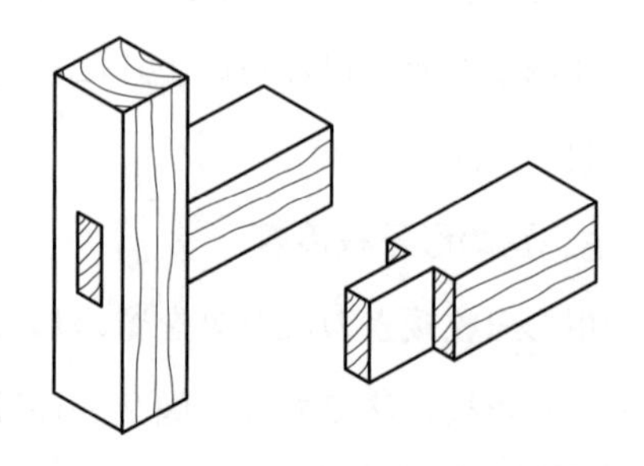

図２－201　二方胴付き平ほぞ接ぎ

木が位置する机の脚と幕板，いすの前脚と台輪（座枠）などの接合に用いる。

ほぞは，胴付きの取り方で両胴付き，片胴付き，三方胴付き，四方胴付きなどいろいろある。

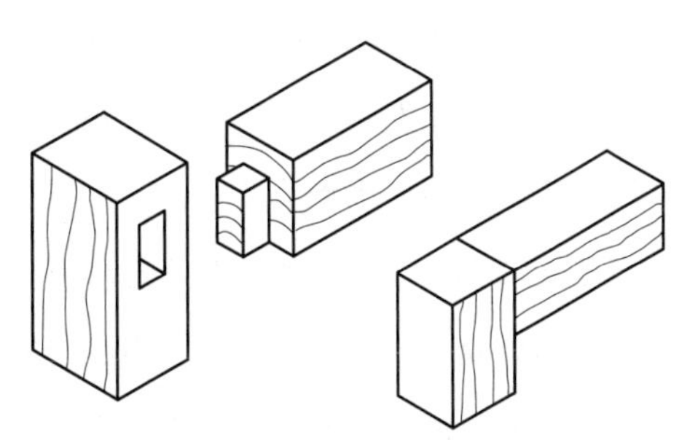

図2－202　三方胴付き平ほぞ接ぎ

c. 違い胴付きほぞ接ぎ

二方胴付き平ほぞ接ぎの胴付きが，段になっている接ぎ手である（図2－203）。枠組みの内角に段欠きしたときなどに用いられる。

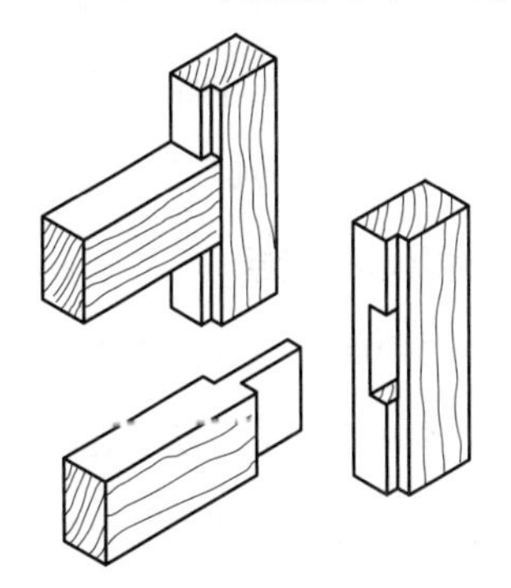

図2－203　違い胴付き平ほぞ接ぎ

d. 小根（こね）付きほぞ接ぎ

二方胴付き平ほぞのほぞ幅を1／3程度狭くして，そこに小さなほぞを設けた接ぎ手である（図2－204）。これを小根又は腰という。小根（腰）は，反りとねじれを防ぐ効果がある。

用途は三方胴付きほぞと同じであるが，主に男木の幅が広い部材の接合に用いる。

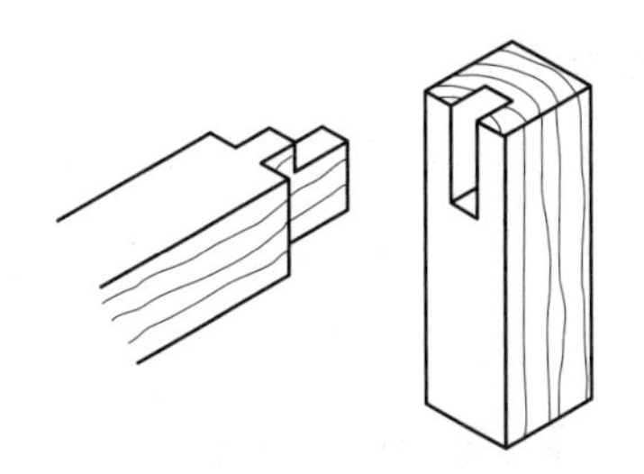

図2－204　小根付きほぞ接ぎ

e. 斜め小根ほぞ接ぎ

小根付きほぞの小根を斜めにして，小根の部分を見えなくしたものである（図2－205）。三方胴付きほぞと外観は同じであるが，これも反りやねじれを防ぐ効果の大きい接ぎ手である。

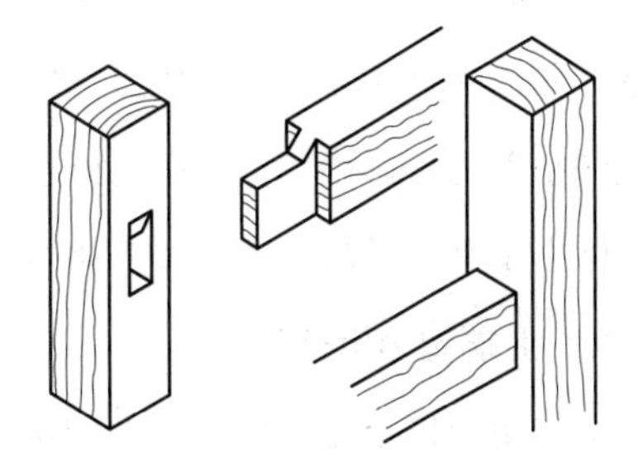

図2－205　斜め小根ほぞ接ぎ

f. 二段ほぞ接ぎ

二重ほぞ接ぎともいい，ほぞを縦に二段設けた接ぎ手である（図2－206）。幅の広い材料に用いられ，極端に幅が広い場合には三段にすることもある。いずれの場合も，ほぞ長さよりほぞ幅を小さくして，接ぎ手の強度を増すためのものである。

普通は，上下のほぞ間が小根（腰）でつないであり，建具の帯桟に用いられる。

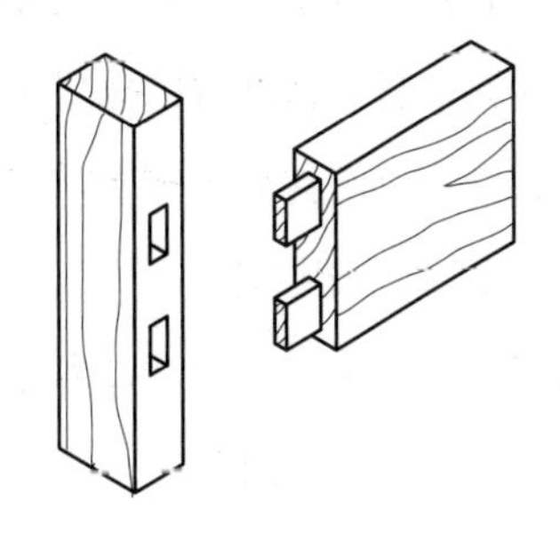

図2－206　二段ほぞ接ぎ

g. 二枚ほぞ接ぎ

ほぞを横に2枚設けた接ぎ手で（図2－207），接着面が増して強度は大きく，男木の転びが少ない。机の脚と引き出し受け桟（棚口桟）のように，男木の幅が広く女木が厚いときに用いる。

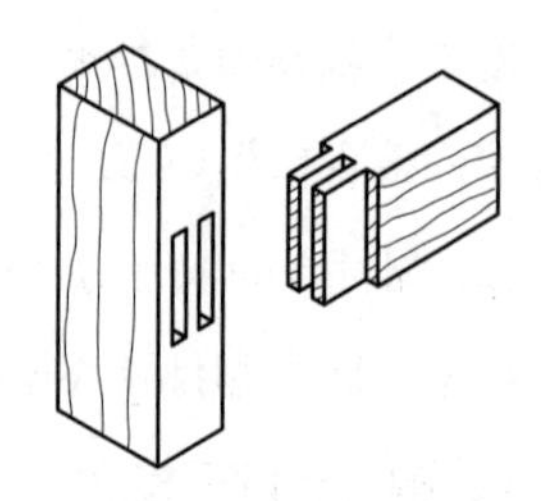

図2－207　二枚ほぞ接ぎ

h. 割くさびほぞ接ぎ

ほぞ穴に割くさびの締めしろを取り，ほぞ先のひき込みに女木の外面から，くさびを打ち込む接ぎ手である（図2－208)。この接ぎ手はほぞが抜けにくいので，直接ほぞ差しする椅子の脚と座板，又はひじ板とひじ束など，動荷重の加わる接合部に用いることが多い。

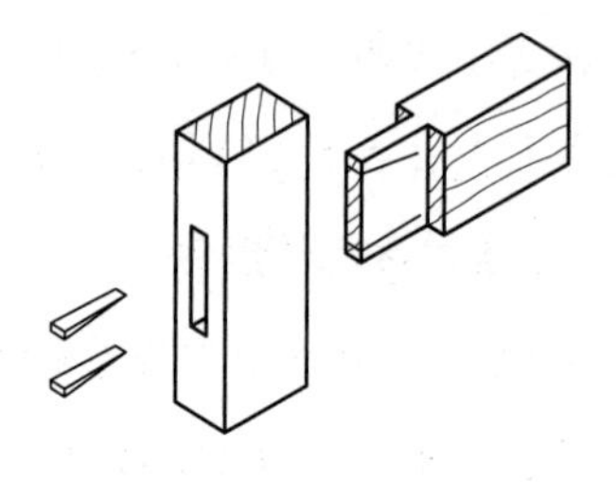

図2－208　割りくさびほぞ接ぎ

i. 地獄ほぞ接ぎ

止め穴の底を，穴長さ方向にくさびしろより弱めに広げ，ほぞ先のひき込みに，くさびを入れたほぞを打ち込む接ぎ手で，いったん打ち込むと二度と抜くことができないのでこの名がある（図2－209)。

地獄ほぞ接ぎは，くさびが短いとほぞ先が広がらず，長すぎると胴付きにすき間ができるので，一般的な製品には使われていない。

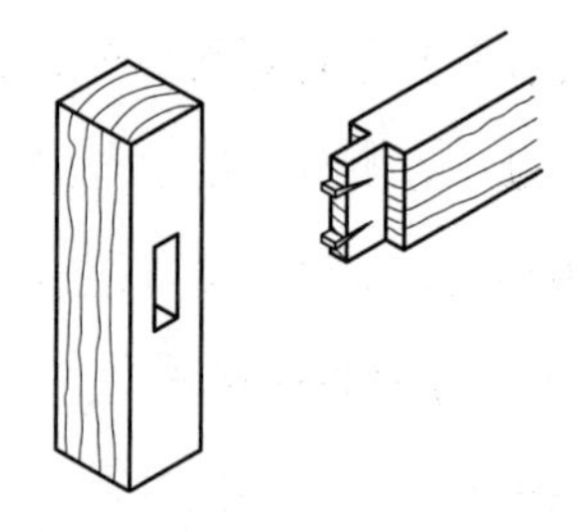

図2－209　地獄ほぞ接ぎ

j. 留め形通しほぞ接ぎ

三方胴付き通しほぞ接ぎの胴付き部分を，留め形にした接ぎ手である（図2－210)。ほぞの断面積が小さくなるので，大きな強度は期待できない。

強度よりも外観を重視する接合部に用いる。

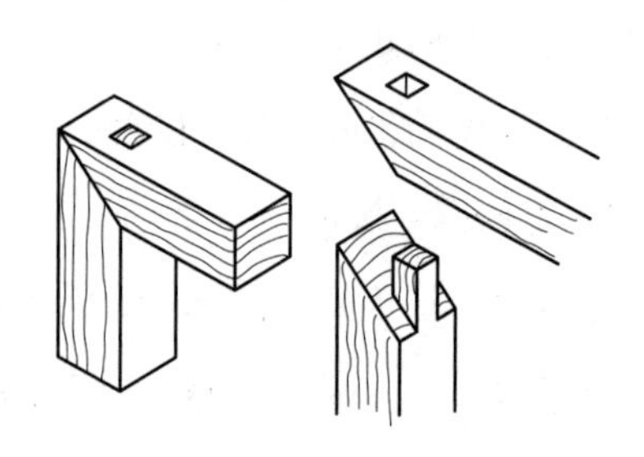

図2－210　留め形通しほぞ接ぎ

k. 上端（うわばと）留めほぞ接ぎ

上端留めほぞ接ぎは，三方胴付きほぞの前面を留めにした接ぎ手である（図2－211)。通常は最上部の縦部材と横部材に採用するが，最下部に用いる場合も上端留めほぞと呼ぶ。

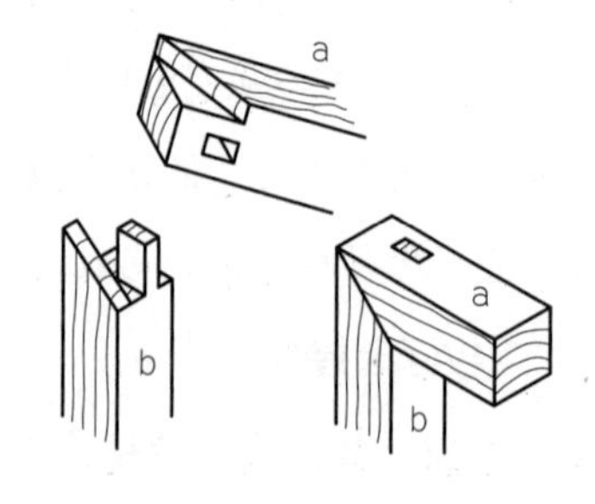

図2－211　上端留めほぞ接ぎ

l. 剣留めほぞ接ぎ

和家具，唐木（からき）家具などに多く使われている接ぎ手である（図2－212)。一般に丸面，かまぼこ面などを取り，日本的な指物（さしもの）の典型的な差し口である。

m. 面腰ほぞ接ぎ

平ほぞ，ほぞ穴及び面腰胴付きの組合せによって接合する組み手である（図２－213）。枠組みの内側に，各種の面取りをする場合に用いられ，接合強度も大きく，外観もよいので高級な扉や建具の工作に多く使われる。

n. 被せ面ほぞ接ぎ

馬乗りほぞ接ぎともいわれ，枠組みの内側に各種の面取りを施す場合に用いる。面の型に合わせて胴付きの一部を伸ばし，被せるようにしたものである（図２－214）。

面腰ほぞ接ぎと同様に，扉や障子など建具に多く使われる。

（4）留め接ぎ

留めとは両木口を45°に削って接ぐことをいい，留め接ぎは木口を外に表さないので外観がよく，枠組みや額縁などの接合に用いられる。この接ぎ手は，接合面が木口と木口の接着に近いので，強度が弱く，各種の補強を必要とする。主な留め接ぎには，次のようなものがある。

a. 平留め接ぎ（鼓形千切り留め接ぎ）

木端面を見込みとし，板面を留め形にして突き合わす接ぎ手である。留めが切れ（はがれ）やすいので，補強しなければならない。この場合，千切（ちぎ）りをはめ込む（図２－215）ほか，隅木を用いる方法もある。

b. あほう留め接ぎ

両部材の幅が違う場合は，接合面の角度が45°以外になるので，あほう留め・振れ留め・流れ留

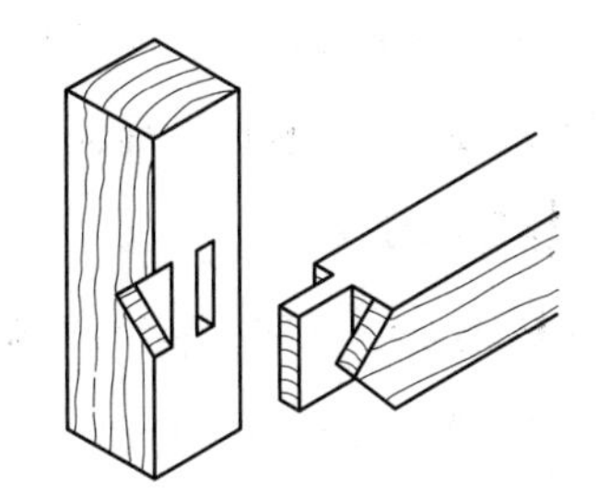

図２－212　剣留めほぞ接ぎ

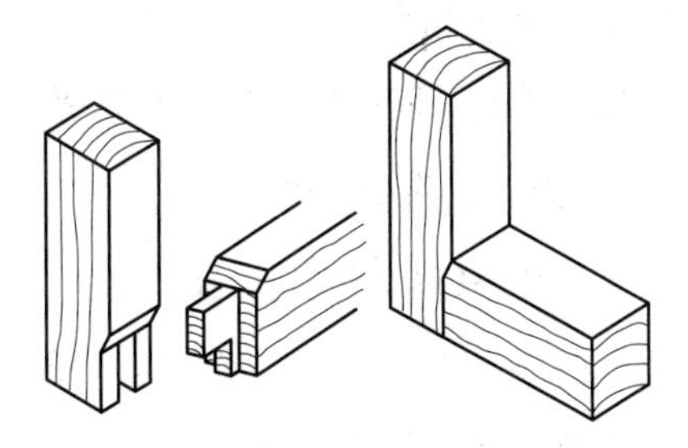

図２－213　面腰ほぞ接ぎ

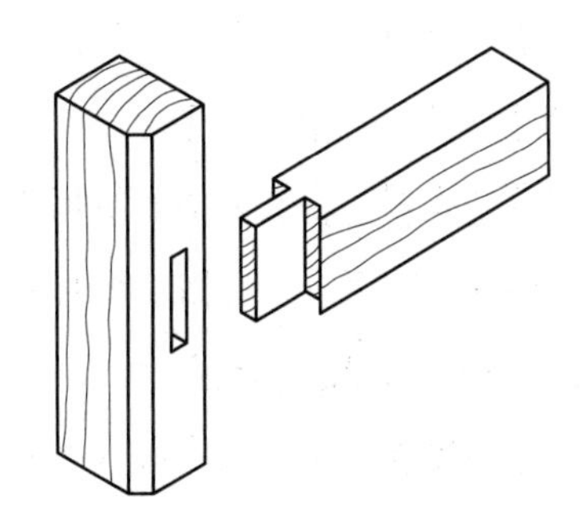

図２－214　被せ面ほぞ接ぎ

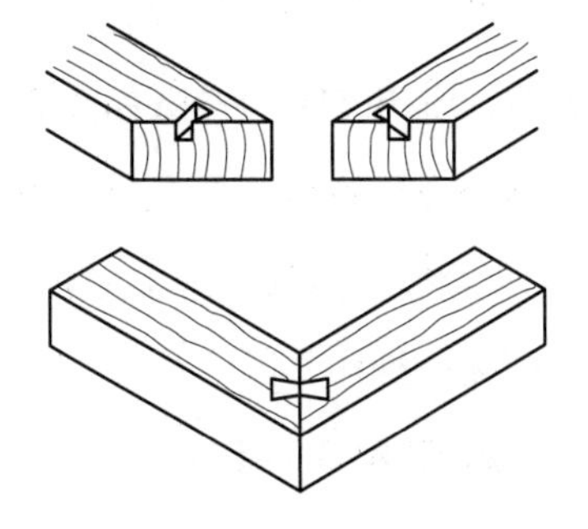

図２－215　平留め接ぎ

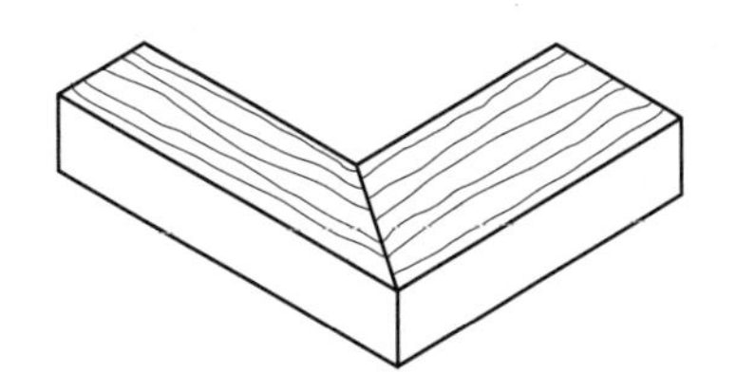

図２－216　あほう留め接ぎ

めなどと呼ばれている（図２－216）。

平留め接ぎと同様に，補強が必要である。

c. 半留め接ぎ

接合部材幅が違う場合に同じ幅の分を留め（45°）とし，余った分を突き付けにする接ぎ手である（図２－217）。内側の木端面が見えがかり（製品の外面から直接見える）となる枠組みに用いられる。平留め接ぎと同様に，補強が必要である。

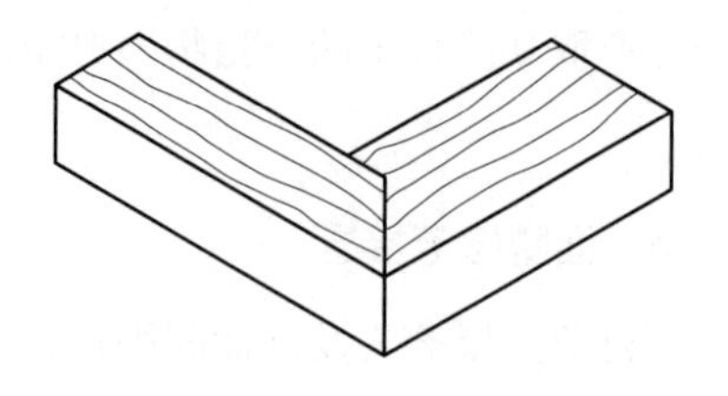

図２－217　半留め接ぎ

d. 欠き込み留め接ぎ

欠き込み留め接ぎは，最も簡単な補強法で（図２－218），接合部（裏面）の一部を欠き取って，欠き取り面に沿え木（普通は合板）を接着する。留め裏打ち付け接ぎといって，裏面に直接沿え木を貼り付ける方法もある。

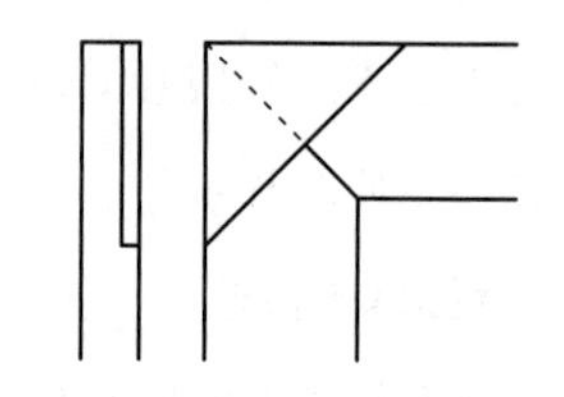

図２－218　欠き込み留め接ぎ

欠き込み留め接ぎと留め裏打ち付け接ぎは，安価な額縁や写真立てに用いられている。

e. ひき込み留め接ぎ

平留め接ぎを額縁状に組み立てた後，外側からひき込みを入れ，薄い板を差し込んで補強する接ぎ手である（図２－219）。

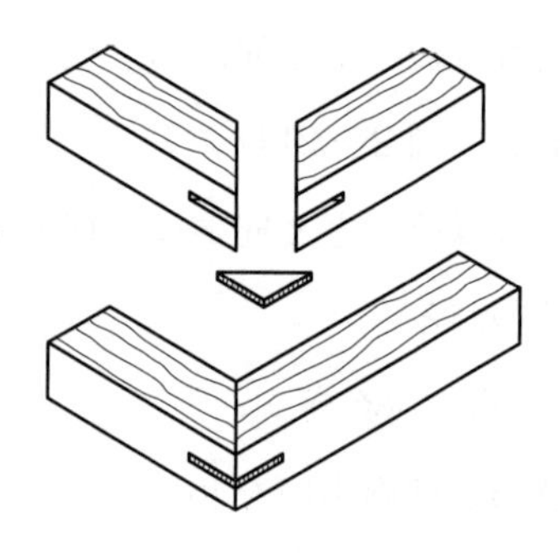

図２－219　ひき込み留め接ぎ

f. あり形千切りひき込み留め接ぎ

ひき込み留め接ぎの欠き込みをあり形とし，あり形の千切りを差し込んだ接ぎ手である（図２－220）。

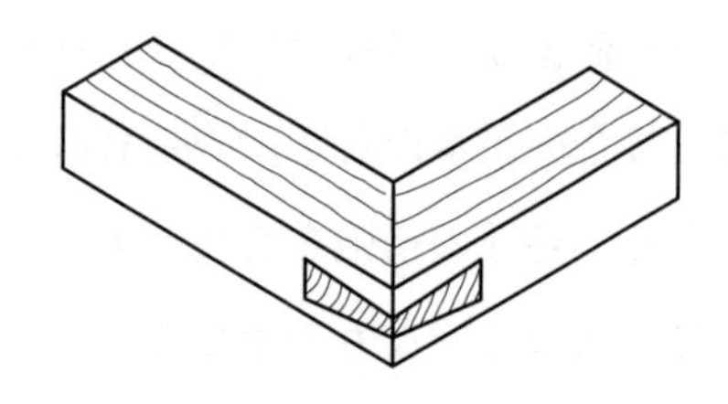

図２－220　あり形千切りひき込み留め接ぎ

g. 雇いざね留め接ぎ

平留め接ぎの接合部に，雇いざねを水平に入れた接ぎ手である（図２－221（a））。また，かんざし留め接ぎといって，内側からV字形の雇いざねを入れる接ぎ手もある（図(b)）。

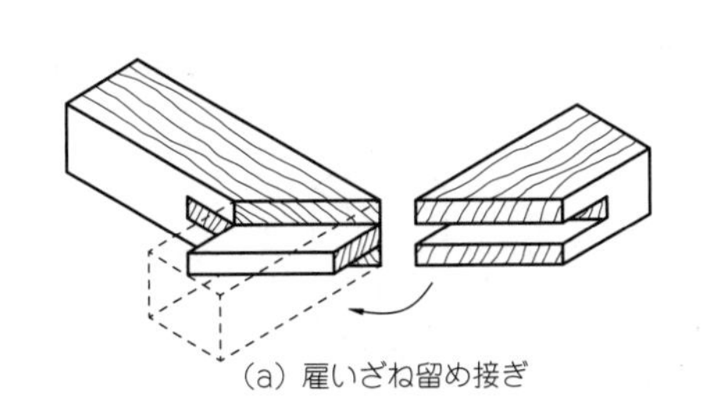
(a) 雇いざね留め接ぎ

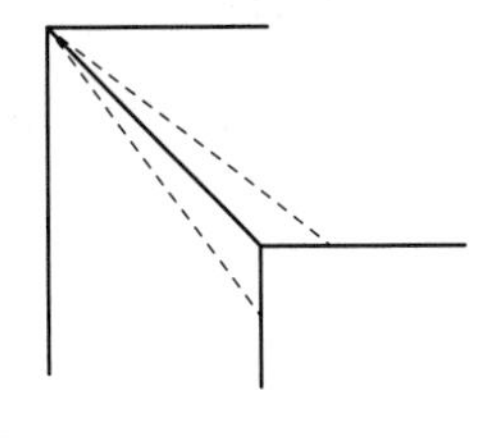
(b) かんざし留め接ぎ

図２－221　雇いざね留め接ぎ

h. 筋違い入れ留め接ぎ

裏面の隅にあり形の溝を段欠きして，筋違いで補強する接ぎ手である（図２－222)。筋違い（あり桟）に締まりこう配を付け，差し込むに従って接合部が締まるようにする。

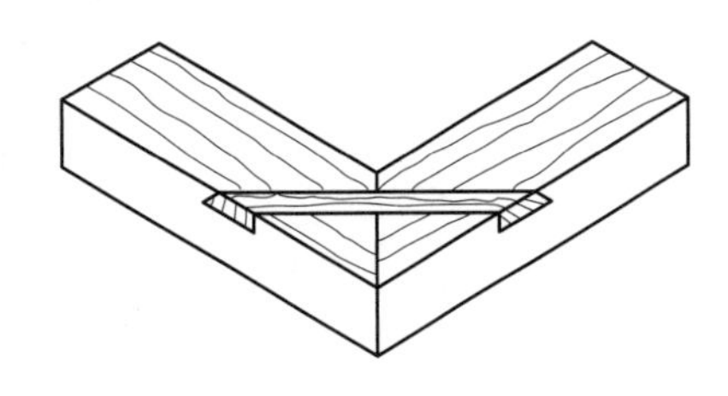
図２－222　筋違い入れ留め接ぎ

（５）その他の接ぎ手

a. スカーフジョイント（そぎ接ぎ）

両木口面を斜めに削り，突き合わせる接ぎ手である（図２－223)。

接合強さはそ（削）ぎ面の傾斜により異なるが，板厚の12～15倍で100％に近い強度が得られる。そぎ接ぎは材料の損失が大きく，接合面に目違いが生じやすい。

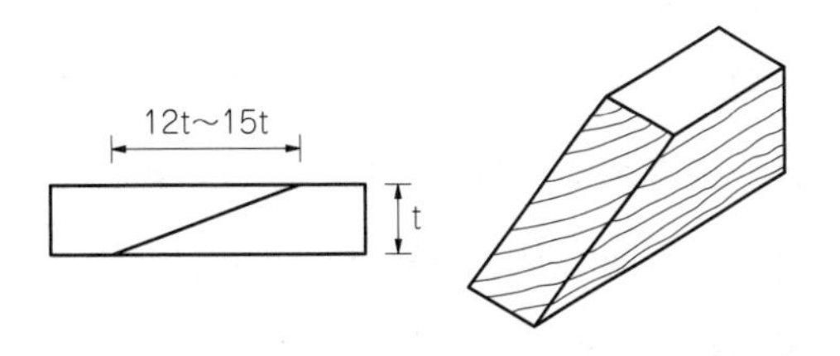

図２－223　そぎ接ぎ

b. フィンガージョイント

両木口面にV溝を加工し，突き合わせる接ぎ手である（図２－224)。材料の損失が少なく，加工能率もよい。フィンガーが板面に現れるものと木端面に現れるものがあり，木製品にはミニフィンガージョイントが多用される。

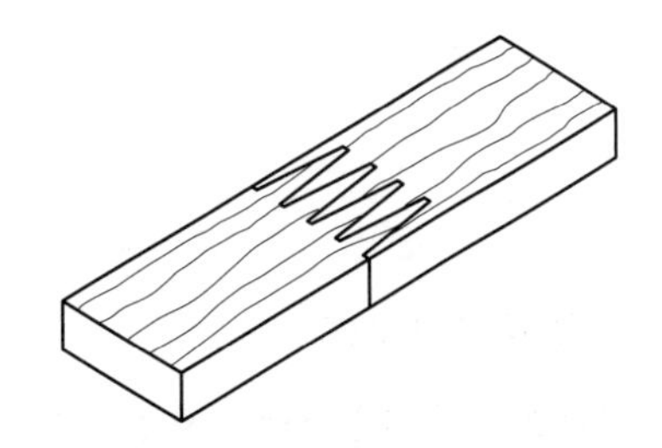
図２－224　フィンガージョイント

c. 角ほぞ接ぎ

角形のほぞ穴と四方胴付きの角ほぞによる，繊維（長手）方向接ぎ手である（図２－225)。組み込むに従って，角ほぞを徐々に利かすとよい。

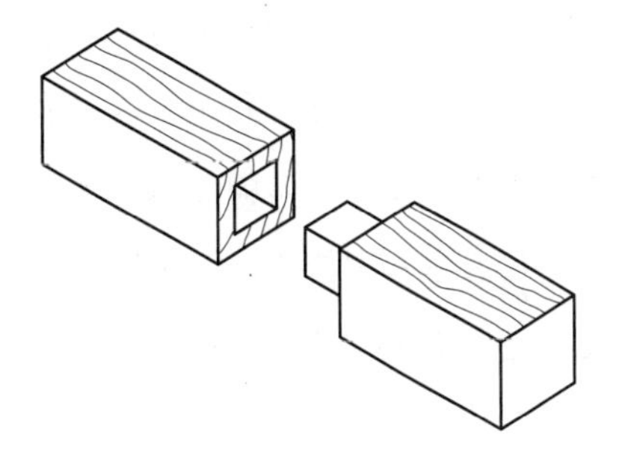
図２－225　角ほぞ接ぎ

d. 肩付き三枚組み接ぎ

板を挟み込みながら内部で三枚組みをする接ぎ手であり（図2－226），強度が高い。

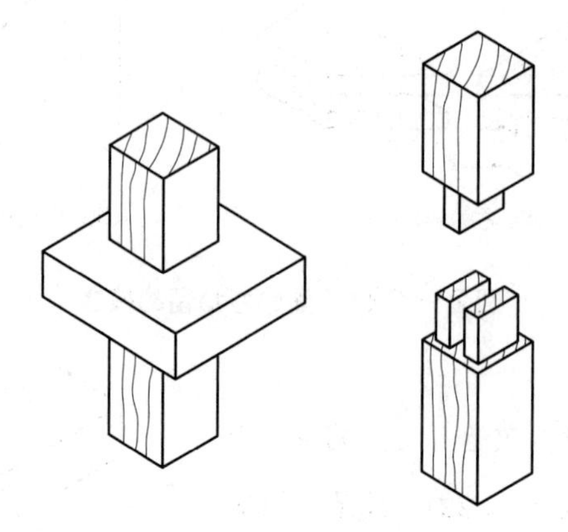

図2－226 肩付き三枚組み接ぎ

e. 箱ほぞ接ぎ

角ほぞ接ぎのほぞ穴側の四方に胴付きを設けた接ぎ手である（図2－227）。箱ほぞのほぞ長さと同じ厚さの板を，上下から挟み込んで組む。手の混んだ組み手で，強度も高い。

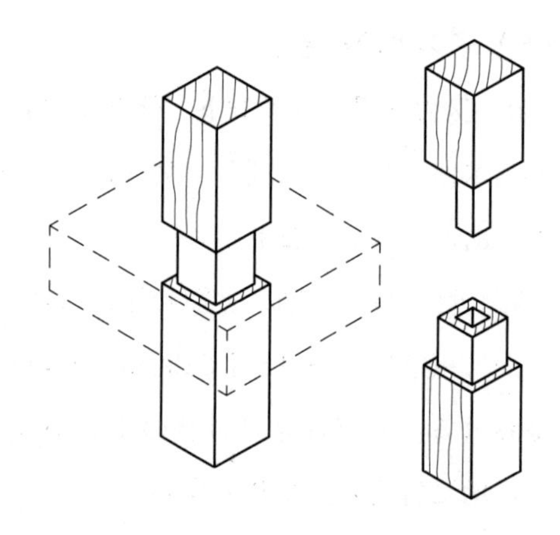

図2－227 箱ほぞ接ぎ

f. 寄せあり接ぎ

寄せありは引き寄せありとも呼ばれ，ありのほぞ頭が入る角穴に続いて，あり形の溝が掘ってある。ありほぞを角穴に差し込んでから，あり溝に寄せて利かす接ぎ手である（図2－228）。小いすの脚と脚ぬきのように，接合部に大きな引抜きの力が加わる箇所に有効である。ほぞを複数並べて利かすこともある。

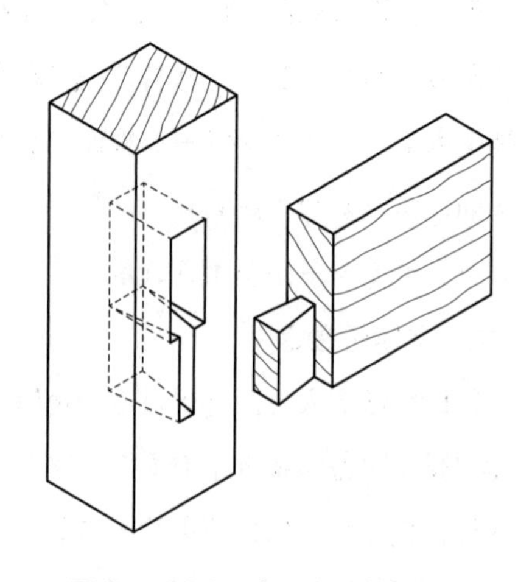

図2－228 寄せあり接ぎ

g. 三方留め接ぎ

箱留め接ぎともいわれ，留め接ぎした枠組みの隅に，垂直方向からも留め形の角材をほぞ差しする接ぎ手である（図２－229）。内部（差し口）の取り方に数種類あるが，いずれも外側三面（三方）は留め形になる。枠組みの厚さと脚の太さが異なる場合は，流れ三方留め接ぎ又はあほう留め接ぎという（図２－230）。２図とも，加工部分を理解しやすい向きで図示している。

三方留め接ぎは，人形ケース，花台，和風の応接台（座卓）など，装飾的な要素が強い製品に用いられる。

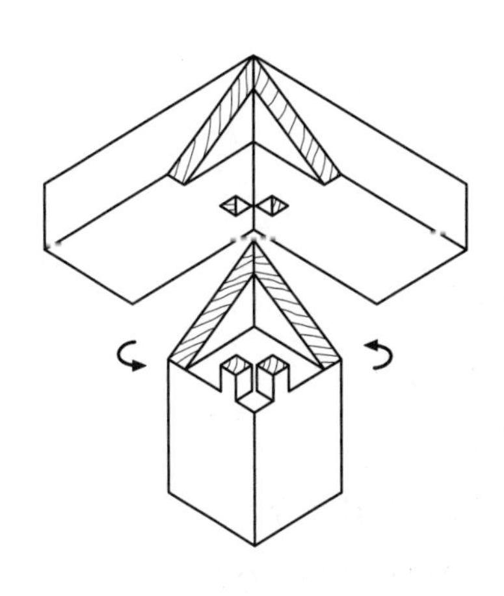

図2－229　三方留め接ぎ

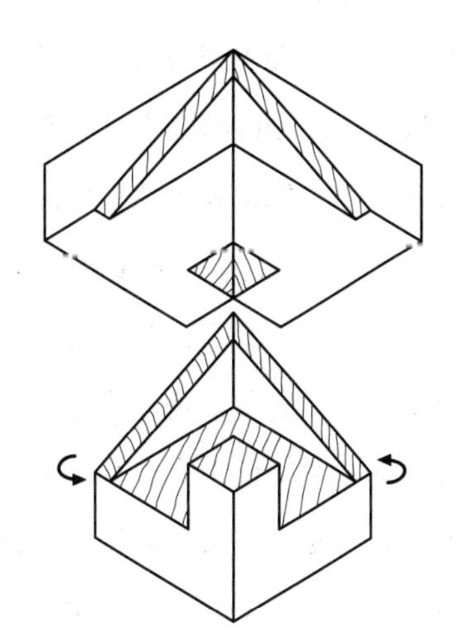

図2－230　流れ三方留め接ぎ

第2章の学習まとめ

木材は他の材料に比べて，かんな削り，のこびき，穴掘りなどの加工が比較的容易である。しかし，天然素材である木材は材質が不均一でいろいろな欠点を持っている。木材を加工するときは，他の材料と異なった点をよく注意し，木材の優れた点を生かすことができる工作技術を修得しなければならない。

①　どうすれば正確に加工できるか。

②　どうすれば速く加工できるか。

③　どうすれば安全に加工できるか。

これらを常に考えながら，研究と工夫を重ねなければならない。

【確　認　問　題】

次の各問に答えなさい。

(1)　切削と研削の違いについて述べなさい。

(2)　平かんなによる角材削りの作業手順について述べなさい。

(3)　のこ歯の切削機構と形状について述べなさい。

(4)　ほぞのはめ合いについて述べなさい。

(5)　のみの突き削りを安全に行うための注意事項を挙げなさい。

(6)　木ねじと予備穴の関係を述べなさい。

(7)　酢酸ビニル接着剤の特徴を挙げなさい。

(8)　小根突きほぞの特徴と使われる箇所の事例を述べなさい。

(9)　接着剤の人体に及ぼす健康障害を述べなさい。

(10)　F☆☆☆☆が表す意味を述べなさい。

(11)　かんな削りを安全に行うための注意事項を挙げなさい。

(12)　のこぎりを安全に使用するための注意事項を挙げなさい。

(13)　玄能を安全に使用するための注意事項を挙げなさい。

(14)　かんなの安全な保管方法・メンテナンス方法について述べなさい。

(15)　のこぎりの安全な保管方法・メンテナンス方法について述べなさい。

第3章　家　具　構　造

家具は，住居設備の中心となる生活必需品である。家具は，その目的に従って，使いやすく，美しいものでなければならない。このような家具を作るためには，材料を選び，材料の長所を生かし，丈夫で使いやすい構造を研究し，各部材の加工や全体の仕上げを念入りに行わなければならない。このことがあってこそ，新しい材料の出現，加工技術の進歩，デザイン感覚の変化などに対応して，新しい構造を見い出すことができる。

そのためには，まず理論的に正しく，実証的にも伝統のある各種の基本的構造を学ぶことが必要である。

第1節　たんす，戸棚類

1.1　構　　成

たんす，戸棚類は，一般に主体となる箱部とこれに付属する支輪（しりん），台輪（だいわ），中仕切り，棚板，引き出し，戸（扉（とびら））などが，必要に応じて取り付けられている。

1.2　箱　　部

箱部は，天板（てんばん）（てんいたとも読む），側板（がわいた），地板（じいた），裏板（うらいた）などから構成されている。箱部の内部には，棚板，引き出しなどを収める。使用材料の種類，構成により次のような構造に分けられる。

(1) 板　組　み

厚板を主材とする構造で，1枚板又ははぎ合わせ板を多く用い，比較的簡単な構造のものが多い。図3－1に板組み家具の構成例を示す。

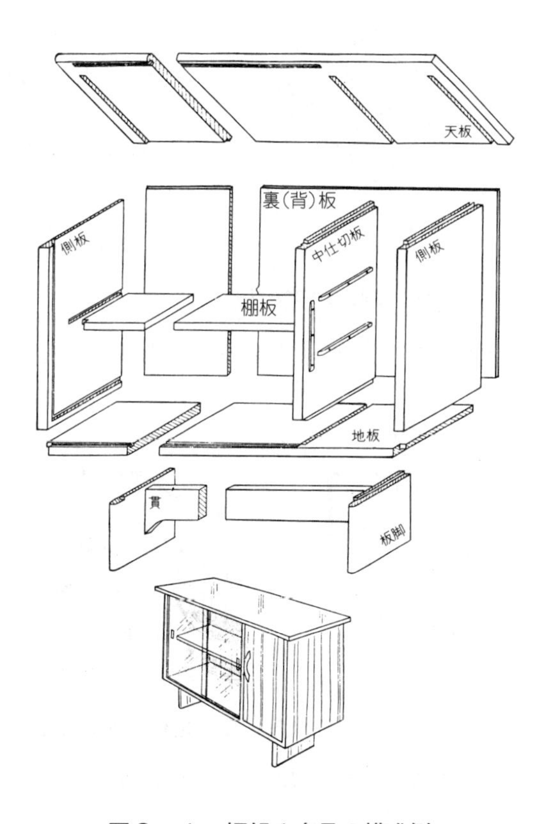

図3－1　板組み家具の構成例

a．天板と側板の取付け

天板と側板の取付けには，打ち付け接ぎ，追入れ接ぎ，組み接ぎなどを用いる，又は前後の上残を側板の上端に欠き込んだ後，天板をかぶせて，釘打ち（ねじ締め）して埋め木をしたり，こま止めをする。図３－２に板組みによる天板の取付け構成例を示す。

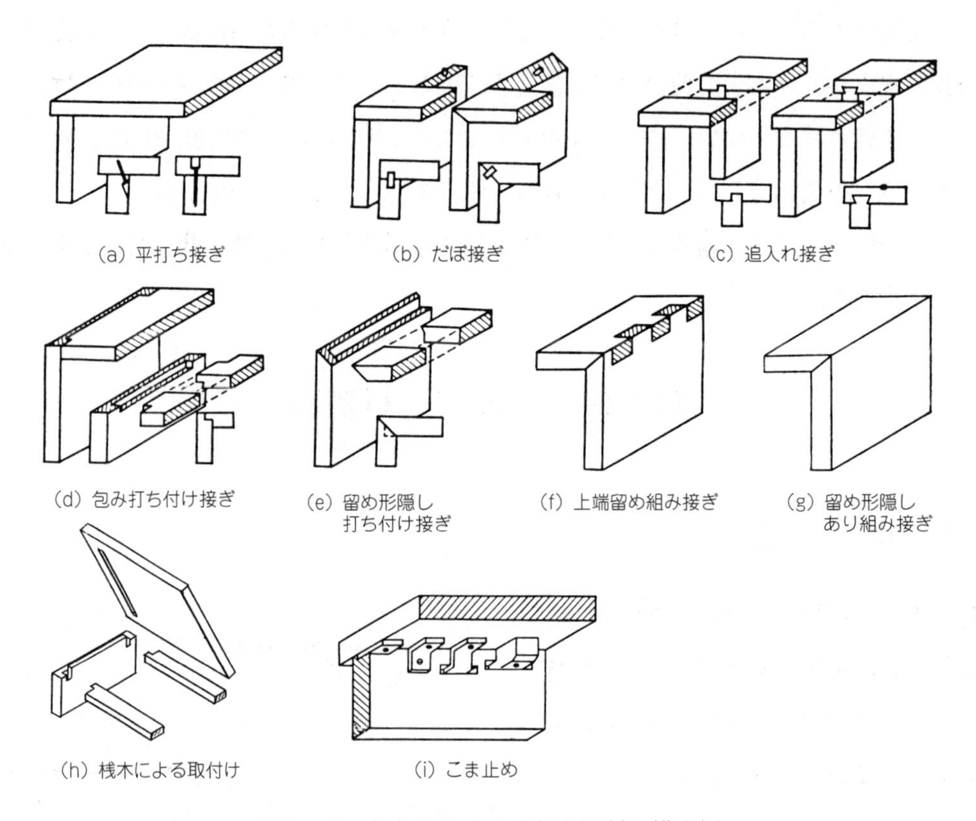

(a) 平打ち接ぎ　(b) だぼ接ぎ　(c) 追入れ接ぎ
(d) 包み打ち付け接ぎ　(e) 留め形隠し打ち付け接ぎ　(f) 上端留め組み接ぎ　(g) 留め形隠しあり組み接ぎ
(h) 桟木による取付け　(i) こま止め

図３－２　板組みによる天板の取付け構成例

b．地板と側板の取付け

地板と側板の取付けは，地板が厚板の場合は，天板とだいたい同じように取り付ける（図３－３）。

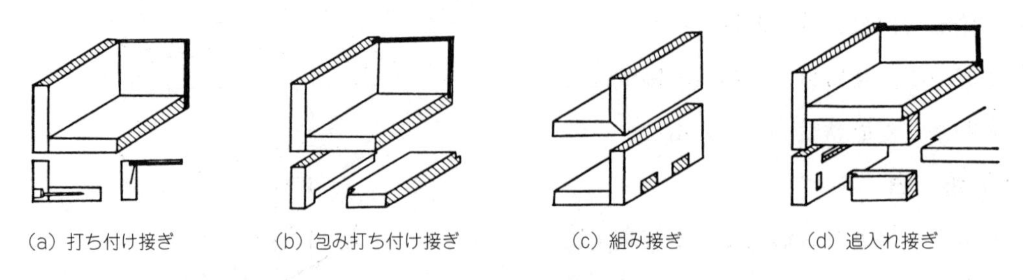

(a) 打ち付け接ぎ　(b) 包み打ち付け接ぎ　(c) 組み接ぎ　(d) 追入れ接ぎ

図３－３　地板と側板の取付け（厚板を地板とする場合）

薄板を地板とする場合は，前下桟，後ろ桟及び左右受け桟を側板に取り付け，これにかぶせるか，段欠き落とし込み，又は，小穴（かまち，板などに作られた，板やガラスをはめる細い溝）はめ込みとする。このとき，左右受け桟の代わりに，側板下部に小穴を掘り，地板をはめ込んで取り付ける場合もある（図３－４）。

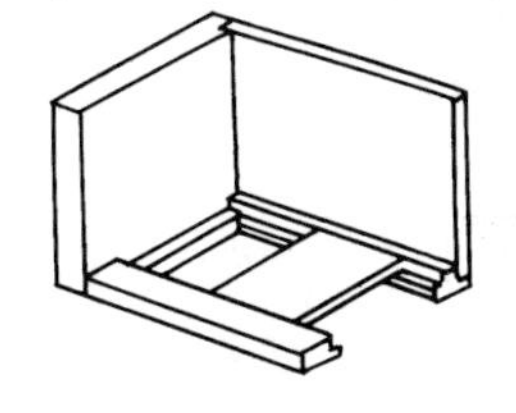
（a）前後下桟に段欠き落とし込み

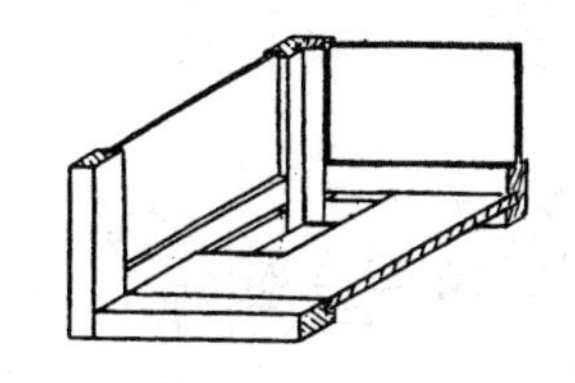
（b）前は下桟の段欠き，後ろは小穴はめ込み

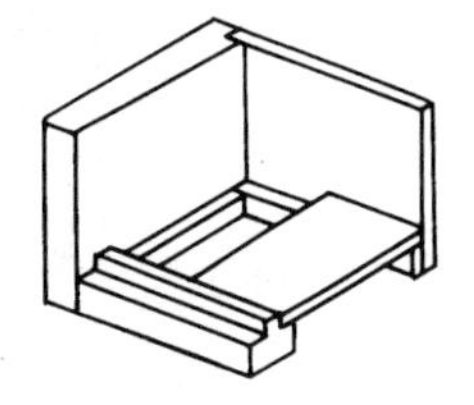
（c）前は下桟の段欠き，後ろは受桟支持

図３－４ 地板の取付け（薄板を地板とする場合）

c. 裏板の取付け

裏板は，省略されるものもあるが，収納物品の保管と箱部の構造を丈夫にする重要な役割を持っている。図３－５に裏板の取付け例を示す。

一般に，裏板は，天板，側板，地板の後ろ木端面に沿って段欠きや小穴溝を作り，これに釘打ちか，はめ込みとする。裏板用のかまち組みを別に作って，それに取り付けることもある。面積の広い裏板の場合は，横か，縦又はその両方に，桟や，かまちを入れて補強する。

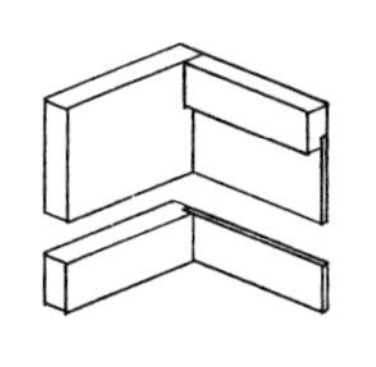
（a）段欠き落とし込み

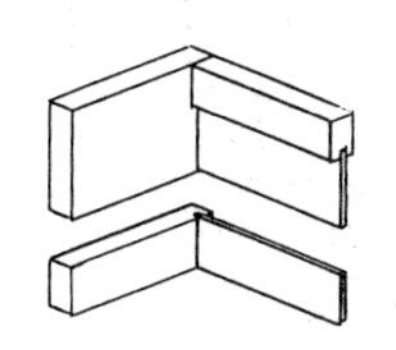
（b）小穴はめ込み

図３－５ 裏板の取付け例

（2）かまち組み

主に，側を**かまち組み**とする構造である。**帆立**（ほたて）（方立：側部をかまちで構成した枠体）は縦かまちに横かまちをほぞ差しで組み，内側四方に小穴を掘って鏡板をはめ込むか，又は段欠きして落とし込み**押し縁**（板やガラスを，かまち材に押さえつけて固定するために打ち付ける，細い板状の棒）止めとする。左右の帆立は，上・下，前・後のかまち材（これを桟と呼ぶ場合もある）によって強くつなぎ合わせ，天板，地板がかまちに取り付けられる。

かまち組みは，軽くてしかも強いので広く用いられる。かまちの表内側には，面工作が施されることもある。図３－６にかまち組み家具の構成例を示す。

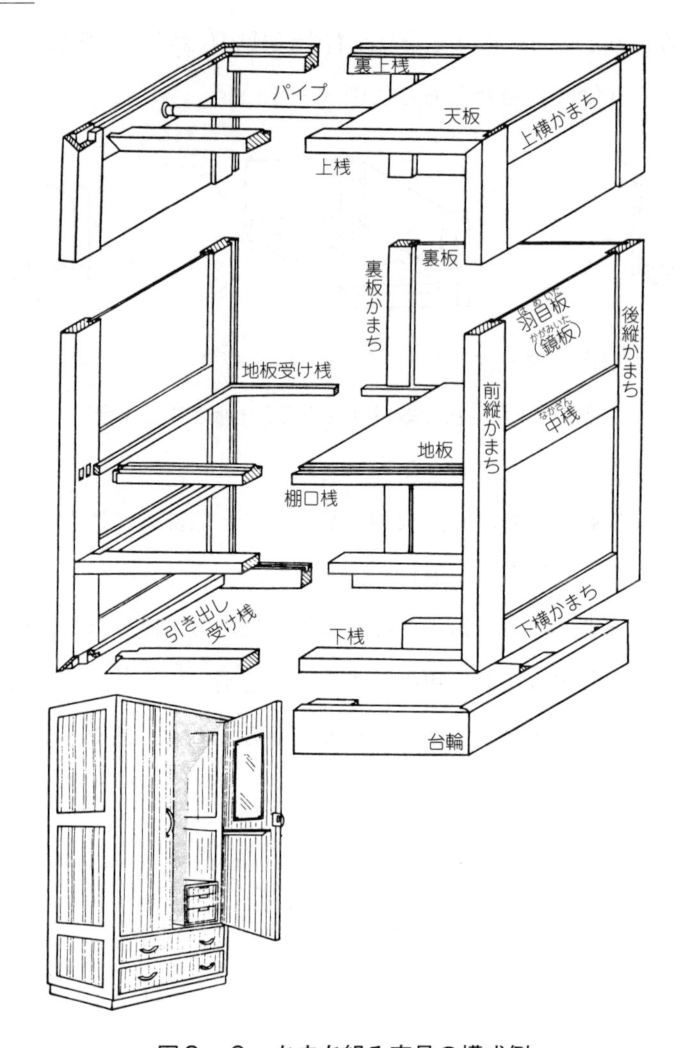

図3－6　かまち組み家具の構成例

a. 天板と側板の取付け

薄板の天板は，前後の上桟を帆立に取り付け，内側上端に段欠きして落とし込みとするか，内側四方に小穴を掘ってはめ込む。

厚板の天板又はかまち組みした天板を，上桟と帆立にかぶせ，釘打ち又はねじ締めして埋め木をすることもある。図３－７にかまち組みによる天板の取付け例を示す。

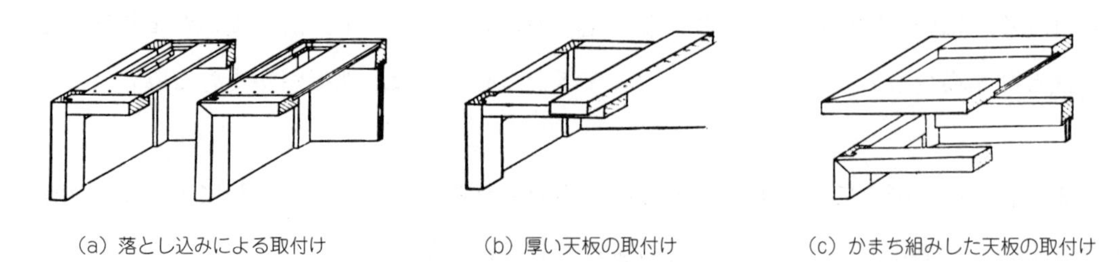

（a）落とし込みによる取付け　（b）厚い天板の取付け　（c）かまち組みした天板の取付け

図3－7　かまち組みによる天板の取付け例

b. 地板と側板の取付け

板組みの場合とほとんど同じである。図3－8にかまち組みによる地板の取付け例を示す。

c. 裏板の取付け

板組みの場合とほとんど同じである。図3－9にかまち組みによる裏板の取付け例を示す。

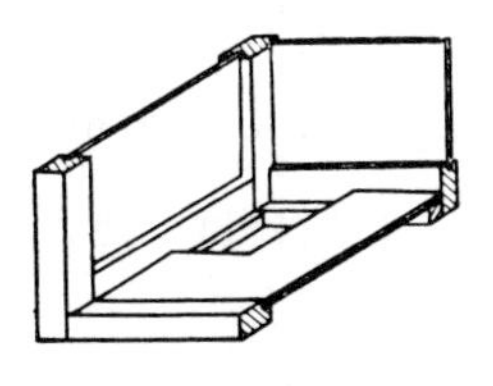

（a）前桟段欠き落とし込み

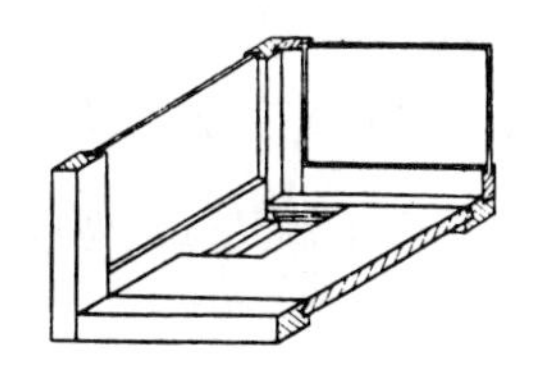

（b）前後下桟に段欠き落とし込み

図3－8 かまち組みによる地板の取付け例

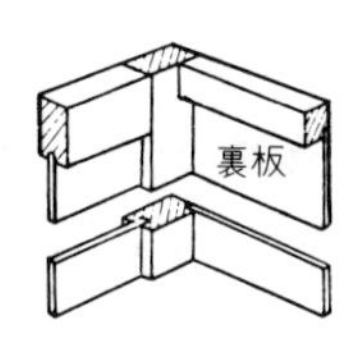

（a）落とし込みによる取付け

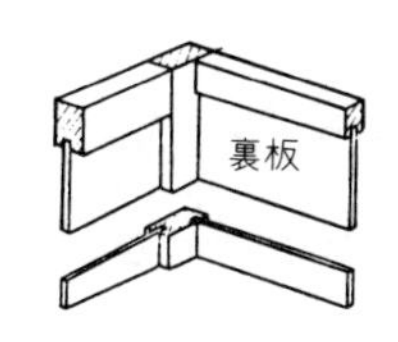

（b）小穴溝による取付け

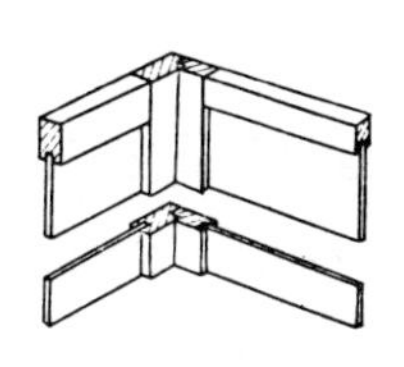

（c）枠組みによる取付け

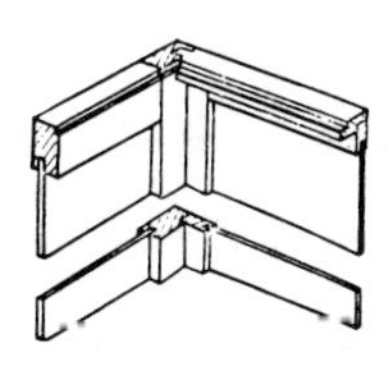

（c）枠組みによる取付け

図3－9 かまち組みによる裏板の取付け例

（3）フラッシュ構造（フレームコア構造）

フラッシュ構造は枠組の表面に，化粧合板や合成樹脂板を張り（練り）付けたパネルを主構成部材とする。フラッシュ構造は，狂いが少なく，軽い割には強度が優れているので，量産の家具に多く用いられている。構成部材の取付けには，ほぞ接合やだぼ接合が多用されている。

（4）柱 立 て

数本の角棒や丸棒を主な構成部材とするもので，必ずしも側板や裏板を必要としない。このため開放的な家具，例えば間仕切り家具，陳列棚，和風飾り棚，人形ケース，サイドボード，書棚などに用いられる。

a. 木材による柱立て

柱は，ぬき材をほぞ差しで互いに強くつないだ後，天板，棚板，地板を取り付ける。また，分断された柱を，棚板の隅に掘ったほぞ穴の上下から差し込み，内部で接合するなど，棚板そのものを柱の連絡補強材とする。

回りにガラス板を回すときは，地板をかまちで組んで，その四隅に柱をほぞ差しで立て，別に組んだ天板部のかまちにほぞ差しで固める。内側の四方に段欠き，小穴を回し，ガラスを入れる。普通，天板，側坂，地板，裏板を入れる場合は，柱を縦のかまちとし，ぬきを横かまちとして扱い，かまち立ての構造と同じように工作する。

b. 金属による柱立て

木材による柱立ての一部又は全部に金属を用いるもので，溶接，リベット締め，ボルト締め，曲げなどの方法によって組立てられた柱部に，棚板又はあらかじめ別に作った枠体などを，1個又は数個取り付ける。取付けは，ボルト締め，ねじ締め，特殊な取付け金具による。

棚板や枠体の材料には，木材，金属，ガラスなどが用いられる。また，補強のためにスチール棒を筋違いに用いることもある。

1.3 支輪（しりん）

支輪は，家具の上部の補強と装飾を兼ねる部分で，古典的家具には，複雑な支輪工作をするものが多いが，現在では極めて簡略化され，全く付けない場合もある（図3－10）。

支輪枠は，前板，後ろ板，両側板によって構成される。前板と側板の表面には，各種の繰り形や面などを取り付ける。繰り形は，削り出すか，又は数枚の板を組み合わせることによって作りだす。

前側の両隅の接合は，留め接ぎ（又は組み接ぎ）にする。後ろ側の両隅は，前隅と同じ工作をする，又は後ろ板を側板に，包み打ち付け接ぎで取り付ける。四隅は，隅木を内側から付けるか，ちぎり，雇いざね，だぼなどを入れて補強する。大形の支輪は，前後枠の中央部上端に，根太を欠き込んで補強し，その上に板張りすることもある。

本体に取り付けるときは，支輪の内部から枠に釘打ち又はねじ締めする，若しくはほぞ，だぼによって取り付ける。このほか，本体の上桟から，釘打ち又はねじ締めして埋め木をする。

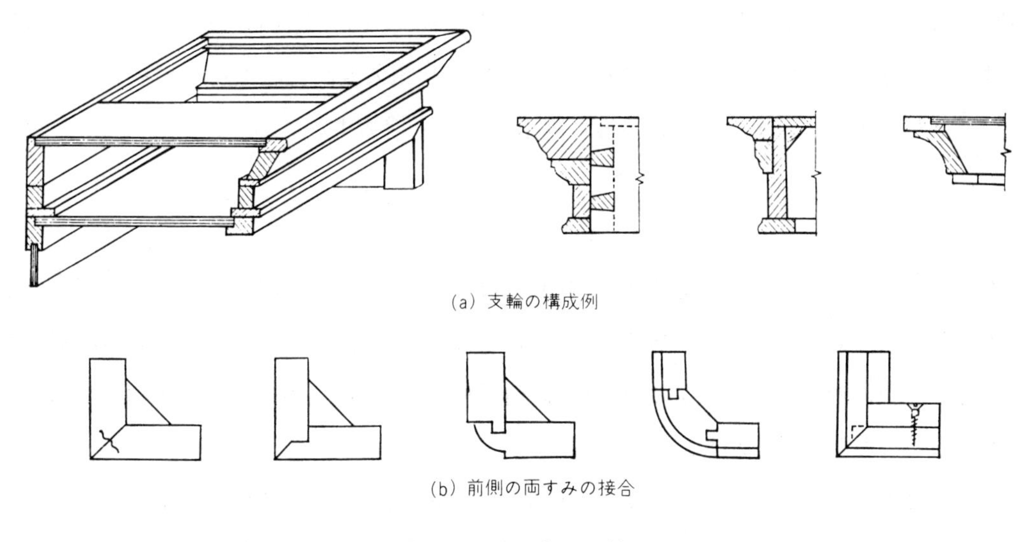

（a）支輪の構成例

（b）前側の両すみの接合

図3－10 支　輪

1.4 台（だい）　輪（わ）

台輪は，家具の下部の補強と装飾を兼ねる部分で，地板を床面からある高さに支持する役割と，上部の全重量を支える役割がある（図3－11）。

構造は，支輪とほぼ同じであるが，強度は支輪に比べて大きく保つ必要がある。取付けは，隅木やこま止め金具を用い，内側から地板に釘打ち又は木ねじ締めとする。丈の低い

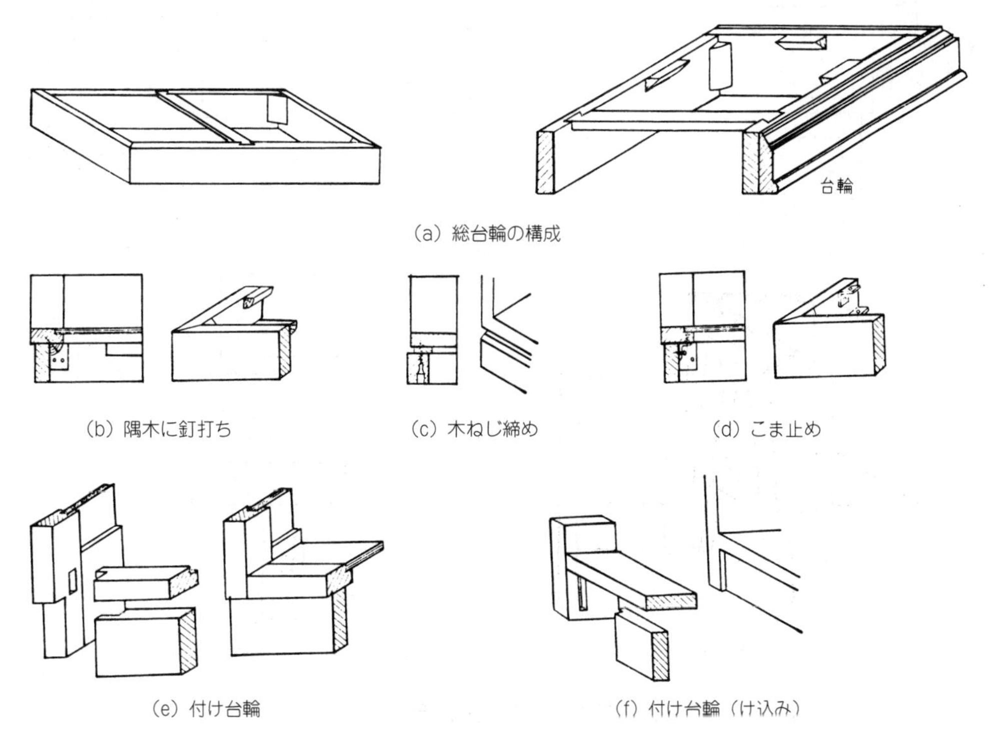

（a）総台輪の構成

（b）隅木に釘打ち　（c）木ねじ締め　（d）こま止め

（e）付け台輪　（f）付け台輪（け込み）

図3－11 台　輪

台輪では，下側から丸穴を掘り，地板に釘打ち又は木ねじ締めとする。最も簡単な台輪は，付け台輪と呼ばれる前側だけに付けるもので，ほぞや相欠きなどにより，下桟（下かまち）から釘打ちをする。いずれの場合にも，隅木を付けて補強する。

1.5　脚（あし）

脚の役割は，台輪と同じであるが，外観は軽快である。脚の材料は，木材，金属，プラスチックなどであり，それぞれ角脚，ひきもの脚，板脚，鋼棒脚など，いろいろの形のものがある。脚の形状から分類すると，棒脚と板脚に大別され，棒脚には，角脚，丸脚，さぎ脚，ねこ脚などの種類がある。

脚は，幕板とぬきをほぞ差しして強く固め，本体の地板又は下桟にこま止めとする。また，脚の上部にほぞを作り，直接地板にはめ込むか，地板下に桟を組み付け，これにほぞ差しとする。このほか，帆立の縦かまちを下方に延ばして脚とすることもある。

いずれの場合も，脚部は，上部の全重量を支えるものであるから，丈夫に作ることが必要である。少しぐらい移動したり，引きずったりしても形がくずれるような工作をしては

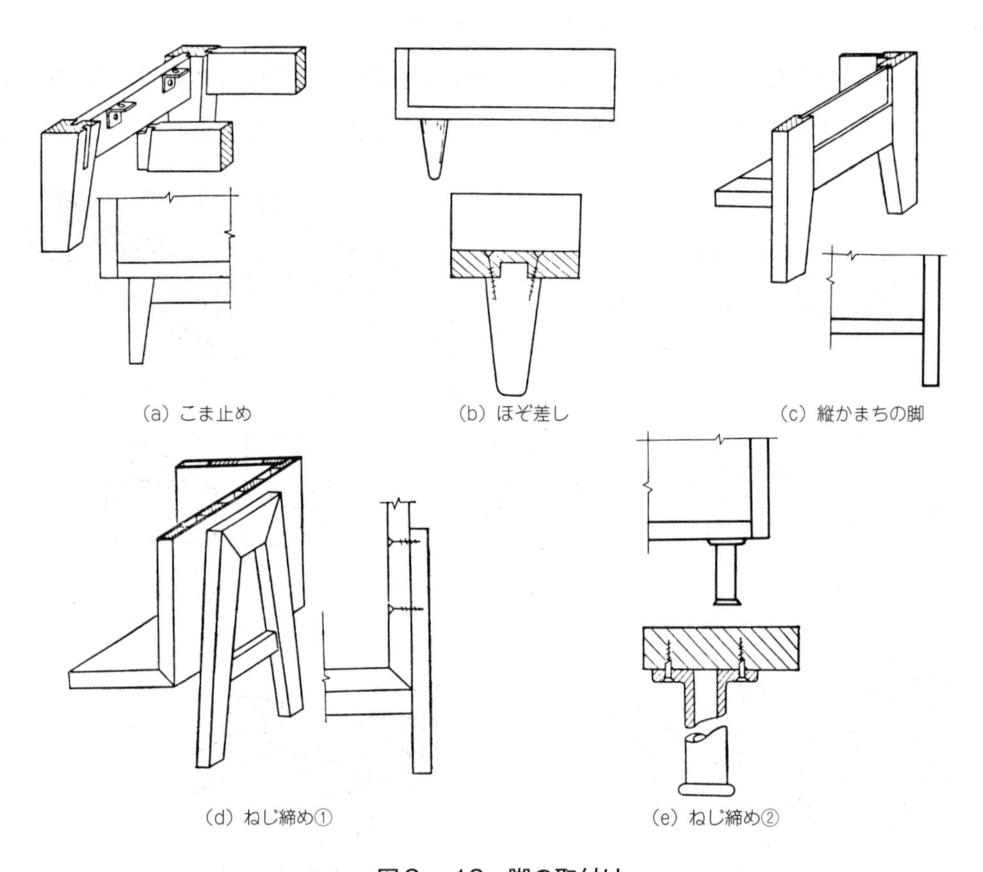

図３－12　脚の取付け

ならない。金属製，プラスチック製の脚の取付けも，座金を取り付けるだけでなく，取り付ける部材も，丈夫にしておくことが大切である。図３－12に脚の取付け例を示す。

１．６　中仕切り

横幅の広い製品などでは，補強と機能的な必要性から，本体の縦方向に仕切り板を付ける。厚板を用いる場合は，天板と地板に追入れ接ぎとする。薄板を用いる場合は，前後の縦かまちを，天板と地板にほぞ差しとして，そのかまちの小穴溝によってはめ込む。中仕切りの短いものは，つかと呼ぶこともある。

１．７　棚

棚板は，物品の収納と整理を便利にするもので，物品の重さを十分に支えるだけの強さを持った材種，構成が必要である。普通，木材のほか，板ガラス，金属板，木質板，合成樹脂板などが用いられる。取付けには，位置を固定して動かさないものと，取外しや高さの調節が，自由にできるものがある。

（１）固　定　式

a）側板に小穴溝を掘り，追入れ接ぎやあり形追入れ接ぎとして，接着剤によって接合するほか，外側から釘打ち，だぼ埋めをする。この場合は，小穴溝の掘り込みが，前面に出ないようにすることが多い。

b）受け桟に側板を釘打ち，ねじ締めとするか，前後の縦かまちにほぞ差しにより取り付け，これに棚板を載せて釘打ちする。この場合，釘打ちしなければ，取り外しが自由になる。

c）棚口桟と後ろ桟を側板に，ほぞ差しで取り付け，これに板を段欠き，小穴入れ，又はそのまま釘打ちして取り付ける。

（２）移　動　式

a）側板又は帆立の内側にのこ状又は半円状の切り込みを数多く作ったがん木を縦に取り付け，これに受け桟をはめ込み，棚板を載せる。受け桟の取り外しは自由で，受け桟のはめ込み位置を変えることにより，棚板の高さが調整できる（図３－13（a））。

b）両側の板に所要の間隔で，だぼを２列ずつ埋め込み，これに棚板の木口下側にだぼと間隔を一致させた半円筒状のくぼみを作り載せる。だぼは差し込み位置を変えることにより，棚板を上下に移動できる（図（b））。

c）あらかじめ穴をあけられた専用の棚受け金具を用いて棚板を載せる方法もある（図（c））。

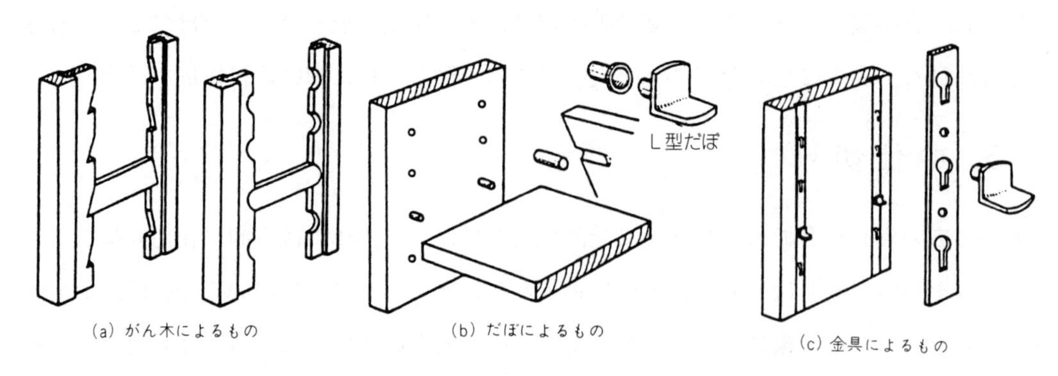

図3－13 移動式棚

1.8 引き出し

引き出しは，収納家具のほか，机，鏡台などにも広く用いられ，収納の機能を果たすものである（図3－14）。

(1) 構　成

引き出しは，**前板**（まえいた），**側板**（**妻板**（つまいた）），**向こう板**（むこういた）（**先板**（さきいた））及び**底板**（そこいた）により構成される。前板

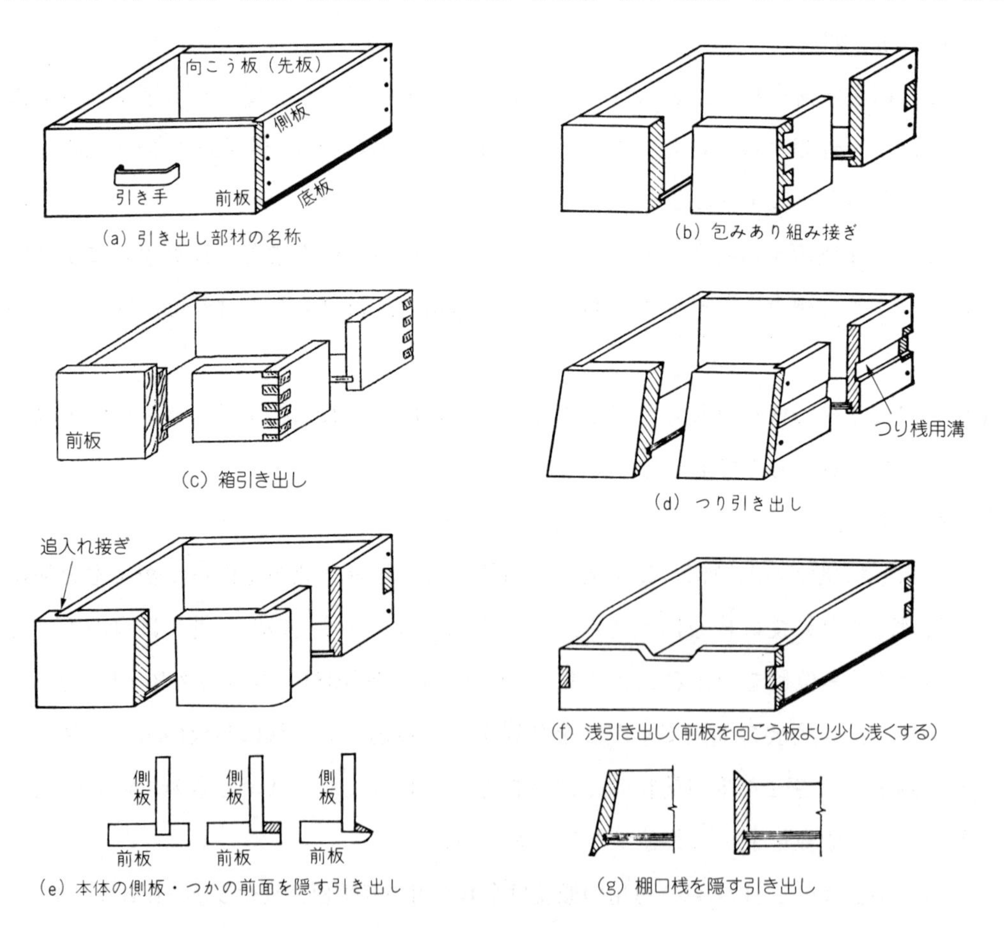

図3－14 引き出し

には，引き手や錠（じょう）などの金具を必要に応じて取り付ける。前板は特に外観がよく，狂いの少ない樹種を選ぶが，フラッシュ構造や木質材料に化粧単板を練り付ける構造も多い。

側板（妻板）や向こう板（先板）には比較的狂いの少ない軟材，底板には合板を用いることが多いが，ボードやはぎ合わせ板を用いることもある。

（2）構　　造

a. 前板と側板の取付け

前板と側板は，包み打ち付け接ぎ（図3－14（a），（d）），組み接ぎ（あられ組み接ぎ）（図3－14（c），（f）），包みあり組み接ぎ（図3－14（b）），隠しあり組み接ぎ，追い入れ接ぎ（図3－14（e））などの接合法で組み付ける。前板の前面には，通常，木口を出さない構造にする。

また，図3－14（c）のように，引き出しの箱部を組み付けた後に前板を接合する方法もある。

b. 側板と向こう板の取付け

向こう板は，左右の側板の間に挟むようにして，打ち付け接ぎ（図3－14（a）），組み接ぎ（図3－14（c），（f））などの接合法で組み付ける。

c. 底板の取付け

底板は，**上げ底**と**べた底**がある。上げ底は，前板と側板の内側下方に小穴溝を回し，その小穴溝に底板を差し込み，向こう板下端に釘打ち又は木ねじ締めとする。横幅の長い上げ底引き出しは，底板の下側の中央部に根太（ねだ）を取り付けて補強する。

べた底は，前板下端の内側に，底板の厚みと同寸法の段欠きを作り，側板と向こう板は，あらかじめそれだけ幅の狭いものを作っておく。この段欠き部と，側板と向こう板の下端を合わせ，底板を当て，釘打ちをする。また，前板と側板とに段欠きをして，落とし込む場合もある。底板に用いる板は，繊維方向を側板と平行にそろえる。図3－15に底板の取付け例を示す。

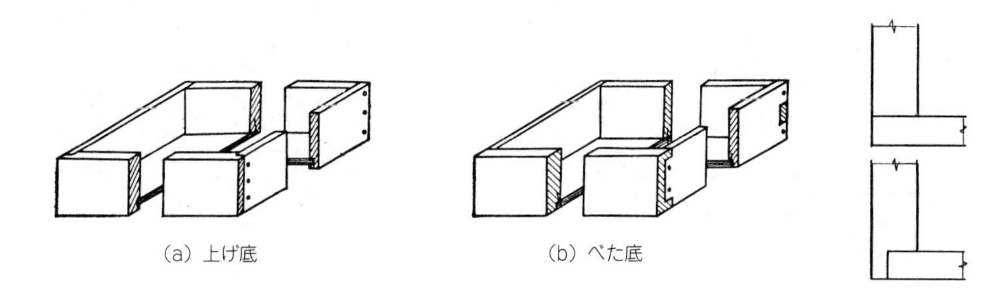

（a）上げ底　（b）べた底

図3－15　底板の取付け

(3) 仕 込 み

a. 受け桟による仕込み

上下の**棚口桟**を，側板や中仕切りにほぞ差しとし，引き出し**受け桟**は，側板に釘打ち又はねじ止めとする。また受け桟は，棚口桟と後ろ桟に相欠き・ほぞ差しなどで取り付ける場合もある。側板がかまち組みの場合は，かまちの内側に合板などで受け桟に平行な振れ止めを付け，引き出しが左右にぶれるのを防ぐ。図3－16に引き出しの仕込み例を示す。

引き出しを横に2はい以上並べる場合は，上下棚口桟の必要箇所に，つかをほぞ差しで入れ，その後方に受け桟，**すり桟**を入れる。引き出しは，上下棚口桟の間に差し込み，受け桟の上を滑らせて抜き差しする。

ここで，引き出しの動きには，本体と引き出しの両精度が影響する。すり桟と受け桟は，棚口桟と水平で，上端に目違いが生じないように取り付ける。引き出しは，前板と側板の角度が左右均等で，ねじれが生じないよう注意して組み立てる。**面一**（つらいち）の接合部（本体と引き出し）に生じた目違いは，引き出しを仕込む前に削り取る。

仕込み調整は，抜き差し（当たる箇所を確認）しながら，本体と引き出しの間（上下と左右）に適度なすき間ができ，滑らかに動くよう引き出しを削る。この場合，すき間が大き過ぎると，むしろ動きが悪くなるので，削り合わせには細心の注意が必要である。

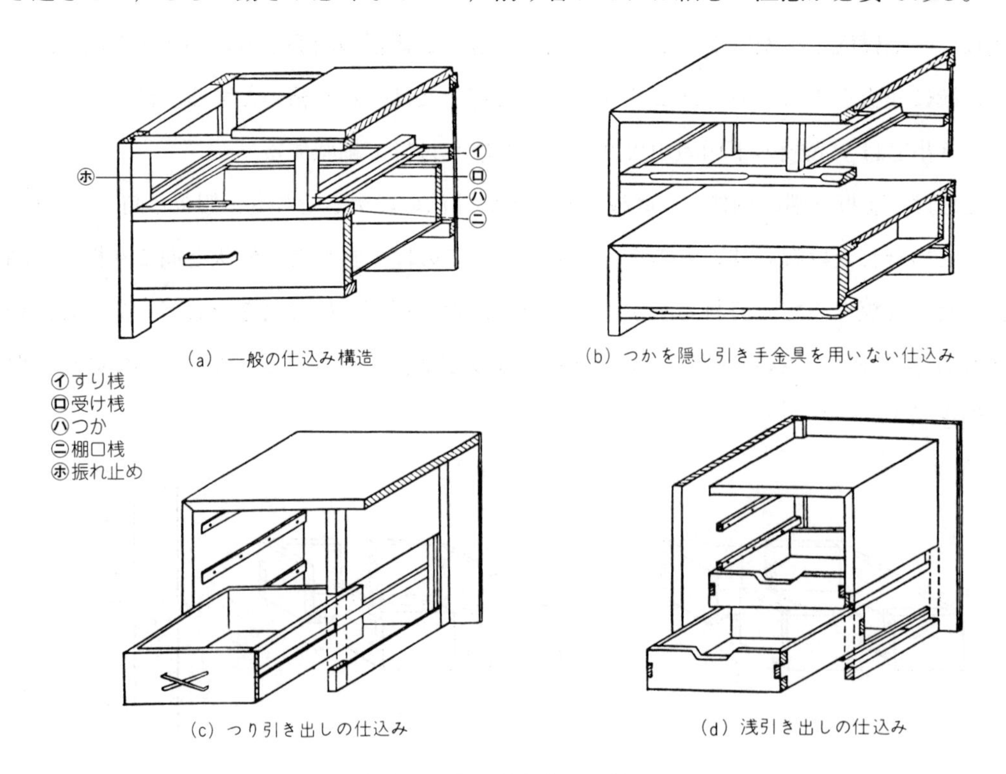

図3－16 引き出しの仕込み

デザイン上，棚口桟，つか，側板を隠したい場合は，前板をその分だけ上下，左右に伸ばして隠す方法もある。また，浅引き出しの場合は，普通棚口桟を必要とせず，受け桟だけを本体の側板に取り付けて差し込む。

b. つり桟による仕込み

いわゆるつり引き出しで，引き出しの側板に，あらかじめ所要寸法の溝（つり桟の幅の溝）を作っておき，これを本体の側板や中仕切りに取り付けた**つり桟**に差し込み，滑らせるものである。この場合は，棚口桟，受け桟，すり桟を必要としない。

c. スライドレールによる仕込み

引き出し中央の裏側又は側板の外側にスライドレールを取り付け，本体に取り付けたレールカバーにはめ込んだものである。

（4）引 き 手

引き手金具には，引き手のほか，つまみ，かんなどが用いられ，金属製のほかに，木製のものも多く用いられている。

いずれも前板にねじ締め，ボルト締め，割り足などで取り付ける。前板の内側に足のむきだしを防ぐため，隠し金具をかぶせる。

引き手を付けないで，前板下端の内側に手がかりをえぐって，引き手のかわりとする方法も多く用いられる。

戸の内側に付ける浅引き出しの場合は，前板の高さを小さくするか，前板上端をえぐり取って，手がかりとすることが多い。

（5）当 て 止 め

引き出しは，所定の差し込み位置で止まる構造にしなければならない。一定の位置で止めるには，前板や向板を本体の構成部材に当てる方法，構成部材に当て止めを付ける方法などがある（図3－17）。

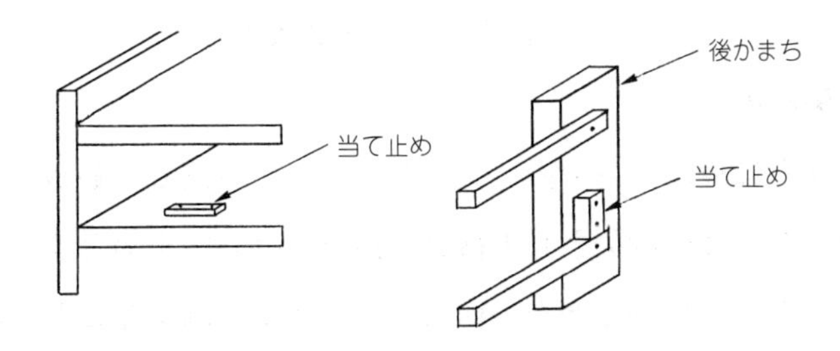

図3－17 当て止め

1.9 戸

(1) 種　類

使用材料や構成によって，**一枚板戸**，**かまち組み板戸**，**フラッシュ戸**，**ガラス戸**などがある。このほか，ガラス板，繊維板，合成樹脂板などの一枚板戸が用いられる。また，開閉や取付け方法により，**引き戸**，**開き戸**，**巻き込み戸**，**けんどん**，**回転押し込み戸**などに分かれる。

(2) 構　造

a. 一枚板戸

はぎ合わせた厚板を，そのまま戸にするものである（図3－18）。これは，狂い，反りを生じやすく，しかも，重いという欠点があるので，大形の戸に用いることは少ない。両端の木口には，**端**（はし）**ばめ**をはめたり，裏に**吸付き桟**を取り付けて補強することもある。

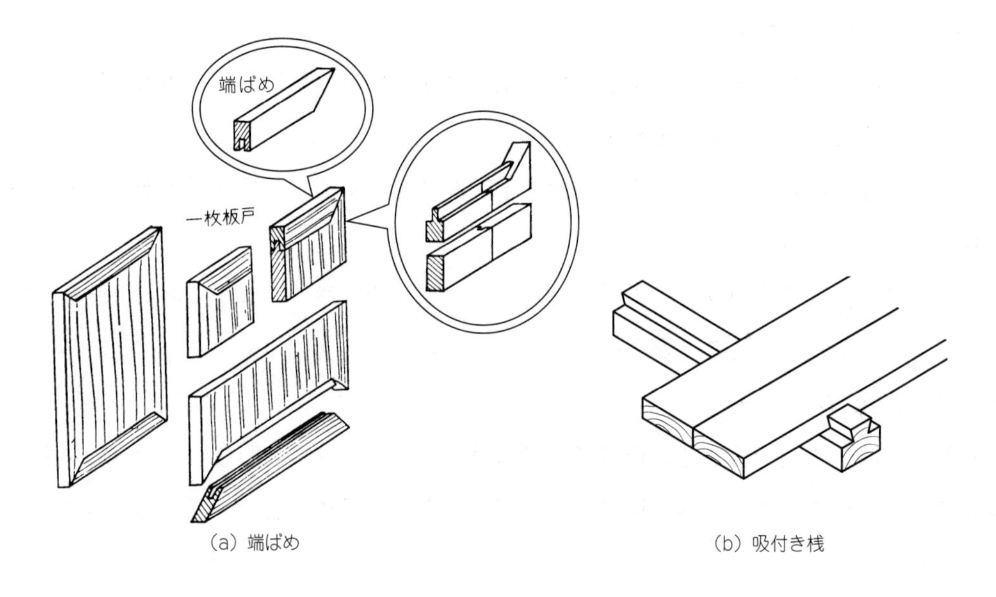

(a) 端ばめ　　(b) 吸付き桟

図3－18　一枚板戸

b. かまち組み板戸

枠体は，縦かまちに横かまちや中桟をほぞ差しで組み込む。**鏡板**は，枠材の内木端に小穴を掘ってはめ込む，又は段欠きして落とし込み，押し縁止めとする。鏡板は，木理の美しいものを用いるが，布や紙などを表面に張り付けて装飾することもある。

鏡板のかわりに，穴あき金属板や金網を張った戸は，食器戸棚などに用いる。図3－19にかまち組み板戸を示す。

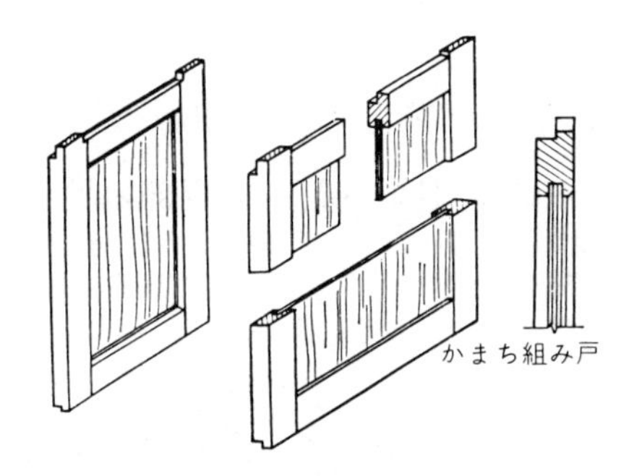

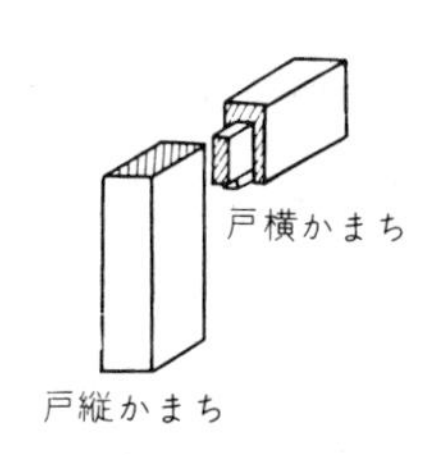

図3－19 かまち組み板戸

c. フラッシュ戸

これは，前述のフラッシュ（フレームコア）構造を戸に採用したものである。窓抜きや金具の取付け位置には，必ず心材を配す。戸の外周には，表面材と同種材を張るか，化粧用の付縁を回す。

一枚板戸に比べて軽量で反りが少なく，外観・強度とも優れているので，家具や建具の大形戸に広く用いられている。

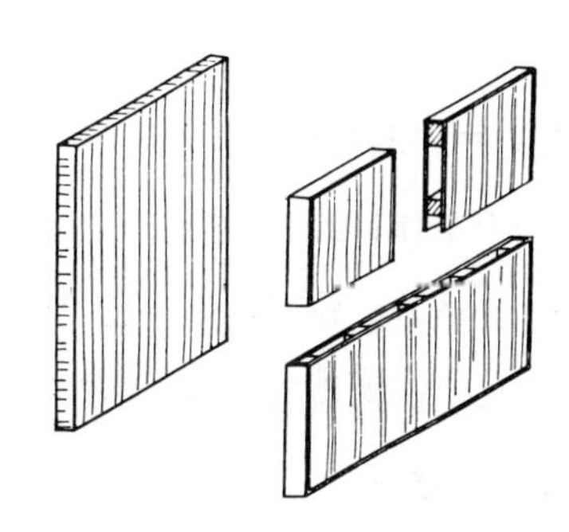

図3－20 フラッシュ

d. ガラス戸

かまち組み板戸の鏡板をガラスにして，破損時に交換できる構造にしたものである。ガラスを取り付ける方式には，小穴止め式，押し縁止め式，パテ止め式などがある。これらのガラス取付け方式に従って，各種の構造のガラス戸がある（図3－21)。

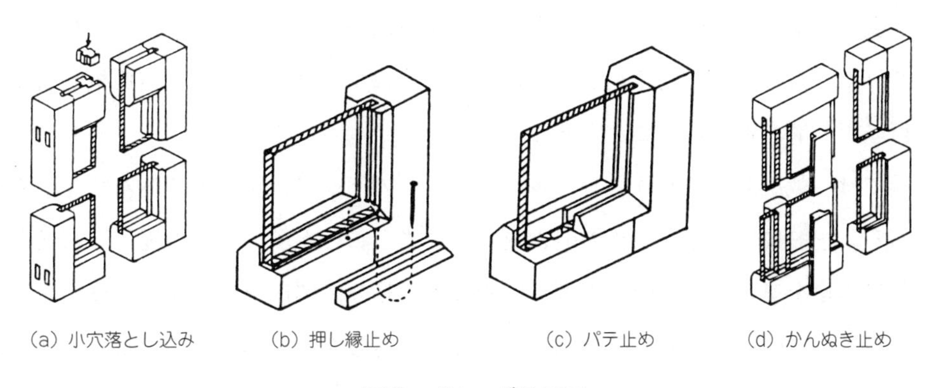

図3－21 ガラス戸

e. ガラス板戸

ガラス板をそのまま戸とするもので，金属縁又は戸車をはめることもある。ガラス戸は，重くて割れやすいので，一般には，引き戸として用いられる。ガラスの強度を増した強化ガラスを用いた開き戸も多く用いられるようになってきた。

f. 巻き込み戸

幅の狭い桟木をすだれ状に並べてつなぎ合わせたもので，鋼線を通したものや（図3－22（a）），裏面に布地を張り付けたものがある（図（b））。末端部の桟木は太く作り，親骨とし，これに手がかり，錠前を掘り込む。

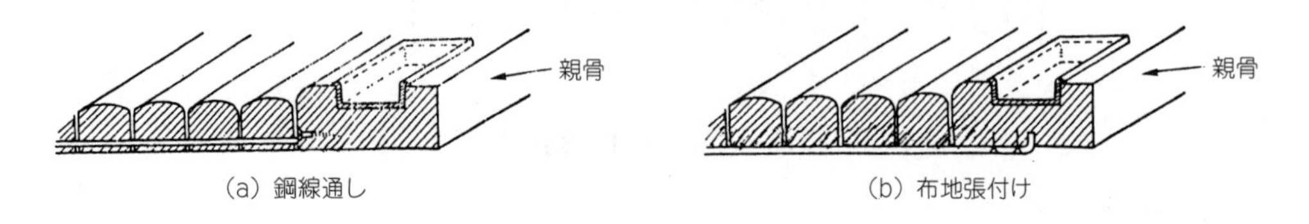

（a）鋼線通し　（b）布地張付け

図3－22　巻き込み戸

（3）戸の取付け

戸を本体に合わせて取り付けて，動きや納まり具合を調整する一連の作業を**つり**（釣り，吊り）**込み**，建て込み，建て付け，建て合わせなどと呼んでいる。

戸は，開閉構造の違いから，次のように分類される。

a. 引き戸

かまち組みの障子・ガラス戸などでかまちの上下端（はな）を桟よりも伸ばして工作し，本体（現物）に合わせて**端切り**（はなぎり）し，建て付ける。この場合，敷居（しきい）溝と鴨居（かもい）溝に建て込む建具は，経年変化で鴨居が下方に湾曲しても外せるように，鴨居溝の２箇所に上げ溝（端穴（はなあな））を掘り込むこともある。

戸の**上端**（うわば）と下端は，敷居溝に差し込みやすくするために，溝の幅よりも少し緩くなるように削り，あげ溝に入れて建て込む。戸締りを完全にするために，左・右側板の所要の位置に，戸当たり溝を掘り込むこともある。

重い戸では，敷居溝のかわりにレールを敷き，戸の下端に戸車を掘り込んで，滑らせることもある。一般には，左右２枚の引き違い戸にすることが多い。この場合，右側の戸が手前，左側の戸を奥に配す。引き手は，両側に掘り込み，開閉を妨げないようにする。

ガラス板戸は，鴨居と敷居の溝を太めにして建て込むが，大形のものは重く，滑りも悪いため，金属レールを取り付け，これに建て込む。特に大形のものには，ベアリング入りの戸車を付ける。

b. 開き戸

開き戸の建て込みには，本体内側に仕込むもの（内付け）と，外側にかぶせるもの（外付け）がある（図3－23）。普通丁番の場合は，戸の木端と側板の内側に取り付けて建て込むか，戸の裏と側板の木端に取り付けて建て込む。また，掘り込み方にも，両方に掘り込むものと，片方に掘り込むものがある。軸づりによる場合は，天板と地板に軸受け金具を掘り込み，戸の上端と下端には軸金具を取り付けて建て込む。このほか開閉に伴う独特な開き戸の動きに対応するため，スライド丁番やアングル丁番など種々の金具を使用することもある。

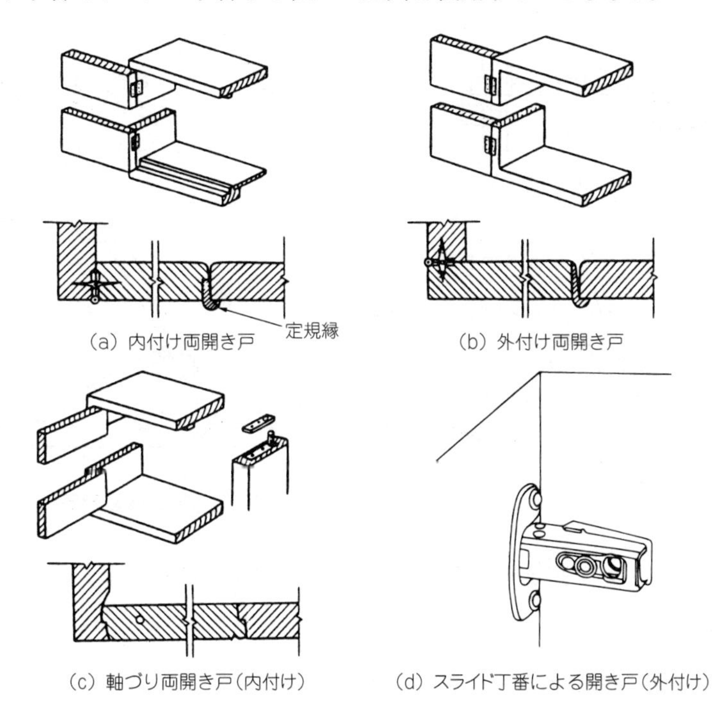

（a）内付け両開き戸　（b）外付け両開き戸

（c）軸づり両開き戸（内付け）　（d）スライド丁番による開き戸（外付け）

図3－23　開 き 戸

スライド（カップ）丁番には，インセット形，半かぶせ形，全かぶせ形がある。全かぶせ形は，丁番によりかぶり代が決められているので，側板と扉とのちりは，側板の厚さに制約される。

開き戸は，一定の位置で止まる構造にしなければならない。このため，地板又は天板の前縁を欠き取るか，桟を取り付けて，戸当たりとする。片開き戸の戸当たりは，側板や中仕切りに，縦に付けることが多い。

両開き戸は，出合いかまちの木端を多少傾斜させて，開閉を円滑にし，同時に，ほこりの侵入を防く意味で，**定木縁**を張り付けることもある。マグネットキャッチや上げ下げ金具によって，戸締りを完全にすることが必要である。

つり下げ戸や，甲板兼用の回転戸の場合は，地板の前縁に丁番を掘り込み，又は，軸づり金具を側板に掘り込んで，戸を前方に倒すか，上方に回転するように建て込む。この前方に倒すつり下げ戸をドロップドアといい，ビューローのような兼用戸に多く用いられる。この場合の甲板の支持方法には，図3－24に示すように，ステーや腕木によるものなど，各種のものがある。

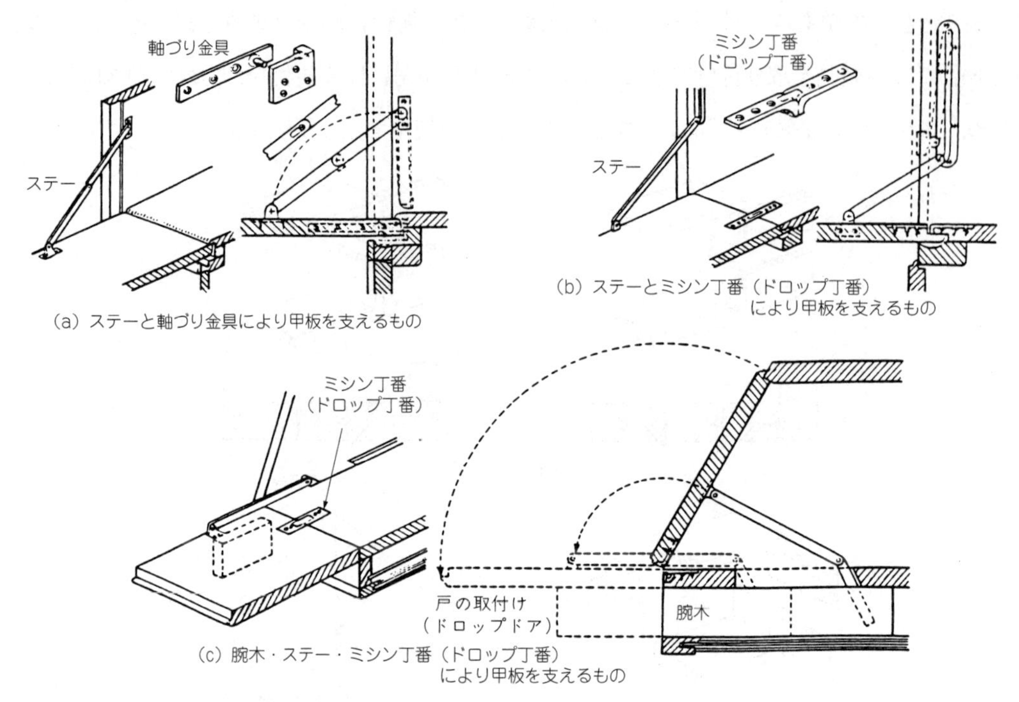

図3－24　戸の取付け(ドロップドア)

c. 巻き込み戸

両側板の内側に案内溝を掘り，これに戸の端を差し込んで上下に滑らせて開閉するもので(図3－25)，巻き込み戸の内側には，仕切り板を入れ，戸の出入する空間を残しておく。左右に開閉するものもある。

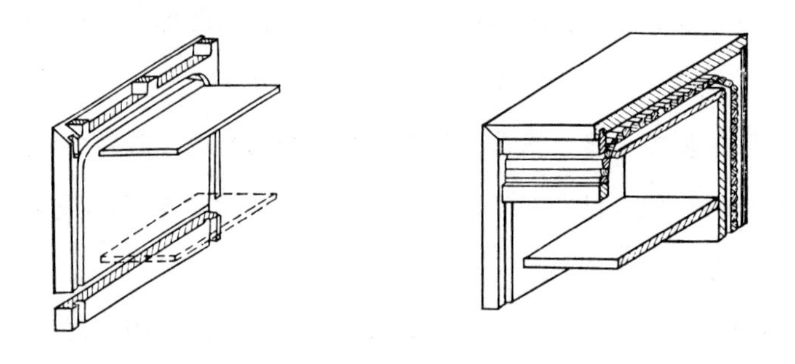

図3－25　巻き込み戸

d. けんどん

けんどんは，和風指物に多く用いられる形式で，上下又は左右に溝があり，一方(上下ならば上)の溝が深くなっていて，戸をまず深い方にはめてから，浅い方に戻す(落とす)方法で戸をはめ込む。

e. 回転押し込み戸

軸づり戸の一種で，戸の上端と下端には，普通の軸づり金具を入れ，天板と地板には，側板に沿って，戸の横幅とだいたい同じ長さの溝を持った特殊金具を取り付ける。戸を納めるときは，普通の軸づりと同様に戸を回転させてから，開いた戸を側板面と平行に押し込むと，軸の溝を滑って，側板に沿って収納される（図3－26）。

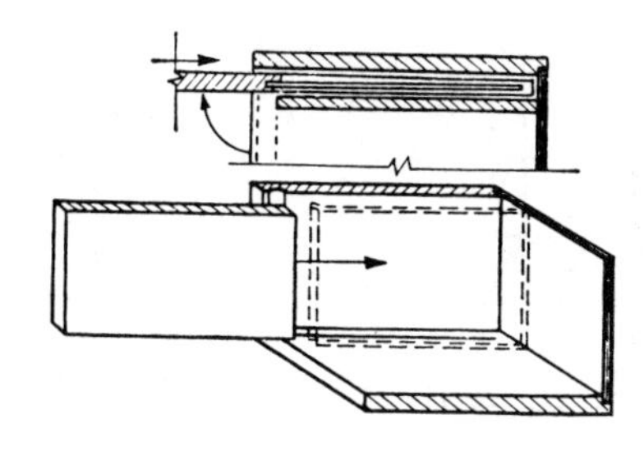

図3－26　回転押し込み戸

（4）金具の取付け

開き戸には，取っ手をねじ締め，ボルト締めで表面に取り付け，マグネットチャック，タッチラッチなどを取り付ける。あおり止め（扉や開き戸などを閉じたままの状態で止めておく金具）は，戸締りをよくするために，左側の戸の合わせ目の上下に，上げ下げ金具を取り付けることもある。

引き戸には手がかりの金具を表面から掘り込んで取り付ける。ガラス板戸などでは手がかり溝を掘り込むだけのものや，ガラス用の手がかり具を付けたものなどがある。二枚引き違い戸の場合は，左右の両端部に引き手を取り付ける。引き手は開閉に支障のないように注意する。

鍵（錠）には，戸に鍵本体や鍵座を掘り込むもののほか，戸の表面にボルトや本ねじで取り付けるもの（裏止め式），ガラス専用のガラス錠など，多種・多様な種類かあり，デザインや鍵の目的を考慮して取り付ける。

1.10　組合せ，分解，回転など

家具には，収納場所をとらないように積み重ねのできるもの，運搬しやすいように分解できるもの，また，向きを自由に変えることのできる回転式のものがある。

（1）組合せ（ユニット）

それぞれ独立した2個以上のたんす，戸棚を上下に重ねるか，左右に連結して，より大きなものを構成させるものである（図3－27）。いわゆる重ね戸棚は，上下の二段式にしたもので，上部を上箱，下部を下箱という。下箱の天板に，だぼ又はほぞを埋め込み，同じ位置となる上箱の下端にだぼ穴を掘り，両者を一致させて上下に重ねる。

同一形状のたんすなどを，単位家具として多数重ねるときは，ほぞ，だぼ，欠き込み，その他の方法で，上箱の下部と下箱の上部の側板・かまち・柱の部分で一致させ，はめ込むようにする。組み重ね式家具は，特に転倒に注意が必要で様々な耐震金具を併用しているものもある。

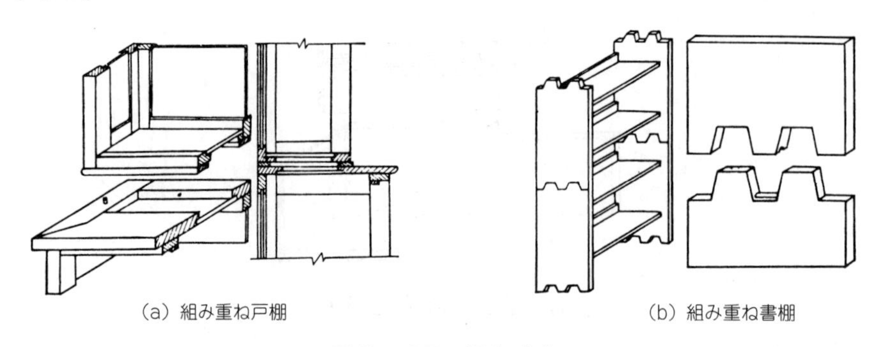

（a）組み重ね戸棚　　（b）組み重ね書棚

図３－27　組合せ式

（2）分解・組立て（ノックダウン）

家具を各部材に分解し，また，たやすく組立てられるようにして，収納や運搬をしやすくした構造のものである。

書棚などでは，古くから，棚板を側板に通しほぞ・くさび止めとする方法が用いられている。このほか，パイプやアングル材を柱として，いろいろな止め金具を用いて棚を構成する方法，ねじ締め・ボルト締め・特殊だぼ・特殊金具などを利用して，分解と組立てをたやすくする方法が多く採用されている。この構造の家具は，部品に厳しい互換性が要求されるものの，今後ますます進展するであろう（図３－28）。分解・組立て式は，学童用の机やいす，ベッド，その他の家具に広く用いられている。

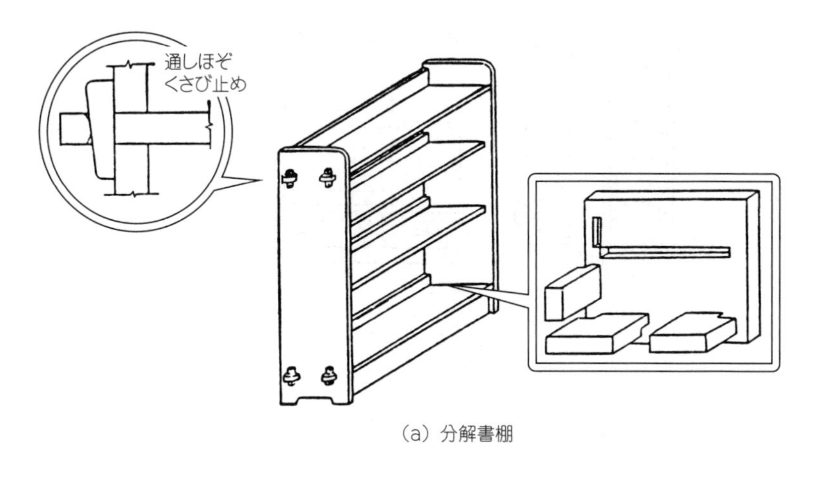

(a) 分解書棚

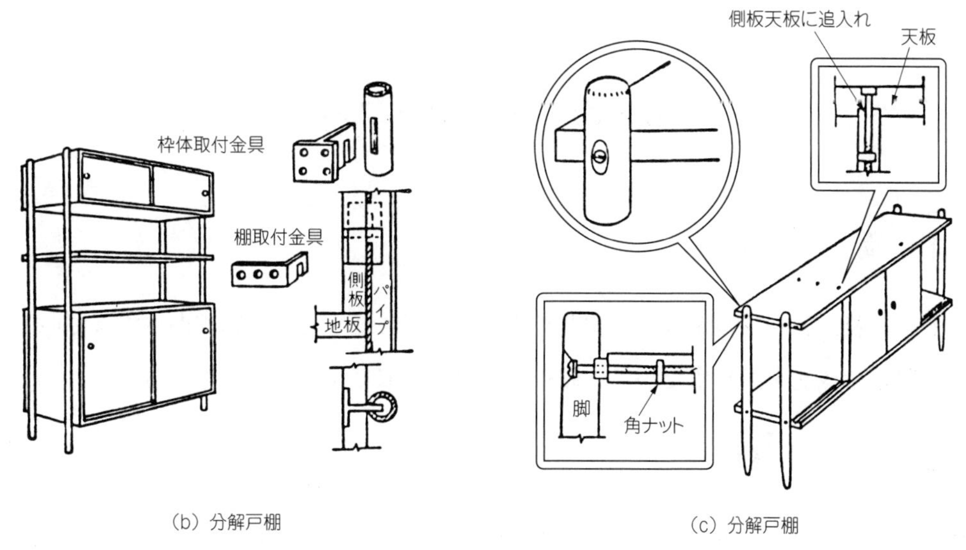

(b) 分解戸棚　　(c) 分解戸棚

図3－28　分解・組立て式（ノックダウン）

(3) 回　転　式

正多角柱状又は円柱状の箱部の中心天板下面と，受け台軸柱頭部に，軸受金物を取り付けて，回転できるようにしたものである。円滑に回転するように，地板と台輪の間にベアリングを入れることもある。回転戸棚，ワインキャビネットなどに用いられる（図3－29)。

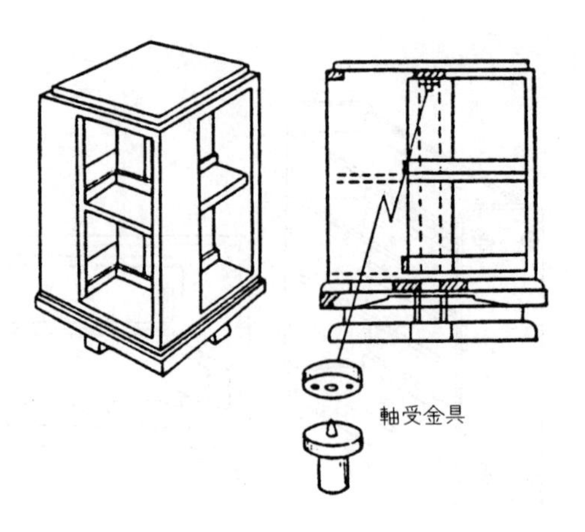

図3－29 回転式

第2節 机，テーブル類

2.1 構 成

一般に，机，テーブル類は，主体となる甲板部とこれを支える脚部からできている。脚部は，収納の機能を果たすために，棚や引き出しを取り付けることもある。

2.2 甲 板

甲板は，机やテーブルの機能を代表する最も重要な部分であり，表面の平滑さや，いろいろな耐性，強さに優れていなければならない。使用材は，木材のほか，木質材料，金属，ガラス，プラスチック，石材，布，皮革など，広い分野にわたっているが，一般の木材甲板の構成，種類は，次のとおりである。図3－30に甲板の構造例を示す。

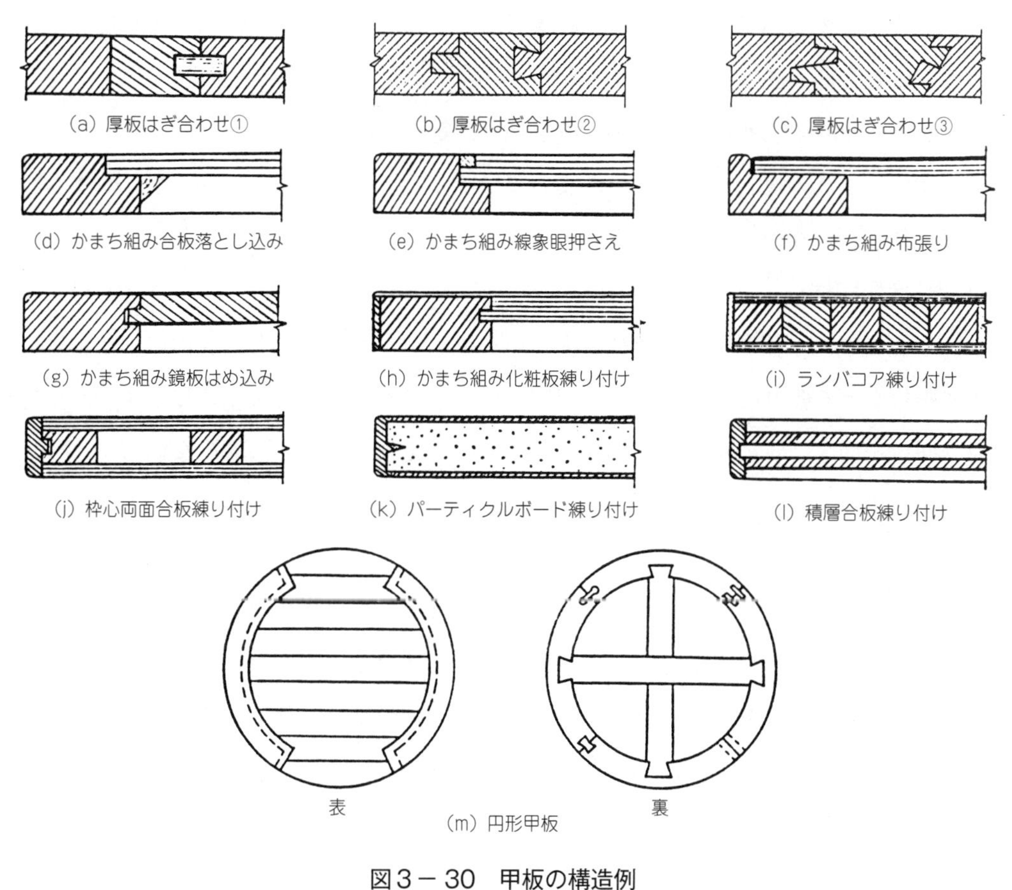

図3－30　甲板の構造例

(1) 一枚甲板（ソリッド甲板）

一枚板又ははぎ合わせ板を用いるもので，材料の伸縮による反り，ねじれ，はぎきれなどの欠点がでやすい。これを防ぐために，次のような工作をする。

① 甲板の木理と直角に，甲板の裏側に吸付き桟を取り付ける。

② 木口に端ばめを取り付ける。

③ 幅はぎするときは，木裏と木表が交互になるよう配慮する。

(2) かまち組み甲板

かまち組み甲板は，雇いざね留め接ぎ，留め形三枚接ぎ，上端留め接ぎなどによってかまちを組むのが普通である。平留め接ぎにするときは，ちぎり，ボルト・ナットなどによって補強する。

鏡板には，一枚板，はぎ合わせ板，合板，木質材料板（ファイバーボード，パーティクルボードなど），ガラスなどが用いられ，その取付け方法は，おおむね次のとおりである。

① かまち組みの上端内側に，段欠きを回して鏡板を落とし込み，接着又は隠し釘打ち

をする。必要に応じて，押し縁，線象眼などを入れる。また，表面に布や皮を張り付けることもある。

② かまち組みの内側四周に，小穴溝を掘り，鏡板をはめ込む。

①，②のいずれの場合も，根太をかまちにほぞ差しとして，鏡板を支える。かまち組み甲板は，狂いが少なく，見かけもよい。

(3) 練り付け甲板

かまち組み甲板，積層合板，厚板合板，パーティクルボードなどの表面に，化粧単板や合成樹脂板などを張り付けたもので，周囲の縁にも同種の薄板を張りめぐらすか，木材や金属の面縁を回す。この甲板は，外観，強度ともに優れ，狂いが最も少ない。

2.3 脚　　部

脚は，甲板を所要の位置に，安全に支持する部材で，脚自体の材質の強いことはもちろん，緩んだり，ぐらついたりしないように，堅ろうに組み立てなければならない。使用材には，木材（むく（ソリッド）材，合板材，曲げ木）のほか，金属（棒材，パイプ材，アングル材），籐（とう），竹などがあり，その形状によって棒脚（角脚，丸脚），板脚，箱脚（袖（そで）），ひきもの脚，ねこ脚，X形脚などに分けられる。図３－31に脚部の構成例を示す。

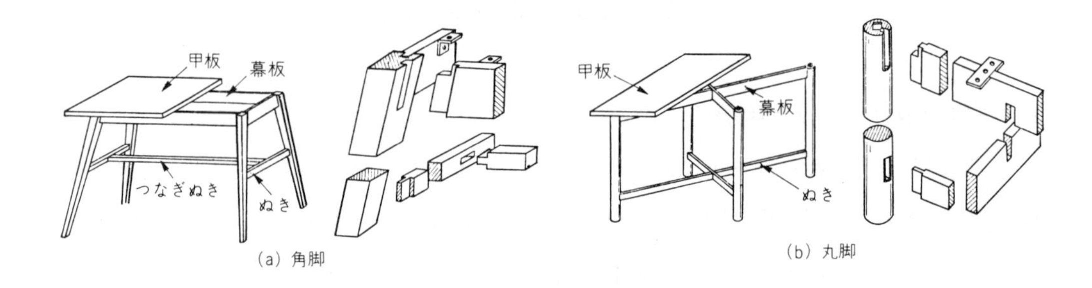

図３－31　脚部の構成例

また甲板支持に何本の脚を用いたかによって，一本立ち，二本立ち，三本立ち，四本立ちなど，様々な場合が生じる。

脚をつなぎ合わせて固める（固定する）ための部材には，幕板，根太，ぬき，つなぎぬきなどがある。そのうち，幕板や根太は，甲板を取り付ける役目も持っている。このほか，引き出し，袖，向こう幕板，足かけ，棚などを必要に応じて取り付ける。参考として，図３－32に平机の構成例を示す。

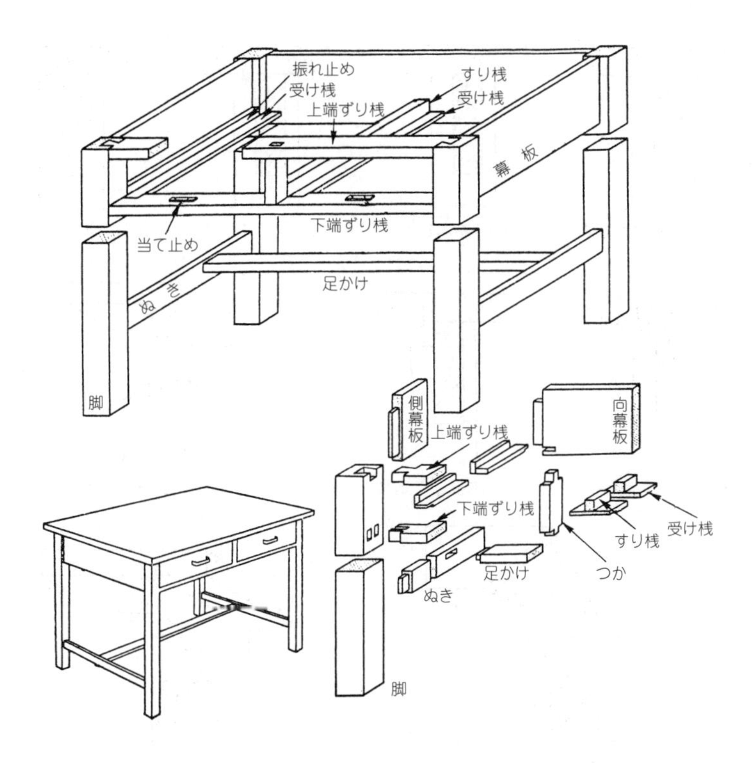

図3－32 平机の構成例

（1）木 製 脚

a. 棒 脚

角脚，丸脚などの棒脚は，上部に幕板やぬきをほぞ差しして固める。この場合，平ほぞでもよいが，2枚ほぞや小根付きほぞにすれば，その強度を増すことができる。下部には，ぬきをほぞ差しで取り付けることが多い。さらに，必要に応じ，つなぎぬきや足かけをこれと直角にほぞ差し又は相欠きで取り付ける。

甲板と脚部との取付け方法は，おおよそ次のとおりで，単独に行う場合と，併用する場合がある。図3－33に甲板の取付け例を示す。

① 甲板表面から幕板に，釘打ち（ねじ締め）し，だぼ埋めする。

② 幕板内側から甲板裏面に，釘組打ち（ねじ締め）する。

③ 幕板内側から甲板裏面に，こま止めする。

④ 甲板に取り付けた吸付き桟に，ほぞ差しする。

⑤ 甲板に直接ほぞ差し，組み接ぎ，留め接ぎで組み付ける。

甲板の取付けは，ねじ締めにするかこま止め接ぎにすることが多く，釘打ちすることもある。特に，一枚甲板の場合，幅方向の伸縮に対して可動性を特たせるように配慮する。

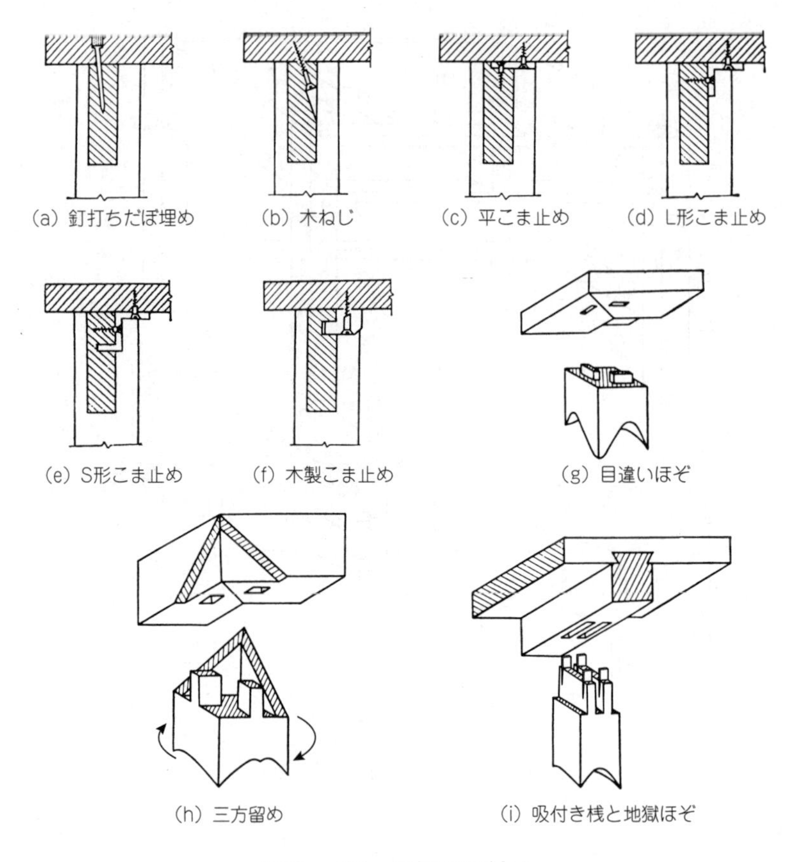

図3－33　甲板の取付け

b. 板　脚

板脚の場合は，一枚板，はぎ合わせ板，厚板合板などを用い，左右板脚を幕板，ぬきなどで接合した後，甲板を取り付ける。甲板の取付けは，ねじ締めやこま止め，だぼ接ぎにすることが多いが，組み接ぎ，留め接ぎ，追い入れ接ぎ，寄せあり接ぎなどで組み込むこともある。

c. 箱　脚

箱脚は，いわゆる袖（そで）であって，机に取り付ける。甲板を支持するとともに，文房具類収納のための引き出し，開き戸棚などを付ける。その構造は，戸棚類とほとんど同じである。なお，別個に作った箱形の家具をボルト・ナットや，ぬきなどで甲板下につり込むこともある。参考として，図3－34に木製片袖机の構成例を示す。

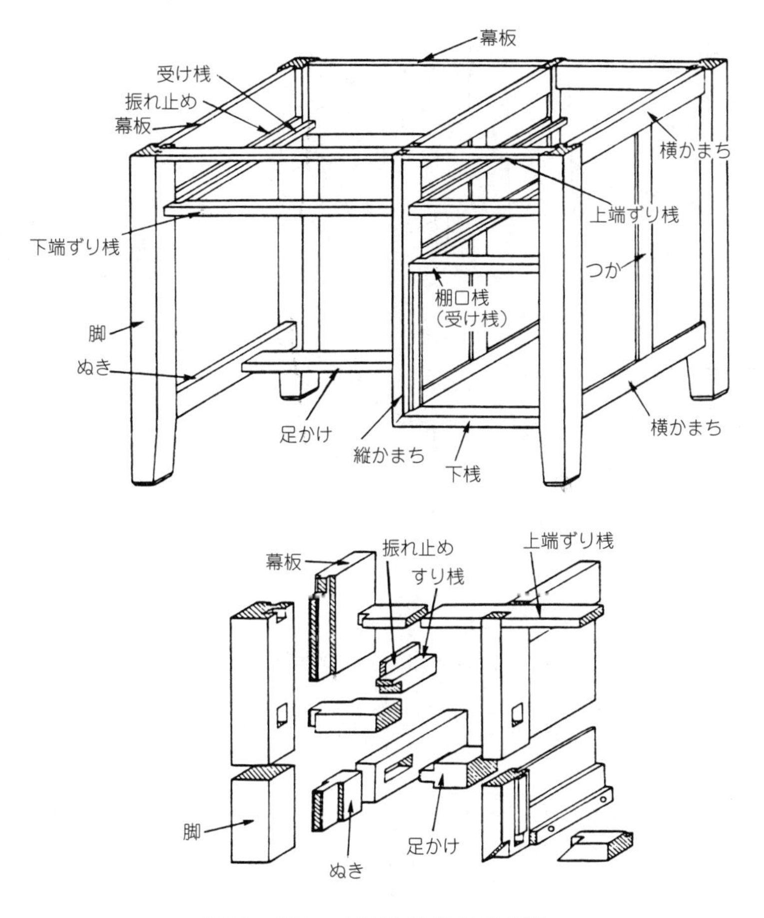

図３－34　木製片袖机の構成例

d. その他の脚

X形脚の場合は，斜め十字相欠き接ぎかボルト締めで２本の脚を交差結合し，脚上部を幕板，ぬき，根太などで接合して甲板に取り付けるか，直接甲板にほぞ差しする。脚下部には，つなぎぬきを入れて補強する。

１本立ちの場合は，中心脚に羽根脚や根太をあり形追い入れ接ぎで組み込んだり，十字相欠き接ぎで組んだ羽根脚や根太に中心脚をほぞ差し，接合した後，甲板に取り付ける。

曲げ木や成形接着又は曲面削り出しによる脚（**ねこ脚**など）は，それぞれの特徴を生かした様々な取付け方がある。

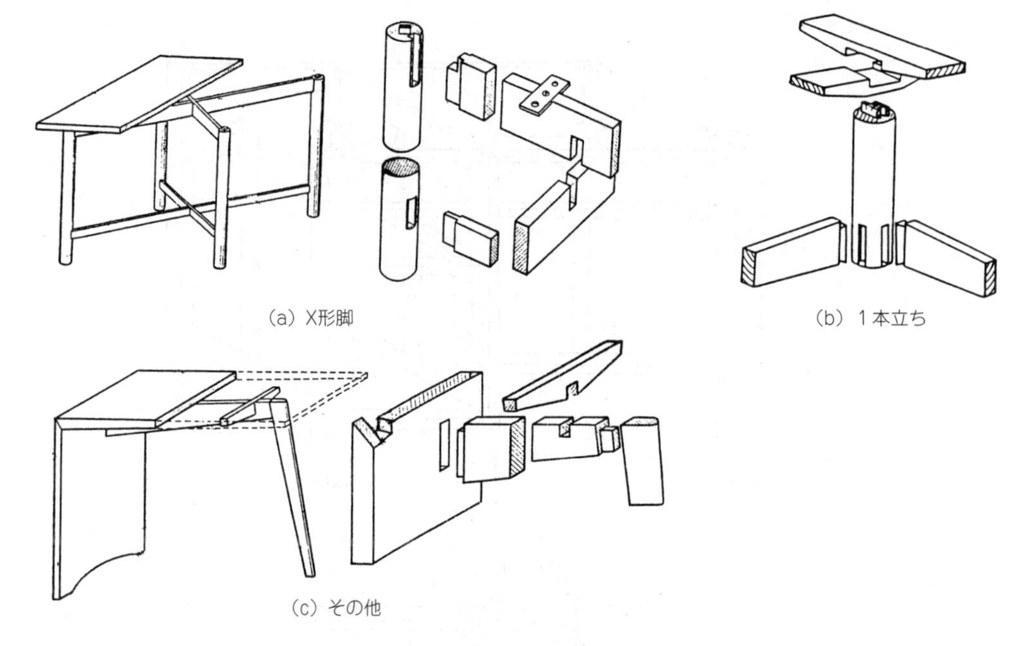

図3－35　その他の脚

(2) 金属脚

金属脚は，それぞれ独立した，1本ずつの脚を甲板に取り付ける場合と，あらかじめ2本又は4本ずつ，曲げ，溶接，びょう止めなどで結合構成されているものを取り付ける場合がある。いずれも，幕板，ぬきなどを必要とせず，取付けは直接甲板にねじ締めするか，受け金具にねじ込む。木製脚に比べると，はるかに軽快な構造である。脚の先端は，曲げるか，座金，ゴムなどをはめ込むことによって，床面との接触を柔らげる。図3－36に金属脚による机の構成例を示す。

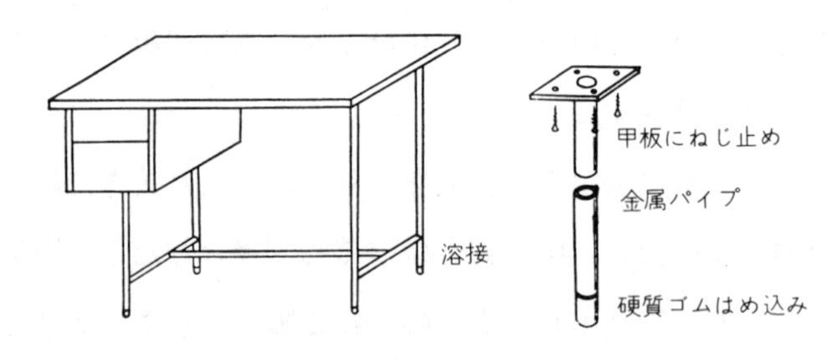

図3－36　金属脚による机の構成例

2.4 引き出し

机には，袖以外にも，甲板下に引き出しを設けるのが普通である。この場合，前面の幕板は付けず，上端ずり桟を脚に欠き込み，下端ずり桟を脚にほぞ差しで取り付ける。

受け桟やすり桟は，側幕板に釘打ち（ねじ止め）するか，棚口，後ろ幕板に欠き込み，ほぞ差しする。引き出しの構造や仕込み構造は，戸棚，たんす類と同じである。

2．5　その他の機構

（1）甲板の伸張

必要なときに甲板の支え桟（受け桟）や幕板を伸ばし，予備の甲板を載せて面積を広げる機構で，主に食卓テーブルに用いられる。代表的な伸張方式には，次のような機構がある。

a. 支え桟（受け桟）による伸張（図3 － 37）

幕板上端中央の根太（ねだ）に中央甲板をボルトなどで取り付ける。予備甲板に斜めの支え桟を取り付け，側幕板に欠き込んだ溝を滑らせ，中央甲板の取付けボルトなどを緩めて，予備甲板を引き出した後，再び締め付ける。

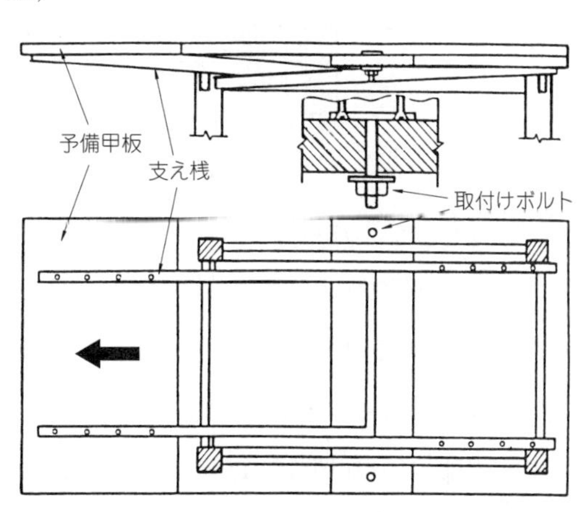

図3－37　支え桟（受け桟）による伸張

b. 滑り桟による伸張（図3 － 38）

甲板と幕板を中央で二分し，幕板内側にH形又はあり形の滑り桟を仕込む。伸張のときは，甲板を左右に引きその間に予備甲板を載せる。伸張する長さが長いときは，中央部に補助脚を付けて滑り桟を支える。

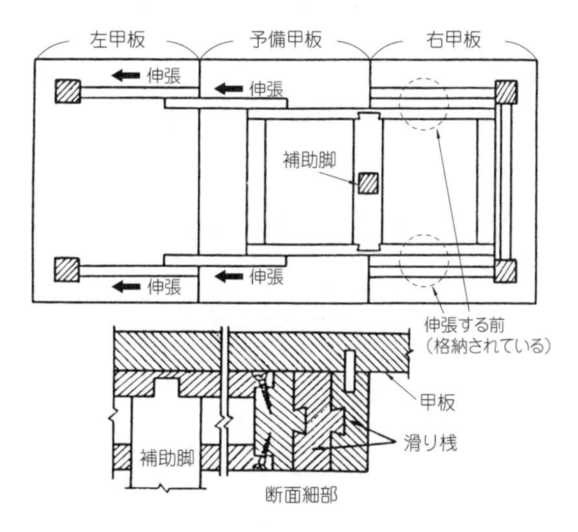

図3－38　滑り桟による伸張

c. 軸づり金具による伸張（図3 － 39）

甲板を長さ方向に三分して，左右の甲板は滑り桟などで開閉する。中央の甲板はさらに幅方向に二分して丁番でつなぎ，2枚に折りたたんだ上方の甲板を幕板に組み込んだ根太に軸づり金具で取り付け，下方の甲板に埋め込んだだぼを幕板内側の案内溝に差し込む。拡張のときは，だぼを滑らせながら180°回転させて中央甲板を上向きにし，左右甲板木端面のだぼで固定する。

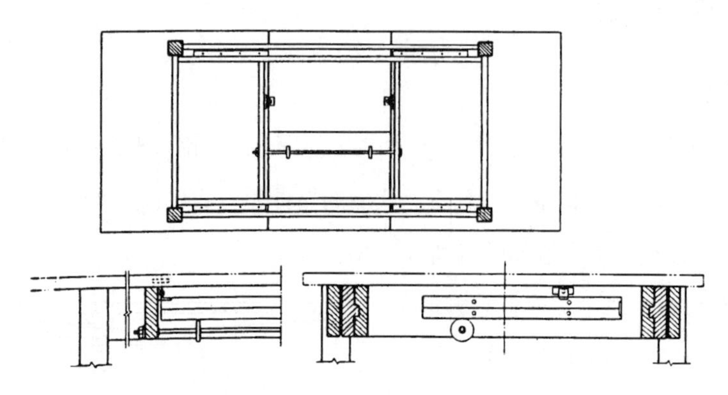

図3－39　軸づり金具による伸張

（2）甲板の折りたたみ

必要なときに甲板の面積を拡大縮小できるように甲板を折りたたむ機構で，各種の机やテーブルに用いられる。代表的な折りたたみ方式は，次のような機構である。

a．部分的な折りたたみ（図3－40（a））

予備の甲板（垂れ甲板）は本来の甲板に丁番などで取り付け，そのまま垂らすか下側にたたみ込む。拡張時に甲板を支持する方式には，丁番や軸づりによって予備の脚や支持板（小手板）を開く，幕板から支え桟や腕木を引き出す，甲板の裏側にステーを取り付けるなどが用いられている。

b．全体の折りたたみ（図3－40（b））

２枚の甲板を隠し丁番でつなぎ，２枚に折りたたんだ下方の甲板裏面と脚部の根太とを回転金具で連結する。拡張のときは甲板を90°回転し，上の甲板を開いて面積を２倍にする。

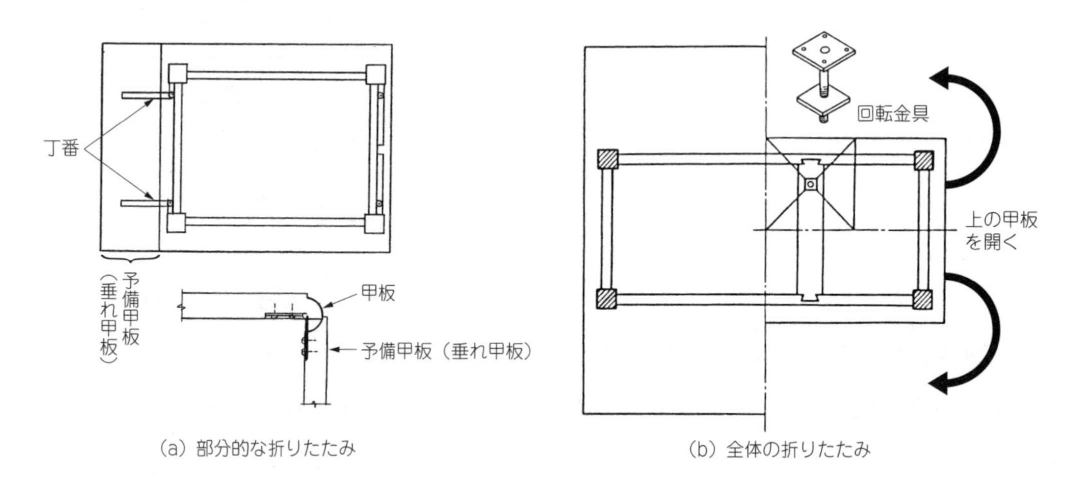

（a）部分的な折りたたみ　（b）全体の折りたたみ

図3－40　甲板の折りたたみ

（3）分解・組立て（ノックダウン）

甲板，幕板，脚の接合に各種の専用金具を使い，各部材の分解と組立てを容易にしたものである（図3－41）。

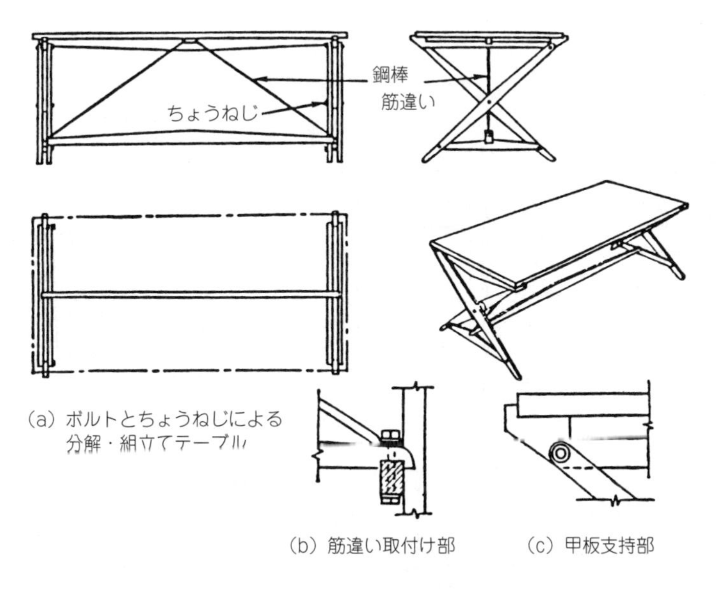

図3－41　分解・組立て

第3節　い　　す

いすや寝台は，直接人体を支える家具であるから，接触の柔らかさ，心地よさが最も重視される。そのため，いすは，曲線状の部材や，直角以外の傾斜角を持った接合など，比較的難しい工作が多い。さらに，人体の重量や運動に耐えるだけの強い構造が必要である。その反面，運搬，移動を考えて木組みを細くして，軽量にしなければならないという，相反するようなことも要求される。これらのことから，いすの構造には，高い合理性と正確さが必要である。

3.1　構　　成

いすは，座，背もたれ，ひじ掛けなど，人体に接触する部分と，それらを必要な位置に支持する**脚**，**台輪**（**座枠**），**つか**，**ぬき**など骨格的部分に分けられる。接触部は，普通，張り仕上げ工作によって作られる。

（1）いすの種類

いすは，構造材により，木製いす，籐製いす，金属製いすに分けることができる。

a. 木製いす

いすの座は，正方形，台形，長方形，円形につくられ，一般に台輪を組み，その上に，板，籐，ひも，布，革などを張る。また構造によっては，台輪を用いないものもある。図3－42に木製いすの外観を示す。

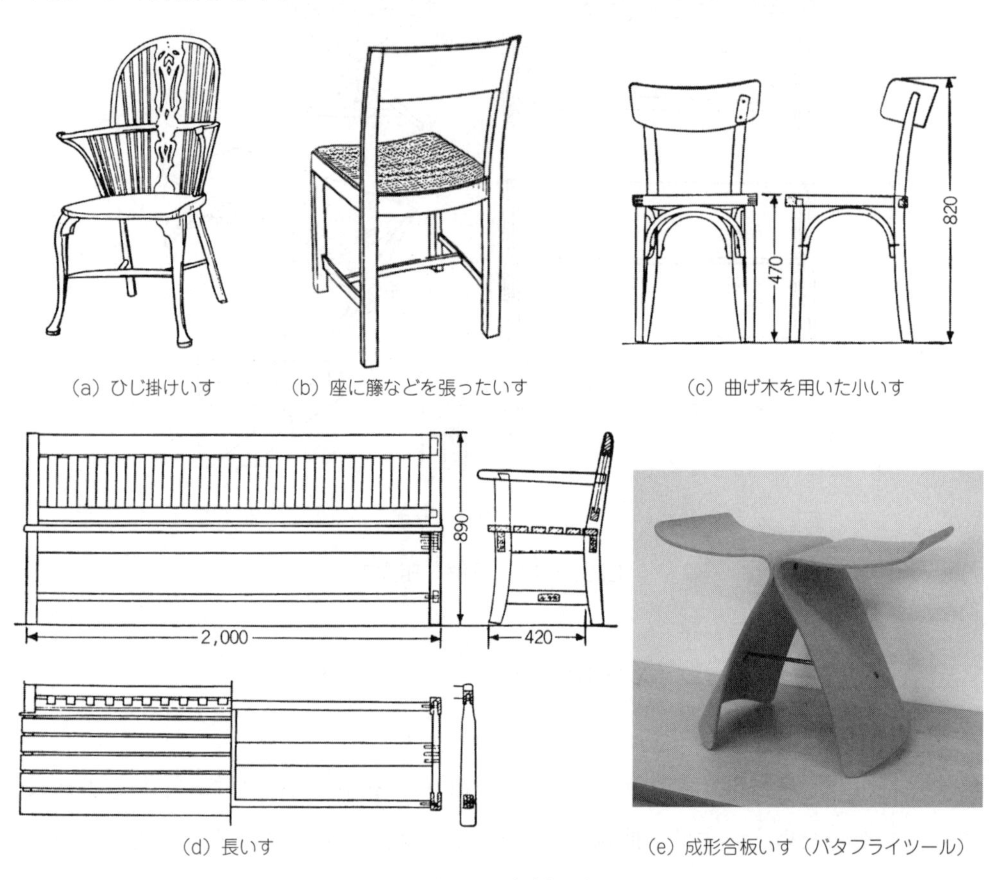

(a) ひじ掛けいす　(b) 座に籐などを張ったいす　(c) 曲げ木を用いた小いす

(d) 長いす　(e) 成形合板いす（バタフライツール）

図3－42　木製いす

一般に，いすの脚は4本脚であるが，座が長いものには，6本脚，8本脚のものもある。また，板脚を前後又は左右に取り付けるものや，中央脚から**羽根脚**を出すものがある。脚部を強固にするには，脚をぬきでつなぐ。脚は上に伸びて，ひじ木を支えるものや，ひじ木と一体となっているものがある。

いすの背は，後脚に連続するもの，台輪から出ているもの，座板から伸びているものがある。上部は，**かさ木**，下部は，背ぬきによってつなぐ。かさ木の形は，もたれやすく，形よく作られる。このほか，曲げ木によるいすや，成形合板を一部又は大部分に用いるものもある。

b. 籐いす

籐いすは丸籐などを骨格とし，皮籐などを編み組みして，座や背にしたものである（図

3－43)。籐材などを自由な曲線に曲げて，多角形，円形，だ円形などに成形したものを座や背としたり，座と背を一体にしたものなどがある。

c. 金属製いす

金属製いすは構造材をすべて金属としたものと，脚や背など一部を金属としたものがある。木製に比較して構造的に成形しやすく，人体曲線など自由な形体を作ることができる(図3－44)。

d. その他のいす

竹材，合成樹脂材，又はそれらの混用よるいすが多く作られる。図3－45に木製脚と竹座の混用いすを示す。

図3－43 籐 い す

図3－44 金属製いす

図3－45 混用いす（木製脚・竹座）

(2) 材　　料

いすの材料には，木材，籐，竹材，金属，合成樹脂などが用いられる。木材は，乾燥材を用い，木取りのときは，節や傷の部分を除き，柾目，板目などの木理を選ぶ。籐材は，構造材に大民（太さが25～30mm）や丸籐などを用い，編み組み材に皮籐や籐心などを用いる。

金属材では，鋼棒，鋼管が主に用いられる。鋼棒は，断面が円形又は正方形のものが多く用いられ，曲げや溶接によって組み立てられる。鋼管は，直径22～25mmのものが多く用いられ，ロール曲げによって加工される。このほか鋼や軽合金なども用いられる。

合成樹脂は，座，背，ひじに用いるものや，これらを継ぎ目なしに一体としたもの，さらに，これをグラスファイバ補強成形とすることもある。

3.2 構　　造

いすの構造には，おおむね，次のようなものがある。

① 座と脚だけのもの……………………………………………………………腰掛け

② 座と脚及び背もたれのあるもの……………………………………………小いす

③ 座と脚，背もたれ及びひじ掛けのあるもの………………………………ひじ掛けいす

これらには，１人用のものと２人以上用のものがある。また，特別なものとして，ロッキングチェアや回転いすなどがある。

（1）腰掛け（スツール）

図３－46に腰掛けの外観を示す。また，構造について次に述べる。

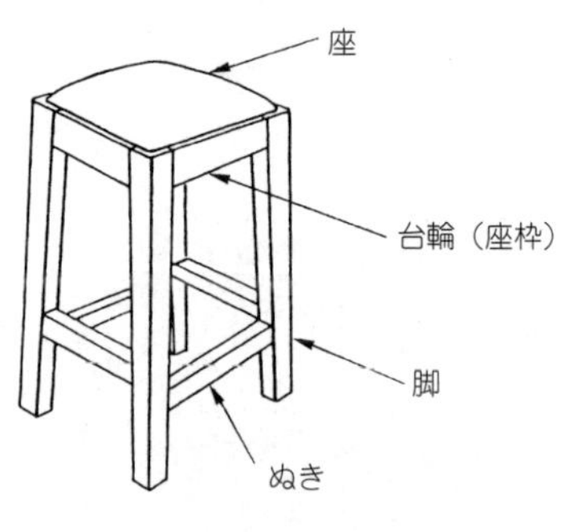

図３－46　腰 掛 け

a. 座

木製台輪（座枠…幕板）の構造は，普通，４枚の枠木を前後の脚へ，１枚ほぞにして堅ろうに組み付ける。脚と台輪の接合部には，隅木を接着して木ねじで締め付けたり隅金物を取り付けて，補強する場合もある（ノックダウンの場合）。また，座と脚部とを別々に作り，机の甲板と幕板の取付けに準じて取り付けることもある。

・丸い座の場合は，台輪を丸く木取るか，曲げ木を用いる。

・長い座の場合は，前後の台輪の上端に根太を入れる。

座張りするものは，台輪（座枠）と脚の上部に，張りしろを段欠きする。この場合，厚張りでは，外側上端を，薄張りでは，内側上端を段欠きするのが一般的である（図３－47）。

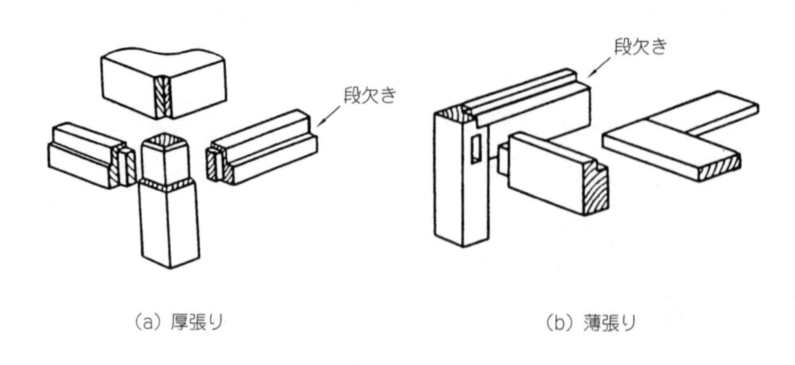

図３－47　座張り用の段欠き

座を取り外すものは，台輪上端を段欠きして，座張りした張り枠を落とし込みにする。図３－48に座張りの外観を示す。

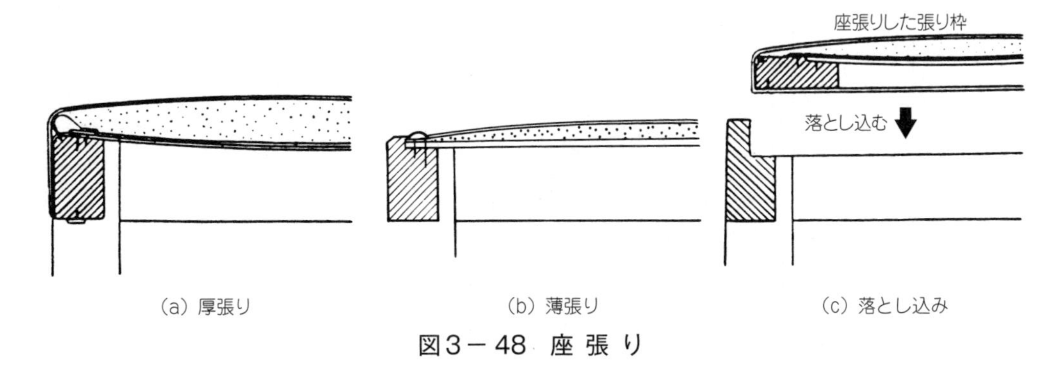

（a）厚張り　（b）薄張り　（c）落とし込み

図３－48　座 張 り

b. 脚

木製のいすは，脚の上部に台輪（座枠）を二方からほぞで組み付けることが多い。台輪や座板が薄い場合は，これに脚を直接ほぞ差しにすることもある（図３－49）。ぬきは，脚の下部をほぞで組み付けて，脚部を強固にするが，用途及び外観上から，ぬきを省くこともある。畳の上に置くいすは，一般的に脚の下部に畳みずりを取り付けることもある。

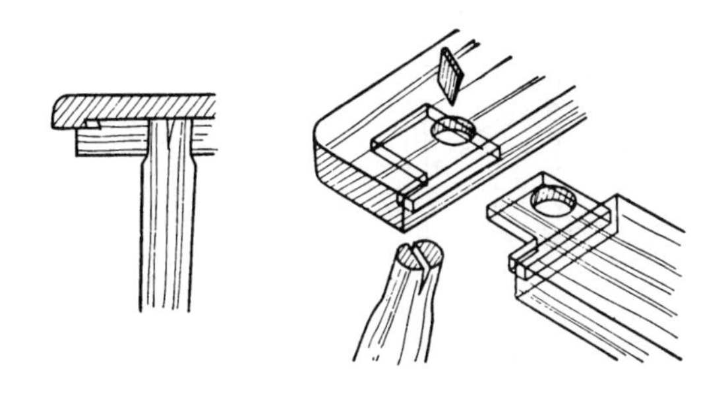

図３－49　薄い台輪と脚

(2) 小　い　す

a. 座

小いすの台輪（座枠）は，腰掛けに準じて取り付ける。座板が合板の場合は，台輪に根太を組み込み，根太の下面から座板を木ねじ締めすることもある。普通，前台輪は，後台輪より長く設計されているので，座全体の平面形状は台形となる。したがって，側台輪の接ぎ手は，斜めほぞ接ぎである。図３－50及び図３－51に小いすの構成例を示す。

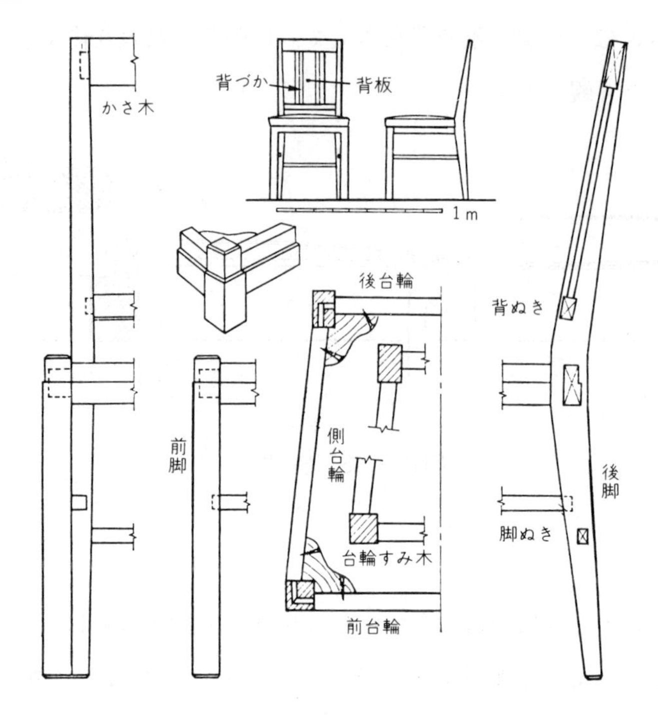

図3－50　小いすの構成例①

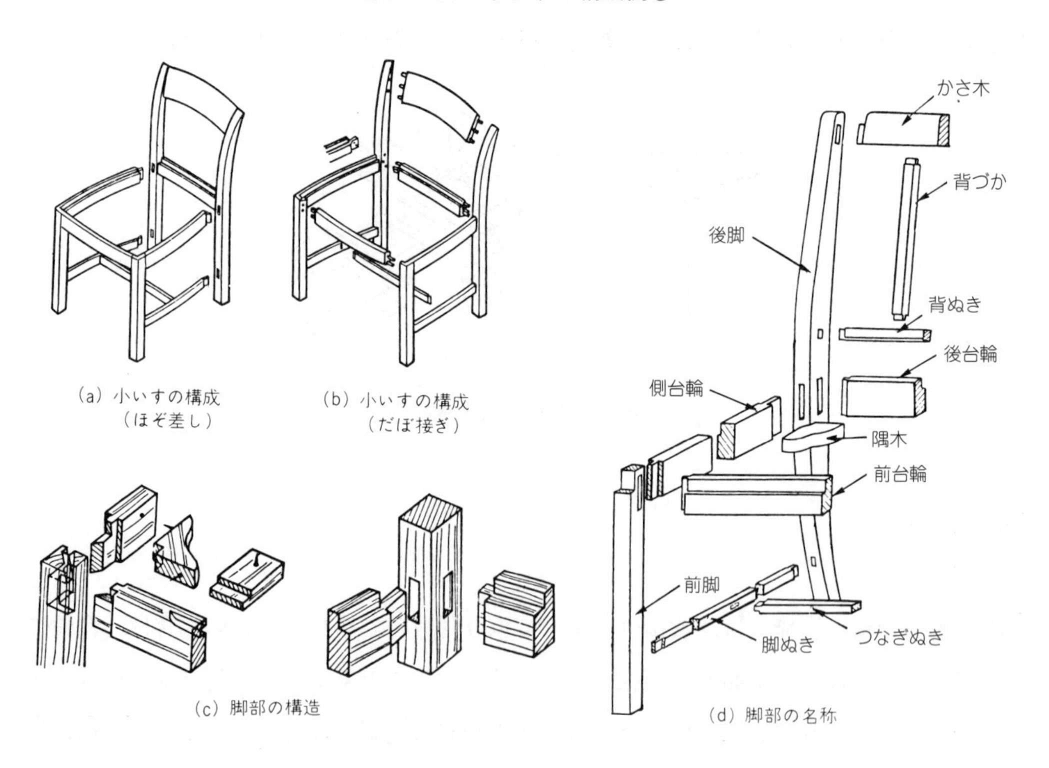

図3－51　小いすの構成例②

b. 脚

前脚と台輪の接合は，腰掛けに準ずるが，後脚と側台輪の接合部は，最も荷重が集中するところなので，後脚のこの部分には，幅広の材料を用い，台輪のほぞを長くして堅ろうに組み付ける。

ひきもの脚の場合，座板が厚いときは直接，薄いときは支えの台輪や根太にほぞ差しすることもある。

c. 背

いすの背は，弓形に反らせた後脚を伸ばしたところに，背枠と重ねて取り付けるか，背枠と台輪をほぞなどで一体に結合した後，脚部を別に取り付ける。

木製いすの背にはかさ木を取り付ける。かさ木の取付けは，後脚上部に１枚ほぞで組み付けるか，かさ木の両端を１枚ほぞで後脚上部に組み付ける。また，かさ木と後脚上部は，隠し留め形三枚接ぎで組み付けることもある。図３－52に背の構造を示す。

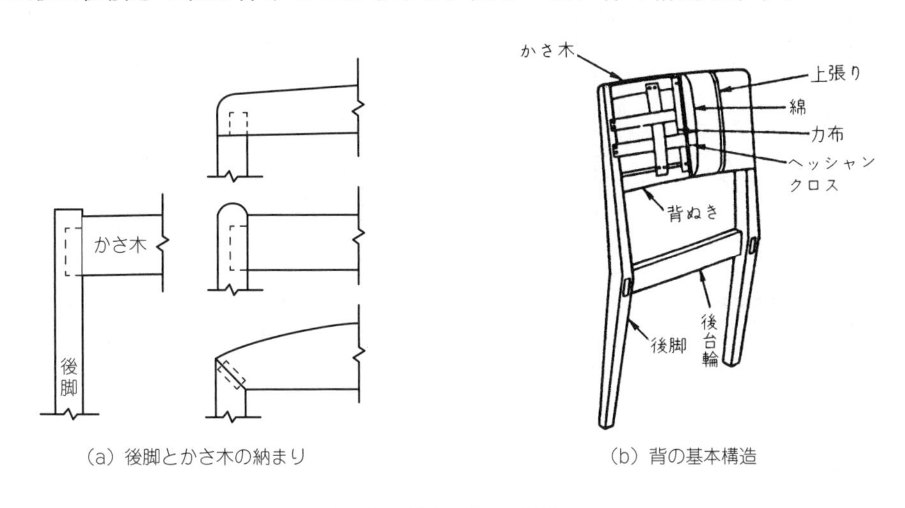

図３－52　背の構造

背ぬきは，後脚へ１枚ほぞで固め，かさ木との間に背板を追入れ又は小穴入れで取り付ける。また，小桟をほぞ差し又は追入れで組み付けることもある。長いすの背は，かさ木と背ぬきが長いので，その間に１～２本のつかを欠き込み又はほぞで組み付ける。背張りするものは，かさ木及び背ぬきに段欠きを作り，後脚の内側に桟木を打ち付けて，張りしろとする。張りぐるみの場合は，強固に取り付けたかさ木，後脚，背ぬきの上に張る。背板に合板や成形合板を使用するときは，普通，後脚に木ねじ締めとする。かさ木，背ぬき，背板は，いろいろに意匠され，それに従った様々な取付けが行われている。

（3）ひじ掛けいす

ひじ掛けいすは，小いすにひじ木が加わった構造になっている。そのため，座，脚，背は，おおむね腰掛け，小いすに準ずる。図３－53にひじ掛けいすの構成例，図３－54にいす各部の接合例を示す。

木製いすのひじ掛けは，ひじ掛け板とつかにより構成され，後脚と台輪へ組み固める。また，曲げ木を用いることもある。

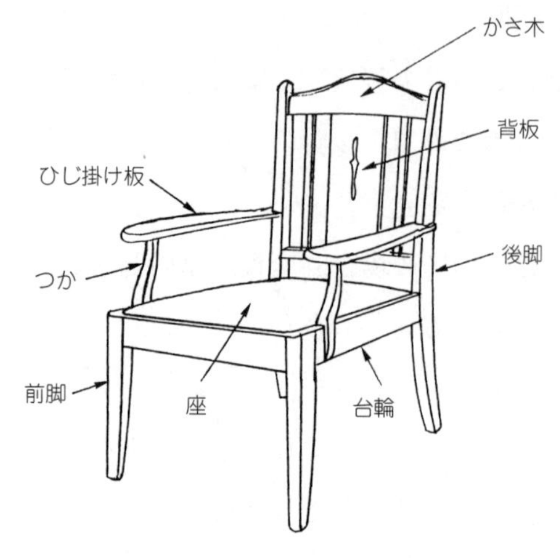

図３－53　ひじ掛けいすの構成例

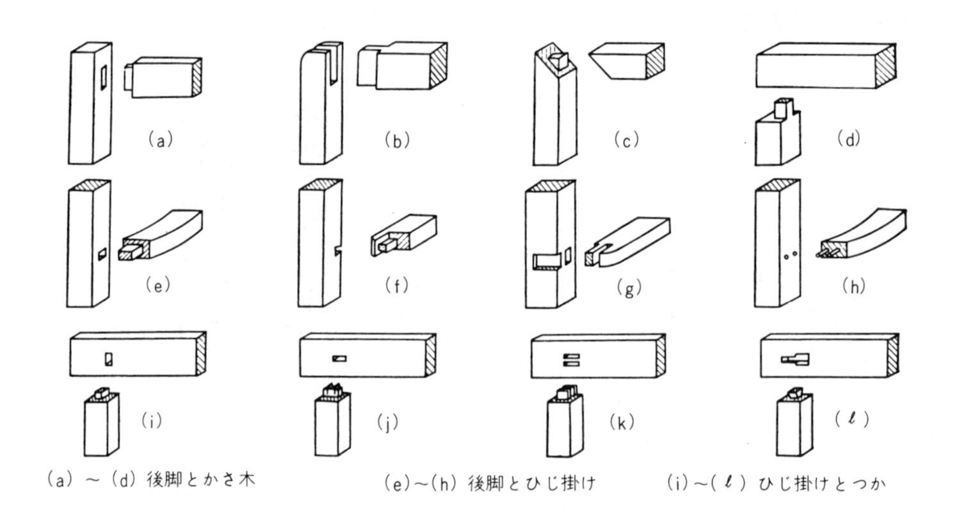

図３－54　いすの各部の接合例

ひじ掛け板は，前はつかの上部にほぞ差し，だぼ，留め形又は隠しありに締めて組み固め，後ろは後脚にほぞ差しする。つかは，普通，台輪にほぞ差しするが，前脚を延長したものもある。また，曲げ木などで曲線状のひじ掛けを用いるときは，つかまで一体に形成することが多い。

ひじ張りをする場合は張りしろを作るが，ひじ掛け板及びつかを張りくるむ場合は張りしろがいらない。

（4）張りぐるみいす

張りぐるみいすは張り包みいすとも呼ばれ，全体を張り包みにすることが多い。木部構造は，外観にとらわれる必要はないが，堅ろうに組立て，張り仕上げしやすいように，部材の形状や配置を考えなければならない。普通，台輪，背及びひじ掛けが一体になるように強固に接合した後，これに脚を取り付ける。なお，脚が一体のものもある。

台輪と背の接合は，台輪を組んでから，これに背がまちをほぞ差しか，三枚組み接ぎで接合する場合と，背がまちに側台輪，後ろ台輪などをほぞ差し，三枚組み，欠き込み接ぎなどで取り付ける場合がある。

かさ木と背ぬきは，両背がまちに，追入れ接ぎで取り付ける。ひじ掛けは，木部をそのまま表面に出す場合，ひじ掛けいすに準ずる。張りくるむものは，ひじ掛け前板（前がまちの場合もある。）を台輪前方に立て，これと背がまちに，ひじ掛け板，下端ぬきなどを取り付ける。

脚は，角，丸，ひき物，また場合によっては，金属脚などが用いられるが，かなり太いものを用い，下端から台輪にほぞ差しや，ねじ込みなどの手法で取り付ける。また，台輪の内側に脚をねじ締めして，隅木で補強する場合や，台輪下端に脚受け桟を欠き込み，これにはぞ差しして取り付ける場合もある。

ひじ掛け前板や背がまちが十分に太い場合は，そのまま伸ばして脚にすることもある。図３－55に張りぐるみいすの構成例を，図３－56に張りぐるみいす（ひじ掛けのあるもの）の構成例を示す。

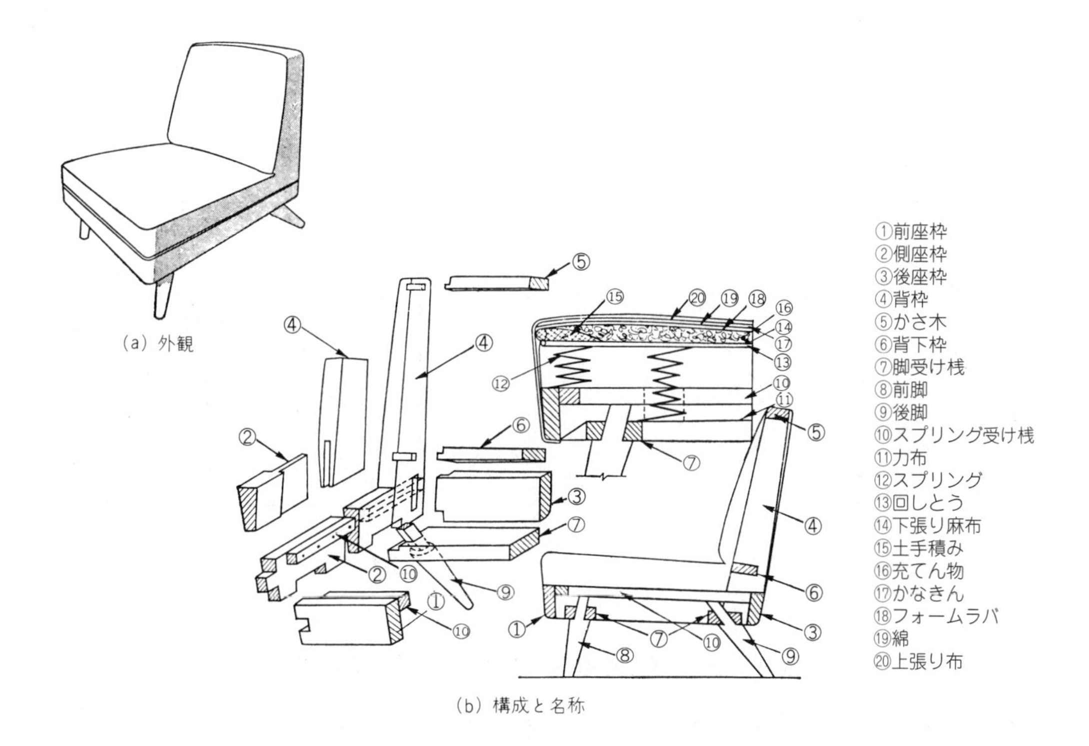

図３－55 張りぐるみいすの構成例

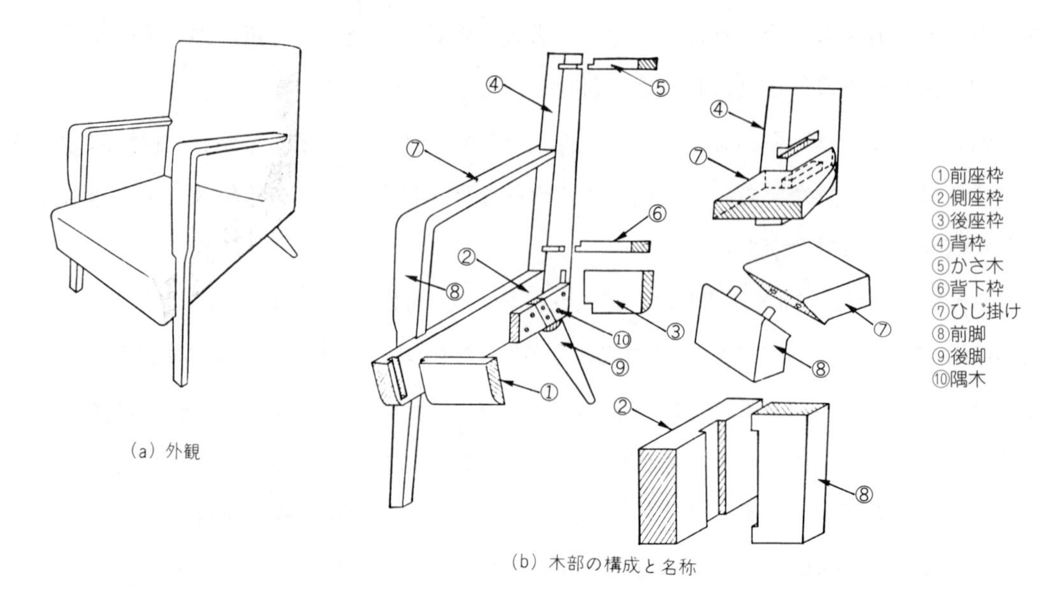

（a）外観

（b）木部の構成と名称

図3－56　張りぐるみいす（ひじ掛けのあるもの）の構成例

安楽いすとは，休息用のひじ掛けの付いた張りぐるみいすの総称である。図３－57に張りぐるみいす（安楽いす）の構成例を示す。

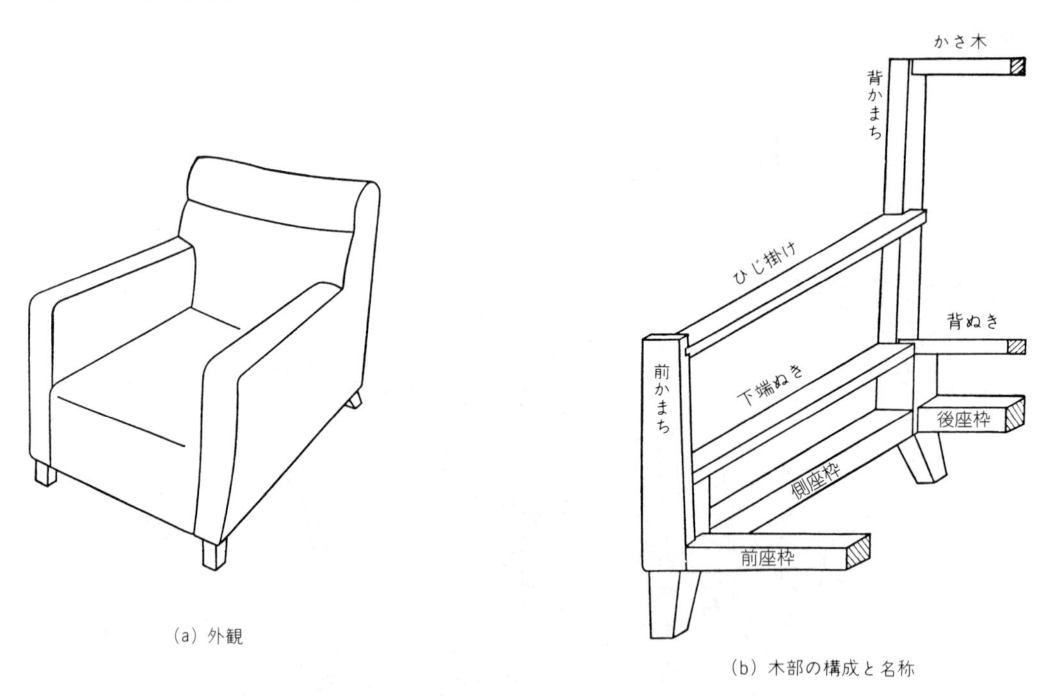

（a）外観

（b）木部の構成と名称

図3－57　張りぐるみいす（安楽いす）の構成例

長いすは，安楽いすを横方向に延長した構造とすればよいが，大型となり，自重も増大するから，根太やぬきを要所に入れ，十分に補強する。図３－58に長いすの構造を示す。

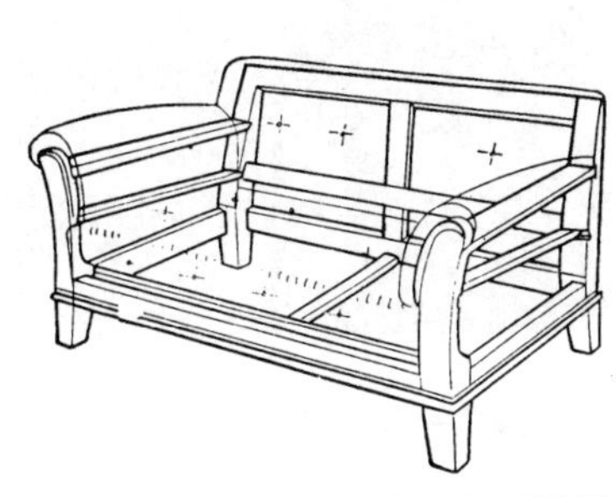

(a) 張りぐるみをする前の長いすの見取図

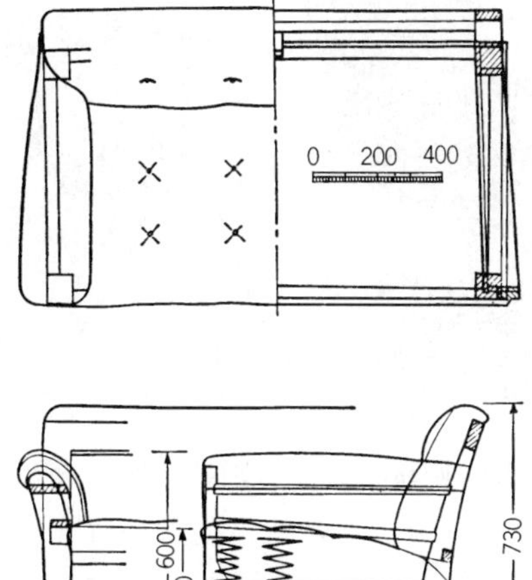

(b) 断面図

図3－58　長いすの構造

(5) その他のいす

ロッキングチェアは，揺りいすとも呼ばれ，小いす，ひじ掛けいす，安楽いすなどの脚に，反り材を付けて，腰掛けながら前後に揺り動かすものである（図3－59）。

図3－59　ロッキングチェア

キャスタ付きチェアは，大型いすの脚下端にキャスタ（あし車）を取り付け，いすの移動を容易にしたものである。

回転いすは，座の支柱と羽根脚部をらせん金物や回転軸で接合して，回転できるようにしたもので，金属回転いすが多い（図3－60）。

折り畳みいす（フォールディングチェア）は，使用しないとき折り畳んで収納するもので，前脚と後脚をX形に交差してそれを軸に折り畳んだり，座と背を布張りにして折り畳むものもある（図3－61）。

スタッキングチェアは，使用しないときに，積み重ねて収納できるようにしたものである（図3－62）。

連結いすは，2個以上のいすを機能的につなぎ合わせたもので，座の後部を脚部と軸づりにして動くものが多い。また，輸送や搬出・搬入を便利にするために，緊結金具を用い分解・組立て（ノックダウン）を容易にしたものもある。

図3－60　回転いす

図3－61　折り畳みいす

図3－62　スタッキングチェア

第4節　ベッド（寝台）

4.1　構成及び構造

木製ベッドは，睡眠に用いるマットレスとそれを支持する構造体に分けられる。

構造体は，ヘッドボード（前立て），フットボード（後立て），サイドフレーム（幕板），床板，ボトム，脚などで構成されている。

JISの住宅用普通ベッド（JIS S 1102）では，マットレスを支持する構造体のうち，ヘッドボード及びフットボードが床面に接する形式のベッドを「A形式」，脚が床面に接する形式のベッドを「B形式」と称している。

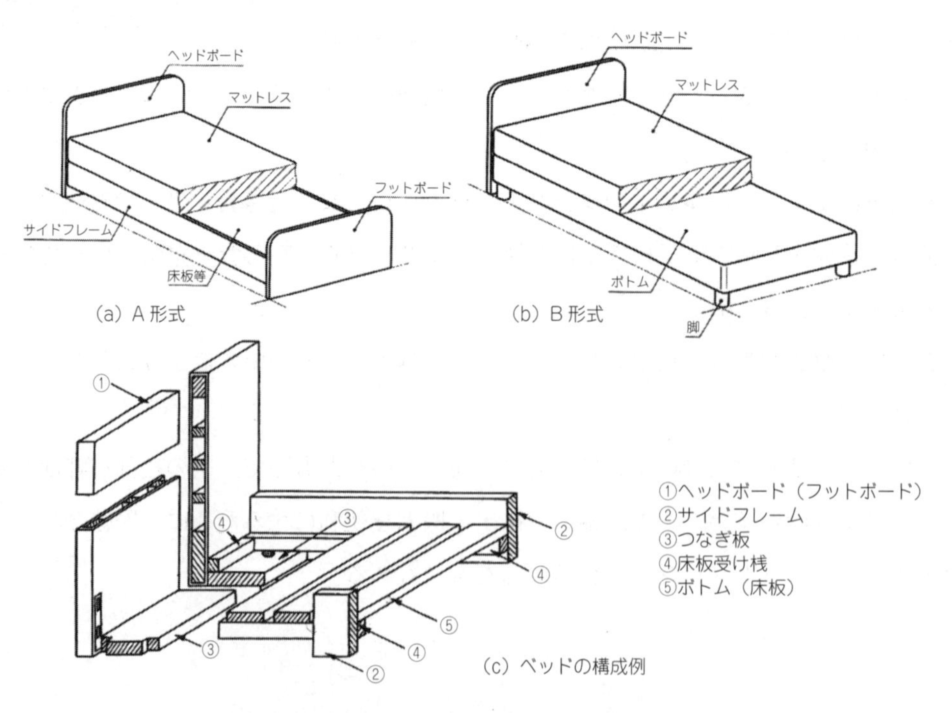

図3－63　ベッドの形式と構造

ベッドには，住宅用普通ベッド，ベビーベッド（専用型とサークル兼用型），ソファーベッド，二段ベッド（固定式，分離式），リクライニング式ベッドなどがある。

これらは，マットレスの大きさにより，１人用（シングル），２人用（ダブル）などに分けられ，さらに，構造体により，木製，金属製，合成樹脂製などに分けられる。

普通，構造体はヘッドボードとフットボードをサイドフレームで連結し，その中にマットレスを敷き詰められるような床板がある。また，ヘッドボードだけがボトムに連結され，それを脚が支えるものもある。

ヘッドボードとサイドフレームとの接合部は，分解・組立てを可能にして，運搬，搬入を便利にする場合が多い（図３－64）。このような構造の接合にはフック金具やボルト・ナットが用いられる。

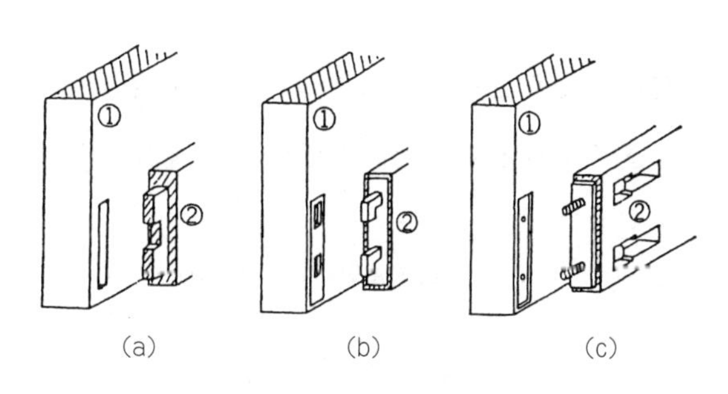

図３－64　ヘッドボードとサイドフレームの接合

ボトムには，底板としてすのこやボードを使ったもの，ネットやスプリング形式のものもある（図３－65）。

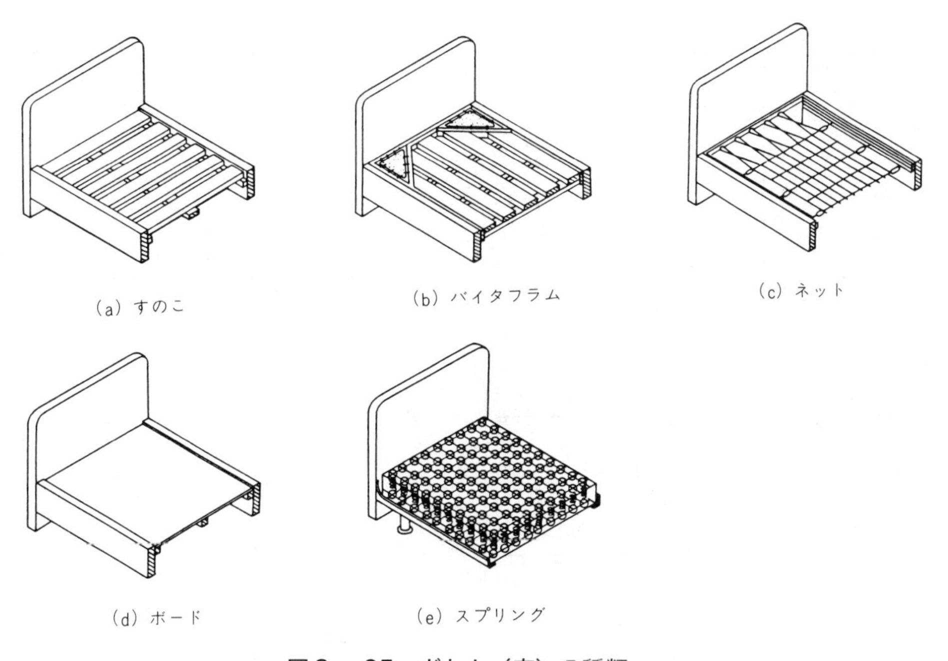

図３－65　ボトム（底）の種類

第5節　家具の強さ

生活の基盤である家具は，その機能を発揮できる十分な強度を備えていることが必要であり，伝統のある各種の接ぎ手や構造は，用途などによる力の加わる方向が考えられていて，理論的，実証的に正しいものである。

5．1　荷重とひずみ

家具のような構造物には，複雑な荷重と，荷重によって起こる曲げモーメント（物体を変形させようとする力）がかかる（図3－66）。

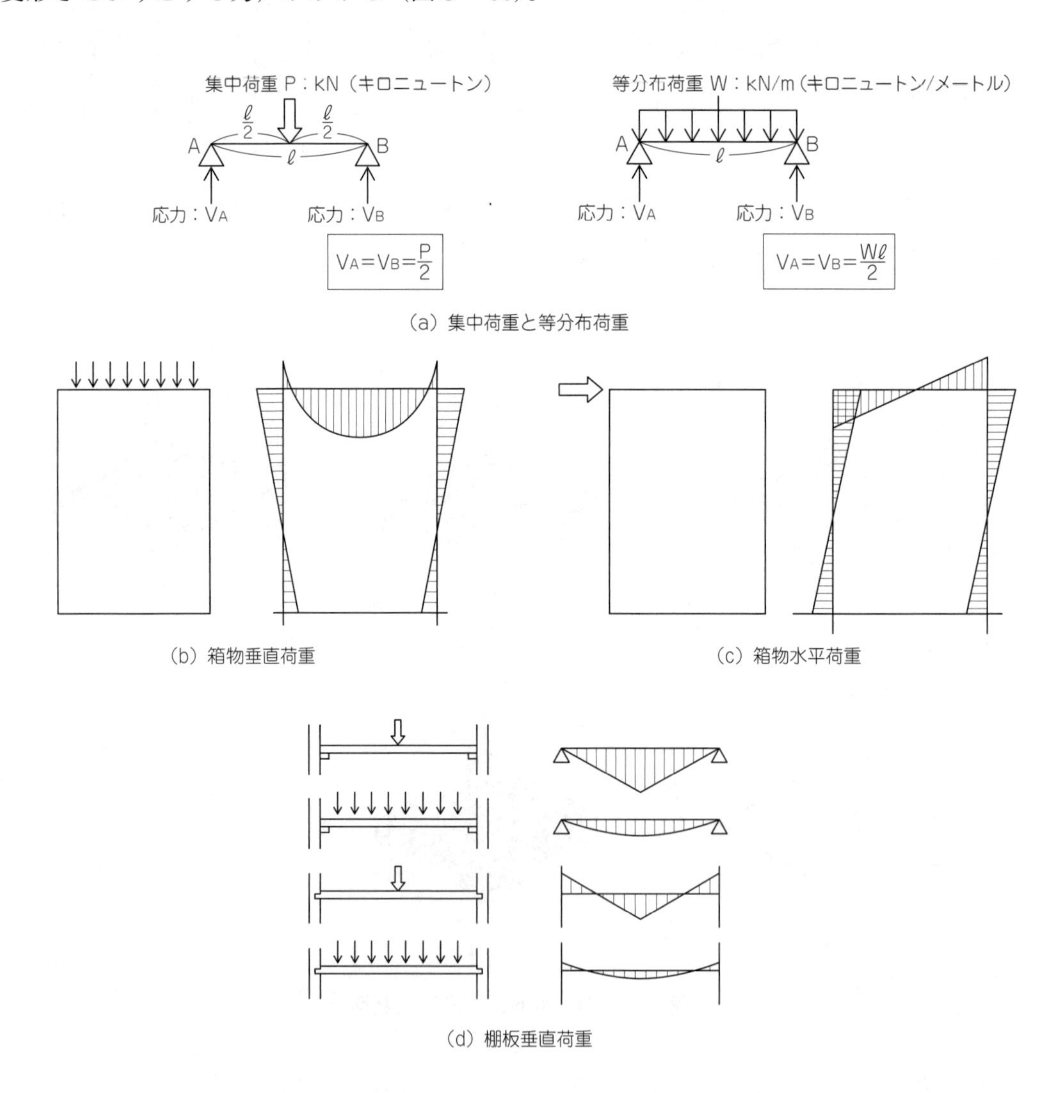

（a）集中荷重と等分布荷重

（b）箱物垂直荷重

（c）箱物水平荷重

（d）棚板垂直荷重

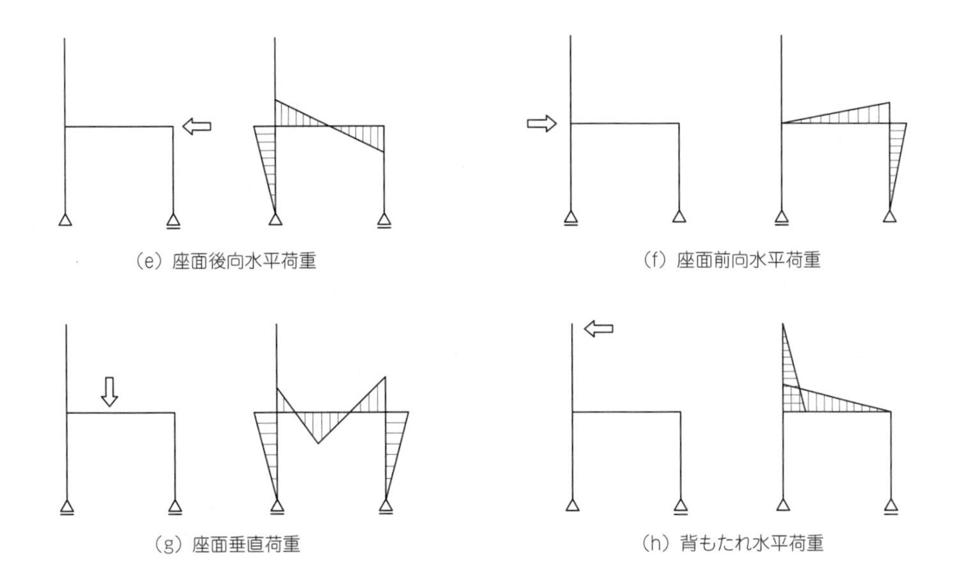

図3－66 荷重とセーメント

構造物に荷重が加わると，材料の弾性によってひずみを起こす。ひずみは，その構造や形態によっていろいろな形に現れ，直接破壊することもあるが，破壊しなくてもねじれたり，たわみとして現れたりして，重要な問題となることが多い。この変形に耐える性質を剛性という。

主な荷重には，引張り荷重，圧縮荷重，並びにせん断荷重がある。また，物体に対する荷重の方向により垂直荷重と水平荷重，荷重のかかり方により集中荷重（一点に作用）と分布荷重に大別される。

物体が荷重を受けると内部に応力（抵抗力）が生じ，荷重が大きいと物体は変形又は破壊する。この場合，物体の断面と垂直な抵抗力を軸方向力（引張り応力又は圧縮応力），断面方向の抵抗力をせん断力という。また，物体を湾曲させるように働く抵抗力を曲げモーメントという。

木材の繊維方向では，一般に，引張り応力に対して最も強く，圧縮応力がこれに次ぎ，せん断応力に対して最も弱い。

5．2 部材の応力とひずみ

荷重は，部材を伝わり合成・分解されて，各部材や接合部に応力とひずみを起こし，それらの力によってたわみ・ねじれ又は破壊を起こす。実際には細長い材料が柱やはりとして用いられた部材に曲げなどによるモーメントが生じて大きい荷重が加わり，又は，荷重が部分的に集中して破壊を起こすことが多い。

部材の使い方では，断面の使い方とその用い方が重要な要素となる。部材に曲げ力が加わると，表面に最も大きな応力が作用するものの，中軸面の応力は極めて小さい。したがって，断面を中空にして，部材の節約や軽量化を図ることができる。図３－67に曲げと応力について示す。

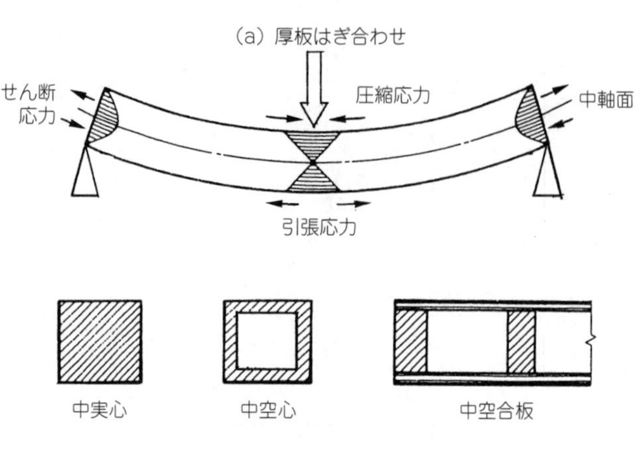

図３－67　曲げと応力

フラッシュパネルは，対角線方向にねじれることが多いので，ねじれ剛性にも注意が必要である。フラッシュパネルの剛性は，空間が少ない（心材の占める面積が広い）ほど，また板が厚いほど大きい。

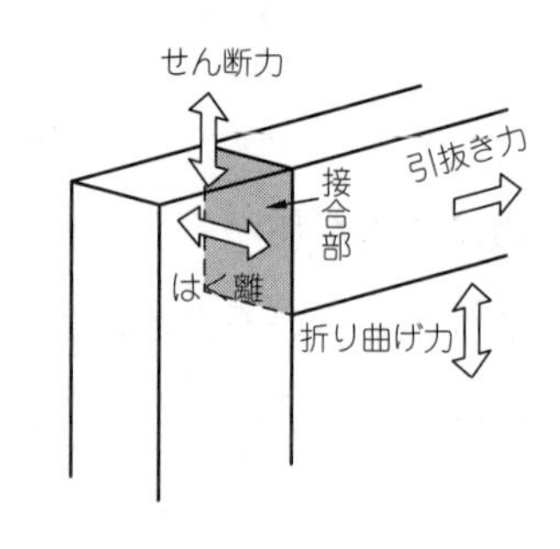

図３－68　接ぎ手と応力

家具は，接合部に応力が集中することが多く，その強さは接ぎ手の形状と加工精度及び接着の良否によることが多い。接合部で「はく離破壊」することが多いが，これは引き抜き力，折り曲げ力，せん断力などの作用によるものである（図３－68参照）。

また金具による緊結部は，応力の集中が大きいので注意を要する。

5．3　家具の性能

家具は生活の道具で，実用性が伴うものであり，それぞれ使用目的がある。したがって，美的要素とともに，その使用目的を満足する能力（性能）がそれぞれに求められる。

よい製品すなわち安全で機能的で耐久性のある家具としての性能を保証するため，JIS S 1017（家具の性能試験方法通則）では家具に対する要求性能を，安全性・機能性・強度・耐久性に区分している。さらに，個々の要求性能を性能項目として細分類し，この性能分類に対して試験項目を規定している（詳細は後述の（1）～（4）参照）。

また，個々の品目については，それぞれのJIS規格の中で目的に応じた試験方法が定められ，性能レベルが決められている。

これらの規格の中では，製品規格として性能を保証するものと，寸法規格として機能寸法を定めたものがある。

(1) 安 全 性

安全性には，安定性，毒性，傷害性・耐火性・発煙性・耐電気性・防盗性・異臭性がある。家具については，安定性に関しての規定が多い。

洋服だんすや食器棚などの箱物収納家具は，使用時において，扉を開いたり，引き出しや伸張板を引き出したりする。この状態で，垂直荷重や水平荷重を受けたとき転倒しやすく，テーブルや机などでは，甲板の縁近くに垂直荷重や水平荷重を受けたとき転倒しやすい。また，いすやスツールでは，座面の縁近くに垂直荷重や水平荷重を受けたときや，背もたれが水平荷重を受けたときに転倒しやすいため，安定性が求められる。

さらに，箱物収納家具は地震などの震動で転倒し，けがや被害を与えることが少なくない。したがって，これら箱物収納家具には，地震や日常に受ける振動に対する耐転倒性や耐振動性が求められる。

(2) 機 能 性

機能性には，操作性（円滑性）・照度・非発音性・耐漏水性並びに寸法精度がある。家具には使い心地をよくするため，各種の機能が付加されている。その中には開き戸・引き戸・引き出し・フラップなど可動するものがあり，これらの部分の操作にがたつきがなく，円滑で開閉に支障のないことが求められる。特に，戸ではつり込み，引き出しでは仕込みといわれる独立した作業名があるほどで，高性能の加工能力と微妙な調整能力が必要である。操作性は，調整（引き出しの仕込みや扉の建て込み）の良否で決まるので，その作業には経験を要する。照度・非発音性・耐漏水性・寸法精度の機能性は，該当製品について適応する。

(3) 強　　度

家具に加わる荷重には，静的荷重と動的荷重がある。前者は，静止物体が構造物に与える荷重で，通常加わる荷重である。後者は，動いている物体が構造物に与える荷重で，普通，この両方の荷重に対する剛性を強度という。

洋服だんすや食器棚などの箱物収納家具は，その収納物の形状や収納方法により荷重の加わり方が異なる。普通は，棚板などに垂直荷重が加わるが，中仕切り板や側板に収納物などが寄りかかり水平荷重が作用することもある。箱物収納家具は，四角形構造を基本にしていることが多く，荷重を受けたとき，接合部に応力が集中して変形や破壊が起こりやすい。したがって，使用目的から推定される荷重に対して，十分耐えられるような剛性が求められる。これは，裏板・中仕切り・台輪・支輪・棚・戸・引き出しなどの位置や形状に影響される。また，開き戸や引き出しなどの可動部については，運動による荷重の変化に対して十分耐えられるようにしなければならない。

テーブルや机などは，使用の目的上，甲板に垂直荷重が加わる。したがって，甲板自身の寸法変化に対する剛性とそれを支える脚部の剛性が求められる。また，その性質上，人や物がもたれかかることがあり，水平荷重に対しても変形や破壊をしないことが求められる。なお，木材の場合，木材自身の寸法変化による内部応力の影響で変形や破壊が起こることがあり，特にテーブルや机に一枚甲板を使うときは，注意が必要である。

いすやベッドは人体を直接支持するので，体重や使い方（荷重）に対して，十分耐えられる構造でなければならない。いすの部材に生じる応力は，座る人の体型，座り方，座っているときの折々の姿勢，床面に対する脚先の設置状況などにより，それぞれ微妙に変化する。普通，いすに座って体を休めるときは背部にもたれかかる。このときの応力が後脚と側台輪の接合部に集中して，変形や破壊を起こす。このため，ほぞ接ぎにする場合は，できるだけほぞを長くし，はめ合いもきつくし，接着剤を十分に塗布して胴付きを密着させなければならない。また，ひじ掛けいすのひじ部は，ぬきやひじ木の接合部に使用者が体を預けたときの応力が集中し，変形や破壊を起こす。これらの応力に十分耐えられるように，部材の構成と部材寸法（断面形状及び長さ）を決めなくてはならない。

（4）耐　久　性

耐久性には，耐候性・表面処理性・繰返し耐久性がある。家具の可動部分のうち，戸や引き出しなどの開閉は，長時間にわたる使用中に，反復的に行われるものである。この繰り返し運動の中で，受ける荷重によって，少しずつ疲労が蓄積し，いずれ変形や破壊が起きることになる。したがって，このような可動部分は，品質を損なわずに，長期間の反復使用に耐えることが求められる。これを繰り返し耐久性という。耐久性には耐候性と表面処理性もあるが，塗装と関係するのでここでは省略する。

5.4　オフィス用いすの性能

先に述べたように，個々の品目については，それぞれJISの中で目的に応じた試験方法が定められ，性能レベルが決められている。この項では，オフィス用いすを取り上げ解説する（表3－1）。

オフィス用いすの品質（外観·性能），構造，材料，表示については，JIS S 1032（オフィス用家具－いす）の中で規定している。また，いすの試験方法については，JIS S 1203（家具－いす及びスツール－強度と耐久性の試験方法）とJIS S 1204（家具－いす－直立形のいす及びスツールの安定性の試験方法）の中で，試験の方法，順序，環境，装置，手順などを規定している。試験の項目と試験方法の概要は，次のような内容である。

表3－1 オフィス用いすの性能（JIS S 1032 より抜粋）

<table>
<tr><th colspan="2">項 目</th><th>性 能</th></tr>
<tr><td rowspan="4">安定性 (1)</td><td>前方安定性及びひじ無しいすの側方安定性</td><td>転倒しない。</td></tr>
<tr><td>後方安定性</td><td>転倒しない。</td></tr>
<tr><td>ひじ付きいすの側方安定性</td><td>転倒しない。</td></tr>
<tr><td>スツールの全方向安定性</td><td>転倒しない。</td></tr>
<tr><td rowspan="9">静的強度及び耐久性</td><td>座面の静的強度</td><td>使用上支障のある破損，変形，緩み及び外れがない。</td></tr>
<tr><td>背もたれの静的強度</td><td>使用上支障のある破損，変形，緩み及び外れがない。</td></tr>
<tr><td>ひじ部の静的水平力</td><td>使用上支障のある破損，変形，緩み及び外れがない。</td></tr>
<tr><td>ひじ部の静的垂直力</td><td>使用上支障のある破損，変形，緩み及び外れがない。</td></tr>
<tr><td>座面の耐久性</td><td>使用上支障のある破損，変形，緩み及び外れがない。</td></tr>
<tr><td>背もたれの耐久性</td><td>使用上支障のある破損，変形，緩み及び外れがない。</td></tr>
<tr><td>脚部の静的前方強度 (1)</td><td>使用上支障のある破損，変形，緩み及び外れがない。</td></tr>
<tr><td>脚部の静的側方強度 (1)</td><td>使用上支障のある破損，変形，緩み及び外れがない。</td></tr>
<tr><td>底部の対角強度 (2)</td><td>使用上支障のある破損，変形，緩み及び外れがない。</td></tr>
<tr><td rowspan="4">耐衝撃性</td><td>座面の耐衝撃性</td><td>使用上支障のある破損，変形，緩み及び外れがない。</td></tr>
<tr><td>背もたれの耐衝撃性</td><td>使用上支障のある破損，変形，緩み及び外れがない。</td></tr>
<tr><td>ひじ部の耐衝撃性</td><td>使用上支障のある破損，変形，緩み及び外れがない。</td></tr>
<tr><td>落下</td><td>使用上支障のある破損，変形，緩み及び外れがない。</td></tr>
<tr><td rowspan="5">表面処理 (3)</td><td>常温液体に対する表面抵抗性 (4)</td><td>JIS A 1531 に規定する等級３以上とする。</td></tr>
<tr><td>木部塗膜密着性</td><td>塗膜のはがれがない。</td></tr>
<tr><td>金属部塗膜密着性</td><td>塗膜のはがれがない。</td></tr>
<tr><td>金属部塗膜防せい（錆）性</td><td>きずの両側 3mm の外側に膨れ及びさびが認められない。</td></tr>
<tr><td>金属部めっき厚さ</td><td>JIS H 8610 に規定する１種 A 及び B の２級以上，２種２級以上，又は JIS H 8617 に規定する表１の２級以上，表 2A，表 2B 及び表 2C の２級以上とする。</td></tr>
</table>

注 (1) 回転いすには，適用しない。
(2) 脚及び支柱のないいすには適用する。
(3) 見えがかり部分を除く。
(4) 金属部の塗装面及びめっき面に適用する。
備考 いすの該当する部材又は部品がない場合は，その試験項目は適用しない。

(1) 安 定 性

安定性試験は，いすを転倒させようとする力に耐える性能を確認するために行う試験で，次の項目を実施し，その結果，転倒しないことが必要である。

a. 前方安定性及びひじ無しいすの側方安定性試験

前方安定性及びひじ無しいすの側方安定性は，いすを床の上に置き，図３－69に示すように，前脚又は片側の脚をストッパに当てる。座面の前縁若しくは側縁から50mmの最も不安定な位置に当て板を敷き，600Nの力を垂直荷重に加えておく。当て板が座面に接する点から前方又は側方に，20Nの力を水平に加える。ただし，回転いす及びスツールについては，この試験を適用しない。

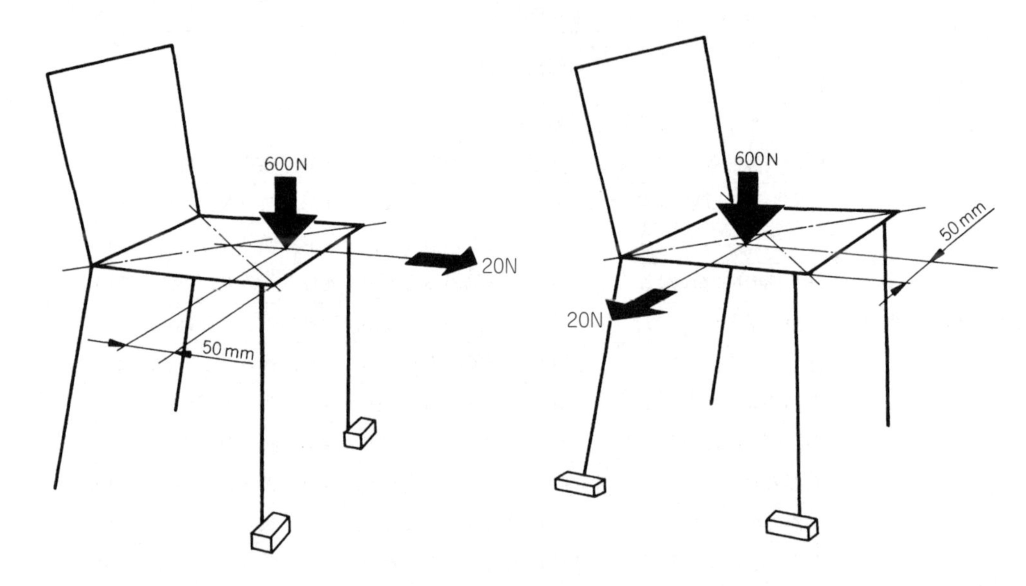

図３－69　前方安定性及びひじ無しいすの側方安定性試験

b. 後方安定性試験

後方安定性は，いすを床の上に置き，図３－70に示すように，後脚をストッパに当てる。座面と背もたれの表面が交差する線の中心から，175mm前方の位置に当て板を置き，600Nの力を垂直に加えておく。垂直力を加えない状態の座面から300mmの高さ，又は背もたれの上端のどちらか低い方の位置に，背もたれの中心線上で後方に向かって，80～120Nの力を水平に加える。ただし，回転いす及びスツールについては，この試験を適用しない。

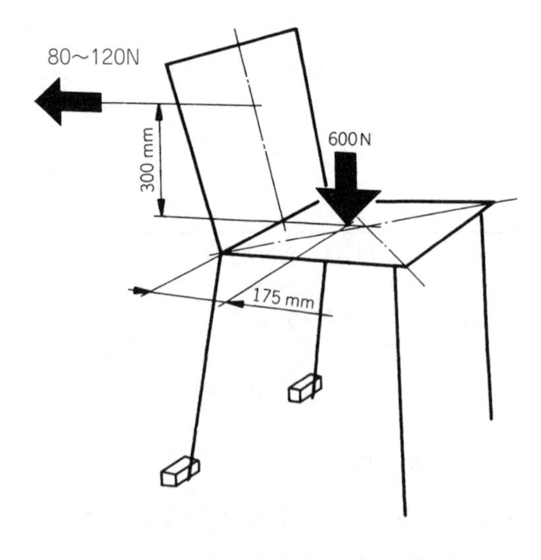

図３－70　後方安定性試験

c. ひじ付きいすの側方安定性試験

ひじ付きいすの側方安定性は，いすを床の上に置き，図３－71に示すように，片側の脚をストッパに当てる。座面の左右中心線から100mm寄った位置で，座面の後縁から前方に175～250mm離れた位置に当て板を置き，250Nの力を垂直に加えておく。さらに，ひじ部の外側の縁から37.5mm内側の位置で，ひじ部の長さ方向で最も条件の悪い位置に350Nの垂直力を加えておく。ひじ部に垂直力を加えた位置に，20Nの力を水平に加える。ただし，回転いす及びスツールについては，この試験を適用しない。

d. スツールの全方向安定性試験

スツールの全方向安定性試験は，スツールを床の上に置き，図３－72に示すように，２つの脚をストッパに当てる。座面の縁から50mmの位置に600Nの垂直力を加えて，ストッパに当てた脚の方向に20Nの力を水平に加える。ただし，スツール以外のいすについては，この試験を適用しない。

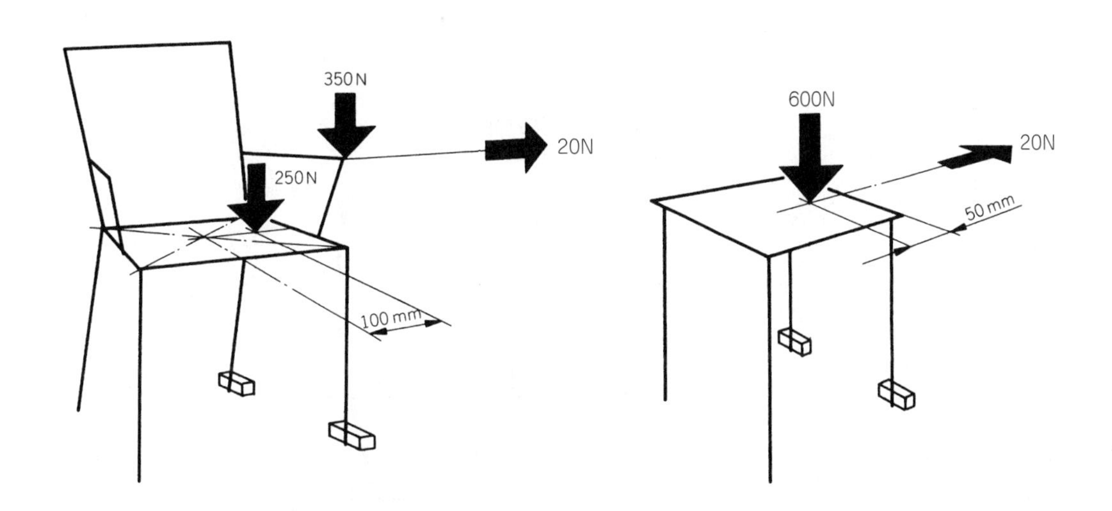

図３－71　ひじ付きいすの側方安定性試験　　図３－72　スツールの全方向安定性試験

（2）静的強度及び耐久性

静的強度は，いすに通常加わり得る最大の力の下で，その機能を発揮できる十分な強度を備えていることを確認するために重荷重を数回加える。試験後荷重を取り除き，異常の有無を調べる。

耐久試験は，長期間にわたる使用中に反復的に発生する負荷を模擬的に作り，そのような状況の下で試験品の強度を評価する。次の試験項目について調べ，その結果，使用上支障のある破損，変形，緩み及び外れがないことが必要である。

a. 座面の静的強度試験

座面の静的強度試験は，図３－73のように，いすを床の上に置き，図３－74に示す負荷位置決めジグを図３－75のように，いすの左右中央に当てて求めたA点の位置及び前線から100mm後方の位置のそれぞれに，図３－76に示す座面当て板を当てる。下向きに1300Nの力を10秒間ずつ10回繰り返して加える。腰掛け（スツール）の場合は，負荷位置決めジグを当てて求めたC点の位置に図３－77に示す小型座面当て板を用いて荷重を加える。

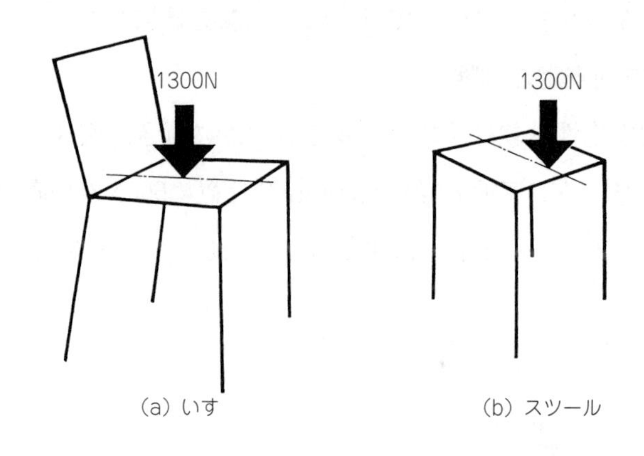

図３－73　座面の静的強度試験

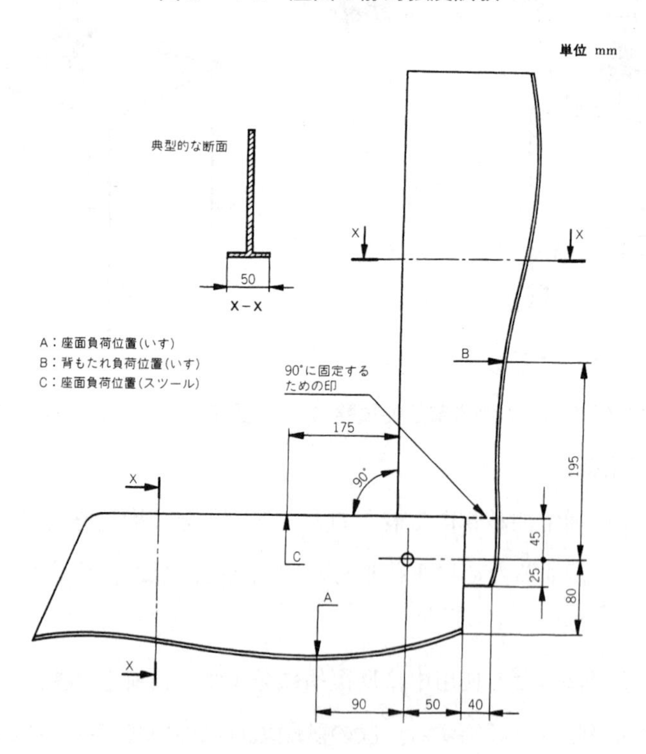

図３－74　負荷位置決めジグ

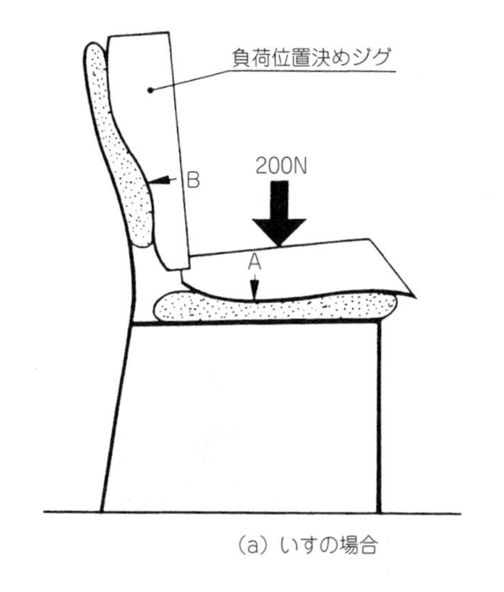

(a) いすの場合

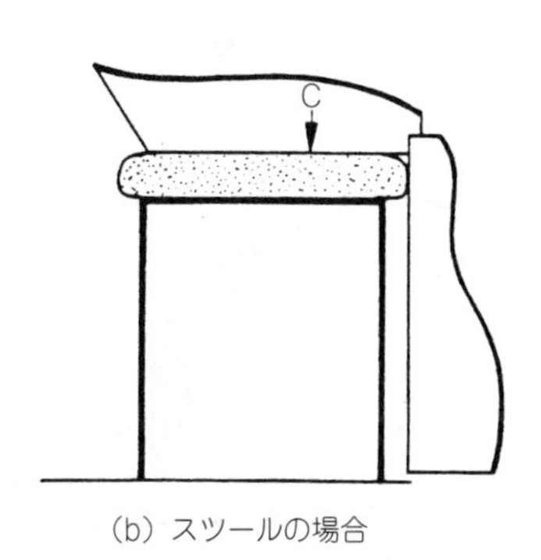

(b) スツールの場合

図3－75 負荷位置決めジグの使い方

単位 mm

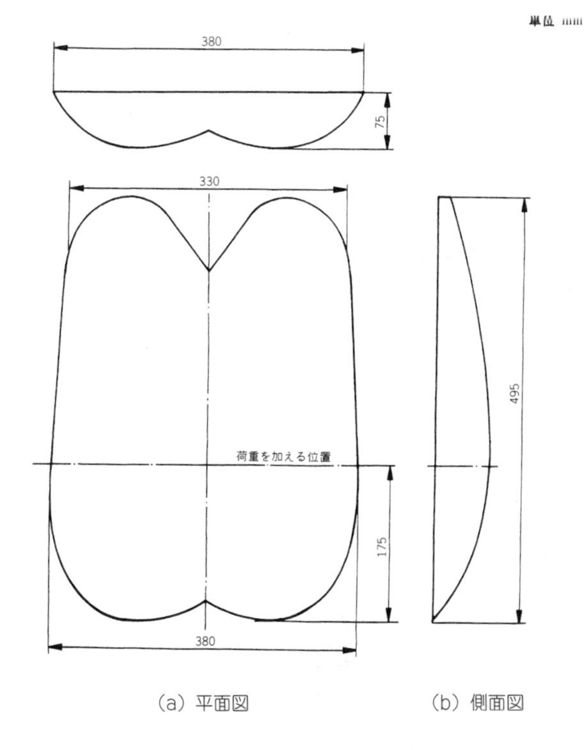

(a) 平面図　　(b) 側面図

図3－76 座面当て板

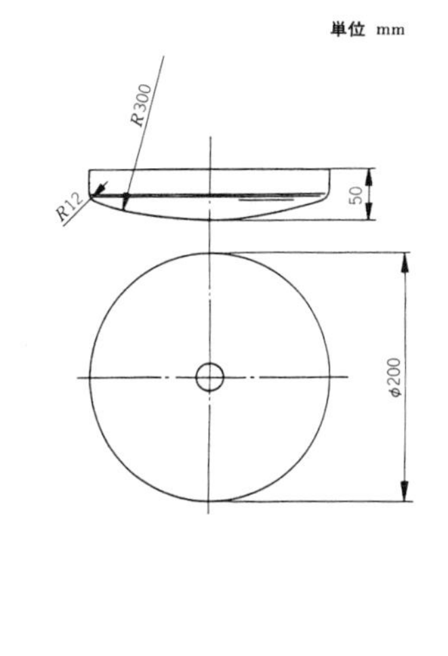

図3－77 小形座面当て板

b. 背もたれの静的強度試験

背もたれの静的強度試験は，図3－78のように，いすを床の上に置き，図3－74に示す負荷位置決めジグを図3－75のように，いすの左右中央に当てて求めたB点の位置又は背もたれの最上部から100mm以下の位置のどちらか低い方の位置に，図3－79に示す背もたれ当て板を当てる。背もたれと垂直に560Nの力を10秒間ずつ10回繰り返して加える。

このとき，いすが後方に移動しないよう後脚をストッパに当て，また釣り合わせのために1300Nの力を座面の負荷位置に加える。スツールは，座面の前縁に適切な板を当てて水平な力を加える。そして，骨組みが矩形の場合は，座面の形状と関係なく，隣接する2つの辺に5回ずつ割り当てて力を加える。

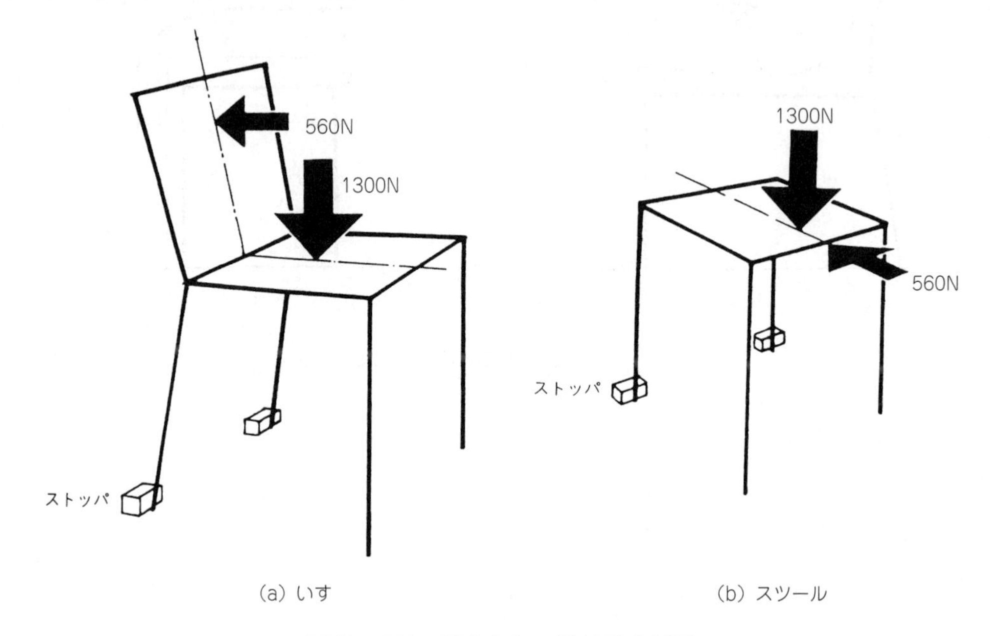

図3－78　背もたれの静的強度試験

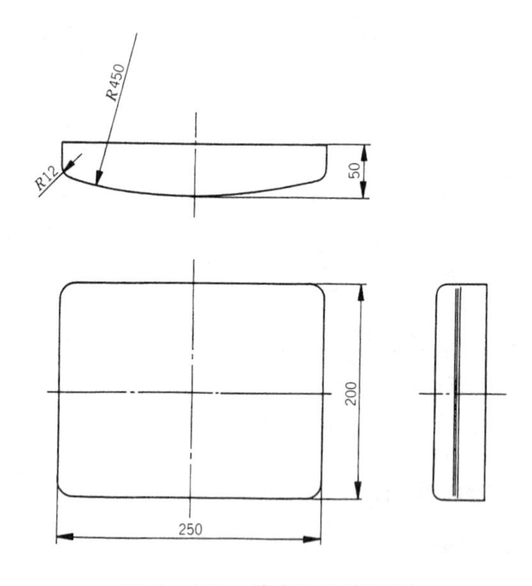

図3－79　背もたれ当て板

c. ひじ部の静的水平力試験

ひじ部の静的水平力試験は，いすを床の上に置き，図3－80に示すように，ひじ部上の最も破壊しやすい位置に図3－81に示す局部当て板を当てる。いすの種類に対応して，表

3－2に示す水平な力Fを外向きに10秒間ずつ10回繰り返して加える。

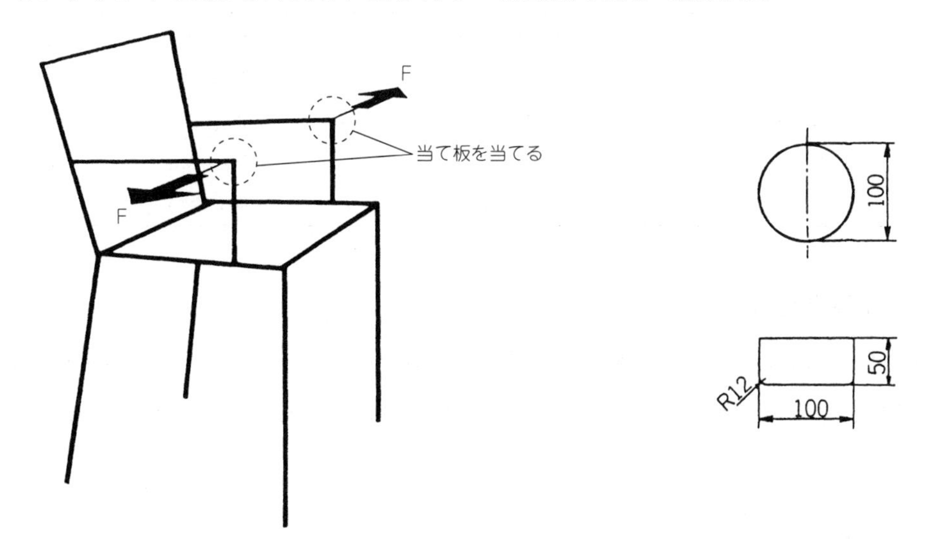

図3－80　ひじ部及び頭もたせの静的水平力試験　　図3－81　局部当て板

表3－2　水平に加える力

種　　類	水平に加える力F
回転いす	400N 以上
非回転いす	400N 以上
折り畳みいす	300N 以上
スツール	適用しない

d. ひじ部の静的垂直力試験

ひじ部の静的垂直力試験は，いすを床の上に置き，図3－82に示すように，ひじ部の最も破壊しやすい位置に小形座面当て板を当てる。表3－3に示す垂直な力Fを10秒間ずつ10回繰り返して加える。

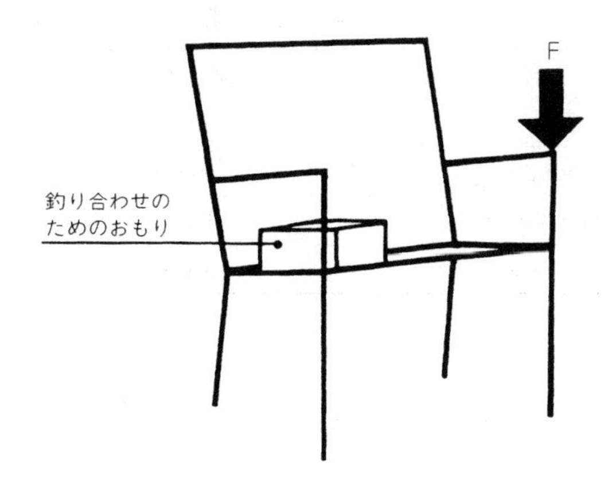

図3－82　ひじ部の静的垂直力試験

表３－３　垂直に加える力

種　　類	垂直に加える力Ｆ	つり合わせおもり
回転いす	700N 以上	71.38kg 以上
非回転いす	700N 以上	71.38kg 以上
折り畳みいす	300N 以上	39.59kg 以上
スツール	適用しない	適用しない

e. 座面の耐久性試験

座面の耐久性試験は，いすを床の上に置き，図３－83に示すように，座面の負荷位置に座面当て板を当てる。950Nの力を毎分40サイクル以下で，表３－４に示す試験回数を繰り返す。

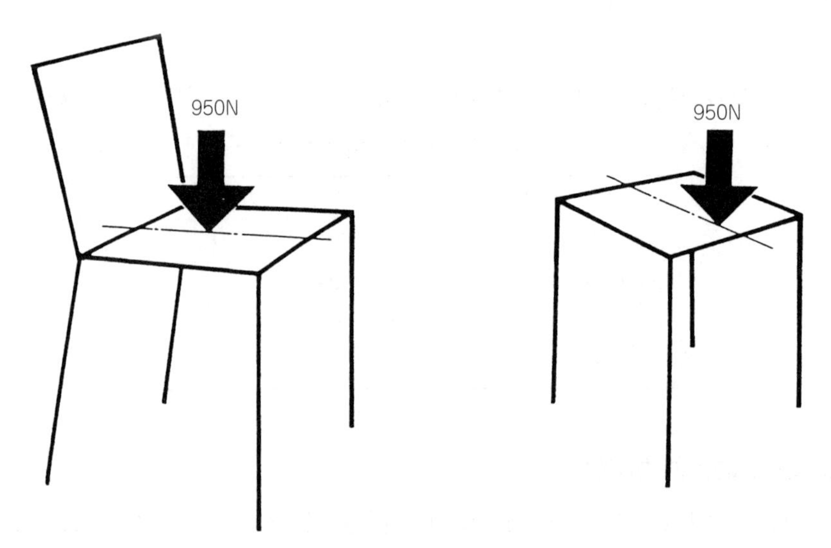

図３－83　座面の耐久性試験

表３－４　試験回数

種　　類	試験回数
回転いす	50000
非回転いす	50000
折り畳みいす	12500
スツール	50000

f. 背もたれの耐久性試験

背もたれの耐久性試験は，いすを床の上に置き，図3－84に示すように，背もたれの負荷位置，又は背もたれの最上部から100mm下の位置のどちらか低い方の位置に，背もたれ当て板を当てる。背もたれに垂直な330Nの力を毎分40サイクル以下で，表3－5に示す試験回数を繰り返す。このとき，いすが後方に移動しないよう後脚をストッパに当て，また釣り合わせのため950Nの力を座面負荷位置に加える。

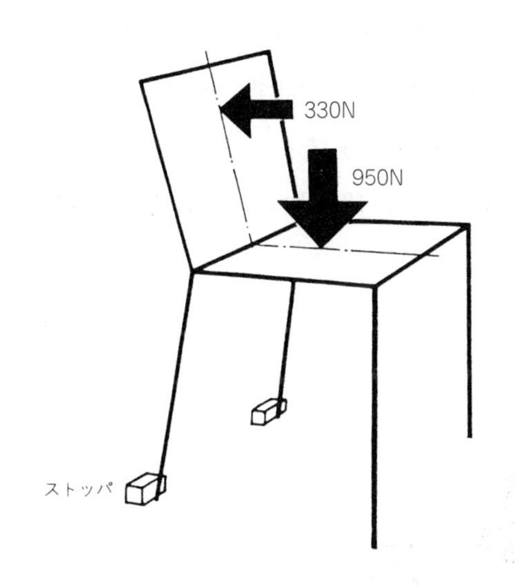

図3－84　背もたれの耐久性試験

表3－5　試験回数

種　　類	試験回数
回転いす	50000
非回転いす	50000
折り畳みいす	12500

g. 脚部の静的前方強度試験

脚部の静的前方強度試験は，いすを床の上に置き，図3－85に示すように，座面の後縁中央に局部当て板を当てて，表3－6に示す前向きの力Fを10秒間ずつ，10回繰り返して加える。このとき，いすが前方に移動しないよう前脚をストッパに当て，また釣り合わせのための力F´を座面負荷位置に加える。ただし，回転いすについては，この試験を適用しない。

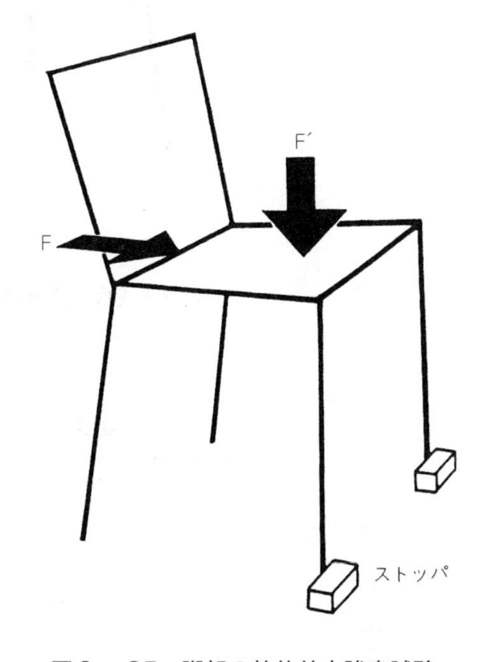

図3－85　脚部の静的前方強度試験

表3－6　試験力

種　　類	前向きの力F	釣り合わせのための力F′
非回転いす	500N	1000N
折り畳みいす	375N	780N
スツール	500N	1000N

h. 脚部の静的側方強度試験

脚部の静的側方強度試験は，いすを床の上に置き，図3－86に示すように，座面の側縁中央に局部当て板を当てて，表3－7に示す横向きの力Fを10秒間ずつ10回繰り返して加える。このとき，いすが側方に移動しないよう反対の前後脚をストッパに当てる。釣り合わせのための力F′は，負荷と反対の縁から150mm以内の位置に加える。ただし，回転いすについては，この試験を適用しない。

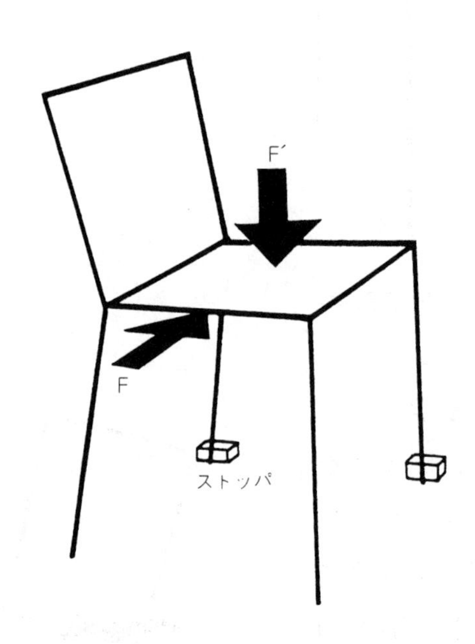

図3－86　脚部の静的側方強度試験

表3－7　試験力

種　　類	横向きの力F	釣り合わせのための力F′
非回転いす	390N	1000N
折り畳みいす	300N	780N
スツール	390N	1000N

i. 底部の対角強度試験

底部の対角強度試験は，脚及び支柱のないいす又はスツールだけに適用する（脚又は支柱があるいすは，脚部の静的強度試験を行う）。

底部の対角強度試験は，いすを床の上に置き，図３－87に示すように，対角に向かい合う一対の角で最下点にできるだけ近い位置に，375Nの２つの対抗力を同時に10秒間ずつ10回繰り返して加える。

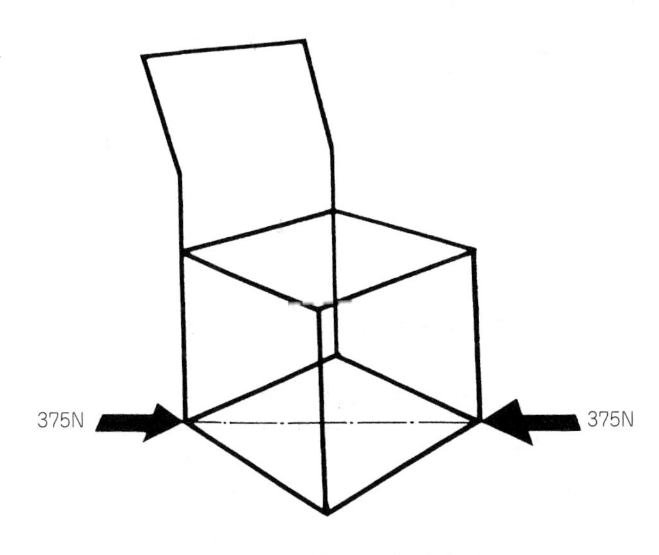

図３－87　底部の対角強度試験

（3）耐衝撃性

耐衝撃性試験は，いすにまれに加わる急激な力の下での性能を確認する試験で，次の試験項目について調べ，その結果，使用上支障のある破損，変形，緩み及び外れがないことが必要である。

a. 座面の耐衝撃性試験

座面の耐衝撃性試験は，座面の上に発泡体（硬さ指数が135/660N，密度が27～30kg/m^3，厚さ25mmのポリエーテル発泡体）を置く。図３－88に示すように，座面の負荷位置に座面衝撃体を表３－８に示す高さから，繰り返し10回自由落下させる。図３－89に座面衝撃体の詳細を示す。

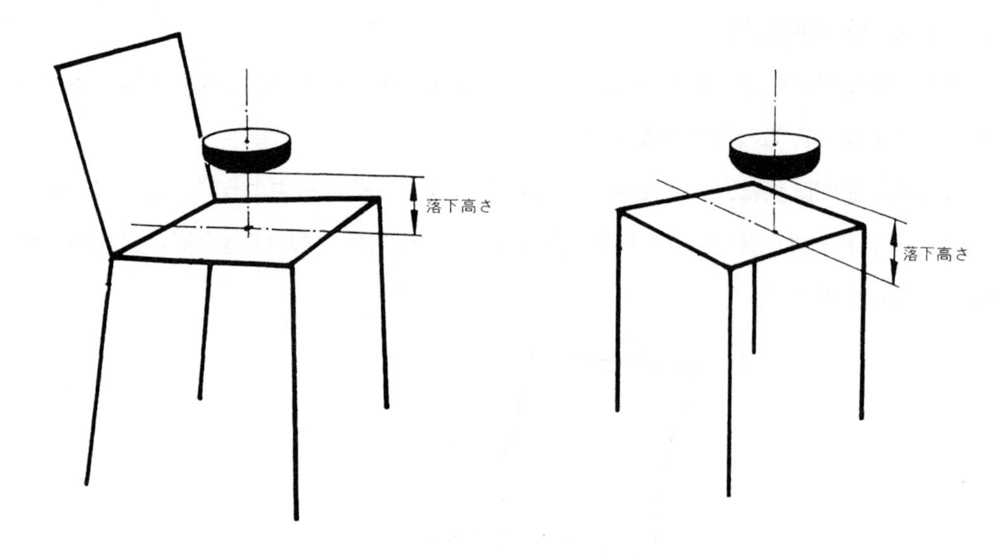

図3－88　座面の耐衝撃性試験

表3－8　衝撃体落下高さ

種　　類	落下高さ
回転いす	180mm
非回転いす	180mm
折り畳みいす	140mm
スツール	180mm

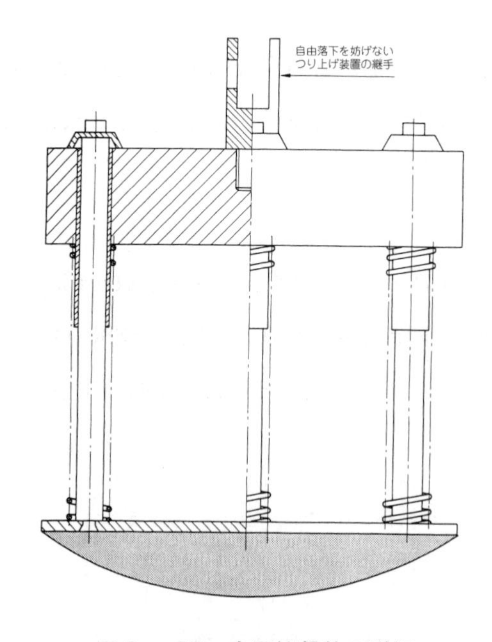

図3－89　座面衝撃体の詳細

b. 背もたれの耐衝撃性試験

背もたれの耐衝撃性試験は，図３－90に示すように，背もたれ最上部の外側の中央を，210mmの高さ（角度38°）から振り子状に落下する衝撃ハンマによって，水平に10回打撃する。このとき，いすが前方に移動しないよう前脚をストッパに当てる。ただし，背もたれのないいすには適用しない。図３－91に振り子式衝撃ハンマを示す。

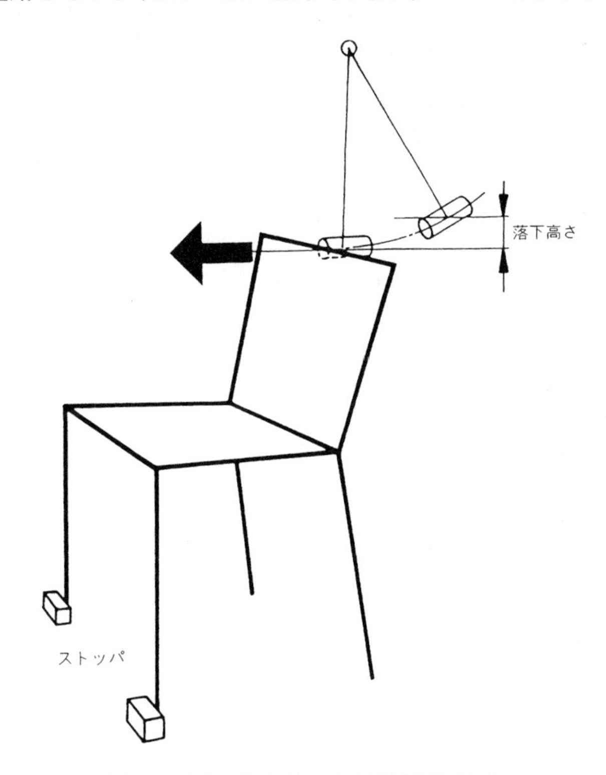

図３－90　背もたれの耐衝撃性試験

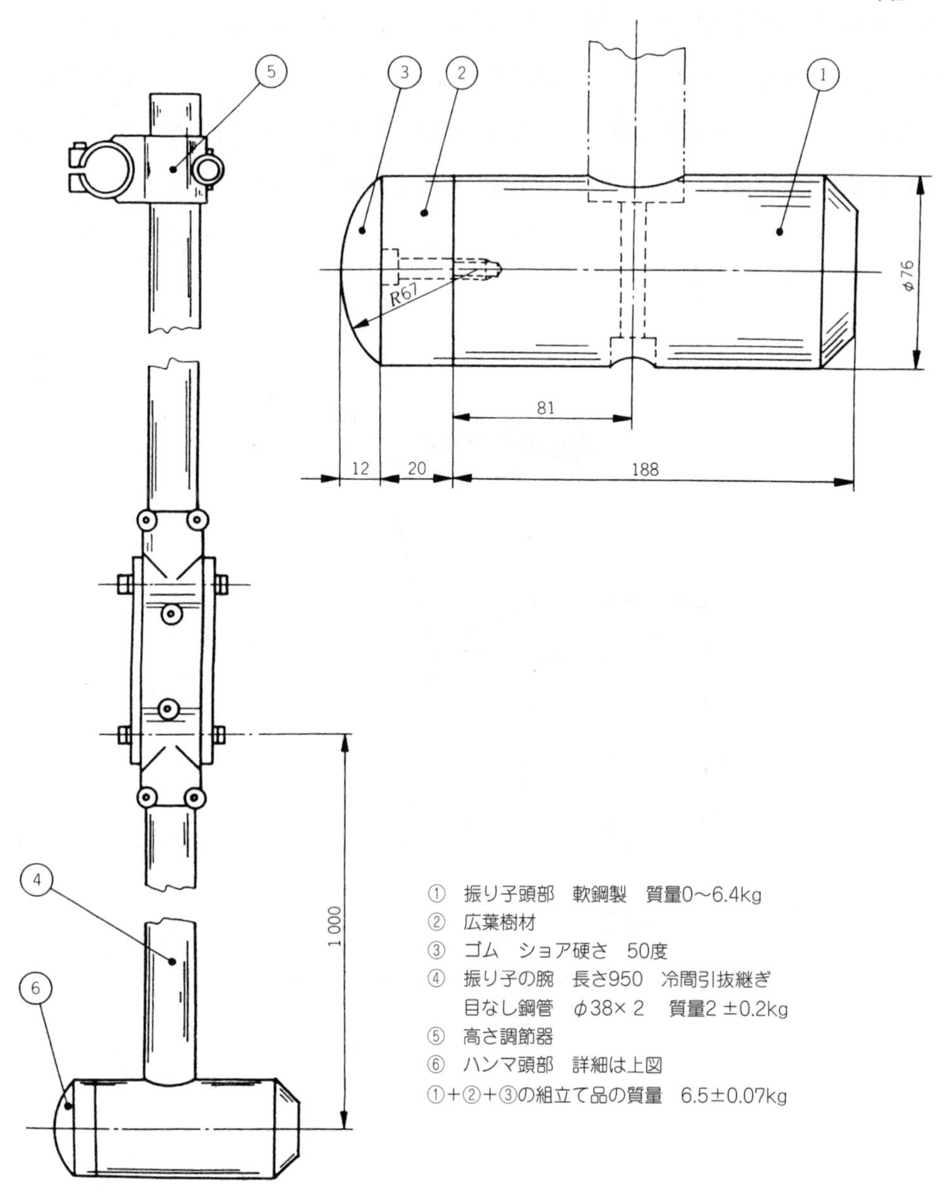

備考　図中の振り子頭部は，本来の位置から90度回転した状態で図示されている。

図3－91　振り子式衝撃ハンマ

c. ひじ部の耐衝撃性試験

ひじ部の耐衝撃性試験は，図3－92に示すように，ひじ部外側面の最も故障しやすい位置を，210mmの高さ（角度38°）から振り子状に落下する衝撃ハンマによって，内側に向けて水平に10回打撃する。このとき，いすが移動しないよう反対側の脚をストッパに当てる。ただし，ひじ部のないいすには適用しない。

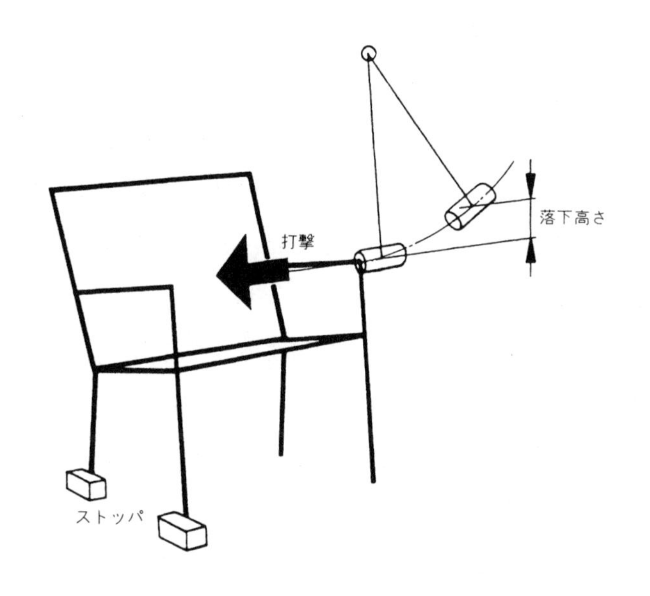

図3－92 ひじ部の耐衝撃性試験

d. 落下試験

落下試験は，図3－93に示すように1つの脚に対して，その脚と対角線上の反対側にある脚を結ぶ直線が水平面に対し10°傾き，残りの両脚を結ぶ直線が水平となるようにいすを表3－9に示す高さで支える。前脚の1つから10回，後脚の1つから10回，標準の床面上に落下させる。

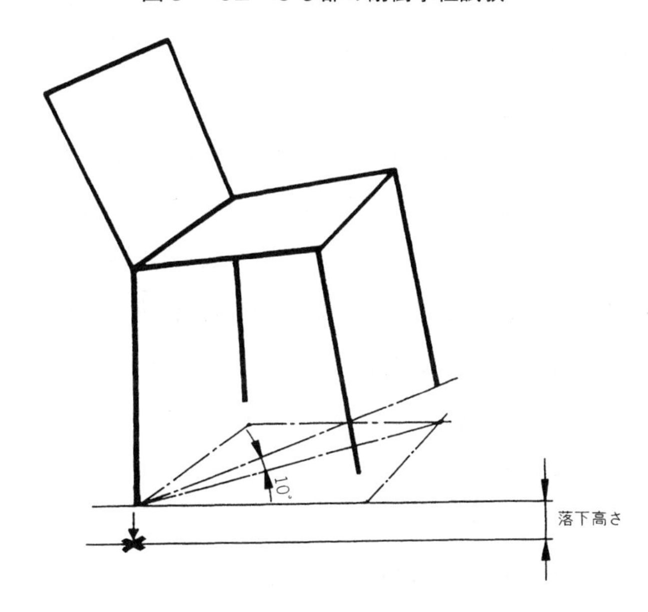

図3－93 落下試験

3本脚の場合は，残る2つの脚端部を結ぶ線が水平で，衝撃を加える脚端部とその直線の中点を結ぶ線が水平面に対し10°傾斜するようにつり上げ，2本の脚に対して行う。ただし，スツールには適用しない。

表3－9 いすの落下高さ

種　類	脚部の長さが200mmを超えるスタッキングいす	脚部の長さが200mmを超える非スタッキングいす	脚部の長さが200mm以内のいす
回転いす	—	200mm	—
非回転いす	450mm	200mm	100mm
折り畳みいす	450mm	—	—

(4) 外　　観

オフィス用いすの外観は，次による。

① 外観の仕上げは良好で，傷，狂い，接合部分の外れなど著しい欠点がない。

② 人体及び衣類の触れる部分には，鋭い突起，角，ささくれなどがない。

③ 塗装面の見えがかり部分は，光沢，色調が均等で塗りむら，たれなどがない。

(5) 構　　造

オフィス用いすの構造は次による。ただし，該当する部材又は部品がない場合は，その項は適用されない。

① 木材及び木質材料を使用するときは，組立て後，割れ，狂いなどの欠陥が生じにくい構造とする。

② 接合部は，溶接，継手，仕口などによって堅ろうに結合する。

③ 接着部は，はがれが生じないように適切に接着させる。

④ ねじ類，その他の金具を用いて組み立てる場合は，結合部に緩みが生じない構造とする。

⑤ 操作部がある場合は，容易に扱うことができ，かつ，耐久性に優れている。

⑥ 回転部又はリクライニング機構がある場合は，堅ろうに取り付けられており，滑らかに作動し，使用に際して著しい騒音を生じない。

⑦ 取り外し可能な部品及び部材は，確実に固定できる構造とする。

⑧ キャスターの取付けは，丈夫でがたつき，抜けなどがなく，滑らかに作動できる。

⑨ 折り畳み機構は，円滑で確実に操作でき，かつ，使用中に容易に脚が閉じたりしない構造とする。

(6) 材　　料

オフィス用いすの材料は，次による。

① 主要部分に使用する材料は，表3－10又はこれと同等以上の品質を持つものとする。

② 使用する材料は，人体に有害な物性を持たないものとする。

③ 金属製及び合成樹脂製の附属部品などの材料は，それぞれの機能を果たせる十分な強さを持ち，かつ，耐食性に優れた材料又は処理を施したものとする。

表3－10 材　料

材料区分	材　料
鉄鋼	JIS G 3101 JIS G 3131 JIS G 3141 JIS G 3445 JIS G 4305
その他の金属	JIS H 4000 JIS H 4100 JIS H 5202 JIS H 5301 JIS H 5302
木材	日本農林規格（JAS）の製材などに規定するもので，含水率は12％以下で，割れ，変形，虫食いなど著しい欠点がない。 なお，含水率の測定は，JIS Z 2101 に規定する方法，又は電気的測定方法による。
木質材料	JIS A 5905（ただし，ホルムアルデヒド放散量は，F ☆☆☆以下のものとする。） JIS A 5908（ただし，ホルムアルデヒド放散量は，F ☆☆☆以下のものとする。）
合板	日本農林規格（JAS）に規定する1類又は2類（ただし，ホルムアルデヒド放散量は，F ☆☆☆以下のものとする。）
プラスチック	JIS K 6903 JIS K 6921-1，JIS K 6921-2 JIS K 6922-1，JIS K 6922-2
クッション	JIS K 6401
上張り	JIS K 6772 JIS L 1096
接着剤	JIS A 5549（ただし，ホルムアルデヒド放散量は，F ☆☆☆以下のものとする。） JIS K 6804
塗料	JIS K 5961（ただし，ホルムアルデヒド放散量は，F ☆☆☆以下のものとする。） JIS K 5962（ただし，ホルムアルデヒド放散量は，F ☆☆☆以下のものとする。）

（7）試　験

静的強度・耐久性及び耐衝撃性の試験順番は，前述の（2）及び（3）の記載順でなければならない。

第3章の学習のまとめ

この章では，家具の一般的な構造を学んだ。これら伝統のある各種家具の基本構造は，理論的にも実証的にも優れており，これを正しく理解し実践することが大切である。材料や接合法とともに家具構造においても，それぞれの特徴を十分に考慮して，設計や加工をすることが，使いやすく，美しい家具を作り出すことになり，新しい構造を見出すことにもつながる。

【確　認　問　題】

次の各問に答えなさい。

(1)　箱物の構造の種類を挙げなさい。

(2)　引き出しを構成している材名を挙げなさい。

(3)　側板と仕切り板と帆立の違いを挙げなさい。

(4)　開閉方法の違いによる，扉の種類を挙げなさい。

(5)　テーブルの甲板と脚部の取付け方法を挙げなさい。

(6)　木製いすの構成部材名を挙げなさい。

(7)　ひじ掛けいすの構成部材について，該当する語句を下欄の中から選びなさい。

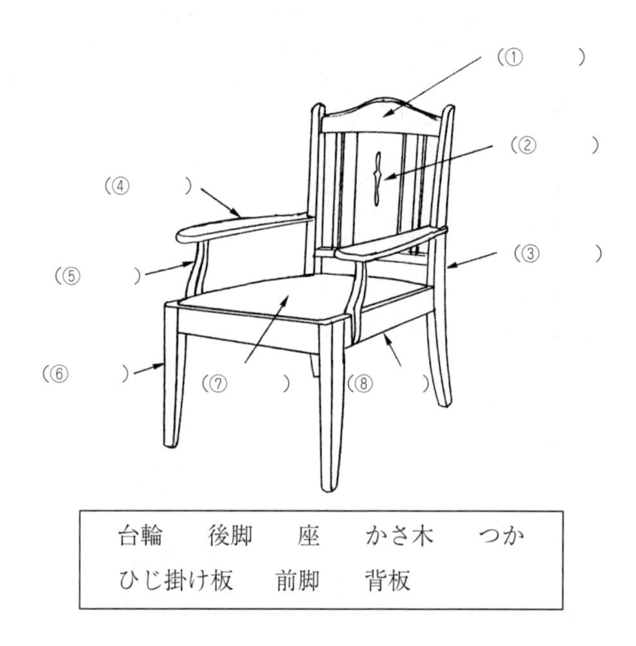

台輪	後脚	座	かさ木	つか
ひじ掛け板	前脚	背板		

(8)　「剛性」の意味を説明しなさい。

(9)　オフィス用いすの性能の試験における安定性の項目をすべて挙げなさい。

(10)　オフィス用いすの強度試験において，座面の静的強度試験及び背もたれの静的強度試験で加えられる荷重はどのくらいか。

第4章　家　具　工　作

これまで器工具の使い方，基本的な工作法及び家具の構造について学んできた。ここでは，一般的な家具の製作工程とその工程の１つである，組立て，金具の取付け及びいす張りについて述べる。

第1節　製 作 工 程

木材を主な材料とした家具の製作工程は，家具の種類，形，寸法，材料，工場の規模，生産数量などによって違いがある。家具製作においては，どんなものを，どんな条件で，どんな方法で，どれだけの数を，どれだけの時間で作りあげるかということや，良いものをより経済的に製作することを十分に検討して，使用する材料，使用する機械・器工具・設備，工作法などを決める。

1.1　製 作 工 程

一般的な家具の製作工程は，おおむね次のとおりである。

(1) 木　取　り

a. 木取り表の作成

設計図に従って，部品表の部品寸法に削りしろなどを歩増(ぶま)しして，**木取り表**を作る。表４－１に木取り表の事例を挙げる。

表４－１　木取り表の事例

単位：mm

部材名	仕上げ寸法	木取り寸法	材　料	個　数	備　　　考
前　　脚	42 × 42 × 475	46 × 45 × 485	タモ板	2	
後　　脚	42 × 120 × 940	46 × 210 × 960	タモ板	1	幅 210 の板から２枚取り
前 台 輪	25 × 60 × 448	28 × 63 × 458	タモ板	1	
後 台 輪	25 × 60 × 352	28 × 63 × 362	タモ板	1	
側 台 輪	25 × 60 × 445	28 × 63 × 455	タモ板	2	
脚　　貫	15 × 22 × 418	18 × 25 × 428	タモ板	2	
つなぎぬき	15 × 22 × 352	18 × 25 × 362	タモ板	1	
か さ 木	20 × 68 × 362	24 × 71 × 372	タモ板	1	
背　　貫	18 × 32 × 342	24 × 35 × 352	タモ板	1	
背 づ か	20 × 48 × 358	24 × 51 × 368	タモ板	2	

(図３－50（p.232）の小いすの場合　座板を除く)

b. 木拾い

木取り表に従って，十分乾燥した指定の材料を選ぶ。各部材は，見えがかり（外部から見える部分，特に正面から見える部分）材か，見えがくれ（外部から直接見えないが，扉を開けたり引き出しを抜くと見える部分）材か，また強度などを考え，適したものを選ぶ。

c. 木取り

選んだ材料は，長い部材，特殊な部材から木取り，短いものは端材などの適当なものから木取る。以上のように資材の有効活用を図り，できるだけ歩留まりを高めるように配慮する。

（2）木づくり

木取りした部材を切削加工して，部品としての寸法にする。まず，むら取りをしてから，直角面を決め，次に厚さと幅を決める。

（3）墨 付 け

部材を部品加工するための1工程である。製品となった部材を想定して墨付け基準面や上・下などの合印，記号，番号などを記入する（勝手墨）。また，ほぞ，ほぞ穴，溝，欠き取りの位置や形状を，図面や盛り付けに従って，正しく加工墨を付ける。

（4）加　　工

墨線や記号に基づいて，正確に加工する。はめ合わせ，穴の深さ，位置，目違い，逃げなど，全体のどの部分を行っているのかを確かめながら，順序よく加工する。ほぞ加工が完了したら，仮組みの前に入り面を取っておく。

（5）仮 組 み

仮木組みともいわれ，あらゆる製品に必要な工程というものではない。複雑な構造の場合や，面取り工作をする場合に，目違いを取ったり，ほぞなどの接合部の加工精度を確かめたりするために，接着剤を付けずに仮に組み立てる。

（6）水 引 き

加工中に生じた機械のローラ跡，つちや圧締器でへこんだ部分を，元に戻すために，表面に軽く水分を与える。

（7）仕 上 げ

水引きにより，圧こん（痕）などが元に戻ったかを確かめて，部品寸法が変わらないように削り仕上げをする。逆目ぼれ，かんなまくら，削りむらなどを起こさないように削る。

仕上げる方法には，かんな仕上げのほか，研磨布紙，やすり，スチールウールやスクレッパなどを用いることもある。

(8) 組　立　て

組立て作業は，どこまでを一度に組み立てるか，どのように組み立てたら最も能率よくいくかを考える。組み立てるとき，圧締，緊結は，ほぞや組み手の方向に力を加えるが無理のないようにする。一般に，細かい部材を部品として組み立て，それぞれ，ねじれ，ゆがみのないようにし，ひとまず接着剤の硬化を待ち，次に，小さな部品同士を組み立て，全体へと組み進める。製品の機能によっては，接着剤の可使時間，硬化時間を調べて，それに適するものを選ばなければならない。

組み立てた直後は，全体のねじれがないか，角度が正しいかを確認して圧締する。はみ出た接着剤や飛び散った接着剤は，その都度完全に洗い落としておく。これを行わないと，後でしみや色むらとなる。そして，接着剤が乾燥硬化するまで放置（養生）しておく。

(9) 素 地 調 整

素地調整の第一歩は，余分な接着剤，手あか，ワックス，油気などを溶剤で洗い落とすか，研磨布紙で研ぎ落とす。

次に，接ぎ手の目違いを取って（払って），かんなの削りむら，逆目ぼれなどを十分に研磨する。割れや虫食いなども必要ならば，こくそ（木粉などを接着剤で硬く練った一種のパテ）を詰めておく。製品によっては，素地調整が終わったものを塗装せずにそのままで用いる，白木のものもある。

塗装を行うときは，素地調整の良し悪しが直接影響するので，素地調整は，塗装の第一歩としても大切な工程である。

研磨布紙を用いるときは，研磨の方法を誤って製品の形状を変えることがないようにする。素地調整においては，普通，荒研ぎでは80～100番のものを用い，仕上げでは，150～240番ぐらいのものを用いるが，素地に適した材質や粒度のものを用いることが大切である。

研磨の方向は，繊維方向と平行に行う。繊維方向と直角に研磨すると，研ぎ足（研ぎ傷）が塗装面に現われることが多い。樹種により年輪の硬軟のはっきりしたものや，接合部の木口と木端のように，堅さの違う材料の研削には，コルク板，木片，ゴム板などの当て木を用いて研磨する。

材面に凹凸や曲面のあるもの，面形などの素地調整は，その形に合わせた当て木を用いる。角隅や端は，落ちやすいので，指先やジグを上手に利用して防ぐ。

研磨布紙による素地調整は，手加工，研削機械（電動サンダ）などで行われる。曲面の研削では，仕上げ削りと素地調整をかねて行われることが多い。

(10) 塗　　装

（省略）

(11) 付帯器具取付け

（第４章　第３節　付帯具の取付けを参照）

(12) 張　　り

（第４章　第４節　いす張りを参照）

家具の製作工程は，だいたい以上のとおりであるが，製品によっては，工程が重複したり，また簡略されたりすることもある。

第2節　組　立　て

接ぎ手，組み手，溝つき作業などの部品加工の終わった部材は，用途・部品の形状などに応じて，適切な仕上げが施された後，組み立てる。

2.1　仕　上　げ

(1) 削り仕上げ

削り仕上げは，主に平面の仕上げに用いられる方法である。機械かんな削りしたときのローラ跡，玄能のたたき跡などのあるものは，温水で表面ぶき（水引き，又は水ぶき）して，へこみを元に戻してから，仕上げ削りをする。仕上げ削りは，仕上げかんなの刃を0.02mmぐらい出して削る。仕上げかんなの場合には，0.03mm程度の削りしろを目標とする。

(2) 面　取　り（図４－１）

仕上げ削りを行った部材は，さすり（面一（つらいち））に組み立てられる胴付きなど，特別な部分を除き，ほとんどの場合，角（稜（りょう））に「糸面」を取る。糸面取りは，使用するときの手触りをよくするため，部材の角に0.5mm程度の面取りを行う作業である。

また，ほぞ先には，組立て時に接着剤の回りをよくし，ほぞ先の欠けを防止するために，１mm程度の「入り面（ほぞ先面）」を取る。さらに，いすやテーブルの脚先には，移動の際床に傷を付ける，又は脚先が欠けるのを防ぐため，入り面よりも大きい２～３mmの「脚先面」を施す。

面には，平かんなで削る糸面や，丸かんなで削る丸面（ぼうず面）などがある。数を多く作るときは，面ずり（面おち）といって，組合せ面を面の大きさだけ，ほぞの方の部材を引っ込めて組み立てることもある。なお，装飾のために施す，ぎんなん面やひょうたん面などの特殊な面は，仮組みの工程で目違いを払った後に，面取り工作を行う場合が多い。

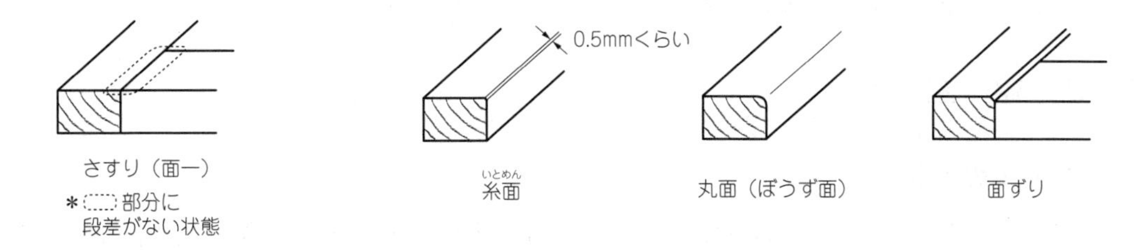

図４－１　面削り工作

(3) 研削仕上げ（図４－２）

仕上げ削りをした部材を，さらに必要に応じて，研削仕上げすることがある。これは，手仕上げと機械仕上げに分かれる。いずれの場合も，研磨紙（サンドペーパ）又は研磨布によって行われることが多い。材料の表面を研削仕上げするときは，必ず，木理と平行に行い，木材の繊維を切断しないようにする。

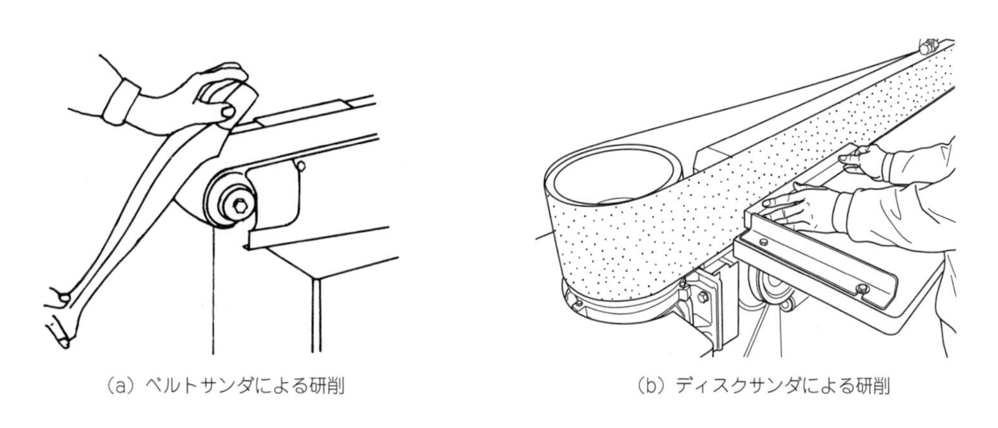

図４－２　研削仕上げ

手仕上げの場合は，研磨布紙を適当な大きさに切り，次のように行う。

① 小さい部材の研削や大きな部材を部分的に研削するときは，研磨布紙を人差し指，中指，薬指の３本の指で挟み，圧力によって研削する。

② 平面を研削するときは，木片にフェルトを付けたブロックに，研磨布紙を巻き付けて行う。このようにすると，同じような平滑な面が，全面にできあがる。

③ 手仕上げによって，曲面を作り出すようなときには，できるだけ面かんな，平かんなを使って，逆目ぼれや形を整えてから，研磨布紙をやや斜めに動かして，曲面を滑らかなものにした後，再び木理と平行に研削して仕上げる。

研削機械は，作業量の多少や，部材の形にあったものを使い分けなければならない。数多く研削する作業では，平面仕上げの場合でも，仕上げかんな削りをやめて，自動かんなで削ったものをそのまま，研磨布紙で仕上げることが行われる。

2.2　組　立　て

（1）組立ての順序

組立ては，部分組立てと総組立てに分けられる。建具を組み立てる場合は，平面組立てだけで終わるものもあるが，家具の場合などでは，平面組立て後，立体組立てを行う場合が多い。

組立ては，能率的に行うために，順序を誤らないようにしなければならない。図４－３に整理だんすの組立て順序の一例を，図４－４に小いすの組立て順序の一例を挙げる。

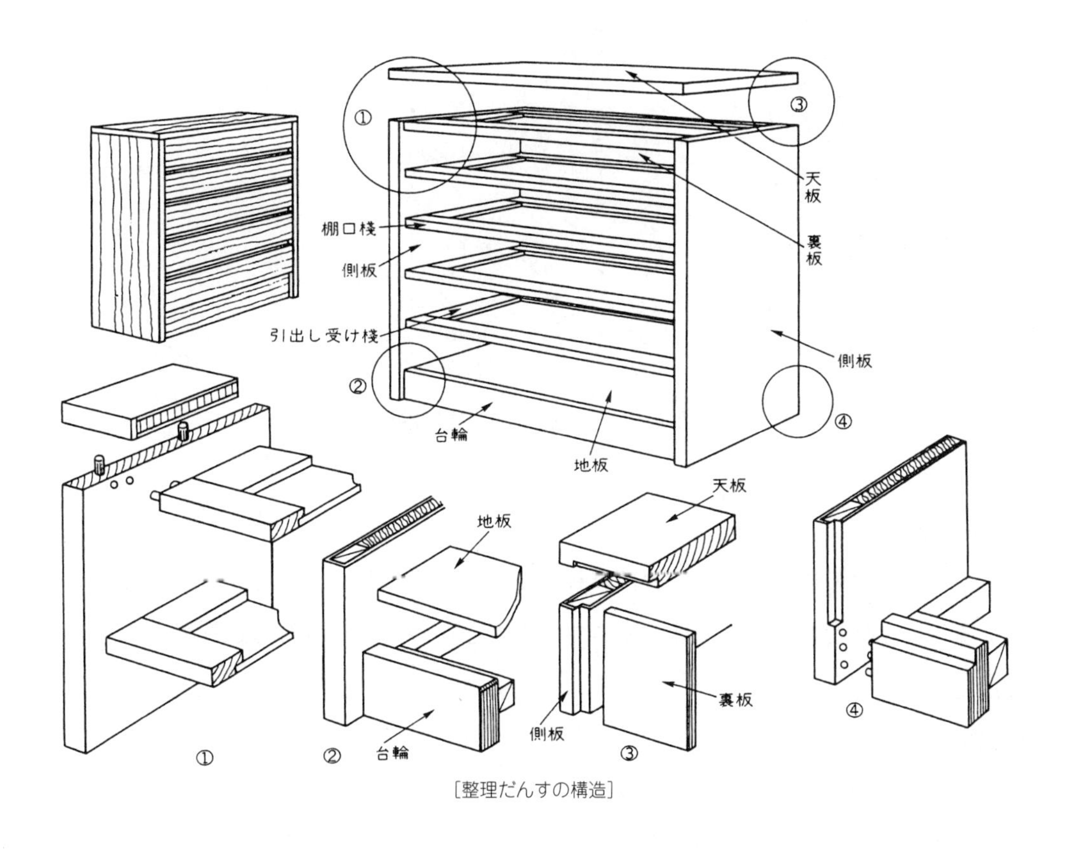

［整理だんすの構造］

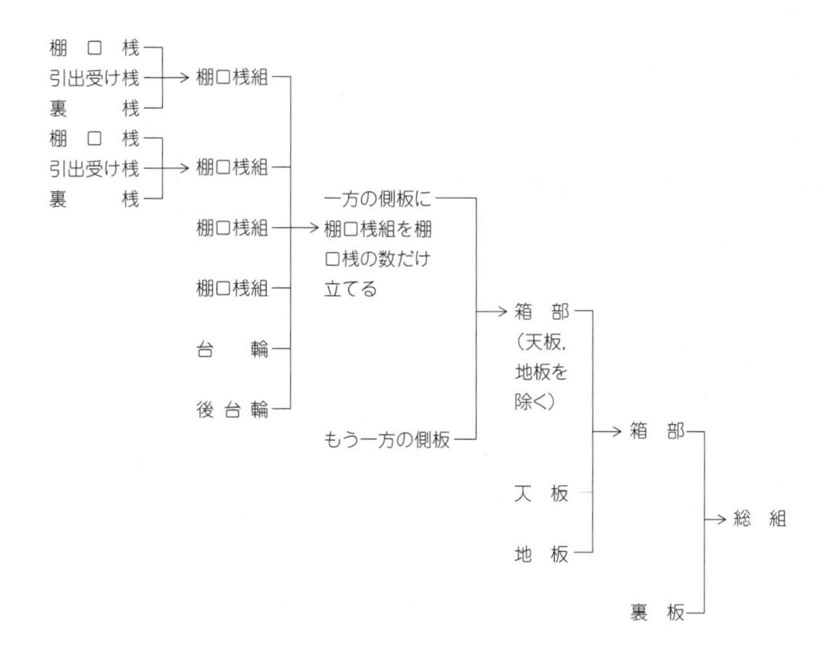

図4－3 整理だんすの組立て順序

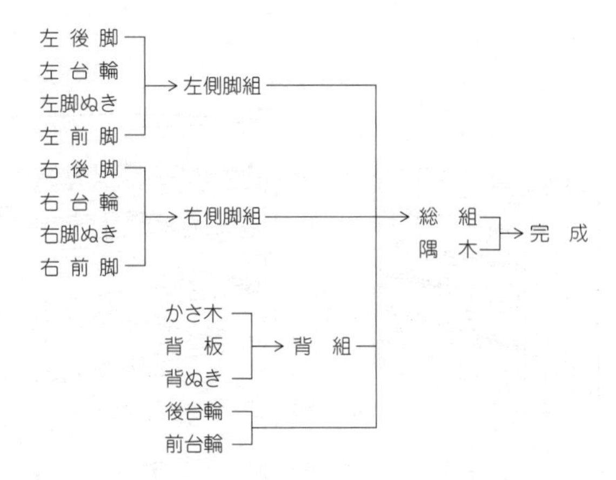

図４－４　小いすの組立て順序

（2）組　立　て

組み手や接ぎ手の組立ては，接合部に接着剤を十分塗布してから行う。手作業で組み立てるときは，工作台の上で，玄能や木づちでたたきながら行う（打ち込み組立て：図４－５参照)。

組立てを行うときは，次のことに注意しなければならない。

① 胴付き部の木殺しを十分に行う。

② ほぞ先には，あらかじめ，入り面を取り，差し込みやすくする。

③ 打ち込みには，当て木をして，材面を傷付けないようにする。

④ 接着剤は，胴付き部にも十分塗布する。

⑤ 組立ては，胴付きのすき間，目違い，角度，ねじれなどを調べながら行う。組み立てた後時間が経過すると，接着剤などが硬化して修正ができない。

⑥ 余分な接着剤は，ふき取っておく。

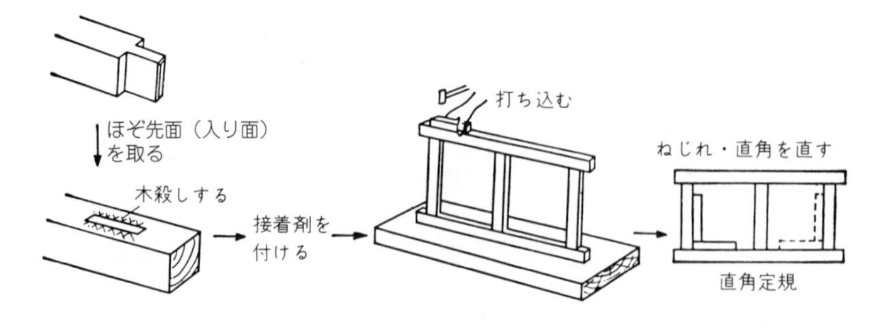

図４－５　打ち込み組立て

手作業による組立て作業のほか，ジグによる組立てや，端金を用いた組立て（図4－6），プレスによる組立てもある（図4－7）。これらには，くさびを利用する方式，カムを利用する方式，ねじを利用する方式，油圧，空圧を利用する方式など，いろいろなものがある。これらは，工場規模の大小，作業量の多少にあわせて適切なものが用いられる。

図4－6　端金を用いた組立て

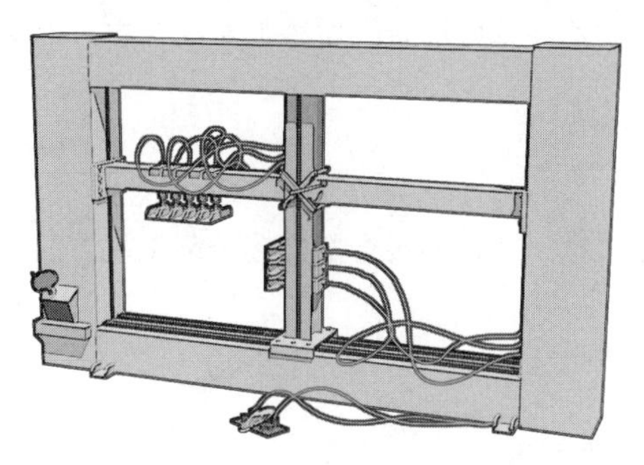

(a) ボディープレス

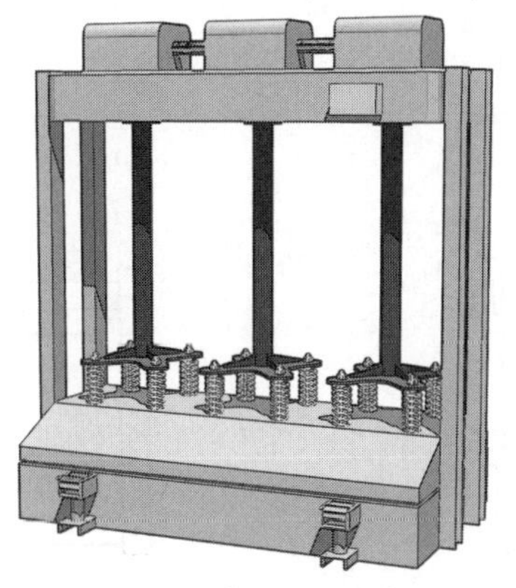

(b) コールドプレス（木工プレス）

図4－7　組立てプレス

(3) 留めの組立て

留めには，平留めと箱留めがある。これを加工するには，所要の角度に，正確に削ることが大切である。手加工の場合は，平留め用木口台と箱留め用木口台を使い分ける。機械加工の場合も，それぞれの異なったジグにより加工するが，横びき用丸のこを用いて，ひき面をそのまま接着面とすることができる。この場合，のこの切れ味のよいものを使用し，機械の調整などを正確に行わなければならない。

留めの組立ては，適量の接着剤を接合部に付けて行う。隅木を用いる場合は，組立て前に適度の長さに切り，角度も合わせておかなければならない。隅木をねじ止めなどで固定する場合は，必要なら予備穴をあけておく。ホルマリンを併用して，膠(にかわ)による接着をする場合は，薄めたホルマリン液を接着部材の片面に塗布し，ホルマリン液がほぼ乾燥したら，他の面に膠を塗布して接着する。2液性の合成樹脂系の接着剤を用いる場合も同様である。ホルマリンの使用については，p.175参照。

a. L字形の組立て

四角形となる留めの組立ては，まず，隣り合った2辺をL字形に接着し，これが固着乾燥した後，四角形に接着する。この場合，留め形クランプ，ハンドスクリュ（スクリュプレス）などを用いる。

b，枠形の組立て

4辺を一度に接着するには，4辺の接合部に接着剤を塗り，ひも，帯鉄又はジグによって組み立てる（図4－8）。

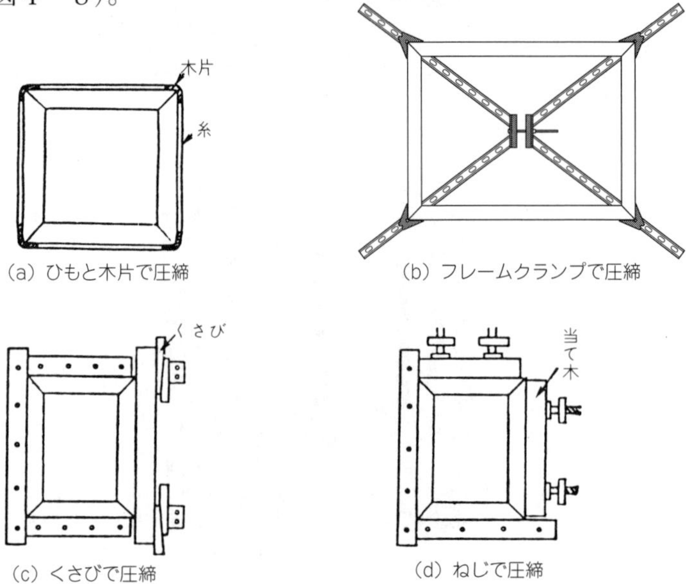

図4－8　留め枠の組立て

台輪などのように，後部が隠れるものに用いられるコの字形の接着は，留めの接着をした後隅木を付ける場合が多い。隅木を用いない留め枠は，留め部にのこ目をひき込み，板ちぎりを入れて補強する。

なお，じょうご形の箱留めにおいて，上面と下面との大きさの違うものを四方転びといい，妻板を側板に胴付きでおさめる四方転びを四方胴付き四方転びといい，妻板と側板を留めでおさめる四方転びを四方転び留めという（図4－9）。

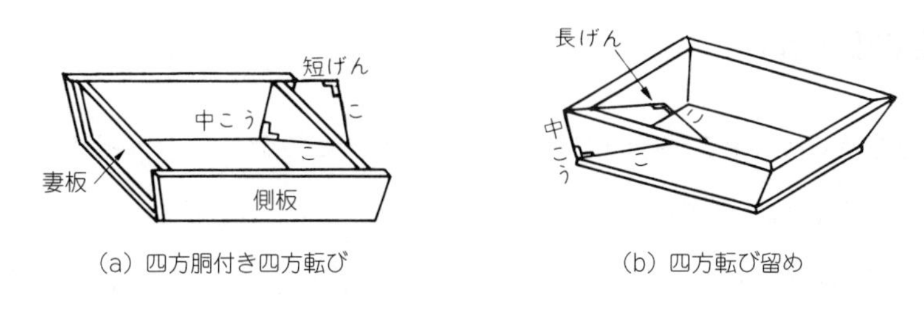

(a) 四方胴付き四方転び　(b) 四方転び留め

図4－9　四方転び

第3節　付帯具の取付け

製品は，金具などを取り付けると，見違えるほど引き立つものである。すなわち，金具は，それ自体機能的な役割をすると同時に，製品の装飾的効果に大きな役割をする。そのため，製品とよく調和し，しかも，実用的なものを選ばなければならない。

金具の取付け箇所は，一般に力のかかるところであるから，その取付けは，正確に，また，堅固にするとともに，その取付け位置についても，使いやすさと装飾的な配慮が必要である。

3.1　金具の種類

家具に用いられる金具には，丁番，引き手，錠，ラッチ，ステーなどがある。丁番には，平丁番，フランス丁番，軸づり丁番，スライド丁番などがあり（図4－10），引き手には，棒引き手，つまみ引き手，彫込み引き手，環引き手などがある（図4－11）。

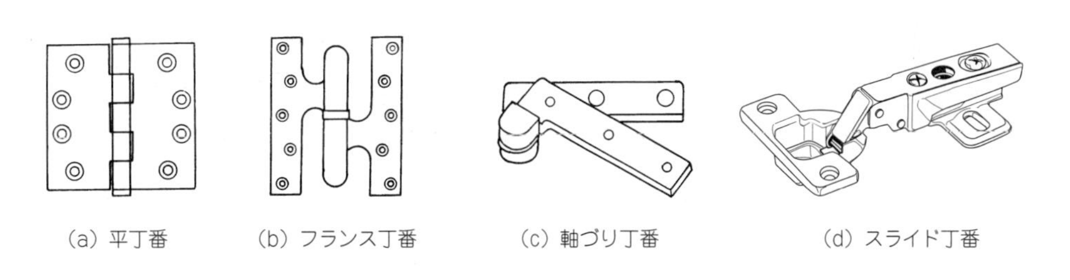

(a) 平丁番　(b) フランス丁番　(c) 軸づり丁番　(d) スライド丁番

図4－10　丁　番

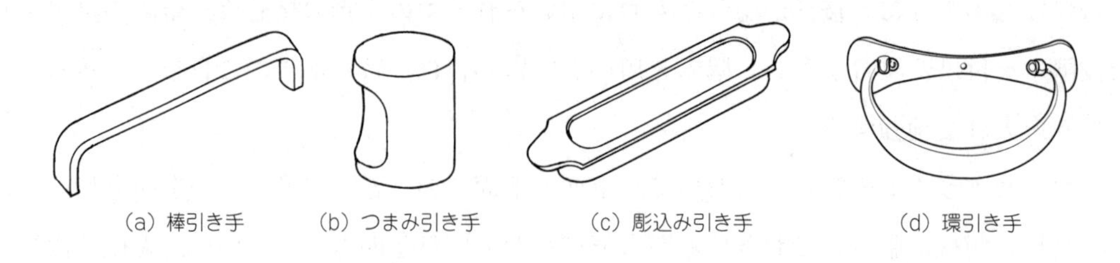

(a) 棒引き手　(b) つまみ引き手　(c) 彫込み引き手　(d) 環引き手

図4－11　引き手

3.2　金具の取付け

金具の種類は数が多いので，その取付けも，それぞれの金具に合わせた工作が行われるが，その一般的な要領は，次のとおりである。

① 一般に金具の取付けは，製品の塗装が終わった後に行われる。そのため，取付けは，塗装した面を傷付けないように，毛布のようなものを下に敷いて行う。金具の掘込みや仕上がり調整が塗装後に困難なものについては，金具の取付けを塗装の前に行う。この場合，金具をいったん取り外すか，マスキングした後，塗装を行う。

② 金具の取付け位置は，外観に与える影響が大きいから，十分に装飾的効果を考えて決める。

引き手などは，使用上便利な位置であることと，目の錯視なども考えて，目よりも下の位置に取り付けるものは，取付け面の中央より，やや上に取り付けるのが普通である。丁番の取付けは，その大きさ，取付け枚数，耐久性を考えて位置を決める（図4－12）。

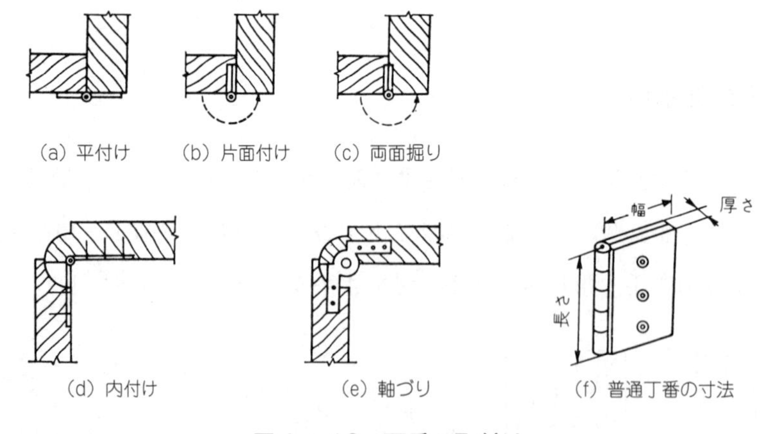

(a) 平付け　(b) 片面付け　(c) 両面掘り

(d) 内付け　(e) 軸づり　(f) 普通丁番の寸法

図4－12　丁番の取付け

③　金具の取付け位置の印をするときは，け引き，直角定規，さしがねなどを使って，垂直，水平の位置を正確に墨付けをする。わずかな手間を惜しんだ結果，金具の位置がずれたり，曲がったりすると非常に目立つ。スライド丁番を用いる場合，カタログなどに記載されているカップ穴及びマウンティングプレート（取付座金）の取付け位置に従って，正確に墨付けをする（図4－13）。

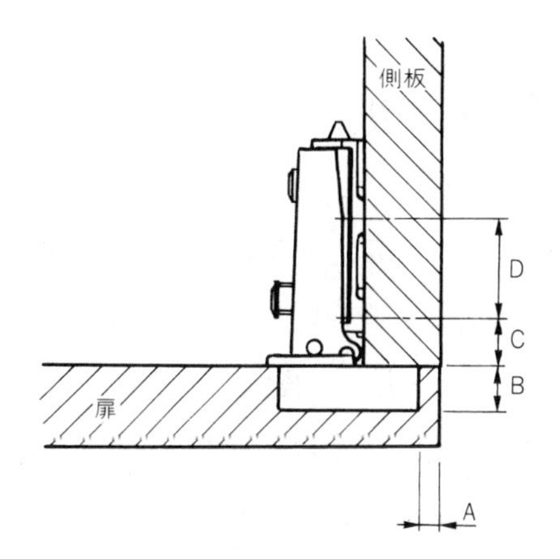

(a) かぶせタイプ

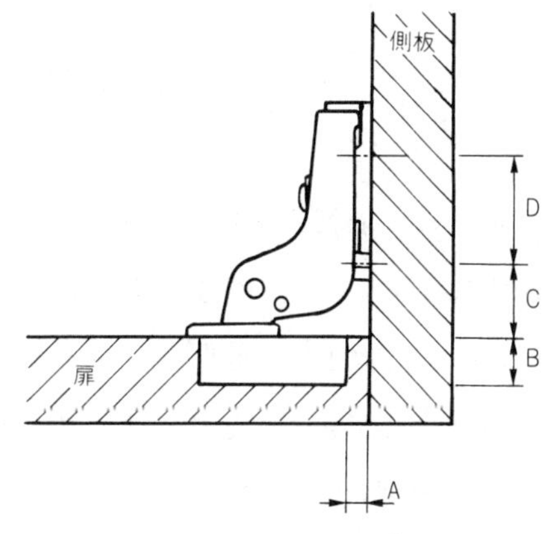

(b) インセットタイプ

A：扉の端部からカップ穴縁までの距離
B：カップ穴の深さ
C：側板の端部からプレート（座金）取付け穴までの距離
D：プレート（座金）を取り付ける２つの穴の距離

図4－13　スライド丁番の取付け

④　金具を大量に取り付ける場合の墨付けは，正確で能率的に行うため，型板やゲージを作って行うとよい。

⑤　金具類は，木部を段欠き又は穴掘りして，埋め込む方式のものが多い。この場合，け引き線を強くひいて，工作しやすいようにする。また，段欠きした丁番の取付け部分は，正確に掘らないと，後日，金具の緩みの原因となる。

⑥　引き手類のねじ足の入る穴や錠のかぎ穴，その他の丸穴をあけるときは，ドリルを用いて，中心が外れないように，しかも，垂直にあけなければならない。

⑦　**丁番**を掘り込むときは，丁番の幅と厚さにそれぞれけ引き幅を合わせて，墨付けをする。しかし，取付け場所や丁番の種類によっては，それを加減する必要がある。スライド丁番のカップを挿入する穴は，直径が大きく，正確に加工する必要があるので，専用の刃物（カッタ）を用いるとよい。

⑧　金具の取付けに用いる木ねじ（図4－14）やボルト・ナットは，その金具に適合したものを使用する。

これらの金具の取付けには，釘や木ねじが多く用いられている。釘はその種類と長さ，木ねじは種類，呼び径（d）及び長さ（L）によって表示される。

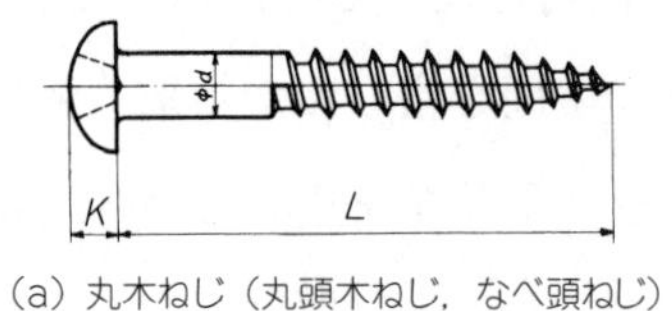

（a）丸木ねじ（丸頭木ねじ，なべ頭ねじ）

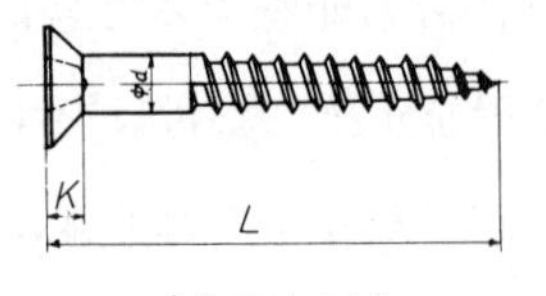

L：長　さ
d：呼び径
K：頭部の高さ

（b）皿木ねじ

図4－14　木ねじ

第4節　いす張り

いす張りは，最初に素地（いすの骨格）として作るときに，すでにどのような張り方をするか決まっている。いす張りには，その材料，方法ともいろいろなものがある。材料の違いによって，板張り，籐張り，布張り，ビニールレザー張り，皮張り，ひも（縄）張り，テープ張りなどがある。また，方法の上から，編組み張り，布張り（皮，布類を単に緊張したもの），薄張り（さら張り），厚張り，スプリング入り厚張り，張りぐるみ，あおり張りなどがある。張る場所によって，座張り，背張り，ひじ張りなどに区別される。

このようにいす張りの方法には，多種多様なものがあるが，以下に一般的ないす張りの方法について述べる。図4－15にいす張りの種類を示す。

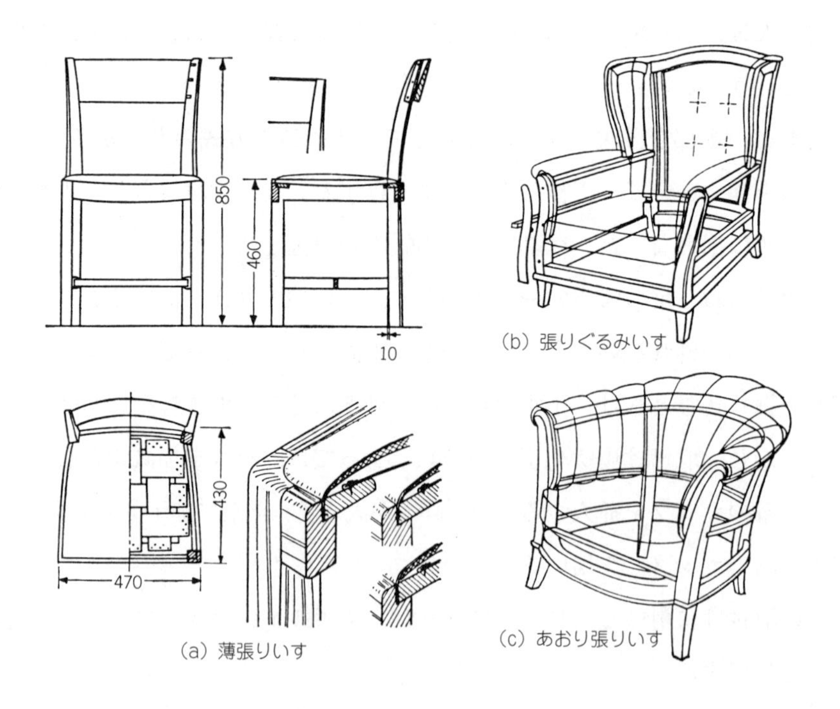

（a）薄張りいす

（b）張りぐるみいす

（c）あおり張りいす

図4－15　いす張りの種類

4.1 いす張りの種類

(1) 薄張り（さら張り）

台輪（座枠）の四周を残したものを，薄張りという。この種のものは，詰め物は軽く触感をよくする程度にし，上布をかぶせて薄く張られたもので，さら張りとも呼ばれる。

図4－16に薄張りの構造を示す。

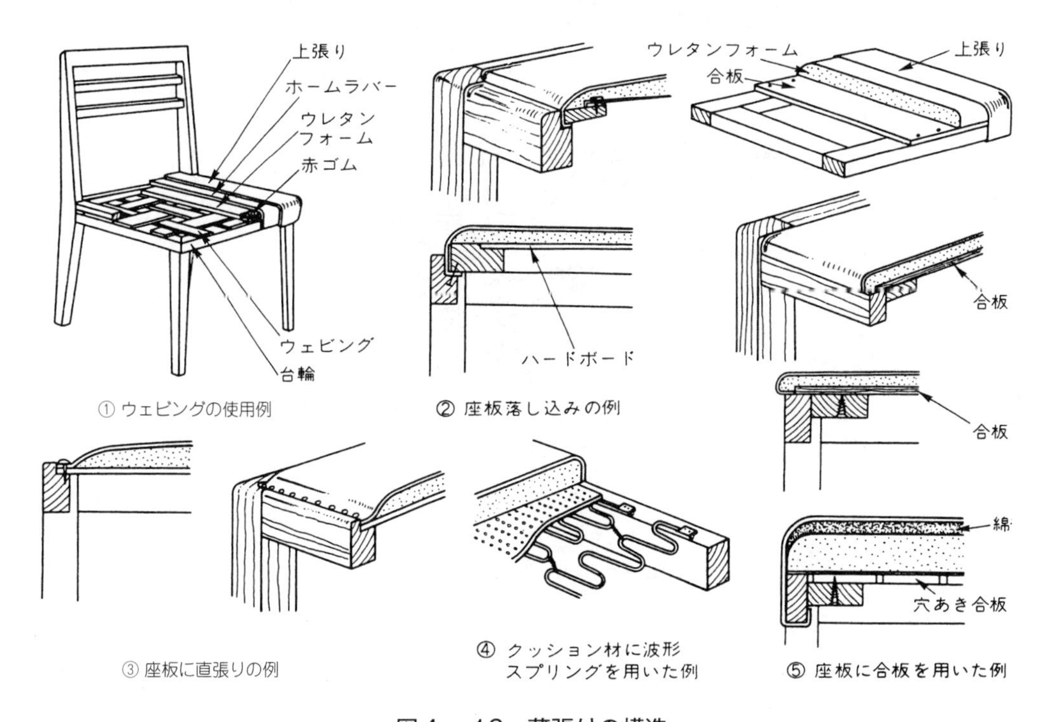

図4－16 薄張りの構造

(2) 厚 張 り

薄張りに対して，張り厚のある仕上げで，その中には，スプリングを入れたスプリング入り厚張りと，入れないものがある。いずれも，台輪の上に土手を付け，詰め物も十分に入れて，張り上げたものである。図4－17（a）にウレタンフォームの積層を示す。

(3) あおり張り

あおり張りは，台輪の上にもスプリングを取り付けてクッション性を高め，身体になじむようにした方法である（図（b））。「あおり」は張り地が風にあおられた形状の意で，通常は張り地の表面に凹凸を作り出す（前述の図4－15参照）。あおりの付け方により，前だけにある前あおり，前と両側面の三方あおり，四方の総あおりがある。あおり張りは，いす張りとして最高級の仕上げで，厚張りの応接いすや安楽いすに多く用いられる。

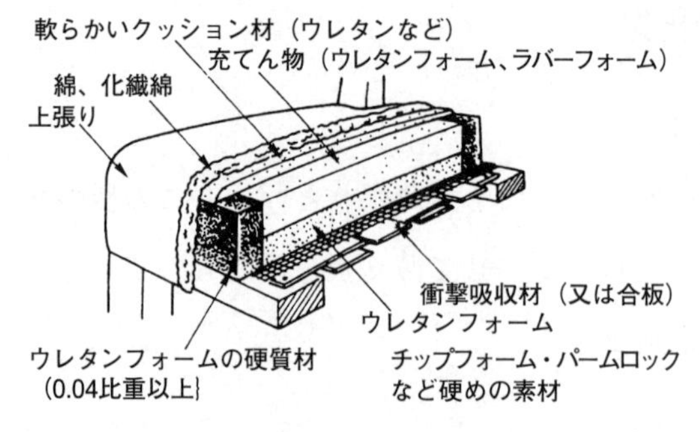

（a）ウレタンフォームの積層

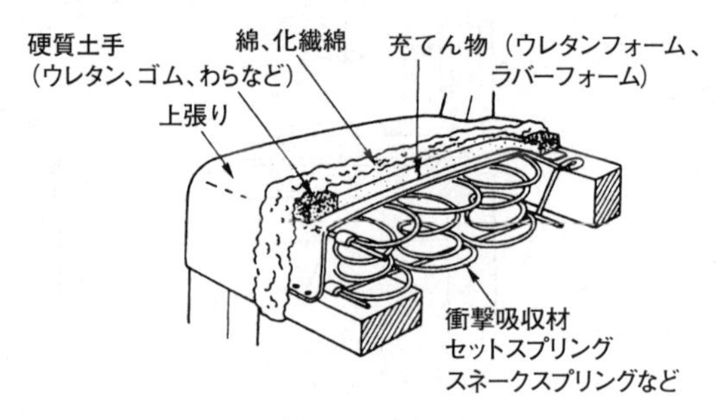

（b）あおり張り

（出所　（社）インテリア産業協会「インテリアコーディネータハンドブック販売編」）

図4－17　厚張りの構造

（4）クッション，マットレス

全体をクッションとして，各種の詰め物により，ふとんのように張り包んだものである。寝台などに使われるやや硬いマットと，安楽いすなど休息度の高いものに用いるクッションに分けられる。最近は，ウレタンフォーム，ラバーフォームを直接上布で包んだものも多い。図4－18にクッションの構造について示す。

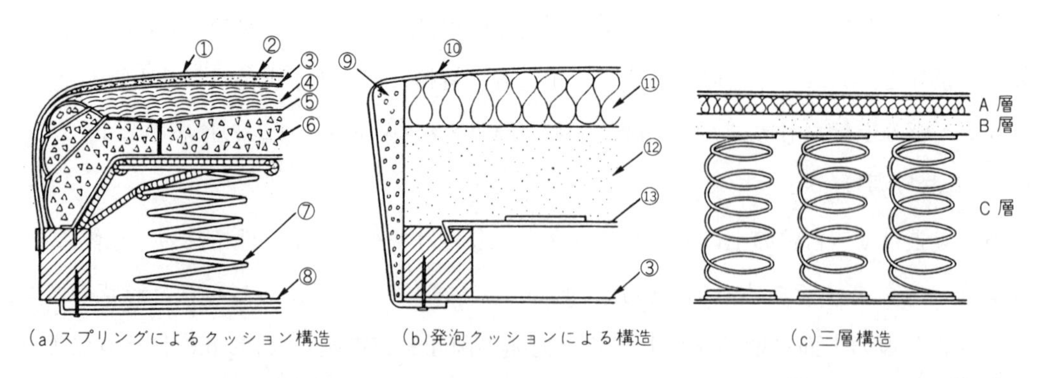

図4－18　クッションの構造

4.2 いす張りの工程

いす張り法の中で厚張り法は，最も基本的ないす張り法といわれ，多く用いられている。以下にいす張りの基本となる工程を述べる。図4－19に小いすの厚張りについて示す。

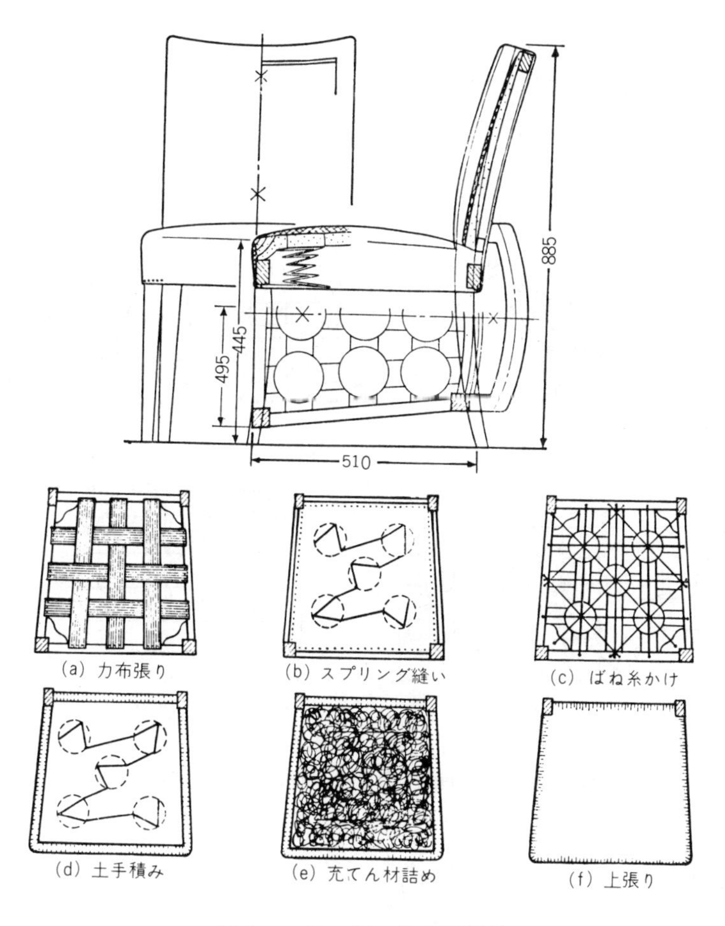

図4－19 小いすの厚張り

(1) 力布張り

力布(ちからぬの)は，座や背などの幅広面の下張りに用いられ，できあいの布又はゴム製のテープを使用し，あじろに張って下張りとする。取付け始めは，力布の一端を三つ重ねにして，長さ15mmの平びょうを5個打ち付けて，力布の端を台輪に止める。次に，締め板を使って，力布を強く引っ張りながら，力布のもう一方の端へ，2個のびょうを打ち付けて，台輪に止める（図4－20（a））。そして，最後にこの力布の端を折り返して，さらに，3個のびょうを打ち付ける。力布の配置は，いすの大きさとスプリングの数によって異なるが，最低，スプリングがテープの交点に位置するように，張らなければならない（図4－20（b））。

(2) スプリングの取付け

力布が交差した上にスプリングを取り付けるが，その方法には2つある。まず1つは，交差した力布の間にスプリングの下輪をくぐらせ，セール糸で下輪を3箇所ずつ縫い付ける方法である（図4－20（c））。もう1つは，スプリングを単に力布の上にのせ，縫い付ける方法である。

下張りが板の場合は，松葉釘で3箇所ずつ打ちつけるか，ステープルで下輪を板に打ち付ける。

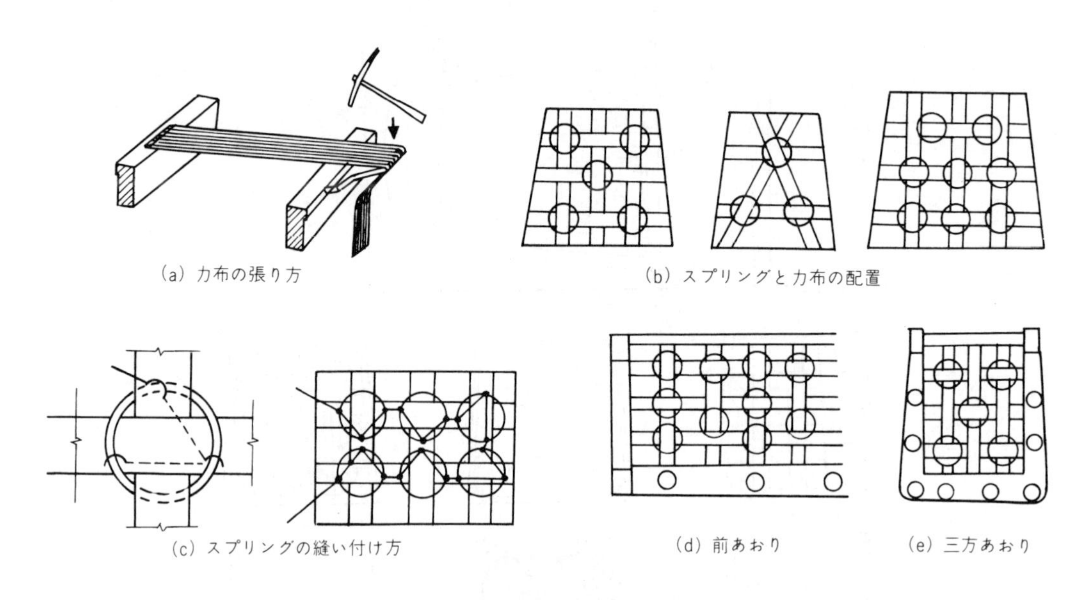

図4－20　力布とスプリングの配置，取付け

(3) ばね糸かけ

ばね糸で，いすの座枠とスプリング上輪の間を縦，横，斜めに結び付けて，スプリングの運動を正しく上下に制限すると同時に，スプリングの弾性を適度に殺して，弾力と形を整える作業である（図4－19（c））。

この場合，糸を張る順序をよく考えて，形を整えやすくすることと，スプリングを垂直に立てることが大切である。

(4) か　ぶ　せ

ばねの上端に麻布をかぶせることで，スプリングの中に，詰め物がはいるのを防ぐためのものである。かぶせの取付けは，回りを台輪の上端に釘打ちする。

(5) 土手積み

土手積みは，いす張りの輪郭の基礎になるものである。形を長く保持するには，土手積みを上手にしなければならない（図4－19（d））。

巻き土手は，台輪の上端に麻布を釘打ちし，これに長わら，その他の詰め物を巻いて，台輪に打ち付ける。つか土手は，ファイバーやパームなどの詰め物を入れ，差し縫いして，土手の稜を作り出すものである。赤ゴムを用いる場合は，ハードタイプのものを用い，台輪の上端に，ゴム用接着剤で取り付ける。この場合，赤ゴムと台輪に，接着剤を均一に塗ることに注意する。また，土手に赤ゴムを用いた場合は，土手差し縫いは行わない。土手は，いすの座高の寸法になる部分で，普通，3cmぐらいを標準とする。

(6) 土手差し縫い

差し縫いをするには，土手の底部の方から行い，だんだんと上部に移り，形を整えながら，土手を十分に固めて，堅固なものにしていく（図4－21）。簡単なものは，差し縫いを一通りですませる。上等なものは，二通り又は数通りの差し縫いをする。隅部の差し縫いは，特に入念にし，規則正しい運針を行って，正しい形と丈夫さを保たせるようにする。

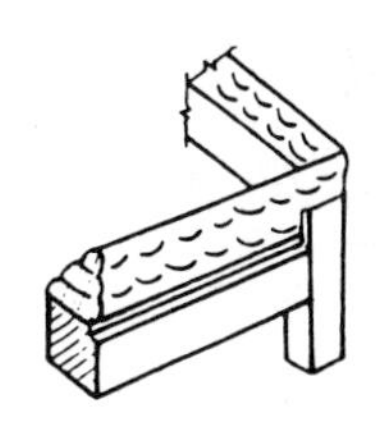

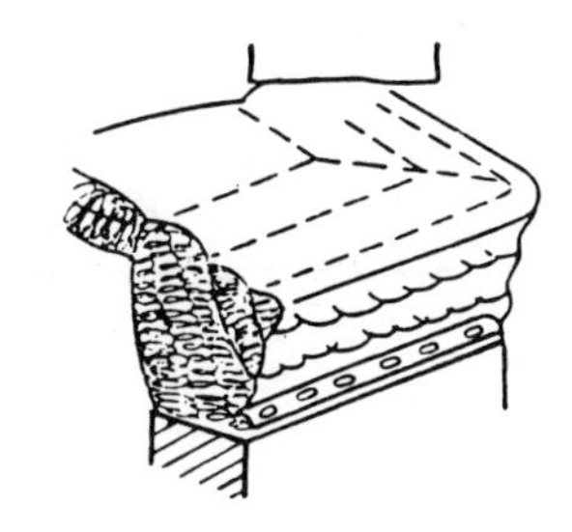

図4－21　土手積みと差し縫い

(7) 詰め物と中張り

土手ができあがると，全面に詰め物をむらなく十分に置き，整形して，その上をかなきん（金巾）でおおって，詰め物を押さえて釘止めし，中張りをする。詰め物の移動を防ぐため，セール糸（麻糸）で周囲10cmくらい内側を荒く，大縫いしておく（図4－22）。中張りのかなきんを省いて，直接詰め物の上に綿を置いて，上張り地を張ることもある。

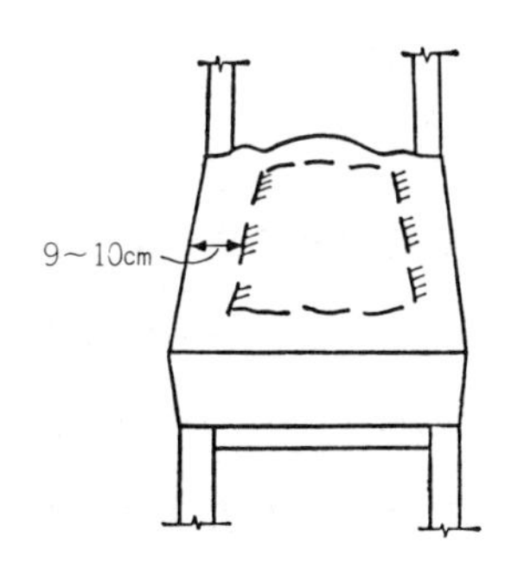

図4－22　中張りとじ

(8) 上　張　り

上張りをするには，中張りの上にヘアー（種々の動物の長い毛を混合したもの）やファイバー（やしの葉の繊維）など，上等な詰め物を小量置き，その上に打ち返し綿を置いて，上張り地を張る。

張り方は，まず，張り地を台輪に十文字の形に釘で仮り止めする。これは，布地の線が曲がらないようにするポイントである。次に，対称の位置に，9 mmの平びょうで仮り止めを行って，型を正しく整えた後，最後に本打ちする。後脚部，ひじ掛け，つかなどに当たる部分は，上張り地に切り込みを入れて張るが，切り込みを間違えると，下の詰め物がその部分からはみ出すので注意する。

上張りは，布地の模様や柄に注意して，みばえよく仕上げることである。縫い目や，折り返し，飾り縁，飾りびょうなどの間隔，布地の見切りなどにも気を配る。背もたれの背面は，裏張り，背張りといって，くけ縫い又はびょう打ちなどをして仕上げる。図４－23に布地の切り込み方について示す。

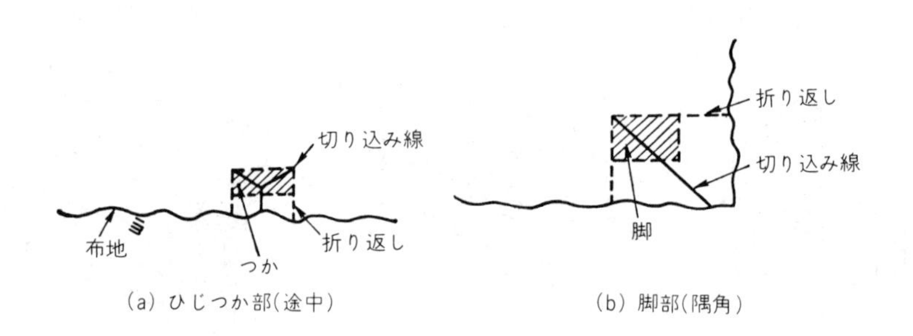

図４－23　布地の切り込み方

底張りは，座の下面をかなきんで張る作業で，ちりが落ちたり，張りの中身が見えたりするのを防ぐものである。

第４章の学習のまとめ

この章では，一般的な家具の製作工程とその工程の１つである組立て，金具の取付け及びいす張りについて学んだ。家具の製作においては，どのようなものを，どのような条件で，どのような方法で，どれだけの数を，どれだけの時間で作りあげるかを十分に計画して進めることが大切である。

【確 認 問 題】

1．一般的な家具の製作工程の順序において，①〜⑩に該当する語句を下欄より選びなさい。

木取り（（ ① ）→（ ② ）→木取り）⇒（ ③ ）⇒（ ④ ）⇒ 加工 ⇒（ ⑤ ）⇒（ ⑥ ）

⇒（ ⑦ ）⇒ 組立て ⇒（ ⑧ ）⇒（ ⑨ ）⇒（ ⑩ ）⇒ 張り

付帯器具取付け	墨付け	仮組み	木づくり	塗装
素地調整	仕上げ	水引き	木取り表	木拾い

2．下図に示す小いすにおいて，⑴〜⑷に該当する語句を下欄より選びなさい。

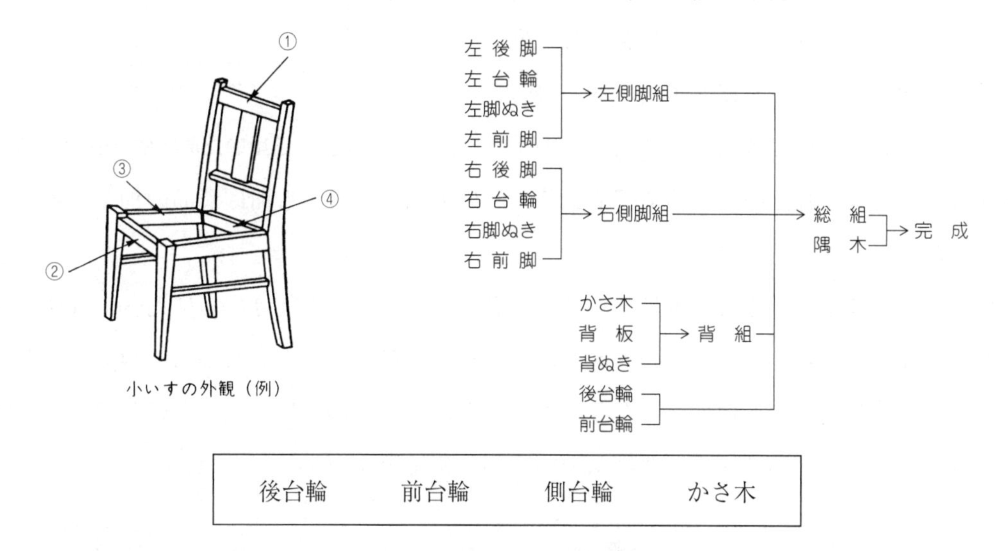

小いすの外観（例）

後台輪	前台輪	側台輪	かさ木

3．いす張り法（厚張り法）の工程の順序において，①〜⑥に該当する語句を下欄より選びなさい。

力布張り ⇒（ ① ）⇒（ ② ）⇒（ ③ ）⇒ 土手積み

⇒（ ④ ）⇒（ ⑤ ）⇒（ ⑥ ）

かぶせ	スプリングの取付け	ばね糸かけ
詰め物と中張り	土手差し縫い	上張り

第5章　曲　げ　加　工

木材を曲げる方法として，曲げ木，ひき曲げ及び成形合板がある。ここでは，その原理とそれぞれの加工法について述べる。

第1節　曲　げ　木

1．1　曲げ木の特徴

木材を自由に曲げる技術を**曲げ木**という(図5－1)。曲げ木自体は，古くから農機具の柄などに利用されていた。木材を蒸して型に入れて曲げる方法は，1830年ごろドイツのトーネット氏によって考え出された。この手法が日本に導入されたのは明治末期であり，その方法は今日でも曲げ製品の加工に用いられている。

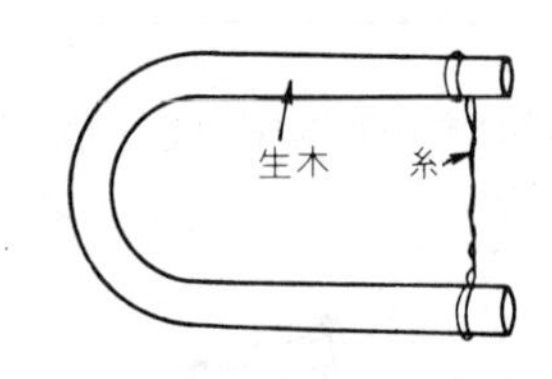

図5－1　生木を用いた原始的な曲げ木法

曲げ木の技術を用いると，木材を無駄なく利用でき，しかも削り出しに比べて目切れや接合部が少なくなるので，製品の強度が高く，量産を可能にする。しかし，製品とした後に曲げ戻りが生じて，形が変わったり，加工のために専用の設備を整えなければならないという問題もある。図5－2に曲げ木のいすの一例を示す。

図5－2　曲げ木のいす

1.2　曲げ木の原理

（1）木材の可塑性

棒の両端を支点として，その中央部に外力を加えると，棒は曲がるが，外力を取り去ると，原形に戻る。このような性質を弾性という。外力を取り去っても，ひずみが残る性質を塑性という。木材は，弾性と塑性を併せ持った材料であり，曲げ木は，この塑性を利用している。

木材の塑性は，含水率が大きいほど，また，加熱する温度の高いほど増加する。実用的には，加熱する前の含水率が20～30％（繊維飽和点付近が最もよい），加熱する温度が80～140℃程度が用いられる。加熱の方法には，蒸煮加熱，熱盤加熱，高周波加熱などがある。また，曲げ戻りを防ぐために，曲げた状態のまま乾燥させることが大切である。

（2）曲げ応力と曲げ半径

棒を曲げると，中軸面を境として，外側には引張応力，内側には圧縮応力が生じる（図5－3）。この応力は，中軸面ではゼロで，中軸面に対して外側（上，下）にいくに従って大きくなる。一方，これとは別に，中軸面に沿って，長さの方向にせん断しようとする応力が生じる。この応力は，中軸面が最大（棒の左右の端の中軸面が最大で，中央の中軸面では最小となる）で，外側にいくに従って，小さくなる。曲げる力をさらに大きくすると，棒はついに破壊する。このときの状態は，外側が切れて破壊する引張破壊，又は，内側の繊維が座屈してしわをつくる圧縮破壊のいずれかである。

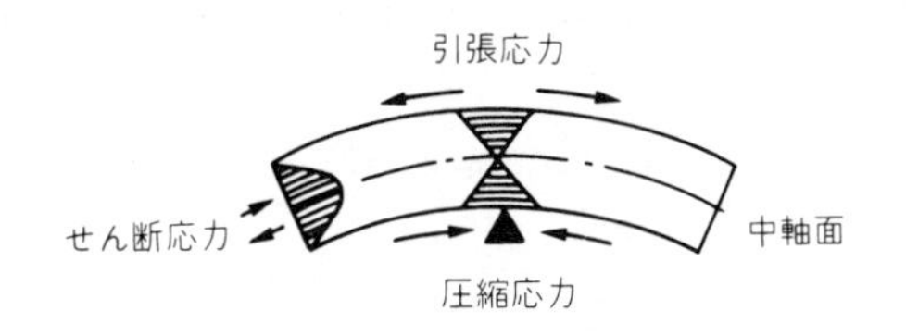

図5－3　曲げ応力の分析

図5－4　曲げによる破壊

図5－4の場合，内側の圧縮破壊は，一部分にとどまるが，曲げる力が，だんだん大きくなるにつれて，外側の引張破壊による割れ目は大きくなって，棒はついに折れる。したがって，破壊を起こすことなく材料を曲げるには，外側の引張りの応力を小さくし，大部分が圧縮応力として働くようにすることが大切である。

曲げ木を行うとき，材料の外側に金属製の帯鉄を固定して曲げると，中軸面は，帯鉄側に移動して，材料の外側に働く引張応力が小さくなり，引張りによる破壊を防ぐことができる。

木材を曲げようとするとき，その厚さに対してどれだけ曲げられるかは，外側の最大伸びと，内側の最大縮みに関係する。曲げ木材の厚さと**曲げ半径**との関係は，樹種や材質の違いなどによって異なる。蒸す又は煮ることによって，十分に可塑性を与え，さらに，帯鉄を同時に用いたときの曲げ半径と材料の厚さの比は，おおよそ次のようになる。

広葉樹………（曲げ半径／厚さ）≒10

針葉樹………（曲げ半径／厚さ）≒15

蒸煮（じょうしゃ）又は煮沸（しゃふつ）しただけで，帯鉄を用いない場合には，この割合は，上述の２倍以上となり，また，蒸煮又は煮沸しないで，帯鉄も使用しない場合は，４～６倍以上になると考えられる。ただし，以上の値は，樹種，繊維方向などにより異なるので，実用に際しては，十分な実験が必要になる。

１．３　曲げ木の材料

曲げ木に適する材料としては，次のようなことが必要条件である。

① 曲従性（可塑性）に富んでいること。

② 木理が通直（つうちょく）なこと。

③ 疎密（そみつ）の差が少ない均質材であること。

④ 節，くされなどの欠点がないこと。

一般に心材部より辺材部の方が軟らかで，曲げ木に適している。また，生材であると座屈しやすく，乾燥し過ぎたものは折れやすいので，適度のものを用いなければならない。曲げ木用の樹種としては，針葉樹より広葉樹の方が適しており，なかでも，ブナ材が最も多く使われている。用途によっては，トネリコ・クルミ・カエデ・ナラ・ヒノキなども用いられる。

１．４　蒸煮又は煮沸による曲げ木

材料を蒸煮又は煮沸して，木材の可塑性を増した上で曲げ木とするのが，最も一般的な方法である。

（1）木材の準備

含水率が20～30％程度の材料を準備する。乾燥し過ぎたものは，水槽に浸して，水分を加えておく。浸しておく時間は，３cm角程度のもので24時間前後である。部材は事前に仕上げ寸法近くまで削っておく。断面が変わらない丸棒は，旋盤などによって事前に仕上げをしておく。

（2）蒸煮又は煮沸

蒸煮法は，蒸煮室に高温の蒸気を通して曲げ木材を軟化させるもので，低圧法と高圧法がある。低圧法は3cm角程度で約1時間30分，高圧法は3cm角程度を3気圧で30分ぐらい蒸煮する。

煮沸法は，80℃以上の熱湯により曲げ木材を直接煮るもので，3cm角で1～2時間程度である。煮沸法は，簡便に軟化できる反面，材料の樹脂成分が抽出して，変色や材質がもろくなるなどの欠陥を生じやすいので，採用に際しては注意が必要である。

（3）曲 げ つ け

簡単なものは，だぼ，当て木などを取り付けた曲げ用のジグを用い，手で曲げて，そのまま乾燥させる（図5－5）。

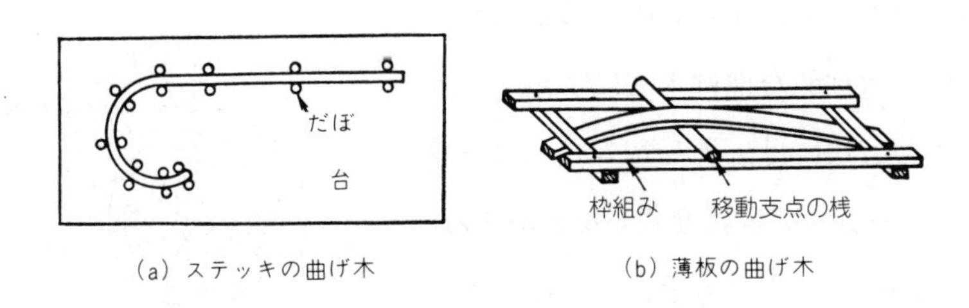

（a）ステッキの曲げ木　（b）薄板の曲げ木

図5－5　簡単な曲げ木

曲げにくいものは，内型とクランプを用いて曲げる（図5－6）。まず，帯鉄と材料の両端2箇所をクランプで固定し，曲げが進むにつれて帯鉄を緩めて直し，これを繰り返しながら曲げを続けていく（図5－7）。最後に，内型，帯鉄，部材のそれぞれの端を一緒に固定する（図5－8）。

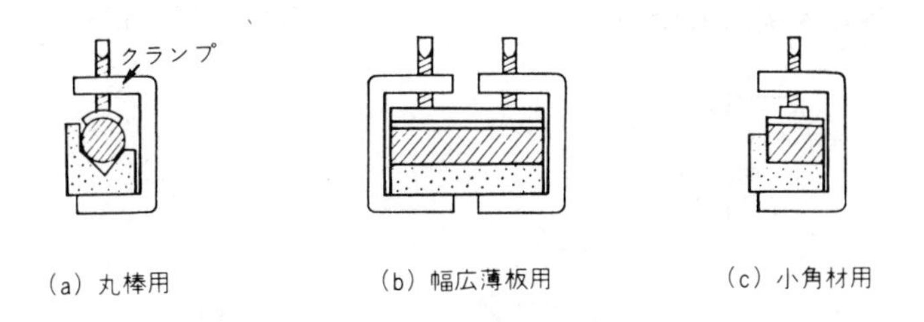

（a）丸棒用　（b）幅広薄板用　（c）小角材用

図5－6　曲げ用ジグの断面

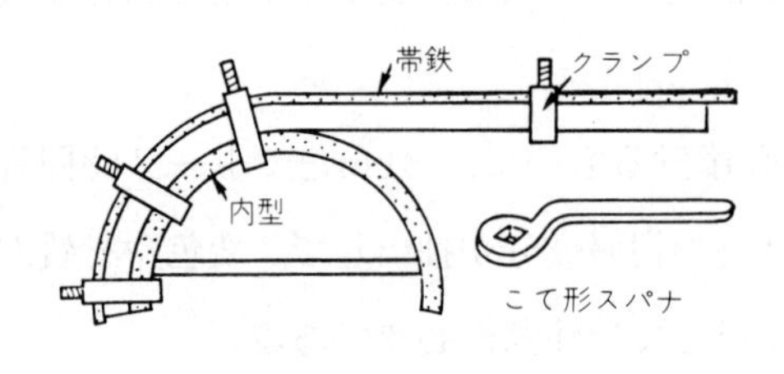

図5－7　半円形又は弓形の曲げ木

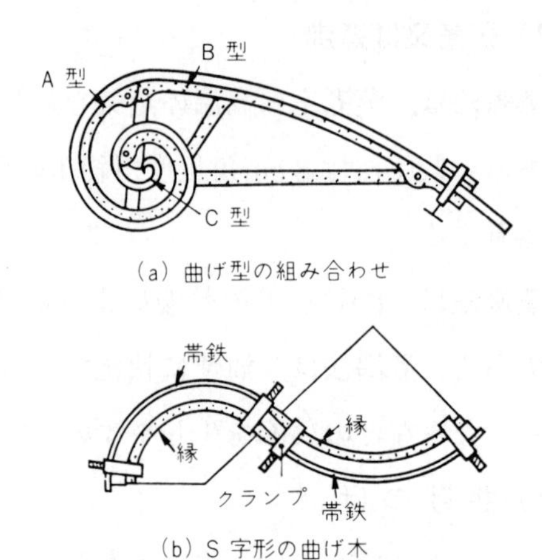

図5－8　自由曲線形の曲げ木

さらに，強い力を必要とするものや多量に曲げ木をするものは，機械的な曲げ木法によらなければならない。この方法には，押し込み式，ローラ式（回転式），レバー式（引き寄せ式）などがある。帯鉄の使用の方法は，いずれも手による曲げ木の方法と同じである（図５－９～図５－12参照）。

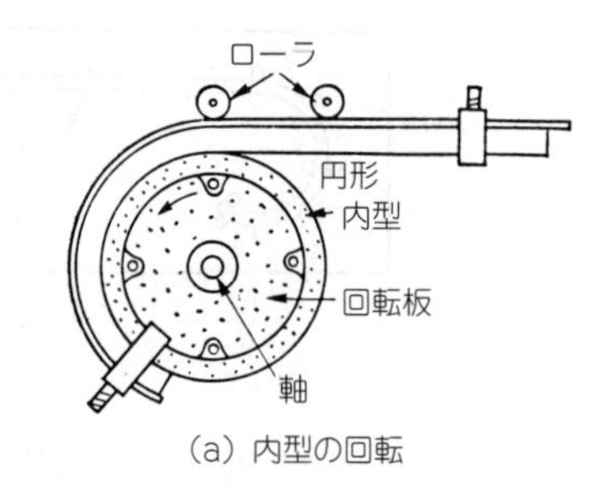

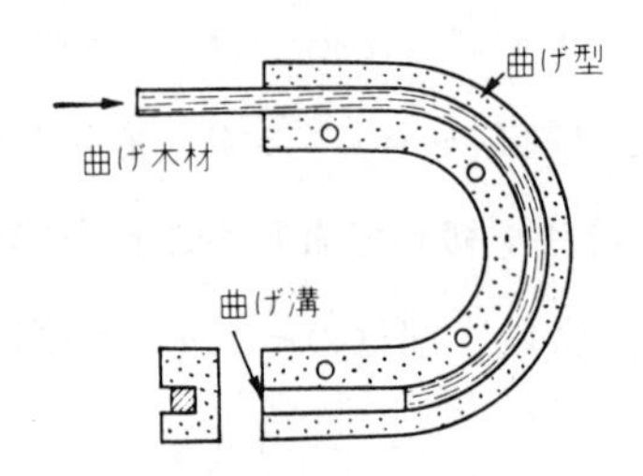

図5－9　押し込み式曲げ木機械

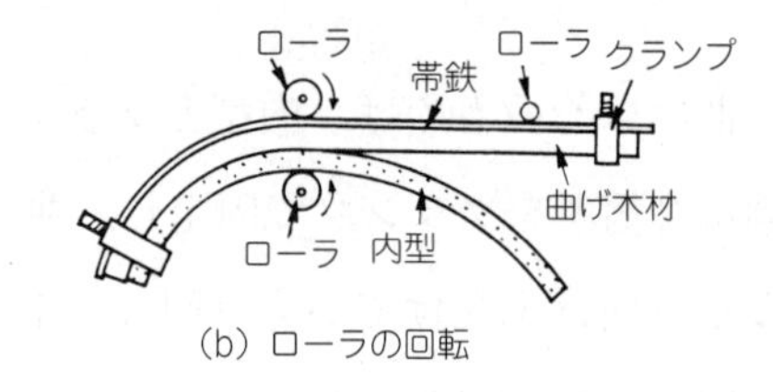

図5－10　ローラ式（回転式）曲げ木

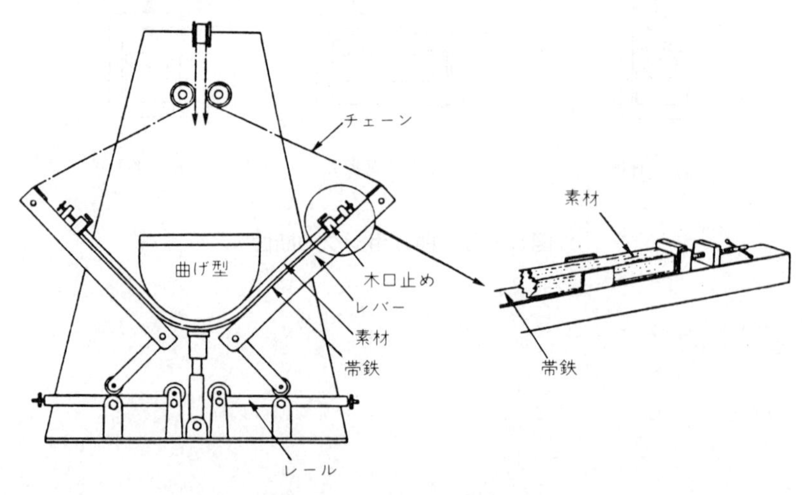

図5－11　レバー式曲げ木

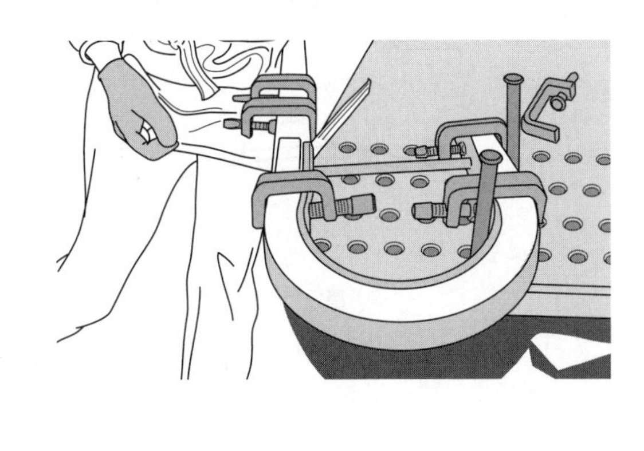

図5－12 曲げ木作業

（4）乾　　燥

曲げつけたものは，型入れのまま乾燥する。乾燥は，ゆっくりと，そして，十分にしなければならない。このようにしないと，表面にひびが生じたり，曲げ戻りが起きる。人工乾燥法を行えば，曲げ木の失敗が少なくなる。

（5）仕 上 げ

南京かんな，反り台，丸面かんななどを用いて，手で仕上げをするほか，プロフィールサンダで仕上げる。いずれも，最後は，研磨布紙で仕上げをする。この工程や塗装の工程で水分を与えると，曲げ戻りが発生することが多いので注意する。

1.5　加熱曲げ木

木材を加熱して曲げる方法である。この加熱方法には，直火（じかび）によるもの，熱盤によるもの，及び高周波加熱によるものがある。

部材は，いずれも，含水率が15％程度のものが適当である。蒸煮又は煮沸による曲げ木に比べて，適切な部材を選ぶ必要がある。

（1）直火曲げ木

木材のほか，竹材，籐材にもこの方法が用いられる。炭火，ガス火，ガスバーナなどで，表面をこがさないように注意しながら，曲げる内側の面を短時間に高い温度にして，支点を中心に主に手の力で曲げる。木材は，あまり小半径に曲げることはできない。

厚い材料は，裏表の両側を加熱して，熱が十分に行き渡るようにする（図5－13（a））。

籐材，竹材は，内側だけをあぶるようにしないと，外側がはじけるおそれがある。曲げの程度は，曲げ戻りを考えて，少し曲げ過ぎるくらいにしておいた方がよい（図５－13（b））。

型を用いた場合は，加熱後十分に冷えてから，型から外す。

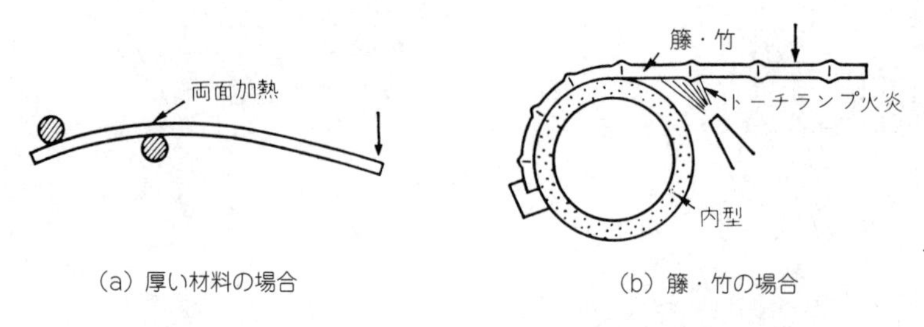

（a）厚い材料の場合　（b）籐・竹の場合

図５－13　直火加熱曲げ木

（２）熱盤曲げ木

ストーブ式熱盤と熱押し式熱盤があり，主に薄い板に用いられる（図５－14）。前者は，炭火などを用いたもので，スキー板の曲げに利用されていたが，現在ではほとんど使われていない。後者は，型板のなかに蒸気を通したもので，型から外した後冷えるまで，形が崩れないように，押し付けておかなければならない。

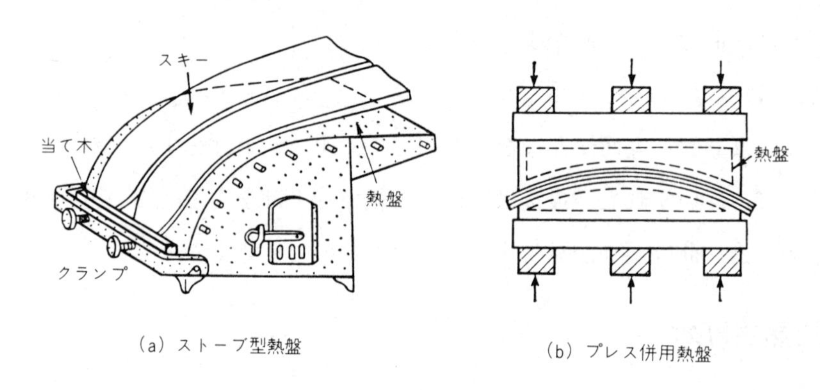

（a）ストーブ型熱盤　（b）プレス併用熱盤

図５－14　熱盤加熱曲げ木

（３）高周波曲げ木

高周波加熱装置を用いて，曲げ木を行うものである（図５－15）。この方法は，押し込み式，型押し式，ローラ式などの曲げ木装置に，高周波の電極板を挟み込んだもので，短時間のうちに曲げ木ができる。

高周波曲げ木は，極板が高電圧であるため，操作と曲げる型の製作については，十分に研究する必要がある。

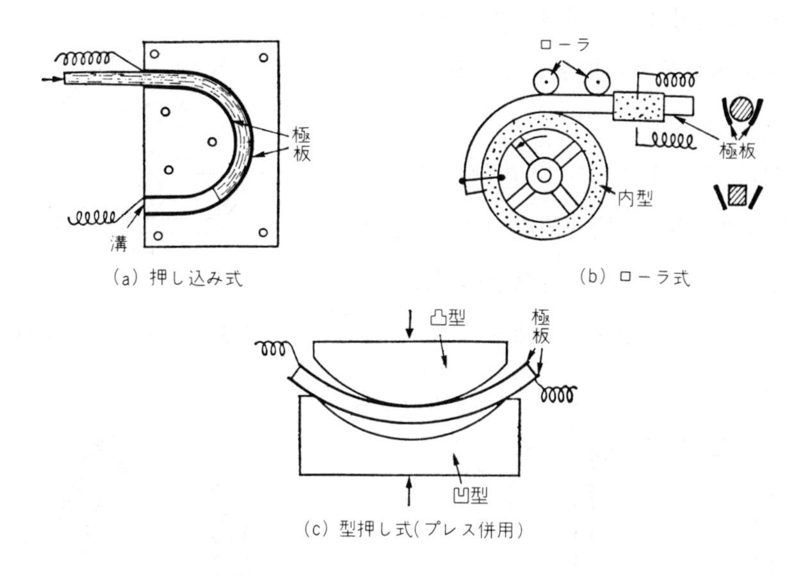

図5－15 高周波加熱曲げ木

1.6 ひき曲げ

曲げる木材の内側に，のこのひき目を入れて，曲げる方法である。

(1) 横びき曲げ

隅丸の盆の縁のように，1／4円形に曲げる（図5－16)。

1／4円形に曲げ加工をする場合，外半径をR，縁材の厚さをtとすると，外周と内周との差（L）は，次式で表される。

$$L = \frac{2\pi \times R}{4} - \frac{2\pi \times (R-t)}{4} = 1.57\,t$$

ただし，πは円周率

これは，のこびき目の全部を合わせたものに等しいから，のこびき目の幅（あさり幅）をSとすると，必要なのこびき目の数（N）は，次式で表される。

$$N = \frac{L}{S} = \frac{1.57\,t}{S}$$

例えば，縁材の厚さが5 mm，のこびき目の幅が1 mmならば，上式よりのこびき目の数（N）は，$N = 1.57 \times 5 \div 1 = 7.85$となるから，のこびき目を7～8本入れればよいことになる。

実際には，のこびき目は，縁材の外側を1～2 mmぐらい残してひき込み，曲げるときには，外側が裂けるのを防ぐため，外側を湯で湿らせて軟らかくしてから曲げるとよい。

隅丸の盆のような場合，四隅のひき込みを終えたものは，最後に両端を斜め接ぎとして閉じる（図5－17）。

のこびき目は，そのままにして曲げることもあるが，強度を増すために，接着剤をのこ目の周りに入れる。最も安全な方法は，外側と内側に薄い板を1枚張り付けることである（図5－18）。

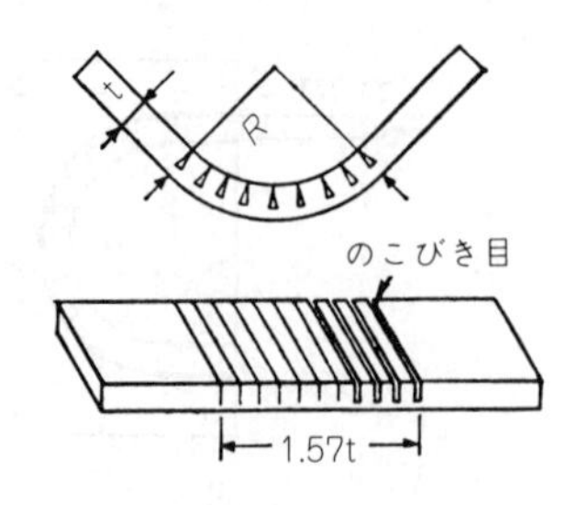

図5－16　横びき曲げ

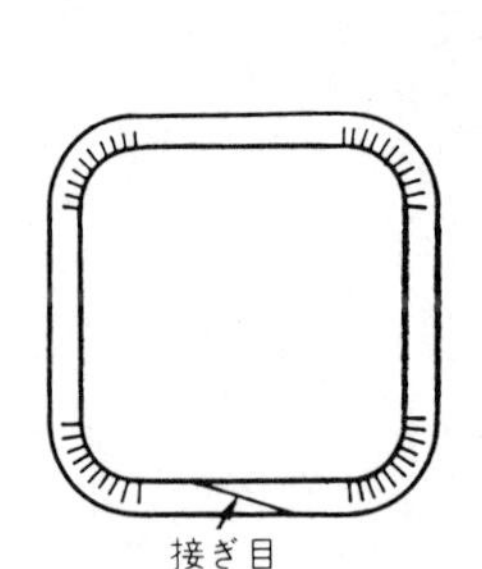

図5－17　斜め接ぎ

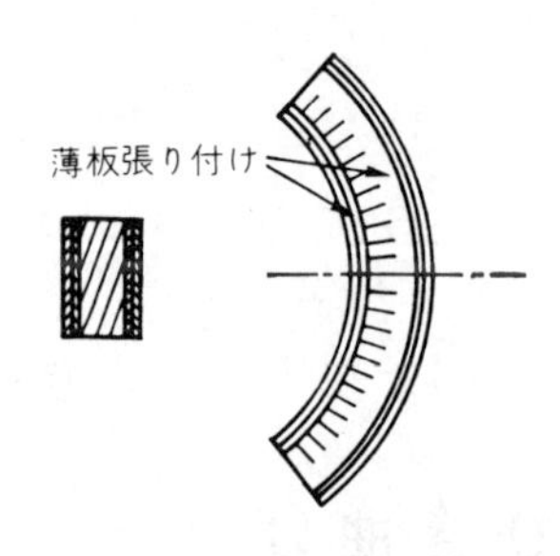

図5－18　薄板両面張り

（2）隅木ひき曲げ

そのほか別の方法として，1／4円形の隅丸を作る方法がある。それは，曲げ木材の隅丸部の外側を薄く残して削り取り，内側に1／4円形の隅木に接着剤を用いて，抱き込ませる方法である（図5－19）。

この方法は，隅丸の台輪などを作るときに用いられる。

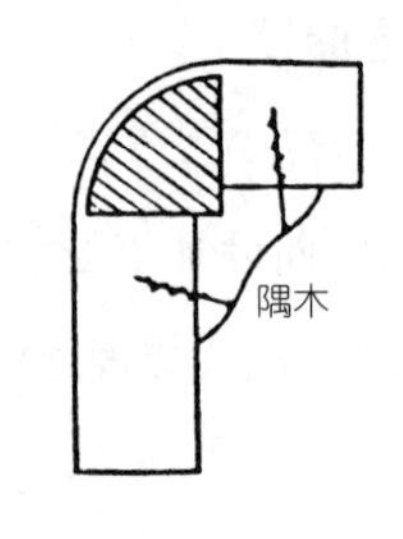

図5－19　隅木ひき曲げ

専用の機械（丸のこやカッタ）で，所定の形状（V溝やR溝）に欠き取り，箱形状や面形状を作り出す方法も用いられている。この手法の加工材には，伸展性に富む塩化ビニル化粧合板が多用されている。

（3）積層ひき曲げ

小角材の先端を1／4円形程度に曲げ加工する場合に用いられる。のこびき目を木口面の方から縦に数箇所ひき込み，そのすき間に他の薄板を接着剤とともに差し込み，曲げ型によって曲げ加工するものである（図5－20）。ものによっては，薄板の差し込みを省くこともある。この方法は，曲面合板（成形合板）工作の応用であって，加工にむりがなく，丈夫なものを

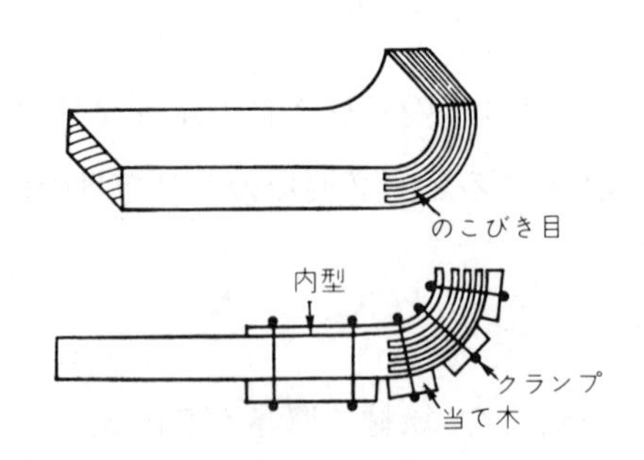

図5－20　積層ひき曲げ

作ることができる。

第2節　成 形 合 板

成形合板は，単板の繊維方向を平行や直交，又はある角度で積層して，成形ジグに入れて加熱圧締し，接着剤を硬化させてジグの型のように作る曲面の合板をいい，曲面合板ともいわれる。

2.1　成形合板の特徴

単板積層材（LVL）は，大根をかつらむきする要領で，丸太からはがれた単板を，木理平行にそろえて積層接着したものである。

一方，成形合板の構成は，同様な方法で得られた単板を積層する際，厚さの中心において対称にすることが原則であり，単板のそろえ方としては，木理直交，木理斜交，木理平行のいずれも可能である。

（1）曲 げ 応 力

素材を曲げると，中軸面を境にして，その周辺の部分に，大きな曲げ応力が加わる。例えば，素材を３枚の単板に分けて，曲げ接着をするとすれば，それぞれの単板には，すべりの現象が起きるため素材（３枚分の厚さ）の場合の1／3の曲げ応力が加わるに過ぎない(図５－21)。したがって，木理平行の成形合板は，素材に比べて，小さく曲げることができる。

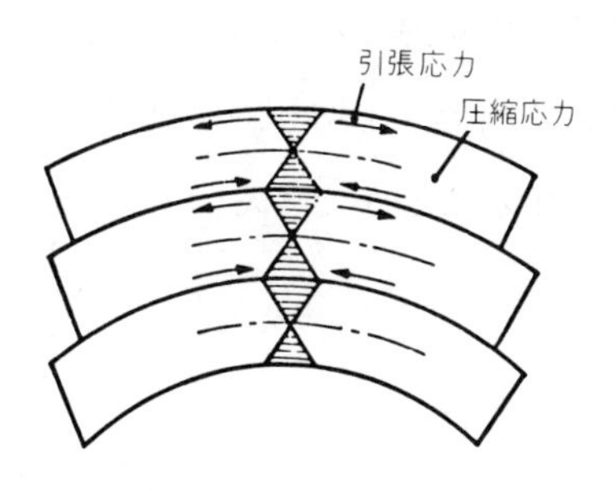

図５－21　成形合板の応力

（2）狂　　い

成形合板は，薄い単板を数多く合わせて接着する。そのため，十分に乾燥した単板を用いても，水溶性接着剤から多量の水分を吸収して，全体が生木のように高含水率となる。したがって，その乾燥収縮に伴い，次のような欠点が現れてくる。

a. 曲げ半径の狂い

曲げ半経は，厚さの収縮によって，次第に小さくなる。

収縮による欠点とは，例えば，額縁では，生木を留め接合すると，乾燥した後，幅の収縮によって，留めの内側にすき間が現れてくる。このすき間を防ぐと，２つの部材は初めの角度（90°）よりも，小さい鋭角に変形するようになる（図５－22（a））。

これと同じように，曲線は，無限大の多角形とみなすことができる。重ね合わせた成形合板のすべての厚さが収縮すれば，合板の曲面の半径は，一層小さいものに変わる（図（b））。

b. はく離

曲面の半径の変化を，なんらかの方法で妨げると，曲面部の厚さの中央部の接着層がはく離する（図（c））。

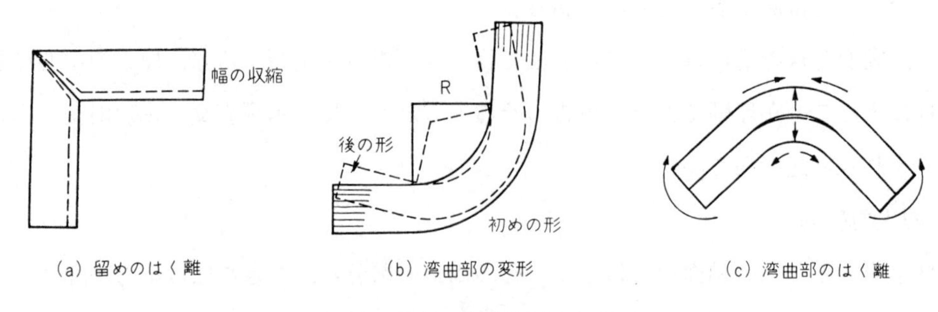

（a）留めのはく離　（b）湾曲部の変形　（c）湾曲部のはく離

図５－22　成形合板の欠陥

これらの欠点を防ぐには，単板の乾燥を十分に行い，できるだけ固形分の多い（樹脂率の高い）接着剤を用いることが望ましい（ただし，高周波加熱では，水分を全く含んでいない接着剤を用いると，極めて効率が悪くなる。）。そのため，水溶性の接着剤を用いるとしても，これに充てん剤を加えて固形分を増し，高周波加熱を用いて，吸収した水分を早く乾燥させれば，狂いを少なくすることができる。

2.2 曲面型

（1）ジグ（治具）

成形合板の良し悪しを決めるものは，接着技術，成形ジグ及び圧締技術である。**成形ジグ**の重要なことは，接着を完全にし，十分な圧締と均一な圧締力を加え，しかも，目的の形を正確に成形することができ，取り扱いやすいことである。

a. ジグの条件

ジグは，次のような条件を備えていることが必要である。

① 材料及び構造が圧縮力に耐え，しかも，長持ちすること。

② 形と寸法が正確で，表面に傷などが付きにくいこと。

③ 被加工材の寸法の変化に順応性を持っていること。

④ 作業がしやすいこと。

⑤ 加熱するジグは，熱によって伸縮や狂いがないこと。

b. ジグの材料

最も普通のものは，外型（凹型）と内型（凸型）を組み合わせで使用するが，圧締の方法によっては，その一方だけのものもある。ジグには，材種によって，木製型，合成樹脂型及び金属型の３種がある。

1）木製型

木製型は，作りやすいが，強度が弱く，熱や水分の影響を受けて変形しやすい。木製型は高周波加熱時の電気絶縁性も悪く，長い間の使用には耐えない。

用材としては，カシ・カバなどの質のよい樹種がよいが，一時的なものには，カツラ・ホウなども用いられる。

積層型は，厚さ２～３cm程度の柾目板を石炭酸樹脂で積層接着し，さらに，ボルトで補強して作られる。すのこ型のものは，資材の節約ができるものの，大きな圧力を加えることができない。これら高周波加熱用の曲面型に用いるボルトや釘などの金属類は，電気伝導度の高い銅合金製のものを用い，なるべく曲面から遠ざける必要がある。図５－23に木製型ジグを示す。

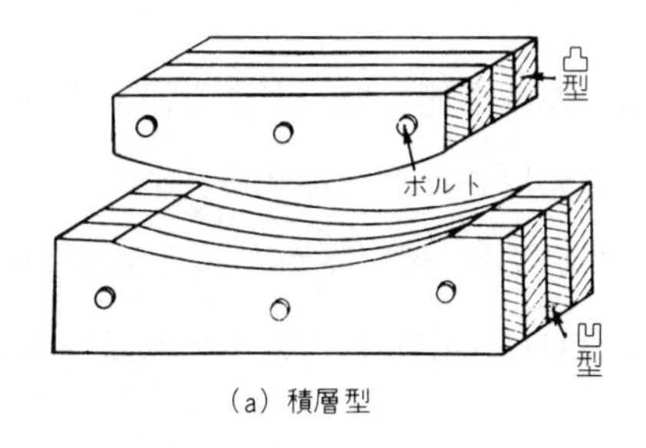

（a）積層型

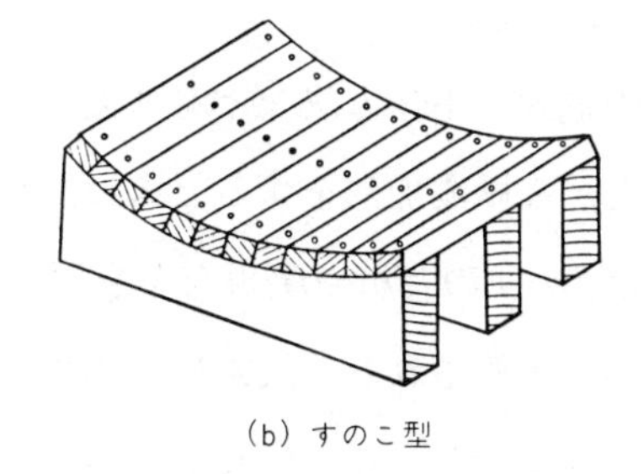
（b）すのこ型

図５－23 木製型ジグ

2）合成樹脂型

合成樹脂型は，もろく破損しやすいが，変形が少なく，熱や水分の影響を受けないほか，高周波加熱時の電気絶縁性もよい。単板に石炭酸樹脂をしみこませて作ったものは，壊れにくい利点を持っている。

高周波加熱のときは，木製型及び合成樹脂型では，電極に，金属板又は金網を用いる。

金属板の場合は，加熱のときの水分をよく発散するように，全面に小穴をあけたものとすることが必要である。

合板の厚さが1cm以下の薄いものでは，電極をいずれか一方の型に埋め込むとよい。この場合の電極は銅線がよく，間隔は3～5cm程度とするのが一般的である。図5－24に高周波加熱用電極の一例を示す。

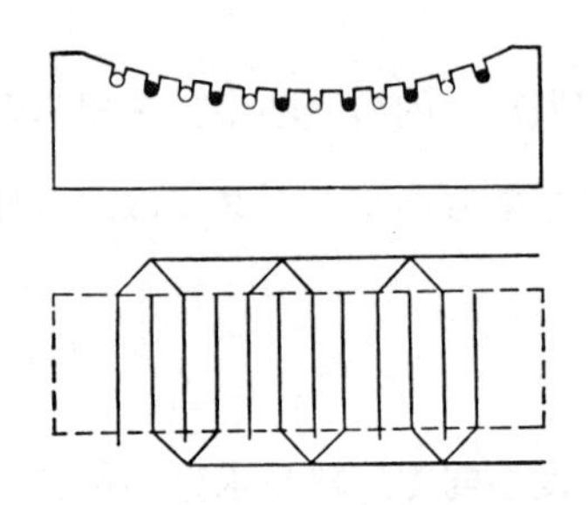

図5－24　高周波加熱用格子状電極

3）金属製型

金属製型は，熱や水分の影響が少なく，変形も少ない。材質が強いため，長期間の使用に耐える。また，高周波加熱のときの電極となる利点を合わせ持っている。ただし，加熱を始めるときは，型を温めるのに余分な電力を消費するから，できるだけ中空にして，薄く軽くすることが必要である。成形ジグ材料としては，鉄板・銅板・ゴムなどが使用され，緩衝物（かんしょうぶつ）として，ゴム・コルク板・フェルトなども使用される。

c. ジグの設計

ジグの形式，圧締方法などを考え，重ねる単板の厚みを測って，ジグを設計すべきである。また，高周波加熱をするときは，捨て板や電極の厚さなども加える。

例えば，いすの背板や座板などを円弧状に成形する場合，積層厚が大きくなるに従って，端部が強く圧締される。反対に，積層厚が小さくなれば，中心部が強く圧締されることになり，はなはだしいときは接着不良になる。

ジグの成形面の加工が終わったら，外型と内型が定位置に納まるように案内（ガイド）を作り，製品の厚さをそろえるために，ストッパを付ける（図5－25)。少しぐらいのずれは，圧締によっ

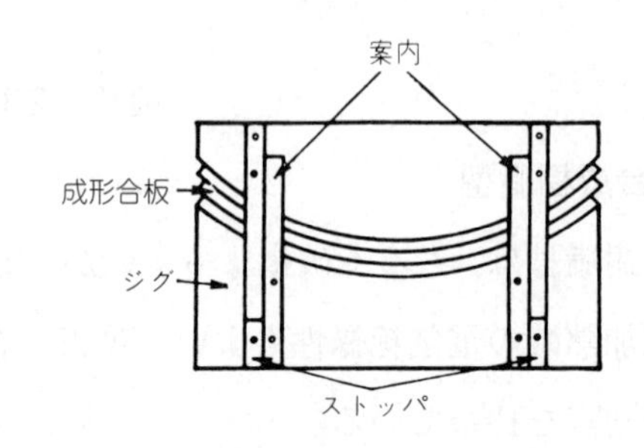

図5－25　ジグの案内（ガイド）とストッパ

て自動的に修正されるように思われるが，実際には，ジグと圧締材のそれぞれに摩擦があって，所定の位置に修正されないことが多い。

2.3　接　着　剤

接着剤には，熱を加えると固化して不溶不融の化学構造物となる熱硬化性樹脂接着剤と，熱を加えると可塑化する（軟らかくなる）熱可塑性樹脂接着剤がある。成形合板の製作には，熱を加えると短時間に硬化して生産能率がよいことから，ユリア樹脂接着剤・レゾルシノール接着剤・フェノール樹脂接着剤などの熱硬化性樹脂接着剤が用いられる。このうちユリア樹脂接着剤が安価であることから，最も多く使用される。

2.4　圧締と加熱

単板の準備や接着剤の塗布は，普通合板などの場合とほとんど同じである。ただし，盆のように，球面に絞るものは，材質がち（緻）密で，導管が細かくちらばっているものを選ぶ。

(1) 圧　　締

接着剤を塗布し，積み重ねたものは，1つの成形型の間に入れ，いろいろなプレスにかけて圧締する。このとき，成形型の表面に単板の捨て板又はクロムめっきの薄い金属板を挟み込む。

また，圧締力の程度も平面板の場合と同じであるので，曲面の各部に同じような圧締力が加わるようにすることが必要である。

a. 圧締方向と中心角

簡単な円弧形の曲面板を一方向からだけ圧締すれば，中心部と端部とでは，圧締力の差が生じてくる。例えば，半円形の曲面合板を作る場合，外型と内型の全面ですき間が同じ場合，一方向からのみ圧締力を加えると，合板面が受ける力は中心部は強く，両端部は弱い。

一般に，一方向からのみ圧締力を加える場合は，曲面の中心角は60°までとする。この場合の端部の圧締力は，中心部の0.866倍である。やむを得ない場合でも，中心角は120°までとする。この場合の端部の圧締力は，中心部の0.5倍である。したがって，120°以上の場合は，多くの方向から，曲面に垂直な圧締力を加えることが必要である。図5－26に圧締方向と中心角について示す。

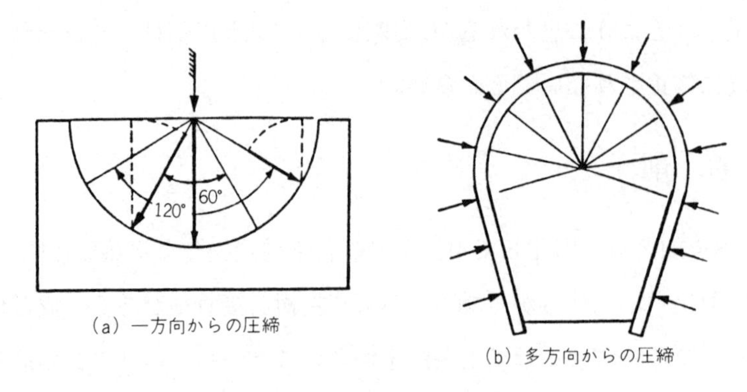

図5－26　圧締方向と中心角

b. 合板の厚さ

曲面の成形型の間に挟み込む合板材（単板）の厚さは，正確であることが必要である。薄過ぎる場合は端部の圧締が悪く，厚過ぎる場合は中心部の圧締が悪くなる。合板のはがれは，端部の方から起こりやすいから，心持ち，端部を強く押し付けるようにする方が望ましい。

数組の合板材を一度に圧締するのは，厚過ぎる場合と同じであるから，この場合は，型直しの中間型を挟み込んで，形を直しながら圧締しなくてはならない。

曲率*の小さい曲面板を量産する場合は，十数組の合板材を曲面型の間に挟み込んで，圧締することができる(図５－27)。この場合は，数組ごとに形を直す中間型を挟み込んで，各合板の形の変化と，圧締のよくない部分ができるのを防ぐ必要がある。

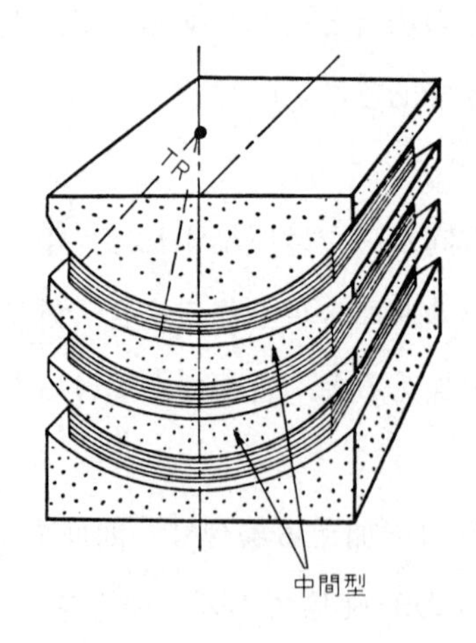

図5－27　中間型による量産

＊　**曲率**：曲線や曲面の曲がり具合を示し，数値が大きいほど曲がりが緩やかになる。

c. クランプによる圧締

ラケットのような細長い積層材を作るのに適する方法で，素材の曲げ加工の場合と全く同じである。鉄製の曲げ型に沿わせて，単板を数層置き，これに帯鉄又は当て木を当て，要所要所をクランプで固定する（図５－28)。曲がりの形は，円弧形，L字形などの簡単なものから，U字形などの複雑なものまで，自由に作ることができる。

クランプの使い方は，合板材の一方の端から順次，もう一方の端へ及ぼすように固定するか，中央部から順次，両端の方に及ぼすように固定し，単板の各層の滑りをよくすることが必要である。

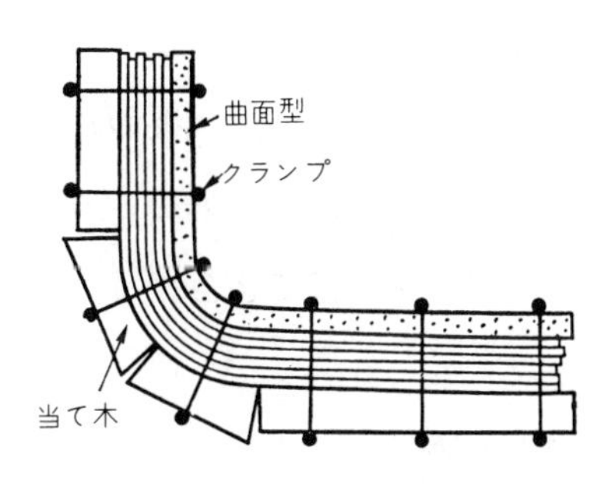

図５－28　クランプによる圧締

d. 帯鉄による圧締

この方法は，円弧形や，近似円弧形の曲面合板を作るのに適している。内型として，柱状のものを用い，薄い**帯鉄**で締め付けると，帯鉄の緊張力によって，合板面の各部が垂直で，同じように圧締される。

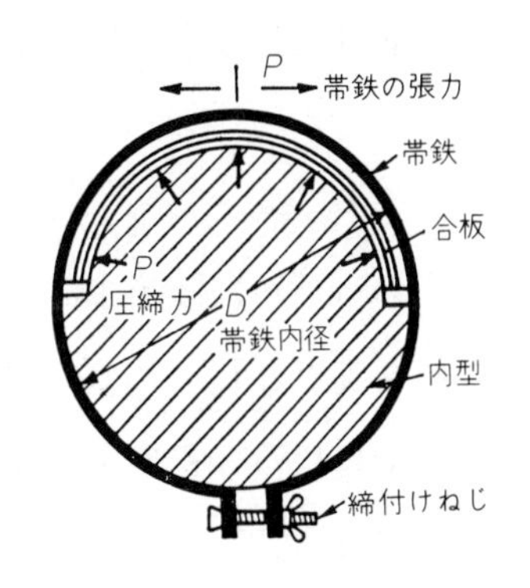

図５－29　帯鉄による圧締

（2）加　　熱

曲面型は，繰り返して使用しなければならないから，短い時間で接着が終わる加熱接着を行うことが多い。

厚い合板には，高周波加熱が用いられるが，薄い合板には，熱盤加熱，低電圧加熱が適している。接着剤は，熱硬化性の樹脂が主に用いられるが，熱可塑性の樹脂も用いることができる。加熱は，あまり急がない方がよく，温度も70～80℃止まりとし，できれば，いったん冷圧の後，100℃以上に加熱する２段階法をとることが望ましい。

加熱をしているときには，途中で，圧締が緩まないようにする。加熱中に圧締を緩めると，接着不良を起こすことが多い。場合によっては，圧力を２段階に分けてプレスする。

加熱後は，15～30分ぐらい放冷してから，型を取り外さなければならない。熱いうちに取り外すと，曲面が狂うことがある。

2.5　乾燥と仕上げ

冷圧接着をしたものはもちろん，加熱接着したものでも，単に接着剤の硬化だけを目的とした加熱の場合は，接着した後，十分に乾燥しなければならない。

水溶性の接着剤を用いたものは，乾燥収縮によって，曲げ半径がいくらか小さくなることを事前に計画しておく。

乾燥した合板は，周りを切り，所要の寸法にする縁取り作業を行い，表面の仕上げを施す。表面の仕上げには，手かんなを用いることもできるが，普通，サンダによる研磨が行われる。したがって，曲面はできるだけ平滑に作っておく必要がある。

第５章の学習のまとめ

この章では，木材を曲げる方法について学んだ。

曲げ木，ひき曲げ及び成形合板の原理をよく理解し，作業に当たることが大切である。

【確　認　問　題】

1．次の文章の（　）に該当する語句を入れなさい。

(1) 棒の両端を支点として，その中央部に外力を加えると，棒は曲がるが，外力を取り去ると，原形に戻る。このような性質を（①　）という。外力を取り去っても，ひずみが残る性質を（②　）という。

(2) 木材の塑性は，含水率が（①　）ほど，また，加熱する温度の（②　）ほど増加する。実用的には，加熱する前の含水率が（③　　～　　%），加熱する温度が（④　　～　　℃）程度が用いられる。

(3) 棒を曲げると，中軸面を境として，外側には（①　）応力，内側には（②　）応力が生じる。

(4) 木材を曲げようとするとき，その厚さに対してどれだけ曲げられるかは，外側の最大（①　）と，内側の最大（②　）に関係する。

(5) 一般に（①　）よりも（②　）の方が軟らかで，曲げ木に適している。

(6) ひき曲げでは，厚い板を曲げる場合ほど，のこ目の数を（　　）する。

(7) 成形合板は（①　）接着剤を塗布した単板を（②　）の中に入れ加熱して製作した曲面合板である。

2．曲げ木の材料として必要な条件を4つ挙げなさい。

3．曲げ木に用いられる一般的な樹種を6つ挙げなさい。

第６章　特殊合板の製作

ここでの特殊合板とは，ランバー，パーティクルボード又はファイバーボード，枠心の表面に単板若しくは化粧合板を張り付けた合板を指している。ここでは，これらの合板の製作法及びその二次加工について述べる。

第１節　ランバーコア合板

ランバーコア合板は，後述のフレームコア合板とともに優良木材の不足を補い，合理的な形態の安定材料が得られるので，家具用材や内装材に広く用いられる。特に，新しい木質材料を心材とし，表面材料に合成樹脂化粧合板を用いた厚板心合板は，種々の合成樹脂化粧合板の出現と接着剤の進歩によって，その利用はますます多くなっている。

１．１　構　　成

厚い合板を必要とするときの心材（コア）には，主にランバーや木質ボードの厚板心が用いられる。この心材の表面に単板又は合板を張り合わせたものを厚板心合板という。心材にランバーを用いたものはランバーコア合板，木質ボードを用いたものはボードコア合板と称する。

ランバーコアの材料には，軽くて狂いの少ないサワラ・エゾマツ・スギなどの針葉樹と，カツラ・ホウ・シナなどの広葉樹のほか，各種の輸入材が用いられている。

ボードコアの材料にはパーティクルボード，インシュレーションボード，MDF又はハードボードが用いられている。

（１）種類と特性

ランバーコア合板の種類は，心材とするひき材の幅によって，ラミンボード（ひき材幅７mm以下），ブロックボード（ひき材幅25mm以下），バッテンボード（ひき材幅75mm以下）と称しているが，我が国では，これらを総称してランバーコア合板と称している。

ランバーコア合板の特性としては，次のようなことが挙げられる。

①　幅の広い板が容易に得られる。

②　むく（ソリッド）の一枚板に比較して，反りやねじれが小さい。

③　普通合板や木質ボードに比べて，木端面の木ねじや釘の保持力が強い。

④　心材には，小さい欠点の材料も利用できる。

（2）狂いと修正

心材に乾燥していないものを用いると，合板の全体に反り，曲がり，ねじれなどの狂いを起こす原因となる。ランバーコア合板の幅方向の狂いを防ぐためには，心材の両面に，縦方向（繊維方向）にのこびき目（溝）を多数入れるとよい。溝と溝の間隔は，25mmぐらいとする。溝の深さは，厚さの1／2ぐらいとして，心材の両面に互い違いに入れるのが普通である。このようにすれば，心材の収縮膨張は，溝によって吸収され，全体に影響を及ぼさなくなる。なお，片面だけに修正の溝を加工する場合は厚さの2／3ぐらいの深さとする（図6－1）。

ランバーコア合板の長さ方向の狂いを防ぐには，適当な間隔をおいて，繊維方向と直角の方向や，斜め方向の溝を加工すればよい（図6－2）。

修正の溝は，合板になったとき，その溝が表面にへこみ（凹）となって現れることがある。これを防ぐには，添え心を用いるとよい。添え心に用いる単板の厚さは，溝の幅寸法以上にする必要がある。

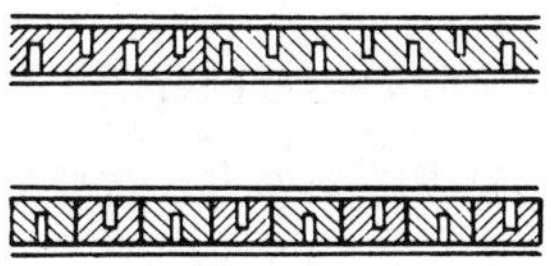

図6－1　幅方向の狂いの修正

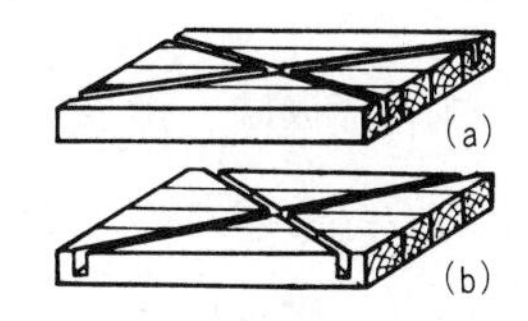

図6－2　長さ方向の狂いの修正

1.2　接着作業

心材の厚さは，正確でなければならない。ランバーコアを作る場合，小角材は，厚さを正しく削ると同時に，幅も正しく削らなければならない。

小角材を簡便に接着するには，接着剤を塗布したものを水平な台の上に並べ，木端面同士を合わせて，端金やジグを用いて圧締する。図6－3にランバーコア用ジグの外観を示す。小角材の接着が終わったら，これをかんな削り機械にかけて，一定の厚さに削り直して心材にする。

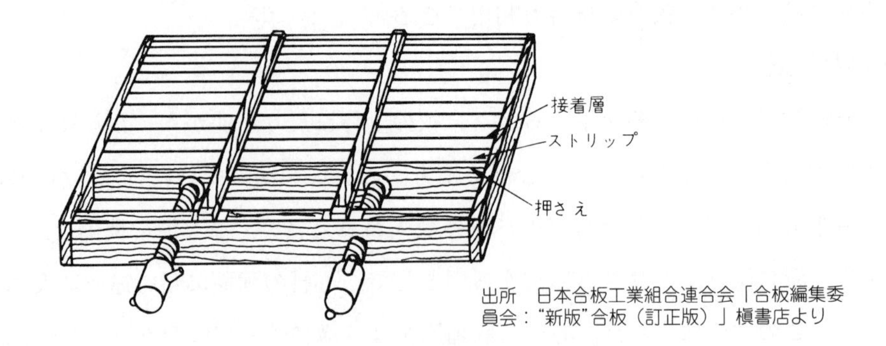

出所　日本合板工業組合連合会「合板編集委員会："新版"合板（訂正版）」槇書店より

図6－3　ランバーコア用ジグ

はぎ合わせ心材ができたら，心材の表と裏に接着剤を塗布し，これに表板として，単板，添え心又は薄手の合板を表，裏に当ててプレスで圧締接着し，ランバーコア合板を作る。

小角材を幅接合しないで，そのまま心材として用いることがある。輸入材を中心に各種寸法の幅広ランバーが市販されており，これを部品の木取り寸法に切断して，心材とすることが多い。

1．3　乾燥と仕上げ

ランバーコア合板は，接着のとき，接着剤からの水分を吸い込む割合が少なく，後の乾燥に有利である。そのため，むしろ，合板にする前の心材の乾燥の方が重要である。

合板の狂いは，修正によって防ぐことができる。しかし，合板にしてから表面が波状になることがある（図6－4）。この原因は，次のようなことなどが考えられる。

①　はぎ合わせ心材の材料として，乾燥が十分でない小角材が用いられた。

②　小角材を幅方向に接合したときに，異なる樹種の混用があった。

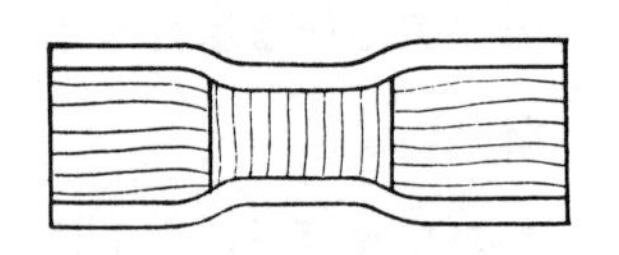

(a) 板目と柾目を混用した厚板心

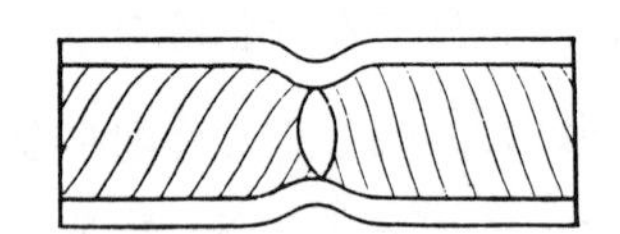

(b) 幅はぎしない厚板心

図6－4　ランバーコア合板表面の波状欠陥

ランバーコア合板ができあがり，乾燥を終えたら，合板の周りを切り捨てて，所要の寸法にする。このため，縁取り作業を行い，続いて，サンダで表面を平らにする仕上げ作業を行う。

ランバーコア合板の周りは，良質の縁材で装飾されることが多い。簡単な方法としては，厚さ1mm程度の単板又は2～3mm程度の素材（ソリッド材）を，酢酸ビニル樹脂接着剤，膠，ユリア樹脂などでアイロン張りをする。この場合の縁材は，合板の隅の部分を単に突き合わせはぎとするが（図6－5（a）），少し厚い縁材は留め接ぎとする。また，縁材の厚さが5mm以上の場合は本ざねはぎとする（図（b））。この縁材は，表板などの接着前に，あらかじめ心材に接着しておくこともある。特に，繰り形を施す縁材の場合は，事前に接着しておかなければならない。

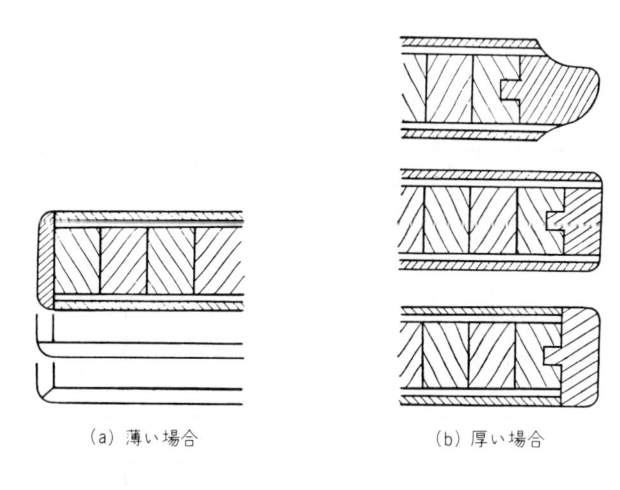

図6－5　ランバーコア合板の縁材

第2節　フレームコア合板

フレームコア合板（枠心合板）は，かまち組みの中に，心材として，木材，合板，パーティクルボードなどの小角材を適当な間隔で配置，又は合板や木材の板を組子のように組み合わせたものを挟み込んで，内部に空げき（隙）を作り，軽量化した合板である。

我が国の家具用パネルのほとんどは，この構造のもので占められており，いわゆる“フラッシュ構造”として，親しまれている。量産化しているプレハブ方式の建築においても，この方式のものが多い。

2.1　構　　成

（1）枠組みの内部

フレームコア合板は，枠心（心材）の両面に，表面合板として，普通合板や化粧合板などを張り付けるのが一般的である。枠心の材料としては，ランバーコア合板の場合と同じように，軽くて狂いの少ない材料を用いる。

枠組みの接ぎ手としては，単なる突き付け接ぎ，ステープル止め，留め接ぎ，ほぞ接ぎ，だぼ接ぎなど，いろいろなものが用いられる。一般には，加工作業や組立て作業のしやすいステープル止めが多く用いられる（図６－６）。

枠組みの内部は，中桟を単に十字形にするもの，平行状に間を狭くするもの，格子状に細くするものなどがある。さらに，その空間には，表面合板の中だるみを防ぐために，小骨組みをはめ込むもの，枠材と同じ厚さの小木片を所々に埋め込むもの，紙をはちの巣状にしたペーパーコアをはめ込むものなどの構造がある（図６－７）。

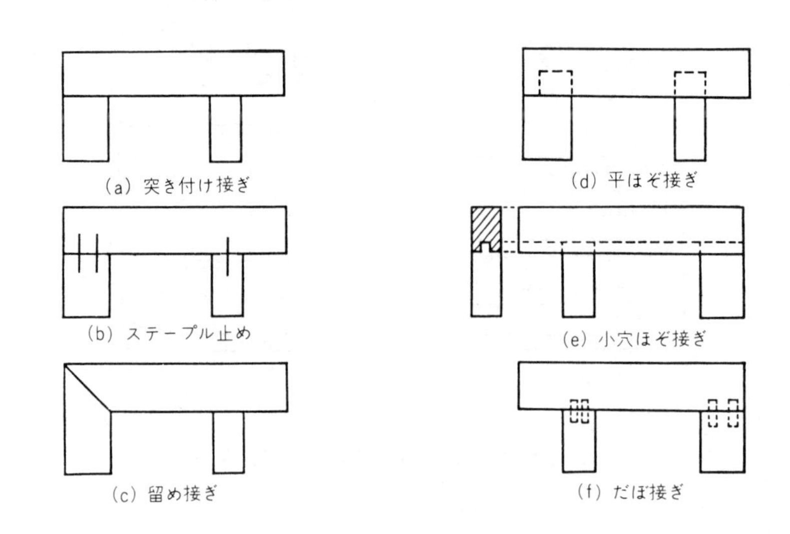

図６－６　枠組みの接ぎ手

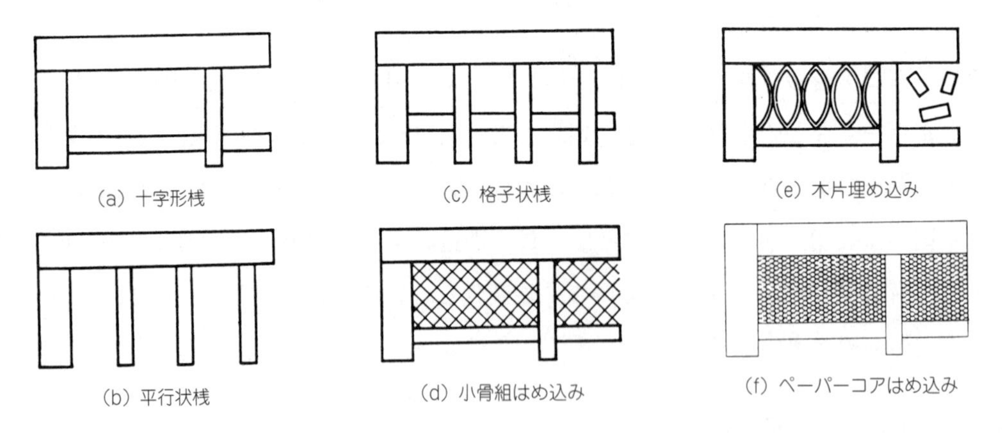

図６－７　枠心の内部構造

（2）狂　　い

中空心合板の変形には，一般に，次の２つがある。

a. 長さ又は幅方向の反り，ねじれ

この原因には，２枚の表面合板の収縮の差が考えられる。したがって，２枚の表面合板は，同種，同質，同一厚さ，同一乾燥状態のものとし，やむを得ず異質のものを用いる場合は，同一収縮率のものとする必要がある。

このように，形と質において，全く対称形の構成としても，フラッシュドアのように，取り付ける場所の条件が内外で違う場合は，高温・低湿の方へ反り曲がる（図６－８）。これを防ぐためには，反りや曲がりに耐えるような，強くて厚い枠心材を用いるか，乾燥や収縮の影響が少ない性質の合板を用いる。

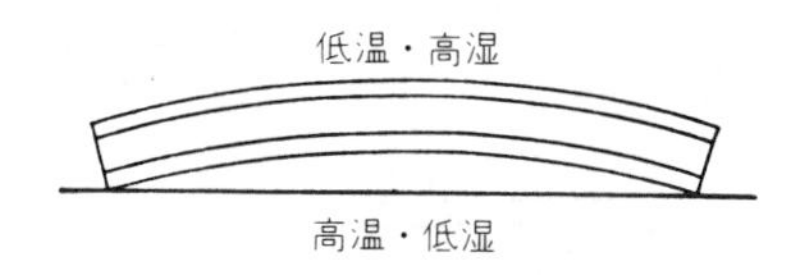

図６－８　フレームコア合板の反り

b. 表面合板の中心だるみ

表面合板が桟の間で中だるみをすることである（図６－９）。もともと，ロータリ単板で作られた普通合板は，縦，横方向に，かなりの収縮膨張が起こる。しかも，素材（ソリッド）に比べて，剛性があまりないから，この合板を用いた場合に，フレームコア合板の表面に中だるみが起こるためである。すなわち，合板の接着面だけが，引張られた状態になるので，表面がへこみ，ついには，永久の変形を起こすものと考えられる。これを防ぐには，次のような方法が考えられる。

①　枠心の桟の間を狭くする。

②　表面合板に厚い合板を用いる。

③　すき間にペーパーコアをはめ込む。

また，平行状桟を用いる場合は，幅が広い桟を少数配すよりも，幅が狭い桟を数多く配す方がよい。

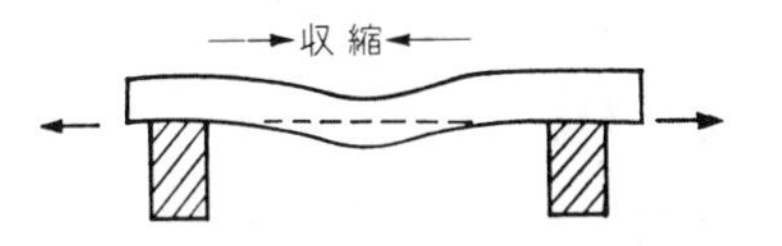

図６－９　表面合板の中だるみ

2.2 接着作業

(1) 枠心（心材）

枠心の工作に当たっては，次のようなことに注意する。

①　すべての枠心を同じ厚さに仕上げる。

② 枠心の四隅を正しい角度にする。

③ 枠心全体にねじれが出ないようにする。

④ 枠心材同士の接合部は，目違いのないようにする。

枠心に狂いがあると，表面合板を張り付けた後も，応力がそのまま残る。ねじれや曲がりのある場合は，表面合板を張り付ける前に，枠心材にのこびき溝を入れて，修正しておく必要がある（図6－10（a），（b））。

接合部に目違いがあると，表面合板を張り付けるとき，接着不良となるばかりではなく（図（c）），合板の表面に凹凸ができることになるから，枠心の各部は同じ厚さに削る。

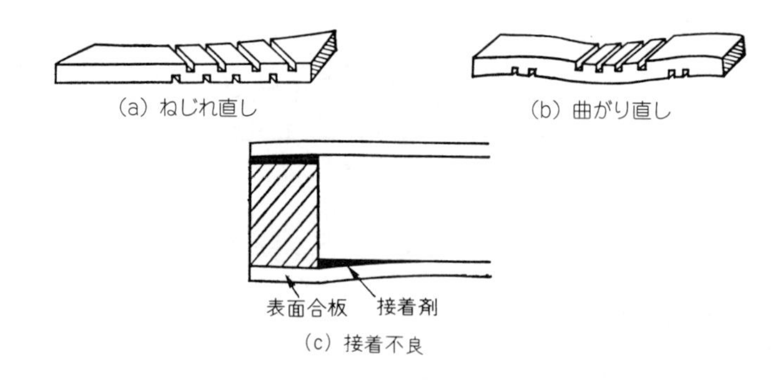

図6－10　枠心の修正と接着不良

（2）圧　　締

フレームコア合板を作るには，枠心の両面に接着剤を塗布し，表面合板を当て，それを数枚積み重ねて，らせんプレス，油圧プレスなどで圧締する。工程の都合により，表面合板の裏面に接着剤を塗布することがある。しかし，この方法は，表面合板に接着剤の水分を余分に与え，軟化膨張させて，桟の間の中だるみを起こす原因となるので，なるべく避けた方がよい。

圧締力は，使用する樹種や接着剤によって多少の違いはあるが，酢酸樹脂エマルジョン型接着剤の場合，0.3～0.6MPaである。ただし，枠心合板の接着では，圧締力は表面合板の面積ではなく，枠心の面積となるので，圧締力の算出に際しては，心材面積を計算して求める。したがって，表面積が大きいフレームコア合板の圧締にも，手動らせんプレス，ターンバックル式プレス（図6－11）など，手軽な圧締機が利用される。圧締時間は，接着剤にもよるが，一般に12時間ぐらいを必要とする。接着剤に酢酸ビニル樹脂エマルジョン型接着剤（通称ボンド）を使用する場合は，冬期用と夏期用の接着剤を使い分け，冬期は，室温を最低10℃以上に保つことが必要である。

枠心に合板を接着する場合，冷圧接着法で行えば，桟の間の中だるみは割合に少ない。しかし，熱圧接着法で行えば，合板の塑性化によって，著しく中だるみを増すようになる。そのため，熱圧接着を行う予定のものは，桟の間隔又は小骨の間隔を，一層狭くしておかなくてはならない。

フレームコア合板の加熱接着では，桟と桟の間にすき間がないので，加熱によって内部の空気が膨張し，同時に水蒸気の発生もあって，その圧力により，表面合板が外部に膨れあがることがある（図6－12（a））。これは，冷却するにつれて，反対に，桟の間に著しい中だるみができる（図（b））。これを防ぐには，あらかじめ，枠心の各部材に通気穴をあけておく必要がある。なお，周りの枠心材の通気穴は，後に埋め木しておく方がよい。加熱温度は，あまり高くない方がよく，70～80℃ぐらいまでに押さえる。

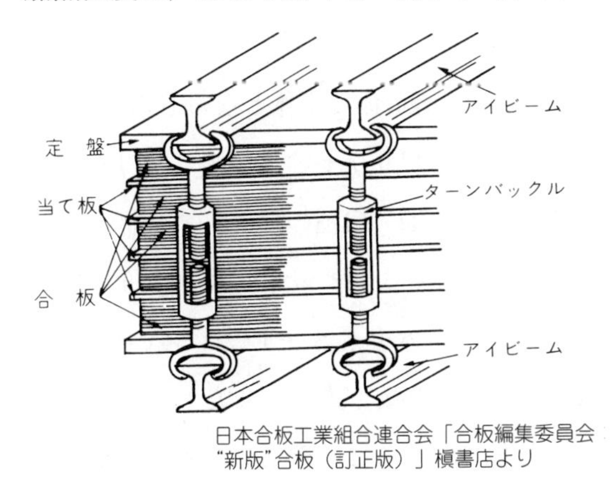

図6－11　ターンバックル式プレス

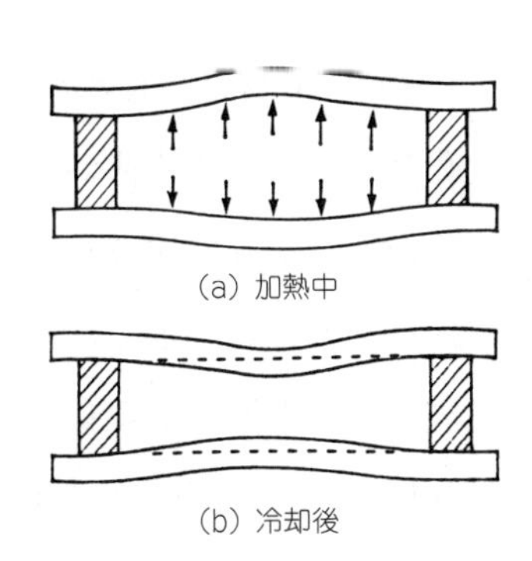

図6－12　通気穴のない場合の欠陥

2．3　乾燥と仕上げ

十分に乾燥させた枠心及び表面合板を用いれば，接着後の乾燥は，ランバーコア合板の場合よりも簡単である。ただし，表面合板の裏面に接着剤を塗布した場合は，やや長く乾燥時間を取ることが必要である。

周りを切り捨てる縁取り作業，周りに縁材を取り付ける縁付け作業などは，すべて，フレームコア合板の場合と同じである。表面の仕上げは，枠心に空間があって，かんな削りは難しいので，もっぱらサンダが用いられる。

第3節　単板の張付け

木材を天然のままで利用すると，伸縮，反り，ねじれなどの狂いと，木材の繊維方向に対する強度的不均質性（異方性）が品質的な欠点となることが多い。これらの欠点を補うために，合板としての利用，製品の構造や工作方法の改善，木材乾燥の徹底などが行われている。

しかし，木材のよさは，天然の木目の美しさ，肌ざわりの良さ，暖か味などにある。木材の欠点をできるだけ改善し，しかも，木材の良さを生かす１つの方法として，単板の利用がある。これは，家具・建具・内装などの材料や構造を，欠点の出にくいものにしておいて，その表面に，天然の木材から作った美しい木目の薄い板（単板）を接着剤で張り付ける方法である。現在はこの単板のほかに，紙に天然の木理を印刷したもの，合成樹脂の表面に木理模様や光沢に加えて，細胞組織の凹凸まで作り出したものがある。

3.1 素　　地

素地は，単板を張り付けるための下地となるとともに，構造体の主体となるものである。単板などの化粧材料は，ごく薄いために，この素地の仕上がりがそのまま張り付けた後の表面に現れるから，十分に注意しなければならない。例えば，樹種の混用，あて材，だぼの木口，釘穴などのほか，木口と木端の接合における目違い，目やせなどは，表面に悪い結果として現れる。素地は木理が通直で，狂いが少なく，含水率も８～12％ぐらいがよい。

単板を張り付ける接着面は，できるだけ平滑にしておく必要がある。また，単板を接着後，素地が乾燥して収縮し，大きな反りや曲がりとして現れることがある。素地の構成や材質と接着との関係については，十分に留意することが必要である。単板と素地の性質が異なる場合は，膨張係数の差の少ないものを選ぶことが大切である。

3.2 単　　板

単板はベニヤとも呼ばれ，天然の木材を薄いシート状又は板状にしたものである。単板はその切削方法により，丸太をかつらむき状に切削したロータリ単板，角材を刃物で削り幅広のかんなくず状としたスライスト単板，のこで薄い板にひき割ったソード単板の３種に分類できる。

合板は，ロータリ単板を一定の大きさに裁断したシート状の単板を，繊維方向が互いに直角になるように複数（普通は奇数）枚重ねて，張り合わせたものである。また，化粧合板は，普通合板の表面にスライスト単板を張り合わせたものである。スライスト単板は，突き板とも呼ばれる。

スライスト単板に用いられる樹種は，日本産材から外国産材まで，非常に幅が広い。スライスト単板の厚みは0.15～1.0mmまであるが，0.2～0.3mmと0.6～0.8mmの２つの範囲のものが多い。一般には，厚みが0.2～0.3mmのものを薄づき，0.6～0.8mmの範囲のものを厚づきと呼び，生産量は薄づきが圧倒的に多い。市販の化粧合板用には薄づき，高級家具用には厚づきが用いられることが多い。

単板は化粧材として用いるので，単板を得るための角材は，仕上がり状態を十分に考慮して，木理や色調が良好なものを選ぶ。単板の木理には，柾目，板目，及び杢目（もくめ）（装飾的価値に富む木理）がある。単板は乾燥した場所に保管するが，特に杢目は狂いが大きく，取扱い時に破損しやすい。和紙を裏張りして補強するか，又は薄めた膠液を塗布することにより，狂いと割れの軽減を図ることができる。

表面の反りやねじれの大きい単板は，普通に張る単板よりも多めに湿気を与え，これを乾いた２枚の厚板の間に挟んで（図６－13），一昼夜程度放置し，狂いを直してから張る。幅の狭い単板は，幅をはぎ合わせなければならない。その方法は，まず木端をまっすぐに削る（図６－14）。これには，カッタ，かんななどを用いる。このように準備した幅の狭い単板は，テープ又は接着剤ではぎ合わすが，それには，テーピングマシンやアイロンなどが用いられる。図６－15に寄せ張り（木理の合わせ方の良否）の例を示す。

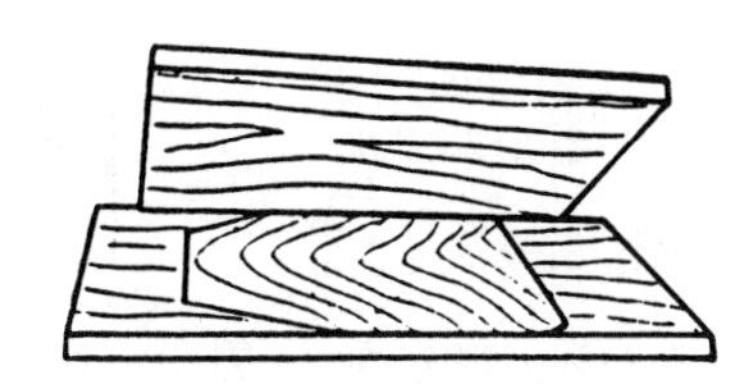

図６－13　厚板への単板の挟み込み

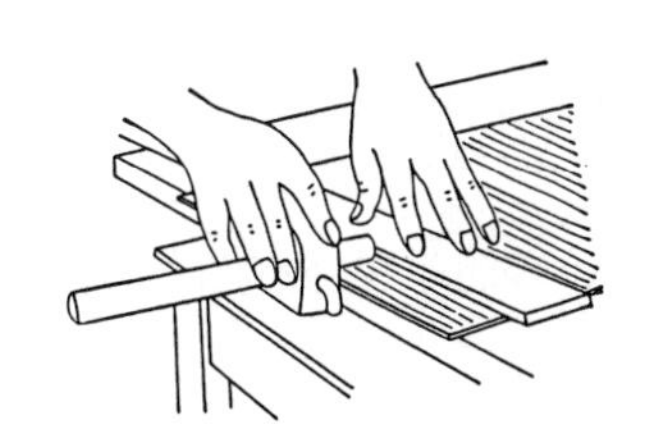

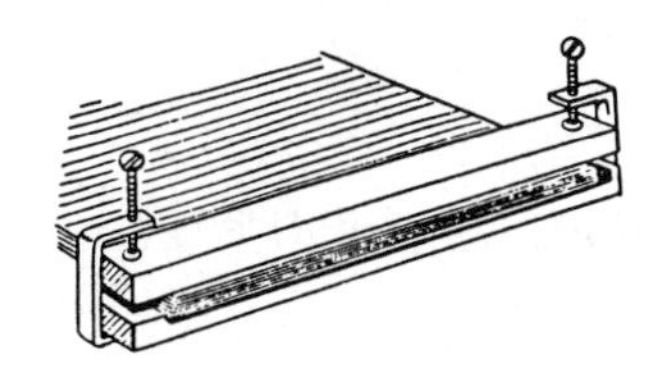

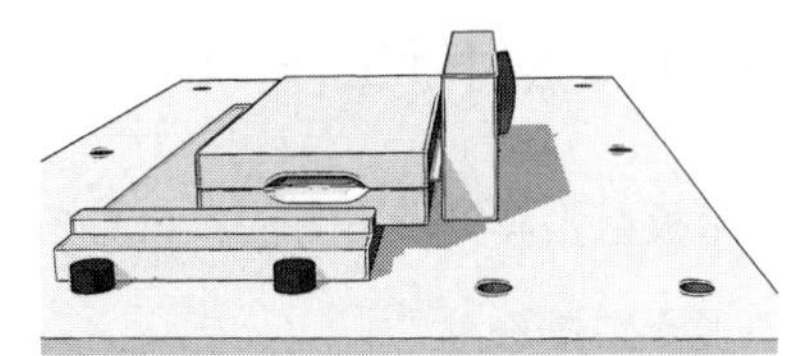

図６－14　単板のはぎ口の削り方

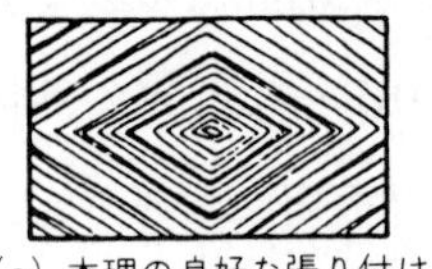
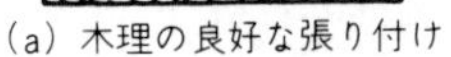

(a) 木理の良好な張り付け

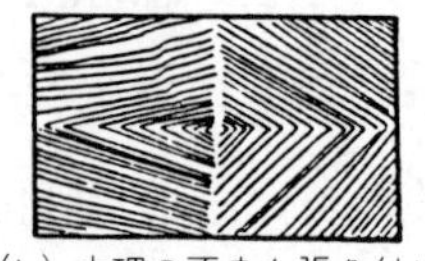

(b) 木理の不良な張り付け

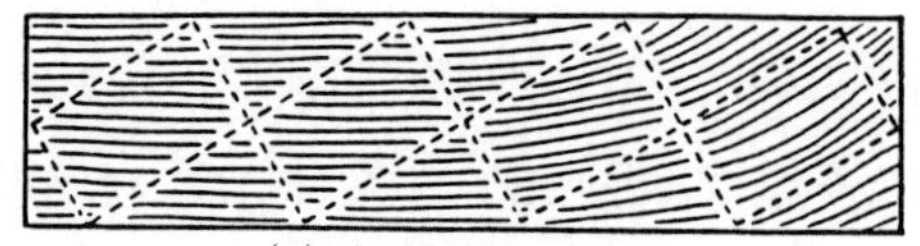

(c) 木理の不良な木取り

図6－15　寄せ張りの木理の合わせ方

3.3　接　着　剤

接着剤としては，膠，酢酸ビニル樹脂，尿素樹脂などが用いられる。これらの接着剤のうち，熱硬化性の尿素樹脂接着剤には熱圧法，熱可塑性の膠と酢酸ビニル樹脂には，冷圧法が用いられる。

平滑に仕上げられた接着面に対しては，接着剤をそのまま塗布しても差し支えない。単板の裏面が粗く，凹凸がある場合に溶剤型接着剤を用いると，乾燥した後の収縮によって，表面に凹凸ができることがある（図6－16)。これを防ぐためには，接着剤に小麦粉などの充てん材をやや多めに加えるか，無溶剤型の接着剤を用いるとよい。

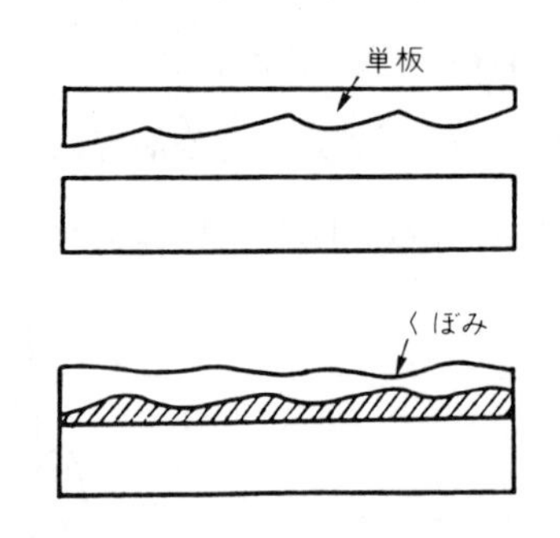

図6－16　単板張り付け後の表面の凹凸

また，シックハウス対策として，ホルムアルデヒドの放散を嫌う用途には，水性高分子イソシアネート系接着剤，α-オレフィン・無水マレイン酸樹脂接着剤が用いられる。

3.4　張付け工作

単板を張り付ける方法にはいろいろあるが，その主なものについて簡単に述べると，次のようになる。

広い面積に張り付ける場合には，まず素地に接着剤を塗り，その上に，一方の端から順番に単板を並べて張り付けていく。はぎ口は，単板を少し重ね合わせておき，直定規を当てて，カッタで重ね部分を上から切る。最後に，それぞれの切り端を抜き取る（図6－17)。このほか単板の木目などを合わせるときは，張る前にはぎ口を合わせておいて，美濃紙で裏張りしておくと便利である。単板を完全に接着させるには，適切な圧締方法を選ぶことが大切である。

広く行われている方法にアイロン張りがある。この方法は，接着剤が膠又は酢酸ビニル樹脂エマルジョン型接着剤などの熱可塑性で，あまり強い圧締力を必要としない場合に用いられる。素地に接着剤を塗布し，それが半乾燥又は乾燥した後，単板を素地の表面に配置する。そして，単板の表面に湿気を加えた後，約120℃に熱したアイロンで，圧力を加えながら移動させ，単板を張り付けていく（図6－18）。

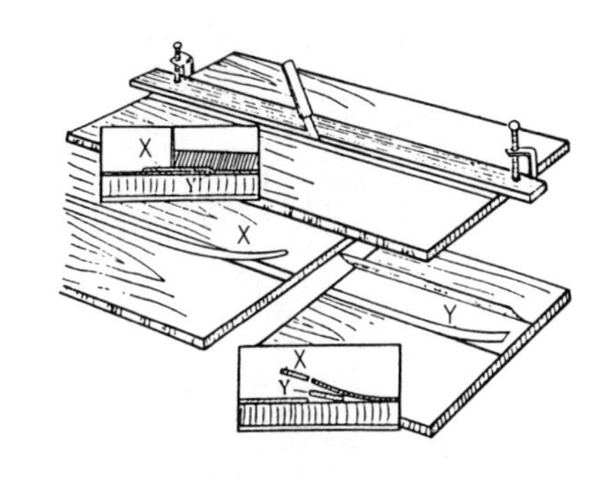

図6－17　単板の張り合わせ

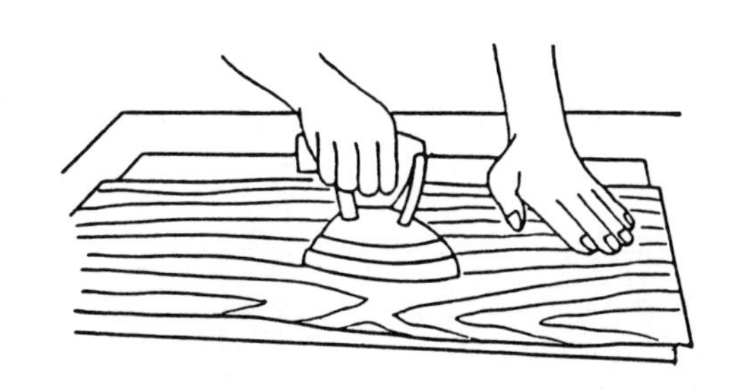

図6－18　アイロン張り

このとき，素地の表面に軽く湿気を与えると，接着が容易である。アイロン張りは，接着剤がよく乾燥した後の方が，単板の導管を通して接着剤が表面にしみ出すことが少なくなる。

強い圧締力を必要とする場合で，大量に張り付けるときは，プレスを用いて張り付ける。これには，冷圧と熱圧がある。

熱圧には，ホットプレス，高周波装置などを用い，熱硬化性の接着剤を使用する。接着剤の量が多過ぎると，表面に接着剤がしみ出るため，後処理に余分な労力を費すので塗布に当たっては，必要量をできるだけ平均に塗るように注意する。

四周に模様の異なった単板を張るときは，中の単板を四周に長めに張り付けた後，周りをけ引きで削り取り，図案に従って，四周に張っていく（図6－19）。

四隅に丸みを付けて張っていくときには，単板をなるべく細く張り合わせていく（図6－20）。張った単板の一部がはく離又は破損したようなときには，それに似た木理の単板を重ねて，カッタで切り取った後，張り付けるとよい（図6－21）。

図6－19　四周の化粧縁の張り方

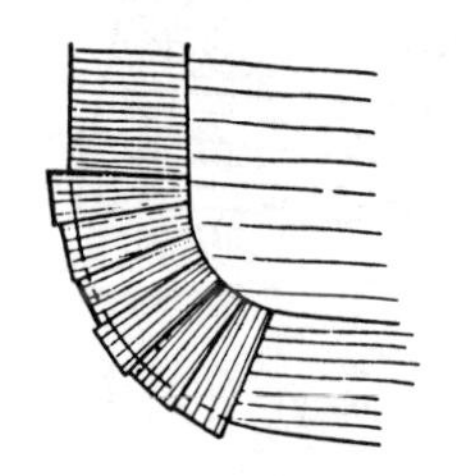

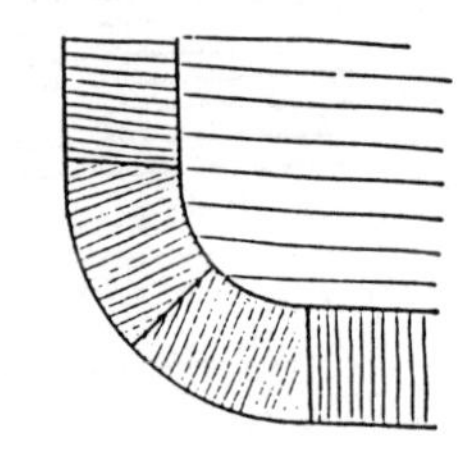

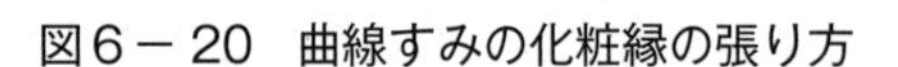

図6－20　曲線すみの化粧縁の張り方

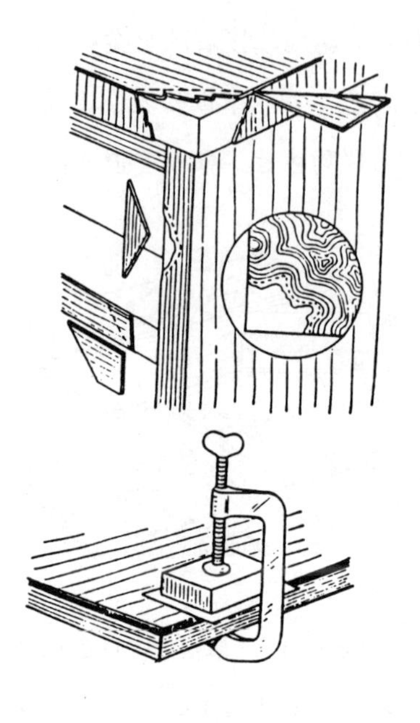

図6－21　張り板の修正法

第4節　木質材料の加工

4．1　一般の木質材料

合板，パーティクルボード，繊維板など木質を主体とする材料は，木材と同じように，木工機械，木工具で加工することができる。

木質材料は普通の手のこ，丸のこでも切断できるが，刃先の切れ味が早く悪くなるので，丸のこには，タングステンカーバイドチップソー（超硬合金丸のこ）を用いた方がよい。

穴あけには，金属用のドリル又はパンチングを用いる。表面の研削には，普通120～150番程度の研磨布紙を用いるが，180番のものを用いることもある。

4．2　ペーパーコア合板

ペーパーコアの基本形状には，六角形をしたハニカムコアと，円形をしたロールコアがある。

（1）縁　　材

ペーパーコア合板は，釘付け，又はほぞ加工ができないので，接合部に縁材を付ける必要がある（図6－22)。

縁材加工は直張りと，縁材を挟み込む方法がある。直張りは，接着面積が少ないので，後ではがれることが多い。縁材を挟み込む場合は，縁材の入る部分だけコアを取り除いて，接着剤を用いて圧締する。

図6－22　ペーパーコア合板の縁材

（2）接　ぎ　手

L字又はT字形の接ぎ手は，あらかじめ，合板製作のときに，接合部分に縁材を心材に入れておいて，だぼや緊結金具で接合する（図6－23)。

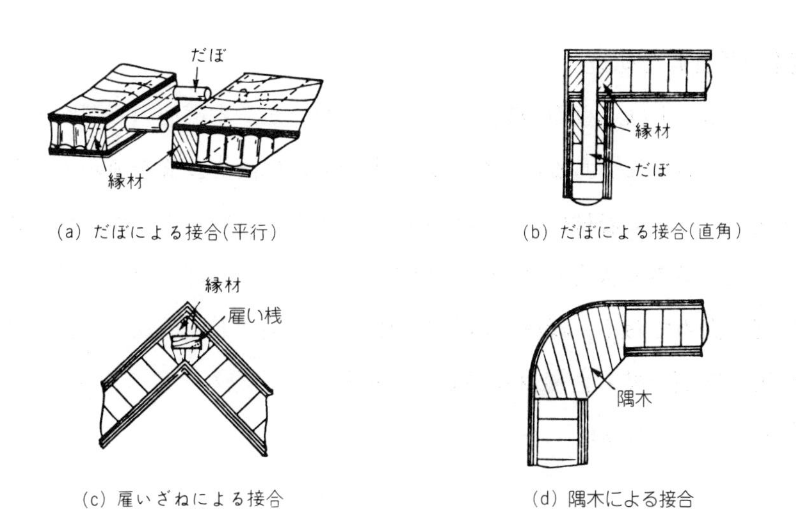

図6－23　ペーパーコア合板の接合

ドアパネルに用いる場合は，丁番を取り付ける部分に心材などを入れておいて，木ねじが効くようにしてから，縁材を周りに接着する。

4.3　パーティクルボード

パーティクルボードは，木材の小片（フレーク）に接着剤を加え，圧締して板状にしたものである。パーティクルボードを切断するには，普通ののこでは，刃先の摩耗が早く，切断面が黒くこげるのでタングステンカーバイドチップソーを用いる。

（1）単板の張付け

パーティクルボードに，縦横ののこ目（溝）を入れることは，狂いを防ぐのに効果がある。表面単板は，薄いものでもよいが，接着剤がしみ出すおそれがあるので，適切な厚さのものを選ぶ必要がある。3層パーティクルボードに化粧単板を張る場合は，そのまま張るよりも捨て張りをした方が，表面が平らで，きれいに仕上げることができる。

反りや曲がりを防ぐため，合板の両面に同じ樹種，厚さ，含水率14%前後の単板を，同一の接着剤で同量だけ用いて張り付ける。薄い単板であっても，片面張りをすると，接着して時間が経つに従い単板が乾燥収縮するため，反りや曲がりが生じる。やむを得ず単板を片面だけに張る場合，反りや曲がりを防ぐには，反対面に，ユリア樹脂塗料の防湿処理を施すとよい。この場合接着剤には，ユリア樹脂を用い，硬化剤を加えるが，さらに，増量剤を加えることも多い。ユリア樹脂接着剤の圧締力は，普通，0.5～1.0MPa程度が用いられる。

（2）木端面（端面）の処理

パーティクルボードは，板面の吸湿は割合に少ないが，木端面の吸湿が大きいため，板の周りが膨張するおそれがある。そのため，木端面の保護と装飾を兼ねて，単板，テープ又は縁材を接着する。接着材には，ユリア樹脂接着剤を用いることが多い。木端面に接着剤を塗ると，吸い込みが大きいので，それを抑えるため，あらかじめ，増量剤を加えて，接着剤の粘度を高めておく。縁材とボードの含水率が違うと，乾燥後表面に凹凸が生じるので，三角形の断面を持った縁材を用いて，乾燥後に余分なところを削るようにすると，目違いを防ぐことができる。

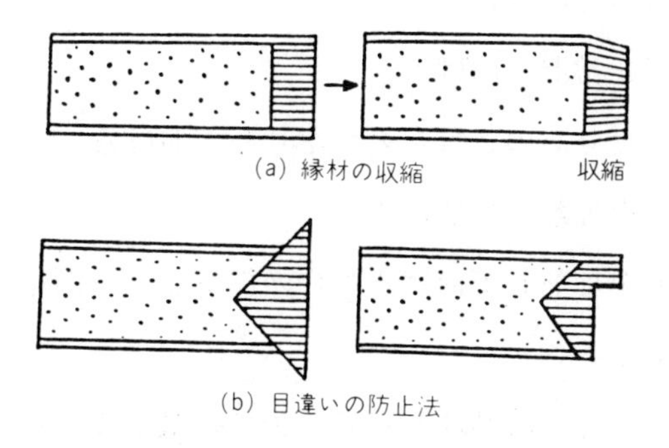

図6－24 パーティクルボードの木端面（端面）の処理

(3) 接 ぎ 手

パーティクルボードの接ぎ手には，ほぞ組みでは接合強度が弱いので，だぼ接ぎが用いられることが多い。最近緊結金具が多用されているが，パーティクルボードは木ねじの保持力が低いので，その金具の選択に際しては，木ねじの引き抜き方向に大きな力が作用しない形態のものを選択する必要がある。

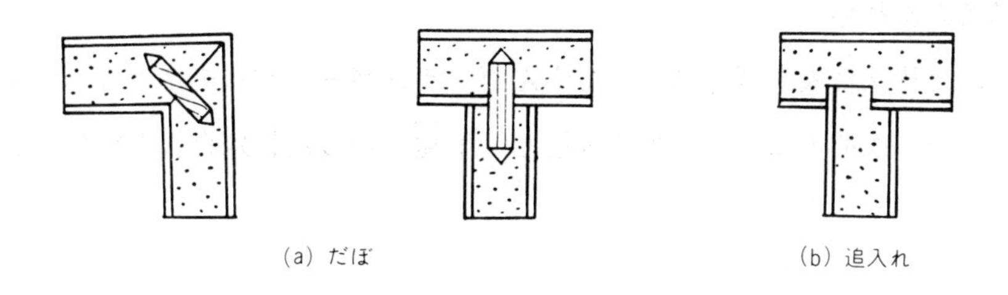

図6－25 パーティクルボードの接合

4.4 繊 維 板

繊維板はファイバーボードとも呼ばれ，木材を繊維化（パルプ化）したものを水又は空気を媒体としてシート状に成形し，これを乾燥若しくは熱圧して板状にしたものである。繊維板は，インシュレーションボード（軟質繊維板），ミディアム・デンシティ・ファイバーボード（MDF：中質繊維板）及びハードボード（硬質繊維板）の３種類に分類されている。

繊維板は，組成が均一であるため，むく材や各種の合板に比べて切断，穴あけ，面取りなどの加工が容易である。また，曲げ加工もたやすくできるが，曲げの最小半径は，原料，製造方法によって，かなりの違いがある。曲げ加工の方法には，次のようなものがある。

① 常温のボードを常温で曲げる。

② 湿潤状態のボードを常温で曲げる。

③ 曲げる部分を削ったり，のこ目を入れたりして曲げる。

④ 湿潤状態のボードを加熱して曲げる。

④の湿潤状態のボードを加熱して曲げる場合の作業を，一例を使ってもう少し詳しく述べると，次のとおりである。

厚さ3.5mmのボードの場合，前処理として，40℃の温水に約40分浸した後，24時間積み重ねてジグを当て，60℃ぐらいで乾燥するか，自然乾燥すると，平滑面を表にしたときは，前者（60℃の乾燥）で約５cm，後者で約10cmの最小半径まで曲げることができる。

加熱乾燥した場合の方が，乾燥後の曲げの戻りが少なく，仕上げがきれいである。加熱乾燥に高周波加熱装置を用いれば，さらに，小さな半径の３次面加工も行うことができる。

繊維板を塗装するときは，使用する場所にあらかじめ３～４日間置いて，湿度を調整することが必要である。端面の毛羽は，サンドペーパーで取り除く。

第６章の学習のまとめ

この章では，特殊合板の製作について学んだ。ランバー，パーティクルボードなどの合板の製作法及び二次加工についてよく理解し，用途に合った特殊合板を製作することが必要である。

【確　認　問　題】

次の各問に答えなさい。

1．ランバーコア合板を製作する際の接着作業について述べた次の文章の（　）に該当する語句を入れなさい。

ランバーコア合板を作る場合，心材としての小角材は，厚さと（①　）を正しく削らなければならない。小角材の幅方向の接着が終わったら，かんな削り機械で（②　）を削りなおして心材とする。この心材の表裏に接着剤を塗布し，これに（③　）又は薄手の（④　）を置いてプレスで圧締接着し，ランバーコア合板が完成する。

2．フレームコア合板における表面合板の中だるみ現象を防ぐ対策を少なくとも２つ挙げなさい。

第7章　装　飾　工　作

家具や建具は，実用品であると同時に，装飾的な役割を果たすものである。この装飾的な効果を高めるために，各種の加工を施すことが多い。室内の仕上げ材においても，同様なことが行われる。

装飾的な加工とは，面を取るとか，繰り形を付けるとか，彫刻，ひき抜き，象眼などを施すほか，台輪，けこみ板，支輪などを付けることも，それらに含まれる。台輪，けこみ板，支輪などは，製品の強度も向上させるが，それ自身，装飾的な内容を持っている。その上さらに，面取り，繰り形などを施せば，一層装飾効果を上げることができる。

第1節　面

面とは，加工材の稜又はその他の部分に簡単な欠き取り（段欠き）や溝を削り出すことをいう。これらの加工には溝かんな，際かんな，せめかんななどのほか，いろいろな面取りかんなや面取り機械を用いる。従来の面型には，単純な直線的及び平面的なものが多く，種類もそれほど多くはなかった。洋式の繰り形が入ってからは，これを応用した巧みな面がいろいろと考案され，装飾として重要なものとなってきた。

1.1　面の名称と形

(1) 切　り　面

切り面は，稜を全長にわたって，斜めに削ったものである（図7－1 (a)）。切り面は角面（かくめん）とも呼ばれ，削り落とした角度が45°である（図 (b)）。角度が45°以外（通常は60°）の面をエテボー面と呼ぶ（図 (c)）。幅の広い面を大面（おおづら），最も幅の狭い面を糸面という。かまち組み建具の前面に多用されている。

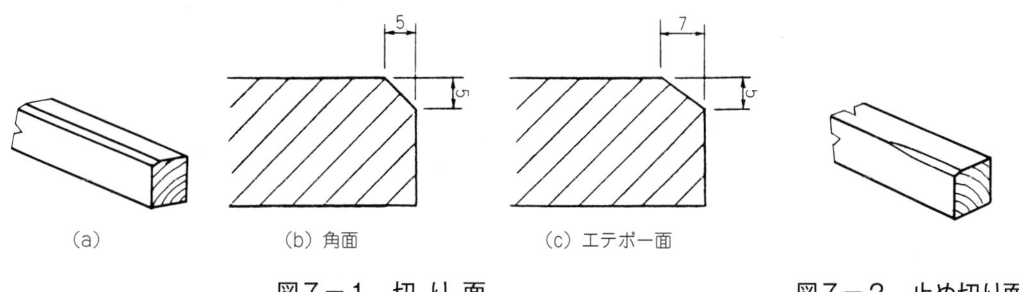

図7－1　切 り 面

図7－2　止め切り面

(2) 止め切り面（図７－２）

止め切り面は，削り落とし角度が切り面と同じ45°であるが，切り面と異なり，削りを途中までとする。止め切り面は，書棚や食器棚のかまち組み開き戸などに用いられる。

(3) 丸面（図７－３）

丸面は，稜に丸みをつけたもので，端面を任意の半径で丸くしたものが坊主面，中央を緩やかな曲線にしたものが蛇腹（じゃばら）面と呼ばれている。テーブルの上角や角脚に用いられる。

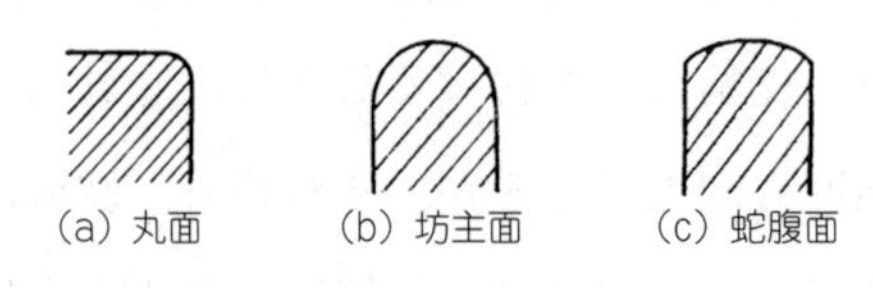

図７－３　丸　　面

(4) しゃくり面（図７－４）

しゃくり面は，別名を浮き出しともいう。主として，鏡板，甲板，引き出しの前板などの四辺を一段低く削り取ったものである。四辺を削り取らずに，他の板を張り付けて，しゃくり面のようにしたものもある。

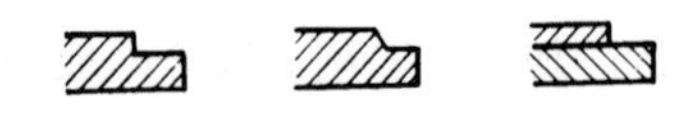

図７－４　しゃくり面

(5) や げ ん 面

やげん面は，平板面の一端から他端まで，断面が三角形の溝を付けたものである（図７－５）。

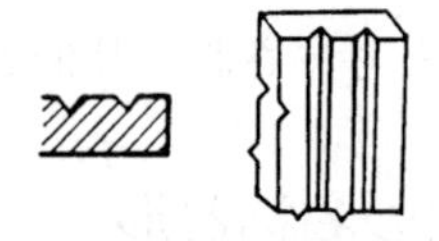

図７－５　やげん面

(6) 止　め　面

止め面は，稜や平板などに刻み削り又はやげん状の溝加工を施すもので，面の上下をさじの頭のように止めて端まで貫かないようなものをいう（図７－６）。机やいすの脚，鏡板の装飾などに用いられる。

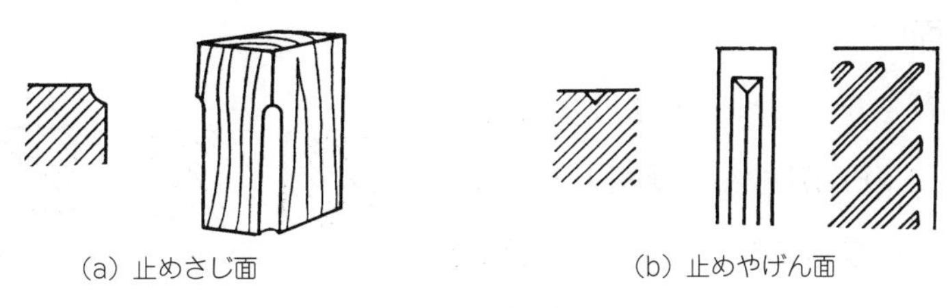

(a) 止めさじ面　　(b) 止めやげん面

図7－6　止 め 面

(7) かぶと幅面

かぶと幅面は，中央が高く，さじ頭のようになっている（図7－7）。柱，卓子の脚などに用いられる。

図7－7　かぶと幅面

(8) ごまがら面

ごまがら面は，主として脚，かまち，円柱，角柱などに施すもので，内丸と外丸がある。

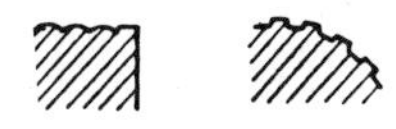

図7－8　ごまがら面

(9) き　帳　面

き張面は，稜に付けるものであるが，直角な階段形のものと，やや傾斜するものがある（図7－9）。やや傾斜するものをエテき帳面として，き帳面と区別することがある。甲板や柱などに用いられる。

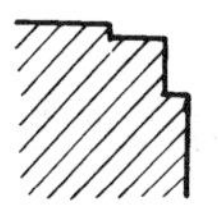

(a) き帳面

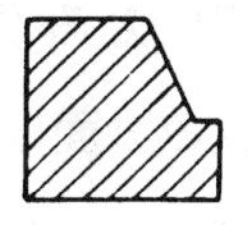

(b) エテき帳面

図7－9　き 張 面

(10) ぎんなん面

ぎんなん面は，き帳面の稜を丸く削ったもので，面形がイチョウの種子（ぎんなん）に似ていることから，この名がある（図7－10)。テーブルの甲板や建具のかまちに多く用いられる。

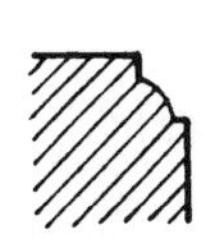
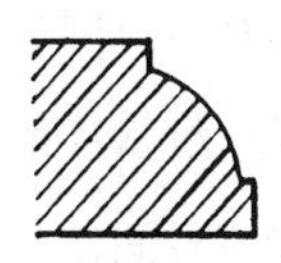

図7－10　ぎんなん面

(11) ひ も 面

ひも面は，丸ひもをくっつけたような形をしていることからこの名がある。種類としては，片ひも・両ひも・中ひものほか，付けひも面といって丸めた別の材料を取り付けることもある（図7－11)。これらのひも面は，引き出しの前板，かまち，脚，柱などに用いられる。

(a) 片ひも (b) 付けひも (c) 両ひも (d) 中ひも

図7－11 ひ も 面

(12) おたふく面

おたふく面は，なでおろし面とも呼ばれ，非対称の曲面形としたものである（図7－12)。机の甲板や建具のかまちに多く用いられる。

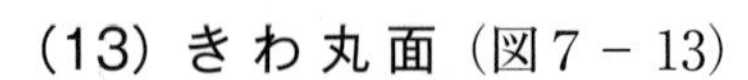

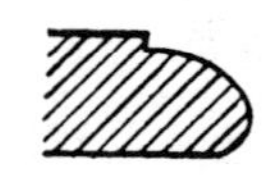

図7－12 おたふく面

(13) き わ 丸 面（図7－13)

きわ丸面は，支輪などに多く用いられる。

図7－13 きわ丸面

(14) ひょうたん面

ひょうたん面は，ひょうたんを中央から割った形をしていることからこの名があり，甲板やかまちなどに用いられている（図7－14)。

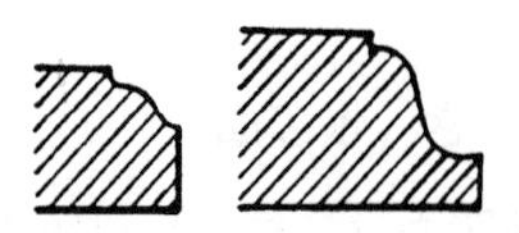

図7－14 ひょうたん面

(15) 沈 み 丸 面

沈み丸面は，片ぎんなん面とも呼ばれ，甲板やかまちなどに用いられる（図7－15)。

(16) 沈み切り面

沈み切り面は，甲板やかまちなどに用いられる（図7－16)。

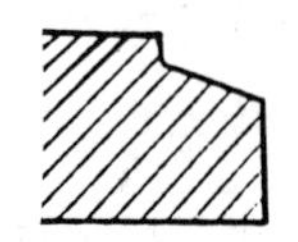

図7－15 沈み丸面 図7－16 沈みきり面

(17) かぶり面（押し縁）

かぶり面は，枠組した縁の回りに，小角材をのり付け又はびょう(釘や木ねじ)付けしたもので，押し縁の一種である(図7－17)。ガラスや鏡板などの押し縁に用いられる。

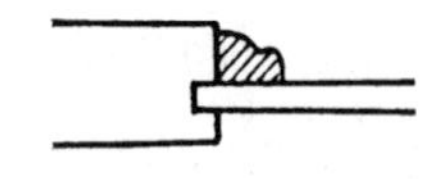

図7－17 かぶり面（押し縁）

1.2 面取り加工

面取り加工は，面取りかんなによる場合が多いが，特殊なものは，丸かんなや，複数の面取りかんな（図1－21（p.11）参照）を併用して面を削り出す。

手加工で面取りする場合は，次のことに注意して行う。

① 加工材が大きい場合は，加工材を作業台の上に載せたまま削れるが，加工材が小さい場合は，面取り台（図7－18）の上に載せると削りやすい。

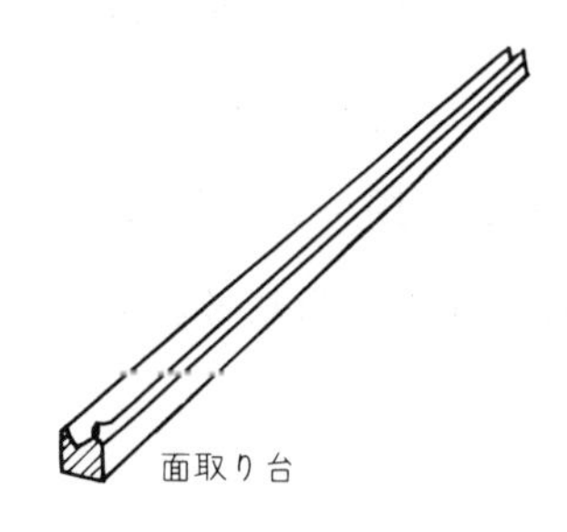

図7－18 面取り台

② 複数の部材に面がつながっているときは，加工材をあらかじめ仮組みして，目違いを払ってから分解し，仕上げ削りをしてから面取り作業を行う。ただし場合によっては，仮組み作業は省略されることがある。

③ 面を取るときは，前もって仕上げ削りをすませてから行う。面取りかんなの台下端やかんな刃の摩耗をできるだけ小さくするために，面の大きさよりも小さく荒取りした後，面かんなを用いて仕上げる。

④ 作り出しの面を削り出すときは，必ず所要のところに，け引きをかけて正しく削り出す。特に，逆目ぼれを起こさないように注意し，サンドペーパーなどで仕上げをするときは，その面型の当て木を用いて研磨する。

機械による面取り加工は，ルータ，面取り盤，NCルータなどで行われる。

第2節 彫　刻

彫刻（ちょうこく）は，製品の一部又は大部分に，ある形を彫り込むものである。家具，建具，室内装飾などに用いられ，その装飾的価値を高める。

2.1　材料と工具

(1) 材　　料

木材は，暖かい色と触感があり，そして加工性がよく，耐久力がかなり強いので，彫刻に適している。

彫刻材としては，イチイ・サクラ・ヒノキ・イチョウ・ケヤキ・カバ・カツラなどの国内産材がある。このほか，熱帯産材としては，コクタン・シタン・タガヤサン・カリンなどの堅木や，ビャクダン・チンコウなどの香木がある。

(2) 工　　具

木彫用工具には，彫刻のみ（図7－19）と，それよりも刃の薄い小道具（図7－20），そして彫刻刀（図7－21）がある。また，彫刻材が堅く，木理が密なときは，木やすりも用いられる。

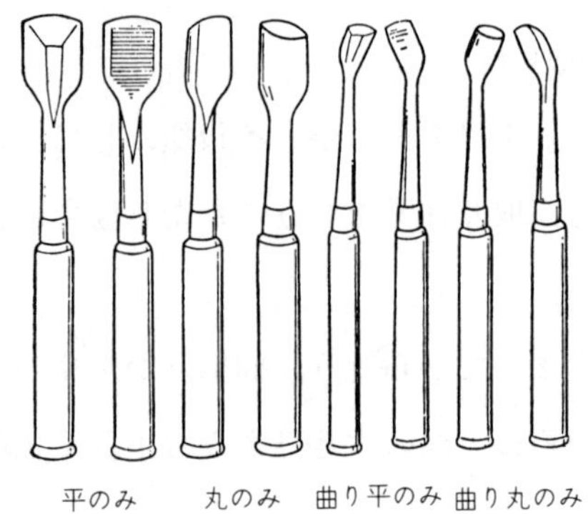
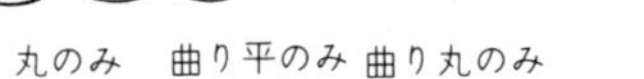

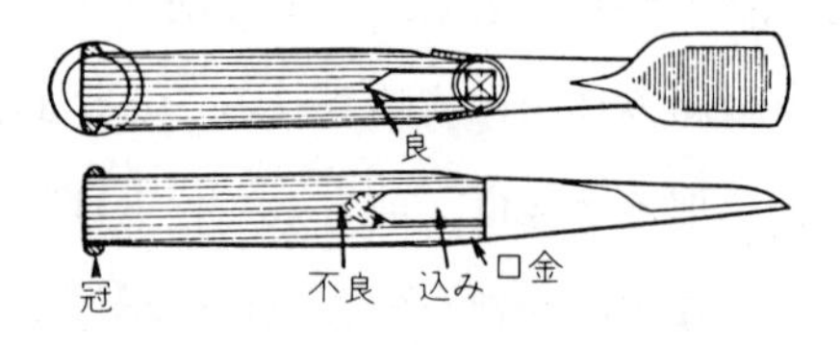

図7－19　彫刻のみと柄の仕込み

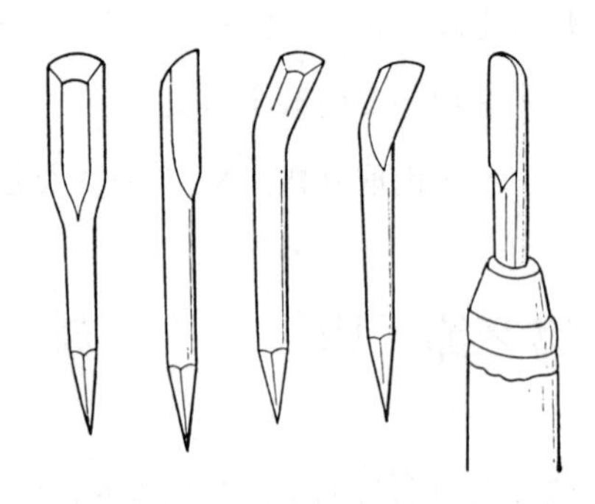

図7－20　小道具の種類

彫刻刀には，次のようなものがある。

a. **平刀**（図7 － 21（a））

刃身が薄のみに似ていて，浮き彫りや平彫りにおける地すきのほか，浮き彫りの図柄の輪郭を削り出すのに用いる。

b. **丸刀**（図（b））

刃身が浅いU字型になっており，材面のすくい，内曲面の削り，又は線彫りなどに用いられる。

c. **切り出し小刀**（図（c））

線彫りのほか，いろいろなものに用いられる。右刃，左刃，両刃などがある。

d. **三角刀**（図（d））

やげん刀ともいう。刃身の断面がV字形でやげん状であることから，細い線などを彫るのに用いられる。

e. **生ぞり刀**（図（e））

刃身はヤナギの葉状をしていて，刃先に向けて刃身が反り返り，角，隅，丸隅などを彫るのに用いられる。

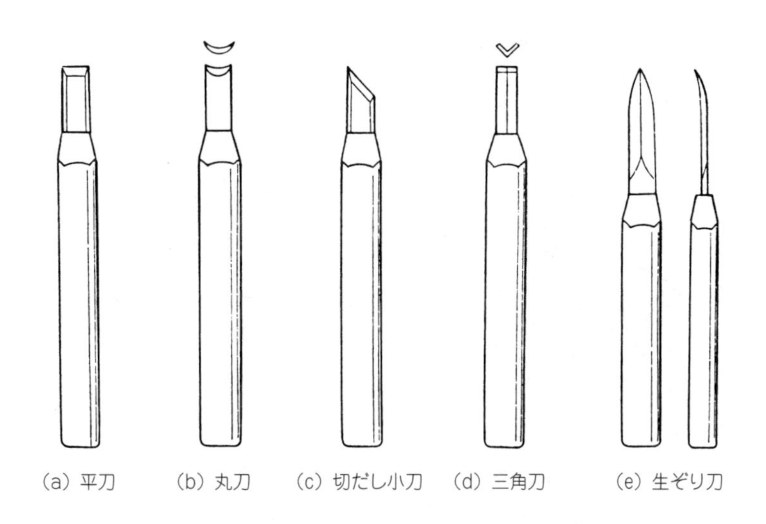

図7－21　彫 刻 刀

（3）電動木彫機（図7 － 22）

刃先が軸方向に，10,000回／min以上の振動をすることで，刃に大きな力を加えることなく，彫刻作業が可能になる。電動木彫機に使用する工具刃先は，彫刻刀の刃先と同様な形状である。

図7－22　電動木彫機

2.2 運　　刀

彫刻するときは，木材の乾燥による収縮を考えながら行う。まず，生乾きのときに荒彫りをすれば運刀がしやすい。その後，乾燥を見ながら，必要に合わせて仕上げを行う。木彫りのときは，木表につやがあるので，これを正面にすることが多い。

運刀は，初めに切り出し小刀や丸刀を用いて，線を彫る。切り出し小刀は，刃先を少し斜めにして直線を切り（図7－23（a）），次に，板を反対に回して，先の線の反対側を切ってやげん形の線にする（図7－23（b））。

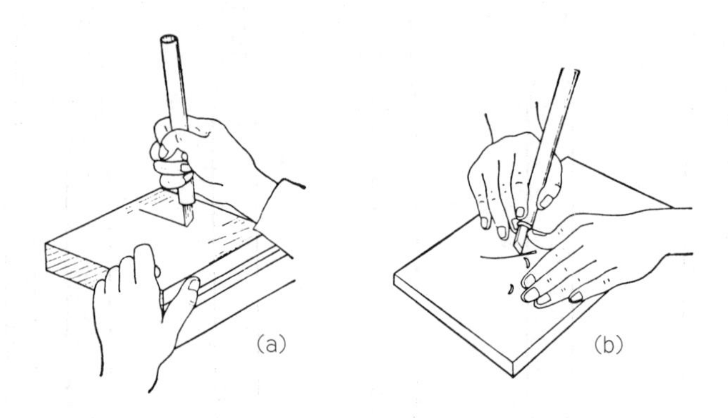

図7－23　彫刻刀の保持と運刀

丸刀の持ち方は，溝のほうを表にして，前方に突き出すようにして彫る。

肉付けをするには，下図（したず）を板面に転写して，下図の線に沿って切り出し小刀でやげんの形の線を彫り込み，彫り込んだ線の内側を平刀で地すきをする。

(1) 平　彫　り

平彫りは，材面より低く彫り込むものである。彫り込みの名称と形状を図7－24に示す。

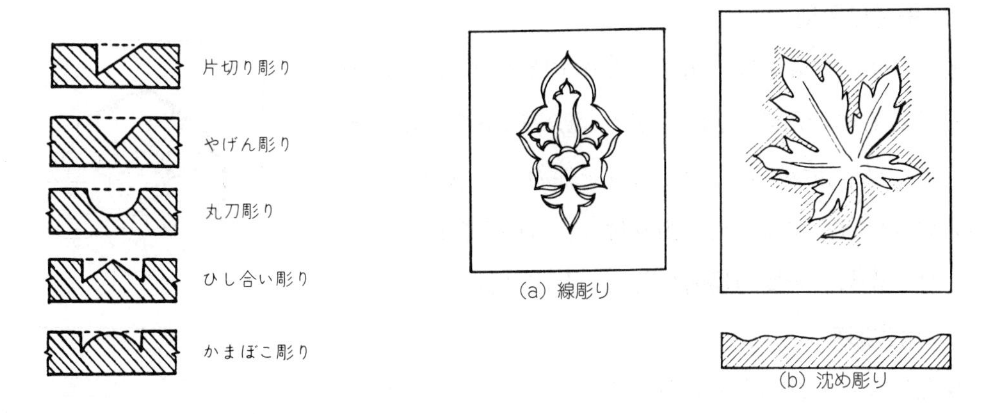

図7－24 彫り込みの名称と形状　　図7－25 平 彫 り

a. 線彫り

平彫りともいい，材面に線で形を彫り表すものである（図7－25（a））。

b. 沈め彫り

ししあい彫り又はきめ彫りともいう（図（b））。高い部分を材面とし，低い部分を彫り沈めて，適当な高低を付けるものである。特に，輪郭内を一段下げて，一様にすき削ることを地すきという。

(2) 浮き彫り

レリーフともいい，材面よりも高く浮きだして彫るものである（図7－26）。

図7－26 浮き彫り

a. 薄肉彫り

板に描いた図の輪郭を切り出し小刀，平のみ，丸のみなどで平らに地すきを行い，浮き出した面に立体感を表すために，肉付けしたものである。

b. 高肉彫り

薄肉彫りよりももっと深く彫り，肉付けを十分にしたもので，陰影を強く表して表現を強めるものである。

c. 張付け彫刻

模様にする部分を別に彫り，これを所要のところに張り付けるものである（図7－27)。初めに糸のこ盤などで輪郭をひき抜き，いったんこれを他の板へ紙を挟んで仮にのり付けをする。板に張り付けたものを薄肉彫りに仕上げてから，所要の場所にしっかり張り付ける。

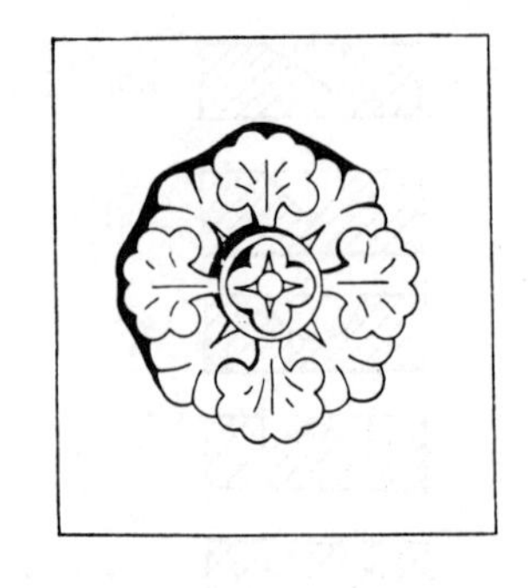

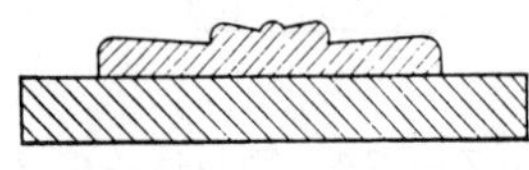

図7－27　張付け彫刻

d. 腐食彫刻

薬品によって材面を腐食させて，一種の浮き彫りに表すものである。材面の浮き出させる部分にパラフィンを塗って薬液の作用を防ぎ，濃硫酸に浸して腐食させる。その後，後処理をして，よく水洗いし，アルカリで中和する。

(3) 丸 彫 り

丸彫りは，立体的に飾り部分を彫り出すものである（図7－28)。丸彫りの仕上げは，その用途によって，平滑に仕上げるものや，わざと刀やのみの跡を残しておくものもある。

図7－28　丸 彫 り

a. 直彫り

直接材料に彫り込んでいくものである。

b. 見取り彫り

油土（ゆど），石こうなどで原形を作り，これを目測又は転写によって，材料に彫り込んでいくものである。

2.3 繰 り 形

繰り形は，建築や家具などの，帯状に連続した突出部に作り出した凹凸面の輪郭をいう。例えば，角材をろくろで成形してできる擬宝珠（ぎぼうしゅ）（ぎぼしともいい，欄干（らんかん）の頭に付けるねぎの花型をした装飾）の外形，板を曲線形にくり抜いた輪郭の形，縁を削ってつけたカーブなどをいう。これによって，変化のない平面に凹凸を作って，陰影を与えることにより美観を増すもので，装飾には欠くことができないものである。

（1）繰り形の名称と形

繰り形は，西洋建築で最もよく発達したもので，その標準様式はギリシャ式とローマ式の２種がある。ギリシャ式の繰り形は，だ円，双曲線，放物線などの自由曲線で形成され，ローマ式は，主に円弧から形成されている。その主なものには，図７－29のようなものがある。

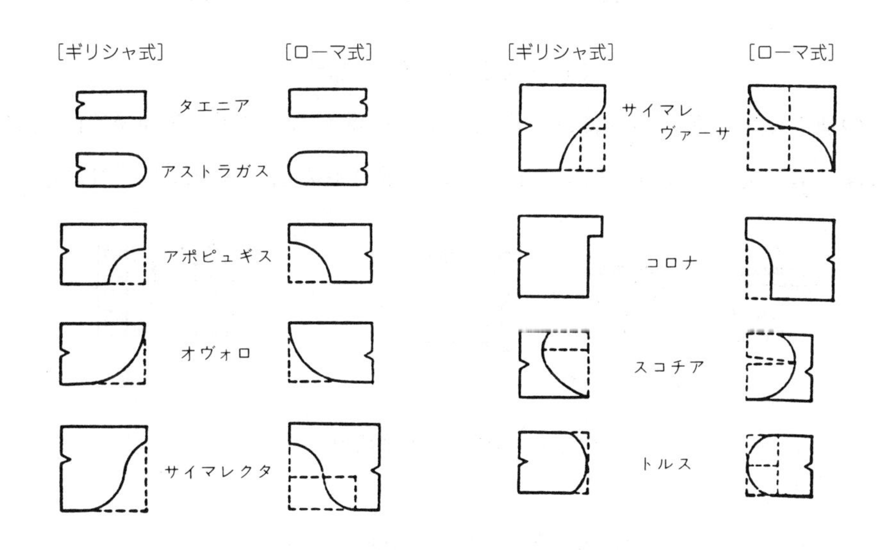

図７－29　繰り形の名称と形

（2）繰り形の設計

支輪，台輪，ひき物などの繰り形を作るときは，曲面及び平面の長短広狭を巧みに配置して，装飾効果を高めるようにする。例えば，狭い面の次には広い面を，直面の次には曲面を配置して，変化とそれぞれの特徴を発揮させるようにする。しかし，変化だけを求めて，全体又は各部の統一を考えないと，その調和を失うことがあるので，適当な変化とともに，統一された調和を持つものにしなければならない。

繰り形の設計は，次の点に注意する。

a. 直線と曲線が接続するとき

直線を延長した線と，曲線の方向を延長して交わるところは直角にする（図７－30 (a))。

b. 曲線と曲線が交わるとき

各線を延長した線，つまり，その接線が交わって作るところは直角にする（図７－30 (b))。

c. 直線に接して中間に曲線のあるとき

直角又は平行にする（図7－30（c））。

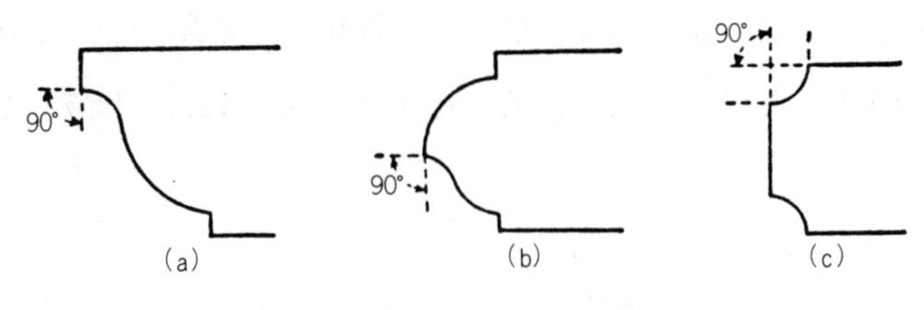

図7－30 繰り形の設計

繰り形の加工で，平面の場合には，面取り加工に準ずる。曲面（断面が円となるもの）の場合には，木工旋盤によって加工されている。繰り形の加工例を図7－31に示す。

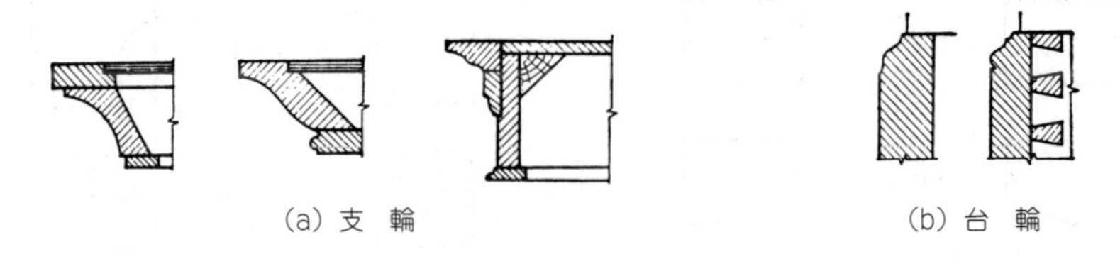

図7－31 繰り形の例

第3節 寄 せ 木

寄せ木（よせぎ）は，いろいろな種類の木材の色，木理を利用して，これらを模様化したものである。床などでは装飾の機能を兼ね，また，工芸品では，装飾的価値を高めるものである。

3.1 材料と工具

木材の天然の色や木理を利用するほか，薬品，染料などで着色した材料を用いる。木理は，柾目を用いることが多いが，板目又は杢（もく）を利用することもある。また，木理の方向によって変化を表すことが多い。

寄せ木に用いる工具は，のこぎり，かんな，のみなどの木工用工具と，各種の彫刻刀，たがね，ぼたん刷毛（はけ）などである。なお，工作には，一般の木工機械も広く用いられる。

3.2 寄せ木の種類

(1) 種（たね）寄せ木

種寄せ木は，単位模様を連続させて，材面に張り付けるものである（図7－32）。この単位を種という。種寄せ木の細かいものを小寄せ木という。種寄せ木は，あらかじめ模様を構成する各部分を適当な材料で一定の長さに作り，これを次々に張り合わせて棒状にする。これを薄くのこびきして，同一のものを数多く作る。

まず製作する模様を決め，その模様と色調に対応した樹種を選んで1～5mmの薄板を作る。その薄板を積層接着し，その接着したものを所定の形状（三角形・台形・菱形など）にのこぎりで切断後，台かんなで削って種寄せ木の基本構成部材とする。この構成部材を複数個組み合わせて，酢酸ビニル樹脂接着剤を用い，木綿ひもで縛って接着・圧締し種寄せ木とする。

種寄せ木の模様の例を，図7－32に示す。

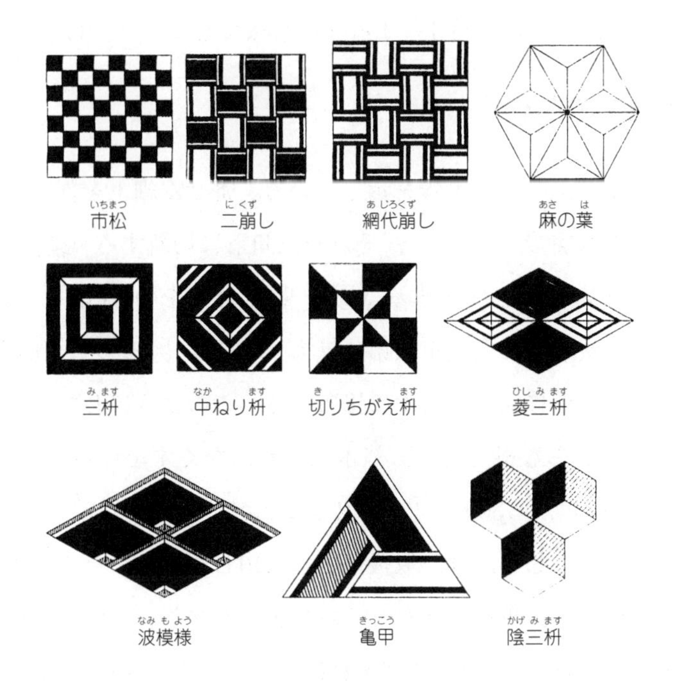

図7－32 種寄せ木

(2) 線寄せ木

線寄せ木は，線状又は帯状に細長く作った寄せ木で（図7－33），輪郭又は縁材として用いられる。これを材面に彫り込んだものを**線象眼**という。

線寄せ木の作り方は種寄せ木と同じで，模様を構成する各部分の材料を一定の長さに作り，これをそれぞれの長さに切断後接着し，その両面に薄板を張って板にする。これを所要の長さにのこびきして，同一のものを数多く作る。

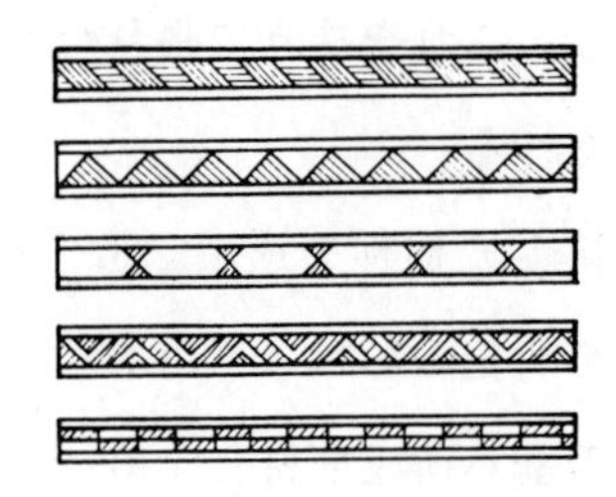
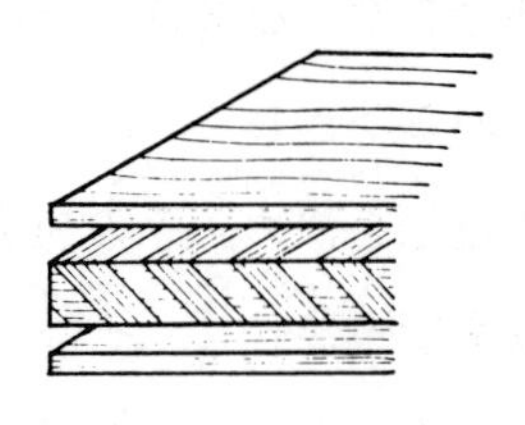

図7－33 線寄せ木

(3) 乱れ寄せ木

乱れ寄せ木は，模様の違った種寄せ木を寄せ集めて接着したものである。これを張り付けるときは，厚さ2mmぐらい，幅3～15mmの薄板にして張り付ける。

3.3 寄せ木細工の製作

図7－34は，寄せ木細工の製作工程を示している。寄せ木細工を作るには，まず模様に対応した色違いの板を積層接着し（①），それを三角形に切断する（②）。次に，切断した部材を再度接着し，種寄せ木を作成する（③）。種寄せ木を約3cm厚に切断し（④），そのブロックを繰り返し接着して面積を次第に拡大する（⑤）。この上下面を平らに削って，そのブロックよりもわずかに大きい台木に接着する。このようにしてできた寄せ木を幅広の手かんな又は仕上げかんな盤で削り，経木（きょうぎ）状のかんなくずを作る（⑥）。これをづくといい，厚さ30mmの寄せ木から300～400枚取ることができる。

削り取ったづくはカールしており，取扱い中に破損しやすい。そこで破損防止とカールを押さえるために，づくに接着剤を塗布して紙で裏打ちする。これを単板（突き板）張りと同じ方法で地板に張り付け（⑦），塗装すれば製品になる（⑧）。図7－35に寄木細工の一例を挙げる。

① 板の積層接着　② 積層板の切断　③ 種寄せ木の作成　④ 種寄せ木の切断

⑤ 寄せ木板の作成　⑥ づく削り　⑦ づくの張り付け　⑧ 完　成

提供　神奈川県産業技術総合研究所　工芸技術センター

図7－34　寄せ木細工の製作工程

提供 神奈川県産業技術総合研究所 工芸技術センター

図7－35 寄せ木細工

第4節　ひき抜きと象眼

4.1 ひき抜き

透かし彫りともいい，板に模様をひき抜いて透かしを作る（図7－36)。**ひき抜き**には，次の2種類がある。

（1）ひなた彫り（図（a))

模様を残して，地をひき抜き，透かしたものである。

（2）かげ彫り（図（b))

模様をひき抜いて，透かしたものである。

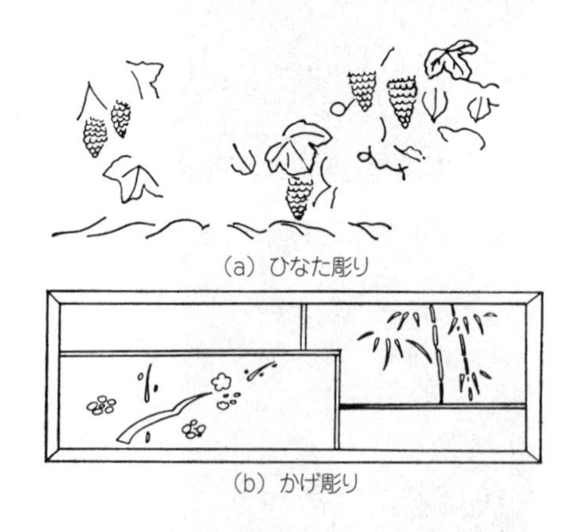

（a）ひなた彫り

（b）かげ彫り

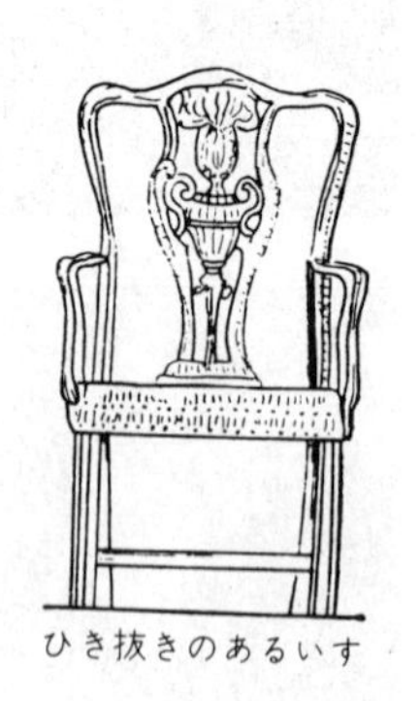

ひき抜きのあるいす

図7－36 ひき抜き

ひき抜き工作は，回しびきのこやつる掛けのこでもよいが（図7－37（a)），一般に糸のこ盤で行われる（図（b))。

まず，ひき抜く部分にのこを入れるための穴をきりもみして，その穴にのこを通してひと穴ずつひき抜く。

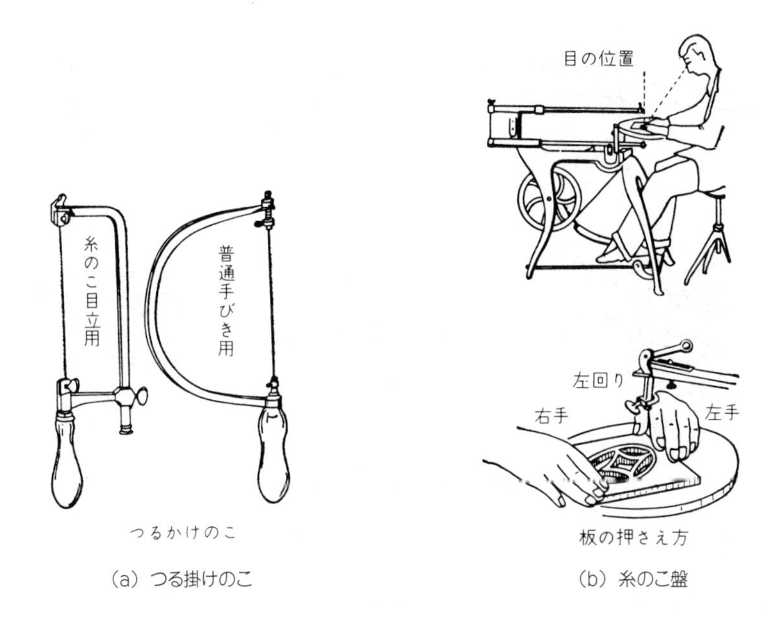

(a) つる掛けのこ

(b) 糸のこ盤

図7－37 ひき抜き用工具と糸のこ盤の取扱い

4.2 象眼（ぞうがん）（象嵌）

象眼は，意匠的に優れた材料を地板の適所にはめ込んで，装飾するものである。これに使用する材料には，寄せ木と同じ材料のほか，金属，石，貝類などが用いられる。

(1) ひき込み象眼

ひき込み象眼は，糸のこ盤によって，象眼材を地板と重ねて，同時にひき抜くものである（図7－38)。工作は，まず模様を地板に写し，地板の裏面に象眼材を仮付けする。仮付けした後，糸のこ盤のテーブルを傾斜させて，模様を一隅ずつひき抜く。このようにして地板のひき抜かれた部分に，象眼材のひき抜かれた部分の木端に接着剤を付けて，すき間なく押し込む。接着剤が固着した後，仕上げ削りを行う。

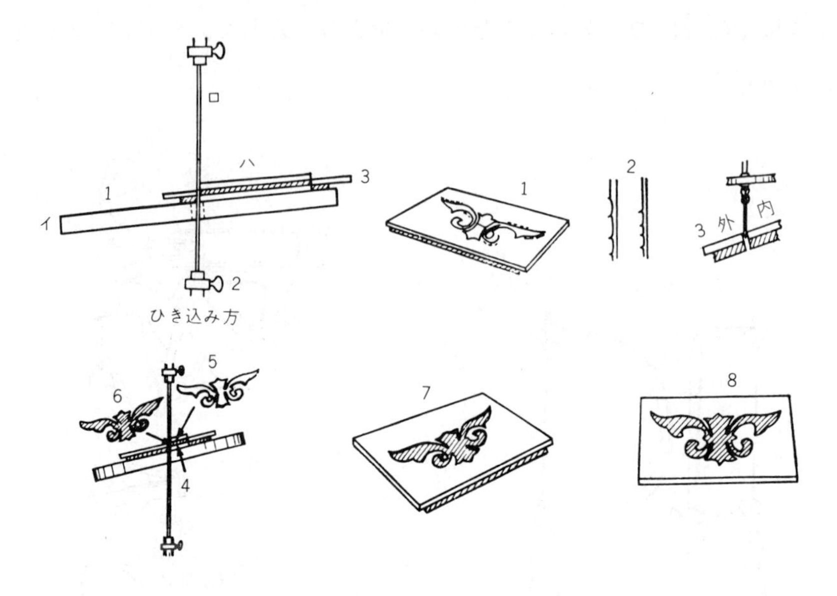

図7－38　ひき込み象眼

(2) 経木象眼

経木象眼は，ひき込み象眼したものを台木に接着する。これを薄く平削りしたものを経木（一種の突き板）とし,所要の材面に張り付けたものである。経木を張り付けるときは,地板の木理と象眼材の木理を同じ方向に合わせる。削るときは横削りをする。

(3) 彫刻象眼

浮き出し象眼ともいい，ひき込み象眼と同じ要領で行う。この象眼は，同一材で模様を浮き出させて，浮き彫りのような外観を表すものである（図7－39)。これには，切り上げをするものと，切り下げをするものがある。

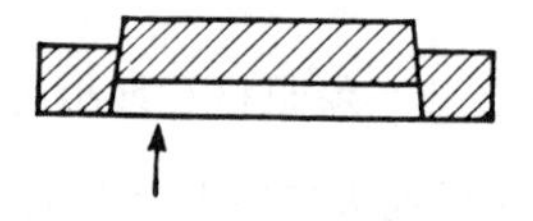

図7－39　彫刻象眼

(4) 彫り込み象眼

彫り込み象眼は，あらかじめ所要の形に切り抜いた材料を，地板に切り込んで埋めたものである（図7－40)。模様を切り抜くときは，回しびきのこを用いてひき抜いてから，切り出し小刀で仕上げるか，糸のこ盤を用いてひき抜く。また，別の方法としては，ひき込み象眼したものを地板に当てて，その輪郭線を写す。写した線の内側を平刀，切り出し小刀などを用いて，はめ込む材料の厚さだけ削り取り，接着剤を併用してはめ込む。

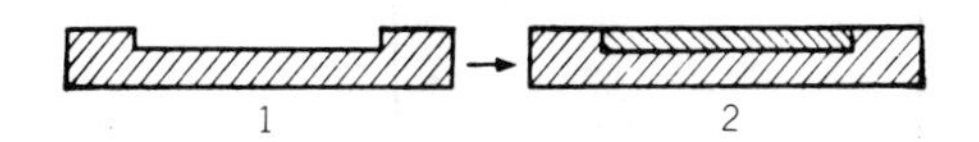

図7－40 彫り込み象眼

(5) 特殊象眼

金属類，角類，貝類，石などを地板に象眼するものである。象眼される金属類には，金，銀，銅，鉄，すず，亜鉛，黄銅，アルミニウムなどがあり，角類には象牙がある。また，貝類には夜光貝，真珠貝，青貝，あわび貝，淡貝があり，石には大理石，ろう石がある。このほかに皮，亀甲，合成樹脂なども利用される。このような材料を，薄く所要の形にひき抜いて，周りをやすりなどで仕上げ，強力な接着剤を用いて張り付ける。

第7章の学習のまとめ

この章では，いろいろな装飾工作について学んだ。家具や建具は，実用品であると同時に装飾的な役割を果たすものである。したがって，面を取る，繰り形を付ける，彫刻，ひき抜き，象眼を施すなどの装飾的な加工技術を身に着けることが大切である。

【確 認 問 題】

1．下図に示す面の名称を，下欄の中から選びなさい。

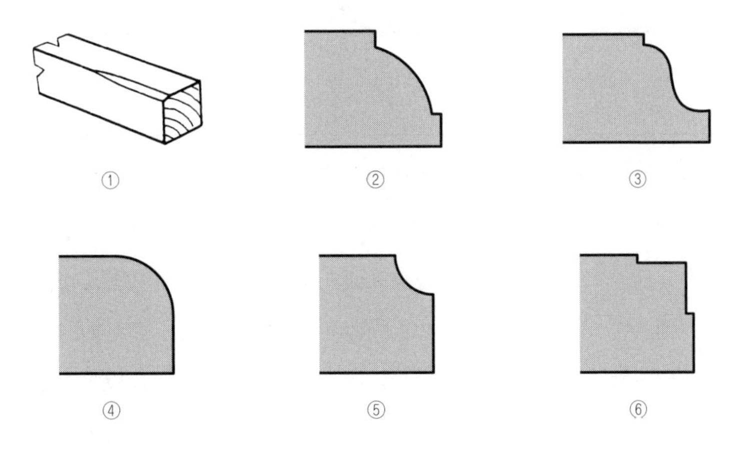

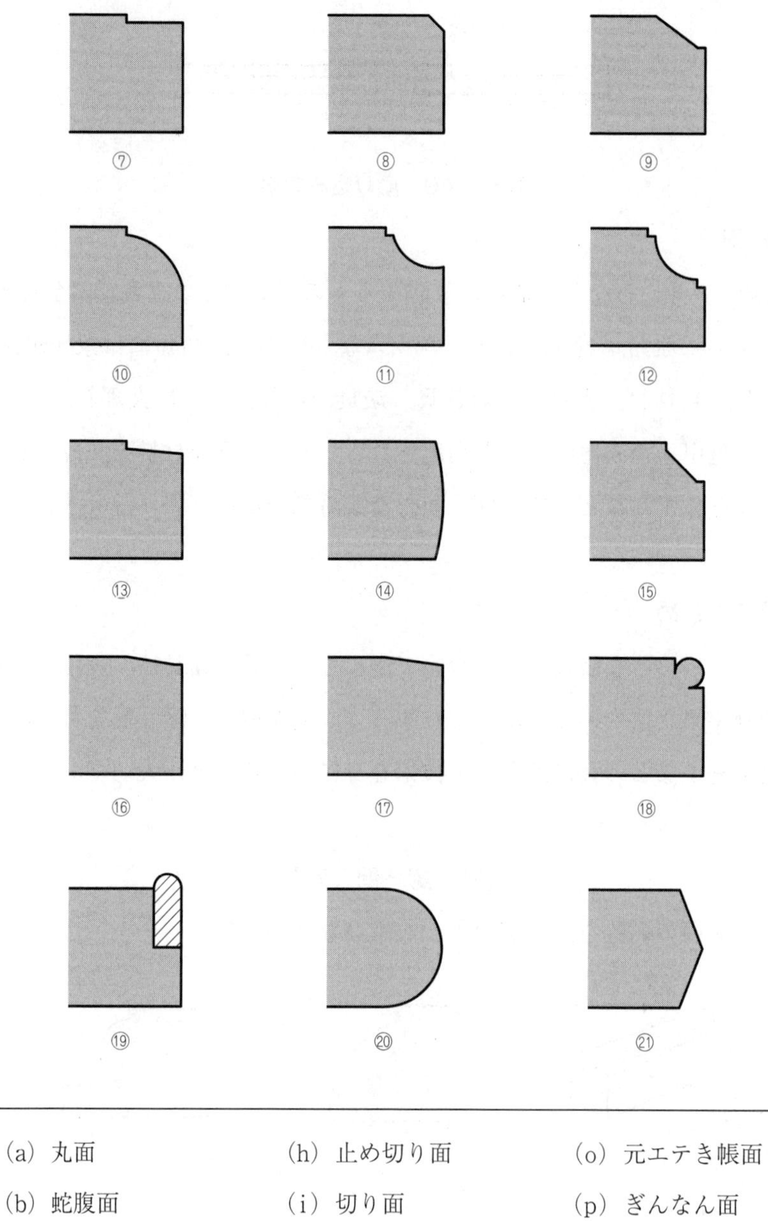

(a) 丸面
(b) 蛇腹面
(c) ときん面
(d) 坊主面
(e) エテボー面
(f) ひょうたん面
(g) ひも面
(h) 止め切り面
(i) 切り面
(j) 段決り面
(k) 片き帳面
(l) 両き帳面
(m) 底き帳面
(n) 先エテき帳面
(o) 元エテき帳面
(p) ぎんなん面
(q) 片ぎんなん面
(r) さじ面
(s) 片段欠きさじ面
(t) 両段欠きさじ面
(u) かに目面

【確認問題の解答】

第１章

1．（1）刃裏を平らに研ぎやすくするため。

（2）下端定規

2．（1）①直角木口台　②すり台

（2）①800　②1200

（3）①金盤　②刃裏

3．（1）○

（2）×：切れ味の悪い刃物で作業をすると，無理な力を加えるため，刃物が滑り逆に大きなけがをすることがある。

（3）○

4．（ア）しのぎのみ ── ②入隅の仕上げ削りに使う。

（イ）追入れのみ ── ①浅い穴を掘るときに使う。

（ウ）向こうまちのみ ── ③堅い木を深く掘るときに使う。

（エ）底さらいのみ ── ④かき出しのみの一種で穴底をきれいにする。

5．（1）背金がついたのこ身の薄い精密加工用横びきのこぎり。

（2）縦びき歯と横びき歯がついたのこぎり。

（3）刃先線が木の葉状で，特に突き止まり溝のあぜの部分をひくのこぎり。

（4）透かし彫りなどひき抜きや曲線ひきに用いるのこぎり。

第２章

1．（1）切削では，切削角は90°より小さく，すくい角は正の値であり，一本の刃先線で削る。

研削では，切削角は90°以上で，すくい角は負の値であり，無数の点状刃物で削る。研削加工では逆目ぼれなどの欠点は生じない。

（2）第１面削り→第２面削り→厚さ決め→幅決め→長さ決め

（3）縦びきと横びきでは切削機構が異なる。

縦びきは繊維に沿って切ることになり，のこ歯は繊維を上からはがしながら溝を掘り進む。したがって歯の形状は，のみを縦に並べたようになっている。

横びきは繊維と交差して切ることになり，のこ歯は繊維を切断しながら，溝を掘り進む。したがって歯の形状は，小刀を交互に並べたようになっている。

（4）部材同士がかみ合っているときの，緩さ，固さの度合いをはめ合いという。

普通，ほぞをほぞ穴に入れるときは，ほぞ穴の繊維方向に締め込みを取り，締まりばめとし，その直角方向では，締め込みを取らずに止まりばめにする。

（5）・よく切れるのみを使う。

・加工材をしっかり固定する。

・のみの前に手や指を出さない。

・少しずつ削る。

・左手の親指でのみを押さえる。

など

（6）予備穴の径は，二段にあけるとよく，首部は木ねじの径と同じくらいに，ねじ部は木ねじの径より１～３割小さくあける。また，深さは木ねじの長さの１／２～２／３程度にあけるとよい。

（7）・常温で硬化する。

・一液タイプで使いやすい。

・硬化すると無色透明になる。

・衝撃に強い。

・硬化しても，刃物を傷めない。

・熱に弱い。

など

（8）小根ほぞは，脚と幕板の接合部や帆立の角での，縦かまちと横かまちの接合に用いられるもので，小根はほぞのねじれを防ぎ，ほぞ首のせん断力を高める。また，同時にほぞ穴上部のせん断を防ぎ，胴付き部の接合力を増す働きを持つ。

（9）フェノール樹脂接着剤にはホルムアルデヒド，ゴム系の接着剤には溶剤（トルエン，ヘキサンなど）が用いられているため，揮発した溶剤を多量に吸い込むなどにより気分が悪くなったり，溶剤中毒（急性，慢性）になることがある。

(10) F☆☆☆☆（Fフォースター）は，JIS製品に表示することが義務となっているホルムアルデヒド等級の最上位規格を示すマークである。これが表示されている建材や内装材は，建築基準法によって使用が制限されない。F☆☆☆以下のものは，条件付きの使用や制限もしくは禁止されている。

(11)・かんな刃（かんな身）の刃先を指の腹で調べるときは，非常に鋭利なので気をつける。

・かんなから刃を抜くときは，表なじみから滑り落ちて手指などを切らないように，裏金を指で押さえながら抜いていく。

(12)・のこ歯を用途に合わせて選ぶ。横びき時に縦びき刃を使用すると，切断抵抗が大きくなり，のこぎりの跳ね上がりが発生して，手にけがをすることがある。

・材料を手，足，クランプ等でしっかり固定する。

・急いでひいて指をけがしないように，ひき始めは軽くゆっくり，ひき終わりも速度を落としてゆっくりひく。

(13) 肘までの長さ・手の形に合った柄，頭の形や重量を正しく選び，使用する。

(14) 使い終わったら刃を軽く油でふいて，刃先を刃口より少し納めておき，直射日光が当たらない道具箱などに立てておく。

(15) 使用後は油でふく。つるして保管するのが最もよいが，木製さやなどのケースに入れるか厚布を巻いて保管してもよい。

第3章

（1）板差し構造，かまち組み構造，フラッシュ（フレームコア）構造，柱立て構造

（2）前板，側板（妻板），向こう板（先板），底板

（3）仕切り板は，左右の側板にはさまれた板などをいう。帆立は，側板のうち側部をかまちで構成した枠体をいう。

（4）開き戸，引き戸，巻き込み戸，けんどん，回転押し込み戸

（5）・甲板表面から幕板に，釘打ち又はねじ締め。

・幕板裏面から甲板に，釘打ち又はねじ締め。

・甲板に吸い付き桟を取り付け，それに脚をほぞ差しなどで組み付ける。

・直接甲板にほぞ差しする。

（6）座，脚，背板，背ぬき，背づか，かさ木，台輪（座枠），ひじ木など

（7）①かさ木　②背板　③後脚　④ひじ掛け板　⑤つか　⑥前脚　⑦座　⑧台輪

（8）物体に荷重（外力）が加わると，材料の弾性によってひずみ（変形）を起こす。このひずみ（変形）に耐える性質を剛性という。

（9）・前方安定性及びひじ無しいすの側方安定性

・後方安定性

・ひじ付きいすの側方安定性

・スツールの全方向安定性

(10) 座面の静的強度試験は1300 N

背もたれの静的強度試験は560 N

第4章

1．①木取り表　②木拾い　③木づくり　④墨付け　⑤仮組み　⑥水引き　⑦仕上げ　⑧素地調整　⑨塗装　⑩付帯器具取付け

2．①かさ木　②前台輪　③側台輪　④後台輪

3．①スプリングの取付け　②ばね糸かけ　③かぶせ　④土手差し縫い　⑤詰め物と中張り　⑥上張り

第5章

1．(1) ①弾性　②塑性

(2) ①大きい　②高い　③20～30　④80～140

(3) ①引張　②圧縮

(4) ①伸び　②縮み

(5) ①心材部　②辺材部

(6) 多く

(7) ①熱硬化性　②成形ジグ

2．・曲従性に富んでいること

・木理が通直であること

・疎密の差が少ない均衡材であること

・節，くされなどの欠点がないこと

3．ブナ，トネリコ，クルミ，カエデ，ナラ，ヒノキ

第6章

1．①幅　②厚さ方向　③単板　④合板

2．・枠心の桟の間を狭くする。

・表面合板に厚い合板を用いる。

・すき間にペーパーコアを入れる。

第7章

1．①(h)止め切り面　②(p)ぎんなん面　③(f)ひょうたん面　④(a)丸面
⑤(r)さじ面　⑥(l)両き帳面　⑦(j)段決り面　⑧(i)切り面　⑨(k)片き帳面
⑩(q)片ぎんなん面　⑪(s)片段欠きさじ面　⑫(t)両段欠きさじ面
⑬(n)先エテき帳面　⑭(b)蛇腹面　⑮(m)底き帳面　⑯(o)元エテき帳面
⑰(e)エテボー面　⑱(u)かに目面　⑲(g)ひも面　⑳(d)坊主面　㉑(c)ときん面

索　　引

さ

た

な

は

ま

委員一覧

昭和 61 年 2 月
〈執筆委員〉
石　橋　由　蔵　新発田総合高等職業訓練校
小笠原　和　彦　職業訓練大学校
工　藤　道　雄　秋田木工株式会社
後　藤　　健　　新庄技能開発センター
西　山　　劭　　新発田総合高等職業訓練校

平成 10 年 1 月
〈監修委員〉
吉　松　孝　夫　職業能力開発総合大学校

〈執筆委員〉
小笠原　和　彦　東京職業能力開発短期大学校
秦　　啓　祐　千葉職業能力開発短期大学校

平成 19 年 2 月
〈監修委員〉
吉　松　孝　夫　職業能力開発総合大学校
米　藏　　優　　鹿児島県立宮之城高等技術専門校

〈改定委員〉
安　納　五十雄　長野県立上松技術専門校
小笠原　和　彦　職業能力開発総合大学校東京校
真　木　哲　男　群馬県立高崎産業技術専門校

（委員名は五十音順、所属は執筆当時のものです）

厚生労働省認定教材	
認定番号	第58846号
認定年月日	昭和60年11月6日
改定承認年月日	令和2年2月4日
訓練の種類	普通職業訓練
訓練課程名	普通課程

木工工作法　©

昭和61年3月1日　初版発行
平成10年1月25日　改訂版発行
平成19年2月20日　三訂版発行
令和2年3月25日　四訂版発行
令和3年4月20日　2刷発行

定価：本体 2,800 円＋税

編集者　独立行政法人　高齢・障害・求職者雇用支援機構
　　　　職業能力開発総合大学校　基盤整備センター

発行者　一般財団法人　職業訓練教材研究会

〒162-0052
東京都新宿区戸山1丁目15-10
電話　03（3203）6235
FAX　03（3204）4724

ISBN978-4-7863-1158-1